高等职业教育“十四五”规划教材

动物营养与饲料检测

张　洁　彭晓培　刘晓玥　主编

中国农业大学出版社
·北京·

内 容 简 介

《动物营养与饲料检测》为校企合作编写教材，突出了营养理论走向实践的应用性。本教材采用模块式编写体例，针对不同专业方向，紧密结合生产和工作实践，立足于岗位技能需求，以人才培养为目标创设工作任务，体现职业教育的实用性、科学性、易学性，力求满足专业群中不同专业对动物营养与饲料知识的选用。本教材可供高等职业学校畜牧兽医等专业相关课程使用，也可作为同层次远程教育和地方行业管理人员以及动物养殖、饲料化验等从业人员的培训教材及参考书。

图书在版编目(CIP)数据

动物营养与饲料检测/张洁，彭晓培，刘晓玥主编．--北京：中国农业大学出版社，2022.7
ISBN 978-7-5655-2815-6

Ⅰ.①动…　Ⅱ.①张…　②彭…　③刘…　Ⅲ.①动物营养－高等职业教育－教材　②饲料－检测－高等职业教育－教材　Ⅳ.①S816

中国版本图书馆 CIP 数据核字(2022)第 105832 号

书　　名　动物营养与饲料检测

作　　者　张　洁　彭晓培　刘晓玥　主编

策　　划　张　玉　郭建鑫　　**责任编辑**　张　玉
封面设计　郑　川
出版发行　中国农业大学出版社
社　　址　北京市海淀区圆明园西路 2 号　　**邮政编码**　100193
电　　话　发行部 010-62733489，1190　　编辑部 010-62732617，2618
　　　　　出版部 010-62733440　　读者服务部 010-62732336
网　　址　http://www.caupress.cn　　**E-mail**　cbsszs@cau.edu.cn
经　　销　新华书店
印　　刷　北京时代华都印刷有限公司
版　　次　2022 年 9 月第 1 版　　2022 年 9 月第 1 次印刷
规　　格　185 mm×260 mm　　16 开本　　19 印张　　480 千字
定　　价　55.00 元

编审人员

主　编　张　洁　北京农业职业学院
　　　　彭晓培　北京农业职业学院
　　　　刘晓玥　首农畜牧饲料有限公司

副主编　葛文霞　新疆农业职业技术学院
　　　　李玉清　北京农业职业学院
　　　　郭　彤　北京农业职业学院

参　编　李长军　北京农业职业学院
　　　　杨玉能　遵义职业技术学院
　　　　张凡建　北京农业职业学院
　　　　曹　靖　北京农业职业学院
　　　　瞿健萍　辽宁农业职业技术学院

主　审　马　曦　中国农业大学

前　言

本教材是北京农业职业学院“北京市特色高水平骨干专业建设项目”动物医学专业群特色课程教材。

本教材采用模块式编写体例，针对不同专业方向，紧密结合生产和工作实践，立足于岗位技能需求，以人才培养为目标创设工作任务，体现职业教育的实用性、易学性，力求满足专业群中不同专业对动物营养学知识的需要。本教材也可用作同层次远程教育的培训教材及参考书。

全书分为营养与饲料基础知识、各类动物的营养措施、饲料配方设计和饲料检测4个模块。其中模块一由新疆农业职业技术学院葛文霞和遵义职业技术学院杨玉能老师编写；模块二由北京农业职业学院张洁、郭彤、李玉清、曹靖老师编写；模块三由北京农业职业学院彭晓培、李长军和张凡建老师编写；模块四由首农畜牧饲料有限公司刘晓玥和北京农业职业学院李玉清老师编写；附录由北京农业职业学院张洁和辽宁农业职业技术学院瞿健萍老师编写。全书由张洁和彭晓培进行校对，由中国农业大学马曦教授审阅。

本教材在编写过程中得到了北京农业职业学院和系部领导的大力支持，同时也得到了同事们的大力协助，在此对所有支持本教材编写与出版工作的同志致以诚挚的谢意。

由于编者水平有限，教材中疏漏和不妥之处恳请广大读者批评指正。

编　者

2021年6月30日

目　　录

模块一　营养与饲料基础知识

模块二　各类动物的营养措施

模块三 饲料配方设计

模块四 饲料检测

模块一

营养与饲料基础知识

项目 1

动物营养基础知识

☆学习任务单

模块一项目 1	动物营养基础知识	参考学时	6 学时
任务分配			
学习目标	1. 了解动物与植物的组成和相互关系，影响饲料营养成分的因素 2. 了解动物对饲料的消化与利用 3. 掌握营养基本术语及概念 4. 了解能量在动物体内的转化规律及在实践中的意义		
知识目标	1. 掌握饲料的元素组成 2. 掌握饲料的营养物质组成 3. 了解影响饲料营养成分的因素 4. 了解动物与植物的组成和相互关系 5. 了解影响饲料营养成分的因素 6. 掌握动物对饲料的消化方式和吸收方式 7. 了解影响动物对饲料消化吸收的因素 8. 掌握常规养分的概念 9. 了解能量在动物体内转化的规律及在实践中的意义		
能力目标	1. 能够判别畜禽蛋白质、氨基酸供给不足情况下发生的典型异常症状，并提出改进措施 2. 能够判别畜禽碳水化合物供给不足情况下发生的典型异常症状，并提出改进措施 3. 能够判别畜禽脂肪供给不足情况下发生的典型异常症状，并提出改进措施 4. 能够判别畜禽矿物质供给不足情况下发生的典型异常症状，并提出改进措施 5. 能够判别畜禽维生素供给不足情况下发生的典型异常症状，并提出改进措施 6. 能够判别畜禽水供给不足情况下发生的典型异常症状，并提出改进措施		
素质目标	在学习和实践中培养互相协助的协作精神、较强的责任感和认真的工作态度，艰苦奋斗、积极进取的精神		
考核点	1. 饲料的元素组成 2. 饲料的营养物质组成 3. 动物对饲料的消化的方式和吸收方式 4. 常规养分的概念		

续表

模块一项目 1	动物营养基础知识	参考学时	6 学时
参考资料	1. 杨凤. 动物营养学[M]. 2 版. 北京：中国农业出版社，2001. 2. 杨久仙，刘建胜. 动物营养与饲料加工[M]. 3 版. 北京：中国农业出版社，2019. 3. 陈明. 动物营养与饲料[M]. 北京：中国农业出版社，2019.		

任务 1　动物营养概述

一、饲料的营养物质组成

(一) 饲料的元素组成

应用现代分析技术测定，目前已知的 109 种化学元素中，动植物体内已发现 60 多种，其中绝大多数元素分布于元素周期表中第Ⅰ族和第Ⅷ族。按它们在动植物体内含量的多少分为两大类：含量大于或等于 0.01%的元素称为常量元素，如碳、氢、氧、氮、钙、磷、钾、钠、氯、镁、硫等，其中碳、氢、氧、氮含量最多，约占植物体总量的 95%。含量小于 0.01%的元素称为微量元素，如铁、铜、钴、锰、锌、硒、碘、铬、氟等，约占植物体总量的 5%左右。植物中的绝大多数化学元素并非以游离形式单独存在，而是互相结合成为无机化合物或有机化合物，构成各组织器官及动物产品。

(二) 饲料的营养物质组成

饲料中能被动物用以维持生命、生产产品，具有提供营养作用的物质称为营养物质或营养素，也可简称为养分。1864 年，德国 Hanneberg 提出用概略养分分析法分析各种植物性饲料，并沿用至今。结合近代分析技术测定的结果，可将构成植物性饲料的各种营养物质列于图 1-1。

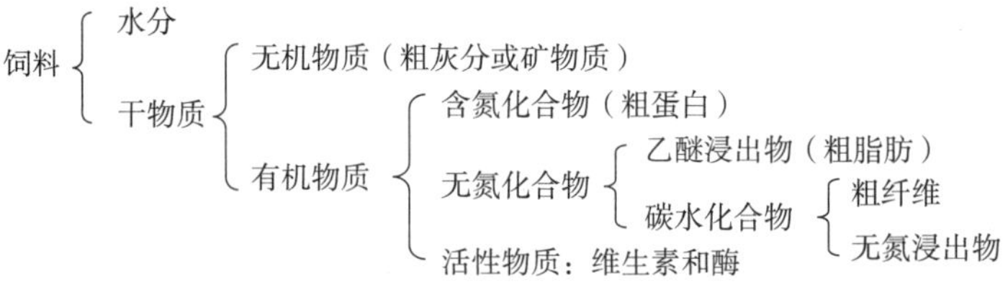

图 1-1　概略养分与饲料组成之间的关系

植物性饲料，一般都由水分、粗灰分、粗蛋白质、粗脂肪、碳水化合物和维生素 6 种营养物质组成。饲料中水分含量越高，干物质越少，饲料的营养价值就越低，而且高水分饲料不利于运输和保存。饲料中粗蛋白质含量越高，饲料营养价值也越高，但对猪和家禽，饲料中氨基酸尤其是可利用氨基酸含量更能衡量饲料的营养价值。粗纤维含量越高，饲料的消化率越低，因而高纤维饲料的营养价值较低。通常分析的饲料粗灰分是一个混合物，因此粗灰分含量不能表明饲料的营养价值，对有机饲料而言，粗灰分过高其营养价值下降。油脂的能值很高，所以，粗脂肪含量越高，饲料的能量含量越高。

（三）影响饲料营养成分的因素

1.植物的生长环境

（1）土壤　土壤化学元素含量影响饲料作物的化学组成，如有些地区的土壤中缺少铜、硒、碘，则该地区生产的饲料作物相应的也缺少这几种元素，从而引起动物患地方性矿物质缺乏症。某些地区的土壤中含有过多的氟、钼、硒等元素，也容易导致动物患氟、钼、硒的中毒症。

（2）肥料　施用肥料，既可提高饲料作物产量，又可能影响饲料中营养物质的含量。

（3）气候　寒冷气候条件下生长的植物，比温热条件下生长的植物粗纤维含量多，而粗蛋白质和粗脂肪的含量较少，气候干旱可使植物中磷的含量减少一半。生长在阳光充足的向阳坡地的植物，粗蛋白质显著高于阴坡地的植物。

2.植物的品种、收获期、加工调制及贮存条件

（1）饲料的种类与品种　不同种类的饲料营养物质的组成差异很大，如青饲料的特点是水分含量高，幼嫩多汁，富含动物所需要的多种维生素。蛋白质饲料中的豆饼、鱼粉等，蛋白质含量高，品质也较好，是动物蛋白质营养的主要来源。禾本科籽实中的玉米等含有大量的淀粉，主要作用是供给动物所需要的能量。同一种饲料，其营养物质组成因品种不同而异。

（2）收获期　植物在不同生长阶段，养分含量不同。随着植物的逐渐成熟，蛋白质、矿物质、胡萝卜素的含量递减，粗纤维的含量递增。

（3）饲料作物部位　植物叶子中营养丰富，远远超过茎秆，饲料收获、晒制、贮存、饲用的过程中，应该尽量避免叶片的损失。

（4）贮存时间　植物细胞的呼吸、酶、微生物发酵等作用使饲料养分减少或发生变化。贮藏时间越长，养分损失程度越大。

（四）动植物体化学组成的比较

植物利用太阳能，以 CO_2、H_2O 等原料合成脂肪、碳水化合物和蛋白质，动物则利用植物体内的这些营养物质。动物为了自身的生命活动和生产，必须从外界环境中摄取所需要的各种营养物质，其中绝大部分来源于植物。因此，二者在化学组成上有密切的联系。虽然动植物体含有水分、粗灰分、粗蛋白、粗脂肪、碳水化合物和维生素 6 种同名营养物质，但是，动物与植物的某些同名营养物质在组成成分上又有明显不同。

1.元素比较

元素种类基本相同，数量差异大，均以氧最多，碳、氢次之，其他较少；植物含钾高，含钠低；动物含钠高，含钾低；动物所含钙、磷高于植物。

2.化合物组成比较

（1）水分　植物水分含量变异大于动物。植物体内水分含量变异范围很大，成年动物体内水分相对稳定。

（2）碳水化合物　植物含纤维素、半纤维素、木质素。动物体没有粗纤维，只含有少量葡萄糖、低级羧酸和糖原。植物能量储备为碳水化合物，含量高。例如，豆科籽实中棉籽糖、水苏糖含量高。块根块茎和禾谷类籽实干物质中淀粉等营养性多糖含量高达 80%以上。一些木质

化程度很高的茎秆、秕壳中，可溶性碳水化合物含量很低。动物体中碳水化合物少(<1%)，主要是糖原和少量葡萄糖。

(3)蛋白质　植物除含真蛋白外，含有较多的氨化物；动物主要是真蛋白及少量游离氨基酸和激素，无其他氨化物。动物蛋白质含量高，变异小，品质也优于植物。蛋白质是动物体的结构物质。构成动植物体蛋白质的氨基酸种类相同，但植物体能自身合成全部的氨基酸，动物体则不能全部合成，一部分氨基酸必须从饲料中获得。

(4)脂类　植物除含真脂肪外，还有其他脂溶性物质，如脂肪酸、色素、树脂、蜡质。油料植物中脂类含量较多，一般植物脂类含量较少。脂类是动物体的储备物质，动物主要是真脂肪、脂肪酸及脂溶性维生素，不含树脂和蜡质。动物因种类、品种、肥育程度等不同，脂肪含量差异大。动物脂肪含量高于除油料作物外的其他植物。

二、动物体对饲料的消化与吸收

(一)消化

动物的种类不同，消化道结构和功能也不同，但是它们对饲料中营养物质的消化却具有许多共同的规律，其消化方式主要归纳为物理性、化学性、微生物消化。

1.物理性消化

由动物摄取饲料开始，指饲料在口腔中的咀嚼和胃肠运动中的消化。靠动物的牙齿和消化道管壁的肌肉运动把饲料压扁、撕碎、磨烂，从而增加饲料的表面积，易于与消化液充分混合，并把食糜从消化道的一个部位运送到另一个部位。物理性消化后食物只是颗粒变小，没有化学性变化，其消化产物不能吸收，但它为化学性消化与微生物消化做好准备。

对各类动物均不提倡将精饲料粉得过细，因咀嚼及消化器官的肌肉运动受饲料粒度之机械刺激，若没有这种刺激，消化液分泌减少，进而不利于化学性消化。

猪、牛、羊等哺乳动物，口腔是主要的物理消化器官，对改变饲料粒度起着十分重要的作用。鸡、鸭、鹅等禽类，对饲料的物理消化，主要是借助肌胃收缩的压力和饲料中的硬质物料的研磨，达到改变饲料粒度的目的，这也是禽类在笼养条件下，配合饲料中适量添加硬质沙石的依据。

2.化学性消化

化学性消化主要在动物的胃和小肠中，靠酶的催化作用进行，非反刍动物主要靠这种方式消化。动物对饲料中的蛋白质、脂肪和糖的消化，主要靠消化器官分泌相应的蛋白酶、脂肪酶、淀粉酶等作用下进行的，动物对饲料中粗纤维的消化，主要靠消化道内微生物的发酵。不同生长阶段的动物，分泌消化酶的种类、数量、酶的活性不同，这是在动物生产上合理组织饲料供应的科学依据。

3.微生物消化

微生物消化主要是由细菌、纤毛虫等微生物，在反刍动物的瘤胃和单胃草食动物的大肠中，对纤维素及其他糖类进行的消化。微生物消化对反刍动物十分重要，瘤胃是反刍动物微生物消化的主要场所。

反刍动物的瘤胃可看作一个厌氧性微生物接种和繁殖的活体发酵罐，瘤胃内环境很适合厌氧微生物的繁殖。瘤胃微生物种类繁多，主要分为两大类群：一类是原生动物，如纤毛虫和鞭毛虫；另一类是细菌。瘤胃微生物除原虫和细菌外，还有酵母类的微生物和噬菌体等。

显然，微生物消化的最大特点是，可将大量不能被宿主动物直接利用的物质转化成能被宿主动物利用的高质量的营养素。但在微生物消化过程中，也有一定量能被宿主动物直接利用的营养物质首先被微生物利用或发酵损失，然后被动物利用，这种二次利用明显会降低利用效率，特别是能量利用效率。

动物的物理性消化、化学性消化和微生物消化过程，并不是彼此孤立的，而是相互联系共同作用的，只是在消化道某一部位和某一消化阶段，某种消化过程才处于主导地位。

（二）吸收

饲料被消化后，其分解产物经消化道黏膜的上皮细胞进入血液或淋巴液的过程称为吸收。

1. 吸收的部位

消化道的部位不同，吸收程度不同。消化道各段都能不同程度地吸收无机盐和水分，而非反刍动物胃的吸收有限，只能吸收少量水分和无机盐。成年反刍动物的前胃（瘤胃、网胃和瓣胃）能吸收大量的挥发性脂肪酸，约75%的前胃微生物消化产物在前胃中被吸收。小肠是各种动物吸收营养物质的主要场所，其吸收面积最大，吸收的营养物质也最多。肉食动物的大肠对有机物的吸收作用有限，而在草食动物和猪的盲肠及结肠中，还存在较强烈的微生物消化，对其消化产物，盲肠和结肠的吸收能力也较强。

2. 吸收途径

（1）胞饮吸收　初生哺乳动物对初乳中免疫球蛋白的吸收即胞饮吸收。胞饮吸收对初生动物获取抗体具有十分重要的意义。

（2）被动吸收　简单的多肽、各种离子、电解质、水及水溶性维生素和某种糖类的吸收。

（3）主动吸收　主要靠消化道上皮细胞的代谢活动，是一种需消耗能量的主动吸收过程，营养物质的主动吸收需要细胞膜上载体的协助。主动吸收是动物吸收营养物质的主要途径，绝大多数有机物的吸收依靠主动吸收完成。

（三）动物对有机物的消化与利用

1. 饲料消化率

饲料中的有机物被动物采食后，首先要经过胃肠消化。其中一部分被消化了，另一部分未被消化。消化最终产物大部分被小肠吸收，少部分未被吸收，未被吸收的部分随同未被消化的部分一起由粪便排出体外。饲料中被动物消化吸收的营养物质称为可消化营养物质，可消化营养物质占食入营养物质的百分比称为消化率。

$$\text{饲料某养分消化率}=\frac{\text{食入饲料中某养分}-\text{粪中某养分}}{\text{食入饲料中某养分}}\times 100\%$$

因粪中所含各种养分并非全部来自饲料，有少量来自消化道分泌的消化液、肠道脱落细胞、肠道微生物等内源性产物，故上述公式计算的消化率为表观消化率。

饲料中某养分的真消化率的计算公式如下：

$$\text{饲料某养分真消化率}=\frac{\text{食入饲料中某养分}-(\text{粪中某养分}-\text{消化道来源物中某养分})}{\text{食入饲料中某养分}}\times 100\%$$

真消化率比表观消化率高，但真消化率测定起来比较复杂困难，因此生产中多采用表观消化率作为饲料营养价值和进行饲养试验的指标。饲料的消化率可通过动物消化试验测得。

2.影响消化率的因素

不同动物因消化力不同,对同一种饲料的消化率也不同;不同种类的饲料,因可消化性不同,同一种动物对其消化率也不同。影响动物消化率的因素有很多,凡是影响消化生理、消化道结构和功能及饲料性质的因素,如动物的种类、年龄及个体差异,饲料的种类、化学成分以及饲养管理技术等因素,都会影响动物的消化率。主要影响因素来自动物、饲料、饲料加工调制、饲养水平方面。

(1)动物因素

①动物种类　不同种类的动物,由于消化道的结构、功能、长度和容积不同,因而消化力也不一样。一般来说,不同种类动物对粗饲料的消化率,差异较大。牛对粗饲料消化率最高,羊稍次,猪最低,家禽几乎不能消化粗饲料中的粗纤维。精料、块根块茎类饲料的消化率,动物种类间差异较小。

②动物的年龄及个体差异　动物从幼年到成年,消化器官和机能发育的完善程度不同,则消化力强弱不同,对饲料养分的消化率也不一样。蛋白质、脂肪、粗纤维的消化率有随年龄的增加而呈上升的趋势,尤以粗纤维最明显,无氮浸出物和有机物的消化率变化不大。老年动物因牙齿衰残,不能很好磨碎食物,消化率又逐渐降低。

同年龄、同品种的不同个体,因培育条件、体况、神经类型等的不同,对同一种饲料养分的消化率仍有差异。一般对混合料差异可达6%,谷实类差异可达4%,粗饲料差异可达12%~14%。

(2)饲料因素

①饲料种类　不同种类和来源的饲料养分含量及性质不同,可消化性也不同。一般幼嫩青饲料的可消化性较高,干粗饲料的可消化性较低;籽实的可消化性较高,而茎秆的可消化性较低。

②饲料化学成分　饲料的化学成分以粗蛋白质和粗纤维对消化率影响最大。饲料中粗蛋白质越多,消化率愈高;粗纤维越多,则消化率越多。

③饲料中蛋白质含量　饲料或饲粮中粗蛋白质含量高,碳水化合物含量则相对较低,有利于动物消化液的分泌和养分的充分消化。就反刍动物而言,各种养分的消化率随饲料或饲粮蛋白质水平的升高而升高,而有机物质和粗蛋白质本身消化率的变化最明显。猪和家禽的饲料或饲粮蛋白质水平对养分消化率的影响也存在同样趋势,但没有反刍动物明显。

④饲料中粗纤维含量　实验证明,随饲料中粗纤维含量增加,有机物质的消化率下降,这在非反刍动物中反应十分明显。

⑤饲料中的抗营养物质　饲料中的抗营养物质是指饲料本身含有,或从外界进入饲料中的阻碍养分消化的微量成分。抗营养物质有:影响蛋白质消化的抗营养物质或营养抑制因子有蛋白质酶抑制剂、凝结素、皂素(皂苷)、单宁、胀气因子等;影响矿物质消化利用的有植酸、草酸、葡萄糖硫苷、棉酚等;影响维生素消化利用的抗营养物质有脂氧化酶(能破坏维生素A、胡萝卜素)、双香豆素(能影响维生素K的利用)、甲基芥子盐吡嘧胺(影响维生素B_1的利用)、异咯嗪(影响维生素B_2的利用)。各种抗营养因子都不同程度地影响饲料消化率。

(3)饲料的加工调制　饲料加工调制的方法很多,有物理、化学、微生物等方法。各种方法对饲料养分消化率均产生影响,其程度视动物种类不同而有差异。适度的磨碎有利于单胃动物对饲料干物质、能量和氮的消化;适宜的加热、膨化可提高饲料中蛋白质等有机物质的消化率。粗饲料用酸碱处理有利于反刍动物对纤维性物质的消化；凡有利于瘤胃发酵和微生物繁殖的因素，皆能提高反刍动物对饲料养分的消化率。

(4)饲养水平　随饲喂量的增加，饲料消化率降低。以维持水平或低于维持水平饲养，养分消化率最高，而超过维持水平后，随饲养水平的增加，消化率逐渐降低。饲养水平对猪的影响较小，对草食动物的影响较明显。

3.有机物的利用

吸收后的营养物质被利用于两个方面：一是氧化供给动物体能量，二是形成动物体成分(体蛋白、体脂肪及少量糖原)和体外产品(奶、蛋及皮毛等)。将饲料中用于形成动物体成分、体外产品和氧化供给动物体能量的营养物质称为可利用营养物质。可利用营养物质占可消化营养物质的百分比称为利用率。则：

$$\begin{aligned}利用率&=\frac{可利用营养物质}{可消化营养物质}\times100\%\\&=\frac{食入物质-粪中物质-尿中物质-胃肠气体损失}{食入物质-粪中物质}\times100\%\end{aligned}$$

正常情况下，尿中没有糖类和脂肪的代谢产物，只有蛋白质的尾产物尿素等。胃肠气体损失物质主要是指消化道中微生物酵解糖类时产生的甲烷等以气体形式排出体外的损失。

动物对饲料蛋白质的利用率又称为蛋白质生物学价值(BV)。蛋白质生物学价值即动物体内被利用氮占肠道吸收氮的百分比。其计算公式如下：

$$蛋白质生物学价值=\frac{利用氮}{吸收氮}\times100\%=\frac{食入氮-(粪中氮+尿中氮)}{食入氮-粪中氮}\times100\%$$

若要准确测定蛋白质生物学价值，还应按下列公式计算：

$$蛋白质真实生物学价值=\frac{食入氮-(粪中氮-代谢氮)-(尿中氮-内源氮)}{食入氮-(粪中氮-代谢氮)}\times100\%$$

测定粪中代谢氮与尿中内源氮的方法是：用无氮日粮饲喂动物或绝食法，其粪中排出的氮即为代谢氮，尿中排出的氮即为内源氮。

蛋白质生物学价值越高，蛋白质营养价值就越高。

任务 2　营养基本术语

饲料中凡能被动物用以维持生命、生产产品的物质，称为营养物质，简称养分。饲料养分概略分为 6 种成分，分别为水分、粗蛋白质、粗脂肪、粗纤维、无氮浸出物和粗灰分。除了 6 种成分外，常规养分还包括：能量、氨基酸、脂肪酸、维生素、必需脂肪酸等。

一、水分

各种饲料均含有水分，其含量差异很大，最高可达 95%以上，最低可低于 5%。水分含量越多的饲料，干物质含量越少，营养价值越低。

饲料中水分常以两种状态存在：一种是含于动植物体细胞间、与细胞结合不紧密、容易挥发的水，称为游离水或自由水；另一种是与细胞内胶体物质紧密结合在一起、形成胶体水膜、难以挥发的水，称结合水或束缚水。构成动植物体的这两种水分之和称为总水分。

不同的分析方法得到不同的水分含量，饲料在 60～70 ℃烘干，失去初水，剩余物叫风干物，这种饲料叫风干（半干）饲料，这种状态叫风干基础；在 100～105 ℃烘干，失去结合水，其干物质叫全干（绝干）物质，其状态叫全干基础。

不同干物质基础的表示方法：新鲜基础（原样基础）；绝干基础（全干基础）；风干基础（半干基础），通常含水 10%～15%。

二、粗蛋白质（CP）

粗蛋白是常规饲料分析中用以估计饲料、动物组织或动物排泄物中一切含氮物质的指标，是饲料中一切含氮物质的总称。包括饲料蛋白质、非蛋白质含氮物，如氨基酸（AA）、酶、某些维生素、尿素、氨、无机含氮盐。数值上，CP%＝N%×6.25。事实上，不同蛋白质的含氮量不全是 16%。它包括了真蛋白质和非蛋白质含氮物（NPN）两部分。

三、粗脂肪（EE）

粗脂肪是饲料、动物组织、动物排泄物中脂溶性物质的总称。常规饲料分析是用乙醚浸提样品所得的乙醚浸出物。粗脂肪中除真脂肪外，还含有其他溶于乙醚的有机物质，如叶绿素、胡萝卜素、有机酸、树脂、脂溶性维生素等物质，故称粗脂肪或乙醚浸出物。粗脂肪可分为真脂肪和类脂两大类。真脂肪由脂肪酸和甘油结合而成，类脂有游离脂肪酸、磷脂、脂溶性维生素等。

饲料中脂肪含量差异较大，高者在 10%以上，低的不及 1%，部位不同，含脂量也不同，籽实＞茎叶＞根。

四、粗纤维（CF）

粗纤维是植物细胞壁的主要组成成分，包括纤维素、半纤维素、木质素及角质等成分，也是饲料中最难消化的营养物质。

五、无氮浸出物（NFE）

饲料有机物质中无氮物质除去脂肪及粗纤维外，总称为无氮浸出物。无氮浸出物主要由易被动物利用的淀粉、多糖、双糖、单糖等可溶性碳水化合物组成。常用饲料中无氮浸出物含量一般在 50%以上，植物性饲料中均含有较多的无氮浸出物，特别是植物籽实和块根块茎饲料中含量高达 70%～85%。植物性饲料中无氮浸出物含量高，适口性好，消化率高，是动物能量的主要来源。动物性饲料中无氮浸出物含量很少。无氮浸出物在动物体内主要是糖原，贮存于肝脏和肌肉中，也含有少量的葡萄糖。

六、粗灰分（Ash）

粗灰分是饲料、动物组织和动物排泄物样品在 550～600 ℃高温炉中将所有有机物质全部氧化后的剩余残渣。主要为矿物质氧化物或盐类等无机物质，有时还含有少量泥沙，故称粗灰分。

矿物质存在于动物体的各种组织中，广泛参与体内各种代谢过程，除碳、氢、氧和氮4种元素，主要以有机化合物形式存在，其余各种元素无论含量多少，统称为矿物质或矿物质元素。

七、能量

饲料中3种有机物在动物体内的代谢过程伴随着能量的转化过程。动物食物的能量、损耗的能量及沉积的能量，遵循能量守恒定律的，称为能量平衡。饲料中的能量，在动物体内的转化过程，见图1-2。

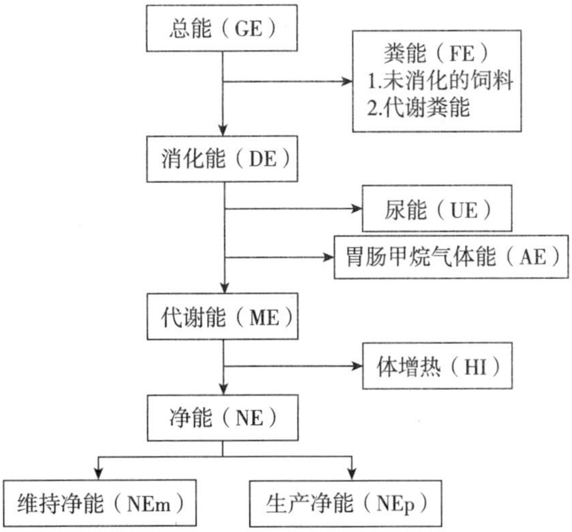

图1-2　饲料中的能量在动物体内的转化过程

1. 总能(GE)

指饲料中3种有机物完全氧化燃烧所释放的全部能量。可用氧弹式测热计测定。饲料的总能取决于其糖类、脂肪和蛋白质含量。3种养分能量的平均含量为：糖类17.5 kJ/g，蛋白质23.64 kJ/g，脂肪39.54 kJ/g。其能值是评定能量代谢过程中其他能值的基础，不能说明饲料被动物利用的有效程度。

2. 消化能(DE)

指饲料中可消化养分所含的能量，即动物摄入饲料的总能与粪能(FE)之差。即：

$$ADE=GE-FE$$

按上式计算的消化能称为表观消化能(ADE)。式中，FE为粪中养分所含的总能，称为粪能。粪能主要是以下物质产生的能量：①未被消化吸收的饲料养分；②消化道微生物及其代谢产物；③消化道分泌物和经消化道排泄的代谢产物；④消化道黏膜脱落细胞。

粪能中扣除代谢粪能(FmE)后计算的消化能称为真消化能(TDE)，即：

$$TDE=GE-(FE-FmE)$$

用真消化能反映饲料的能值比表观消化能准确，但测定较难，故现行动物营养需要和营养价值表一般都用表观消化能。消化能含量受饲料类型、动物种类、饲料或日粮加工方式、饲养水平等因素影响。饲料的消化能可以通过动物消化试验测定。

3. 代谢能(ME)

指饲料消化能减去尿能(UE)及胃肠甲烷气体能量(AE)后剩余的能量。它代表营养物质中参与动物体内转化的部分能量。即：

$$ME=DE-(UE+AE)=GE-FE-UE-AE$$

尿能是尿中有机物质所含的能量。主要包括两部分:一是蛋白质的代谢产物尿素、尿酸等燃烧所产生的尿能,哺乳动物尿中的含氮化合物主要是尿素,禽类主要是尿酸。二是糖类在消化道经微生物酵解所产生的气体中甲烷燃烧所产生的能量,即胃肠甲烷气体能量。饲料代谢能可以通过动物代谢试验测定。

与消化能相比,代谢能更能表明饲料能量在动物体内的转化与利用程度。通常所说的代谢能即表观代谢能。用代谢能评定饲料的营养价值比消化能更为准确。

4. 净能(NE)

指饲料中用于动物维持生命和生产产品的能量,即饲料的代谢能减去饲料在体内的热增耗(HI)后剩余的能量。

$$NE=ME-HI=GE-FE-UE-AE-HI$$

热增耗又称体增热,是指绝食动物在采食饲料后短时间内,体内产热高于绝食代谢产热的热能。热增耗来自消化过程产热、营养物质代谢产热、与营养物质代谢相关的器官肌肉活动产热、肾排泄产热和饲料在胃肠道发酵产热。热增耗以热的形式散失,在冷应激环境中,可用于维持体温。但热应激环境下,热增耗是一种额外负担,必须将其散失,以防止体温升高。降低热增耗也是提高饲料利用率和动物生长性能的主要措施之一。一般来说,蛋白质热增耗高于脂肪和糖类。日粮热增耗的高低依赖于三大有机物的比例和日粮的平衡状况。

净能可分为维持净能(NEm)和生产净能(NEp)。维持净能指饲料能量用于维持生命活动、适度随意运动和维持体温恒定部分。这部分能量最终以热的形式散失掉。生产净能指饲料能量用于沉积到产品中的部分。饲料中净能含量越高,其营养价值就越高。

影响净能值的因素包括影响代谢能、热增耗的因素以及环境温度。而影响热增耗的因素主要是动物种类、饲料组成和饲养水平。

八、氨基酸

氨基酸是组成蛋白质的基本单位,蛋白质的营养实质上就是氨基酸的营养。饲料中蛋白质品质的好坏主要取决于它所含各种氨基酸的平衡状况,特别是必需氨基酸的含量和比例,而可利用(可消化吸收)氨基酸的含量和比例则能更准确地表明蛋白质的品质。

蛋白质品质的高低取决于组成蛋白质的氨基酸的种类及数量。常见的氨基酸有 20 多种,根据氨基酸对动物的营养作用,通常将氨基酸分为必需氨基酸和非必需氨基酸。

1. 必需氨基酸

必需氨基酸是指动物体内不能合成或合成数量很少,不能满足动物营养需要,必须从饲料中供给的氨基酸。对成年动物,必需氨基酸有 8 种,即赖氨酸、蛋氨酸、色氨酸、苯丙氨酸、亮氨酸、异亮氨酸、缬氨酸和苏氨酸。生长家畜有 10 种,除上述 8 种外,还有精氨酸和组氨酸。雏鸡除上述 10 种外,还需补充甘氨酸、胱氨酸和酪氨酸。反刍动物自身同样不能合成必需氨基酸,但瘤胃微生物能合成宿主所需的几乎全部的必需和非必需氨基酸。对于产乳量高或生长快速的反刍动物，瘤胃合成氨基酸的数量和质量则不能完全满足需要，必须以过瘤胃蛋白的形式由饲粮补充。

2. 非必需氨基酸

非必需氨基酸是指某些种类氨基酸在动物体内可以合成，或者可由其他种类氨基酸转化而来，不是必须通过饲料直接提供的氨基酸。如丙氨酸、谷氨酸、丝氨酸等。

从饲料供应角度分，氨基酸有必需与非必需之分，但从营养角度考虑，二者都是动物合成体蛋白和合成产品所必需，且它们之间的关系密切，某些必需氨基酸是合成某些特定非必需氨基酸的前体，如果饲粮中某些非必需氨基酸不足时则会动用必需氨基酸来转化代替，这点在饲养实践中不可忽视，必须要供给充足的非必需氨基酸，防止必需氨基酸转化为非必需氨基酸。研究表明，蛋氨酸脱甲基后可转化为胱氨酸和半胱氨酸。猪和鸡对胱氨酸需要量的30%可由蛋氨酸来满足。若给猪和鸡充分提供胱氨酸，即可节省蛋氨酸；提供充足的酪氨酸可节省苯丙氨酸；丝氨酸和甘氨酸在吡哆醇的参与下，可相互转化。丝氨酸可完全代替甘氨酸参与体内的合成反应，并对雏鸡生长速度及饲料转化率均无影响。

3. 限制性氨基酸

动物对各种必需氨基酸的需要量有一定的比例，但不同种类、不同生理状态等情况下所需要的比例不同，饲料或日粮缺乏一种或几种必需氨基酸时，就会限制其他氨基酸的利用，致使整个日粮中蛋白质的利用率下降，故称它们为该日粮的限制性氨基酸。必需氨基酸的供给量与需要量相差越多，则缺乏程度越大，限制作用越强。根据饲料或日粮中各种必需氨基酸缺乏程度的大小，分别称为第一、第二、第三……限制性氨基酸。

饲料种类不同，所含必需氨基酸的种类和数量有显著差别。动物则由于种类和生产性能等不同，对必需氨基酸的需要量也有明显差异。因此，同一种饲料对不同动物或不同种饲料对同一种动物，限制性氨基酸的种类和顺序不同。谷实类饲料中赖氨酸均为猪和肉鸡的第一限制性氨基酸，蛋白质饲料中蛋氨酸一般比较缺乏。大多数玉米-豆粕型日粮中，蛋氨酸和赖氨酸分别是家禽和猪的第一限制性氨基酸。

九、维生素

维生素是一类动物代谢所必需而需要量极低的低分子有机化合物。维生素不是形成机体各种组织器官的原料也不是能源物质。维生素在体内一般不能被合成，必须由饲料提供或者提供其先体物，主要以辅酶和催化剂的形式广泛参与体内代谢的多种化学反应，从而保证机体组织器官的细胞结构正常，以维持动物的健康和各种生产活动。

十、必需脂肪酸

通常将具有两个或两个以上双键的脂肪酸称为高度不饱和或多不饱和脂肪酸。凡是体内不能合成，必须由日粮供给，或能通过体内特定先体物形成，对机体正常机能和健康具有重要保护作用的脂肪酸都称为必需脂肪酸。其中亚油酸是动物最重要的必需脂肪酸，必须由日粮供给；亚油酸和亚麻酸在植物和动物机体中存在，花生油酸仅存在于动物机体中，亚麻酸和花生油酸可通过日粮直接供给，也可以通过供给足量的特定脂肪酸（亚油酸）由体内进行分子内部转化而合成。但猫例外，猫无法将植物油中的亚麻酸转换成花生油酸以供利用，因此猫必须从动物性饲料中摄取现成的花生油酸，否则会皮毛干燥，失去光泽，甚至产生皮肤病及消瘦的现象，所以动物除猫外，营养需要中通常只考虑亚油酸的供给。

技能训练1　动物营养缺乏的观察与分析

【实训任务描述】 学生通过多媒体设备或饲养场观察，针对动物营养缺乏的症状表现及所学理论知识，能够确认动物典型营养缺乏症，并能够对动物产生的症状进行合理分析，提出详细具体的解决方案。

1. 实训目标

能够对养殖场饲养的畜禽进行现场营养诊断，能够客观、正确分析饲养场饲养效果，并分析产生的原因，提出合理的解决方案。

2. 知识准备

了解主要养分的营养生理功能及营养缺乏症的典型症状。

3. 技能训练内容

【实训条件】 多媒体设备或饲养现场，动物营养缺乏症的多媒体课件一套。

【方法步骤】 首先由教师结合多媒体课件或饲养场观察，启发学生回顾课堂讲授的有关理论知识。师生共同总结归纳出所观察的动物营养缺乏症的名称，从营养角度分析可能产生的原因，并对动物所产生的症状提出解决方案，主要让学生掌握营养缺乏症的典型症状。主要观察内容如下：

(1)缺乏钙、磷及维生素D等所引起的佝偻病的表现。

(2)生长猪缺锌引起的不全角化症、羔羊缺锌引起的皮炎。

(3)缺乏铁、锰、铜及维生素 B_{12} 的动物贫血症。

(4)缺乏维生素E、硒引起的白肌病、脑软化症。

(5)猪、鸡缺乏维生素A引起的干眼症。

(6)生长鸡缺锰导致的滑腱症。

(7)鸡缺乏维生素 B_1 引起的多发性神经炎。

(8)鸡缺乏维生素 B_2 引起的卷爪麻痹症。

(9)动物缺镁引起的牧草痉挛症。

(10)猪缺乏烟酸引起的癞皮症。

【考核评定】

(1)撰写实训报告　记录观察到的营养缺乏症的典型症状，并从营养角度阐述其产生的原因及解决方案，写出实训报告。

(2)课后作业　通过实训观察分析动物还有哪些常见的营养缺乏症，描述出典型症状并拟定解决方案和改进措施。

考核结果评定：能识别全部营养缺乏症，产生原因及解决方案回答正确者得100分；能识别全部营养缺乏症，产生原因及解决方案回答基本正确者得80分；能识别90%以上的营养缺乏症者得60分；否则不及格。

项目 2

饲料及其分类

☆学习任务单

模块一项目 2	饲料及其分类	参考学时	4 学时
任务分配			
学习目标	1.掌握饲料分类的方法 2.理解饲料的概念		
知识目标	1.掌握国际饲料分类的方法 2.掌握中国现行饲料分类的方法		
能力目标	能根据外观识别饲料，能根据营养特点进行正确分类		
素质目标	在学习和实践中，培养脚踏实地、吃苦耐劳、不怕脏、不怕累的工作态度与甘于奉献的职业精神		
考核点	1.饲料的概念 2.饲料的分类		
参考资料	1.杨久仙，刘建胜.动物营养与饲料加工[M].3 版.北京：中国农业出版社，2019. 2.陈明.动物营养与饲料[M].北京：中国农业出版社，2019.		

任务 3　国际及中国饲料分类法

一、饲料的概念

饲料是指合理饲喂条件下能给动物提供营养物质、调控生理机制、改善动物产品品质且不发生有毒、有害作用的物质。从广义上讲，能强化饲养效果的某些非营养物质，如各种添加剂，也属于饲料。在饲料工业上，以一种动物、植物、微生物或矿物质等为来源的饲料称为饲料原料或单一饲料。饲料既包括各种天然饲料原料，也包括由各种原料加工而成的产品，如添加剂预混料、浓缩饲料和全价饲料等。

二、饲料的分类

表 1-1　国际饲料分类依据原则

饲料类别	饲料编码	划分饲料类别依据/%		
		水分(鲜样基础)	粗纤维(干物质基础)	粗蛋白质(干物质基础)
粗饲料	1-00-000	<45	≥18	—
青绿饲料	2-00-000	≥45	—	—
青贮饲料	3-00-000	≥45	—	—
能量饲料	4-00-000	<45	<18	<20
蛋白质补充料	5-00-000	<45	<18	≥20
矿物质饲料	6-00-000	—	—	—
维生素饲料	7-00-000	—	—	—
饲料添加剂	8-00-000	—	—	—

资料来源:赵燕,动物营养与饲料加工,2015。

(一)国际饲料分类法

饲料种类繁多,养分组成和营养价值各异。为了解各种饲料的特点,以便于科学合理地利用饲料,有必要建立现代饲料分类体系。

(1)粗饲料　干物质中含粗纤维在18%以上包括18%,以风干物为饲喂形式的饲料称为粗饲料,如干草和作物秸秆。

(2)青绿饲料　天然水分含量在45%以上包括45%的新鲜饲草及牧草均属青绿饲料,如苜蓿。

(3)青贮饲料　是指青饲原料在厌氧条件下,经过乳酸菌发酵调制和保存的一种青绿多汁饲料,如玉米、燕麦青贮料等。

(4)能量饲料　干物质中粗纤维含量在18%以下不包括18%,粗蛋白质含量在20%以下不包括20%,且每千克含消化能在10.46 MJ以上的饲料称为能量饲料,如玉米和大麦等。

(5)蛋白质补充料　干物质中粗蛋白质含量在20%以上包括20%,粗纤维含量在18%以下不包括18%的饲料均属此类,如豆粕和菜籽粕等。

(6)矿物质饲料　是指可供饲用的天然矿物及工业合成的无机盐类,如食盐、石粉等。贝壳粉和骨粉来源于动物,但主要用来提供矿物营养素,故也划入此类。

(7)维生素饲料　工业合成或提纯的维生素制剂,不包括富含维生素的天然饲料,如维生素A、B族维生素等均属此类。

(8)饲料添加剂　凡在配合饲料中添加的各种少量或微量成分叫作饲料添加剂,如杆菌肽锌等。

(二)中国现行饲料分类法

根据动物营养科学的进展,为了适应饲料工业和养殖业的发展需要,我国于1980年年初,根据国际饲料分类原则与我国传统分类体系相结合,提出了我国的饲料分类和编码系统(表1-2)。1987年我国农业部正式批准筹建中国饲料数据库。首先在国际饲料分类法基础上将饲料分成8大类,然后结合我国传统饲料分类习惯划分为17亚类,两者结合,迄今可能出现的类别有37

类，对每类饲料冠以相应的编码(Chinese Feeds Number，CFN)，编码分为3节，共7位数，首位为IFN八大类分类编号，第2、第3位CFN亚类编号，按照饲料的来源、形态、生产加工方法等属性，第4位至第7位为具体饲料的个体编码，表示为△-△△-△△△△。中国饲料分类编码见表1-2。

例如：吉双4号玉米的分类编码是4-07-6302，表明是第4大类能量饲料，07则表示属谷实类，6302则是该玉米籽实的个体编码。

表1-2　中国现行饲料分类编码表　　%

第2、3位编码	饲料类别
01	青绿多汁类
02	树叶
03	青贮饲料类
04	根茎瓜果类
05	干草类
06	农副产品类
07	谷实类
08	糠麸类
09	豆类
10	饼粕类
11	糟渣类
12	草籽树实类
13	动物性饲料类
14	矿物质饲料类
15	维生素饲料类
16	添加剂类
17	油脂类及其他

资料来源：赵燕，动物营养与饲料加工，2015。

技能训练2　常用饲料原料识别

【实训任务描述】　饲料是畜牧业生产的物质基础。按照生产要求，独立或者在教师及技术人员的指导下，完成常用饲料原料识别的任务。在任务完成过程中，培养学生饲料原料识别能力，明确饲料的分类及不同类型饲料的营养特性。

1. 实训目标

能正确识别常用饲料，并能描述饲料的外观特征，根据营养特性分类。

2. 知识准备

理解饲料的概念，掌握饲料的分类方法，了解饲料的营养特性。

3. 技能训练内容

【材料设备】

(1)饲草标本、挂图、幻灯片或视频、瓷盘、镊子、直尺等。

(2)粗饲料、青饲料、籽实饲料、矿物质饲料等实物。

①苜蓿青干草、燕麦青干草、玉米秸、麦秸、稻草、谷草、花生壳、高粱壳、玉米芯、豆荚、杨树叶和槐树叶等。

②紫花苜蓿、草木樨、三叶草、青刈玉米、青刈燕麦、聚合草、甘蓝、胡萝卜、甜菜、南瓜和水浮莲等。

③玉米、禾本科牧草等青贮饲料。

④玉米、高粱、大麦、燕麦、小麦麸、稻糠、甘薯、马铃薯等。

⑤鱼粉、肉骨粉、血粉、羽毛粉、豆饼(粕)、棉籽饼(粕)、菜籽饼(粕)、花生饼(粕)、亚麻饼(粕)、胡麻饼(粕)和尿素等。

⑥食盐、骨粉、贝壳粉、蛋壳粉、石粉及硫酸铜、硫酸亚铁等。

⑦维生素 A、维生素 D_3、维生素 B_1、维生素 B_2 等多种维生素。

⑧蛋氨酸、赖氨酸及着色剂、防腐剂等饲料保存剂和保健促生长剂。

【方法步骤】

(1)根据饲料的营养特点和来源划分上述各类饲料，并说出分类依据和各类饲料的营养特点。

(2)同类饲料中根据饲料各自的外观特征(形状、体积大小、植物部位、标签等)、加工方法等区分品种和记忆名称。

(3)结合实际，重点介绍、识别常用的当地饲草饲料。

【考核内容】

现场考核和实习报告相结合评分。

能识别全部饲料，分类和回答问题正确者得 100 分；能识别全部饲料，分类和回答问题基本正确者得 80 分；能识别 90%以上的饲料者得 60 分；否则不得分。

项目3

各类饲料的营养价值

☆学习任务单

模块一项目3	各类饲料的营养价值	参考学时	14学时
任务分配			
学习目标	1.掌握粗饲料、青绿饲料、青贮饲料、能量饲料、蛋白质饲料、矿物质饲料、维生素饲料、饲料添加剂的营养特点及应用 2.掌握能量、脂肪、蛋白质、碳水化合物、矿物质、维生素和水的合理供应 3.掌握各种营养物质的营养生理作用		
知识目标	1.掌握能量饲料的分类,谷实类饲料、糠麸类饲料、淀粉质块根块茎饲料及其他能量饲料的营养特性及碳水化合物和脂肪的营养生理作用 2.掌握蛋白质饲料的分类,动物性蛋白质饲料、豆科籽实、饼(粕)类饲料、微生物蛋白质饲料、非蛋白氮饲料的营养特性及蛋白质的营养生理作用 3.掌握矿物质饲料的营养特性及矿物质营养生理作用 4.掌握维生素饲料的营养特性及维生素营养生理作用 5.掌握饲料添加剂的分类及特点 6.掌握青绿饲料的分类及营养特点 7.掌握粗绿饲料分类及营养特点 8.掌握青贮饲料加工原理和优越性		
能力目标	1.掌握能量饲料的应用 2.掌握蛋白质饲料的应用 3.掌握矿物质饲料的应用 4.掌握维生素饲料的应用 5.掌握饲料添加剂的应用 6.掌握青绿饲料的应用 7.掌握粗绿饲料的应用 8.掌握青贮饲料的调制、利用和品质鉴定		

续表

模块一项目 3	各类饲料的营养价值	参考学时	14 学时
素质目标	在学习和实践中，培养学生诚实敬业、精益求精、认真负责、吃苦耐劳的职业道德		
考核点	1. 能量饲料的分类，谷实类饲料、糠麸类饲料、淀粉质块根块茎饲料及其他能量饲料的营养特性及碳水化合物和脂肪的营养生理作用 2. 蛋白质饲料的分类，动物性蛋白质饲料、豆科籽实、饼（粕）类饲料、微生物蛋白质饲料、非蛋白氮饲料的营养特性及蛋白质的营养生理作用 3. 矿物质饲料的营养特性及矿物质营养生理作用 4. 维生素饲料的营养特性及维生素营养生理作用 5. 饲料添加剂的分类及特点 6. 青绿饲料的分类及营养特点 7. 粗饲料分类及营养特点 8. 青贮饲料加工原理和优越性		
参考资料	1. 杨凤. 动物营养学[M]. 2 版. 北京：中国农业出版社，2001. 2. 杨久仙，刘建胜. 动物营养与饲料加工[M]. 3 版. 北京：中国农业出版社，2019. 3. 陈明. 动物营养与饲料[M]. 北京：中国农业出版社，2019.		

任务 4　能量饲料与能量供给

一、能量饲料

能量饲料是指干物质中粗纤维含量在 18%以下，粗蛋白质含量在 20%以下的饲料，一般分为谷实类、糠麸类、根茎瓜果类和油脂类等。这类饲料的消化能（猪）在 10.46 MJ/kg 以上。在 12.55 MJ/kg 以上称为高能饲料。它们是畜禽的重要能量来源，在畜禽饲养和饲料工业中占有极其重要的地位。这类饲料一般淀粉含量高，易于消化，有效能值高。能量饲料包括谷物籽实类（4-07-0000）、糠麸类（4-08-0000）、块根块茎（4-04-0000）和其他类（如油脂、糖蜜、乳清粉、酒糟等）。

（一）谷实类饲料

谷实类饲料是禾本科植物成熟的种子，主要是玉米、高粱、大麦、燕麦等籽实的统称。其营养特点：①无氮浸出物含量高。一般占干物质的 70%～80%，主要是淀粉，占无氮浸出物的 82%～90%，占干物质的 50%～60%。淀粉是这类饲料最有饲用价值的养分。②粗纤维含量低。平均为 2%～6%，因而谷类籽实的消化利用率高，可利用能值高。③蛋白质含量低，且品质差。蛋白质平均含量在 10%左右，与其能值相比，就显得更低。赖氨酸不足，蛋氨酸较少，清蛋白和球蛋白含量少，而品质较差的谷蛋白和醇溶蛋白的含量高达 80%～90%，难以满足畜禽的蛋白质要求。④矿物质含量不平衡。钙一般低于 0.1%，而磷高达 0.3%～0.5%，钙少磷多，比例为 1∶6.4，比值与畜禽的需要不符。且主要是植酸磷，利用率低，并可干扰其他矿物元素的利用。⑤维生素含量不平衡。一般含维生素 B_1、维生素 E 较丰富，而维生素 B_2、维生素 D、维生素 A（黄玉米除外）较缺乏，几乎不含维生素 C。⑥脂肪含量低。此类饲料含脂肪约 3.5%，其中主要是不饱和脂肪酸，亚油酸和亚麻油酸的比例较高。不同谷物籽实因养分组成不同，饲用价值也不同。

1. 玉米

玉米（图 1-3C）是谷实类饲料的主体，也是我国主要的能量饲料，被誉为“能量之王”。玉米按品种特点可分为硬质玉米、马齿玉米、甜玉米、爆裂玉米、蜡质玉米、粉质玉米等，饲用玉米多指马齿型和硬质型。玉米按颜色可分为黄玉米、白玉米和红玉米。饲用以黄玉米为主。遗传学家已培育出一些新玉米品种，其特点是高蛋白、高赖氨酸、高色氨酸、高油脂。

（1）营养价值

①可利用能值高　玉米粗纤维含量少，无氮浸出物高，且主要是淀粉，消化率高，脂肪含量高，可利用能值是谷实类籽实中最高的。

②必需脂肪酸中亚油酸含量高　玉米亚油酸含量达到 2%，是谷物籽实中亚油酸含量最高者。

③蛋白质含量低　仅含 7%～9%，且品质差，缺乏赖氨酸和色氨酸。原因是玉米蛋白质中 50% 为玉米醇溶蛋白，其品质低于谷蛋白。通过遗传改良可降低玉米醇溶蛋白的比例。从而提高赖氨酸的含量。

④维生素　黄玉米中含有丰富的维生素 A 原，即 β-胡萝卜素含量 1.3～3.3 mg/kg，平均 2.0 mg/kg，维生素 E 20 mg/kg，而维生素 D、维生素 K 缺乏。水溶性维生素中 B_1 较多，而维生素 B_2 和烟酸较少。

⑤矿物质　玉米含钙极少，仅 0.02% 左右，含磷约 0.25%，其中植酸磷占 50%～60%。铁、铜、锰、锌、硒等微量元素含量也较低。

⑥色素　黄玉米含色素较多，主要是 β-胡萝卜素、叶黄素和玉米黄质。叶黄素和玉米黄质一起对奶油和鸡蛋黄、脚、皮肤、喙的着色产生重要影响。

⑦脂肪　玉米含脂率较高，猪饲料中使用过多易造成软脂肉。粉碎后玉米易酸败，易被霉菌污染，而产生黄曲霉毒素。

（2）影响玉米品质的因素　影响玉米品质的因素很多，主要有水分、贮藏时间、破碎粒度、霉变情况等。

（3）饲喂价值

①对猪的饲喂价值　玉米对猪的饲养效果很好，但要避免过量使用，以防热能太高使猪背膘增加，20 kg 以内的小猪应以细粒为宜，但粉碎过细，不但降低采食量，而且会诱发胃溃疡。大猪以粗粒为好。饲用玉米应考虑添加赖氨酸。

②对鸡的饲喂价值　玉米是鸡最重要的饲料原料，其热能高，最适合肉鸡育肥，且黄玉米对蛋黄、皮肤、脚、喙都有良好的着色功能，因而在蛋鸡饲料中也广为应用。

③对草食动物的饲喂价值　可大量用于牛精料补充料，也是马、羊的优良热能来源。

④对水产动物的饲喂价值　某些鱼类如金鱼、锦鲤、虾、蟹可以把玉米中的某些物质转变为虾青素。但是大部分鱼类对生玉米的消化都有困难，即使是熟玉米对水产动物的饲喂价值也有待于进一步研究。

2. 大麦

大麦是皮大麦(普通大麦)和裸大麦的总称。裸大麦在成熟时颖皮容易脱落,在植物学上属于栽培大麦的变种。大麦是世界上最古老的作物之一。在我国,大麦分布广,皮大麦多种植于华东地区,而裸大麦则在东南沿海两熟及三熟制地区,以及青藏高原高寒地区。

(1)营养价值

①粗蛋白质　大麦的蛋白质含量平均为12%,氨基酸组成中赖氨酸、色氨酸、异亮氨酸等含量高于玉米。

②粗脂肪　含量约为2%,低于玉米的含量,脂肪酸中一半以上的是亚油酸。

③碳水化合物　裸大麦的粗纤维含量与玉米差不多。皮大麦的粗纤维含量比裸大麦高一倍多。二者的无氮浸出物均在67%以上,主要成分是淀粉,其他糖约占10%。

④能值　裸大麦的有效能值高于皮大麦,仅次于玉米。

(2)影响大麦品质的因素

①麦角病　裸大麦易感染真菌中的麦角菌属而得麦角病,造成畸形籽实,并含有麦角毒。该物质能影响裸大麦产量,降低适口性,甚至引起畜禽中毒。中毒症状表现为坏疽症、痉挛、繁殖障碍、生长抑制、呕吐及咳嗽等。故发现大麦含畸形粒太多时应慎用。

②单宁　大麦含有单宁,会影响大麦适口性和蛋白质消化利用率。

(3)饲喂价值　大麦不宜用于仔猪,但若是裸大麦或经脱壳、压片及蒸汽处理后则可取代部分玉米饲喂仔猪。以大麦饲喂育肥猪,日增重与玉米相当,但饲料转化率不如玉米;若经脱皮制粒处理,则与玉米有同等价值。猪饲粮中用量以不超过25%为宜。大麦对鸡的饲喂价值明显不如玉米。肉鸡日粮中用量一般为20%,最好在10%以下。用量达40%以上时,影响更为明显。大麦是奶牛和肉牛的优良精饲料。对肥育牛的饲喂价值与玉米等同。对奶牛大量饲喂时,可能导致乳脂较硬,故在精料中的用量以40%以下为宜。

3. 小麦

小麦(图1-3d)是全世界主要的粮食作物之一,我国产量居全世界第二位,小麦按栽培季节可分为春小麦和冬小麦;按谷粒质地可分为硬小麦和软小麦;按种皮颜色可分为红小麦和白小麦。

(1)营养价值

①小麦的粗纤维含量和玉米相当,粗脂肪含量低于玉米,但蛋白质含量高于玉米,是谷实类籽实中蛋白质含量较高者。小麦的能值也较高,仅次于玉米。但其氨基酸含量中必需氨基酸含量较低,尤其是赖氨酸。

②小麦和玉米一样,钙少磷多,且主要是植酸磷,微量元素铁、铜、锰、锌、硒的含量较少。

③小麦含B族维生素和维生素E较多,而维生素A、维生素D、维生素C、维生素K极少。

(2)饲喂价值　小麦对于各种动物都具有较高的饲喂价值。小麦对猪的适口性优于玉米,整粒和碾碎的均好,但磨得过细则不好。在等量取代玉米饲喂肥育猪时,可能因能值低于玉米而降低饲料利用率,但可节约部分蛋白质饲料,并改善屠体品质,防止背膘变厚。对鸡的饲喂效果不如玉米,建议制成颗粒饲料饲喂;对肉用仔鸡,常引起垫料过湿、氨气过多、生长受抑制、跗关节损伤和胸部水泡发病率增加,宰后等级下降等现象。对反刍动物小麦是很好的能量来源,但用量不宜过多,以防产生过酸症,宜粗粉碎或压片使用。小麦是所有谷物中最适于杂食鱼和草食鱼的淀粉质原料，而且能改善颗粒料硬度。

4. 高粱

高粱（图 1-3b）干物质含消化能 13.18 MJ/kg，代谢能 12.30 MJ/kg，其他营养特性也与玉米相似。但高粱种皮中含有较多的单宁，对单胃动物可降低蛋白质和矿物质的利用率。高粱有苦涩味，适口性不及玉米，在配合饲料中比例不宜过大，应控制在 15%以下，否则易引起便秘。

5. 燕麦

燕麦（图 1-3d）是我国高寒地区种植的主要饲料作物之一，含消化能 11.08 MJ/kg，代谢能 7.94 MJ/kg，粗纤维 8.9%。燕麦蛋白质及其氨基酸的含量与比例均优于玉米，但由于粗纤维含量高，容积大，有效能值低和植酸磷含量高，蛋鸡和肉鸡应少用或不用，育成猪不宜多用，种猪可酌量使用 10%～20%，饲喂马属动物和牛特别适宜。

6. 其他谷类饲料

稻谷、粟和荞麦均有纤维质颖壳，营养价值与大麦相近，脱壳后则为优质能量饲料。荞麦含一种光敏物质，动物大量采食后在日光照射下可引起皮肤过敏性红斑。小黑麦因抗逆性强、产量高及蛋白质含量高于玉米，近年来颇受重视。

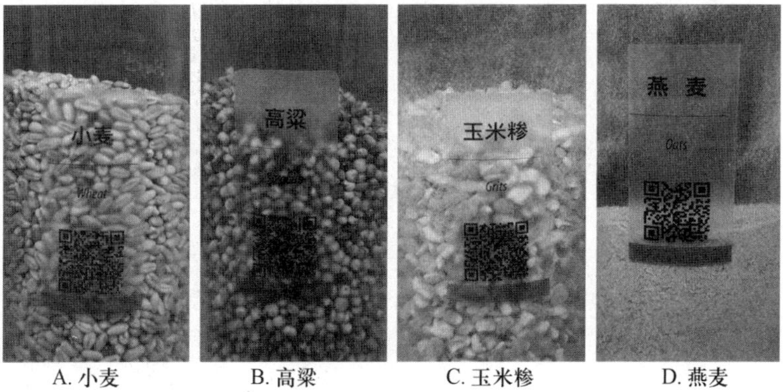

A. 小麦　　B. 高粱　　C. 玉米糁　　D. 燕麦

图 1-3　常见谷实类饲料

（二）糠麸类饲料

一般谷实的加工分为制米和制粉两大类。制米的副产物称作糠，制粉的副产物则为麸。主要是由籽实的种皮、糊粉层与胚组成。营养价值的高低随加工方法而异。其一般营养特点为：①无氮浸出物比谷实少，约占 40%～50%，与豌豆和蚕豆相近；②粗纤维含量比籽实高，约占 10%；③粗蛋白质的数量与质量均介于豆科与禾本科籽实之间；④米糠中粗脂肪含量达 13.1%，其中不饱和脂肪酸含量高；⑤矿物质中磷多钙少，且磷多以植酸磷的形式存在；⑥维生素 B_1、烟酸及泛酸含量较丰富，其他均缺少。生长快或生产水平高的畜禽应少用或不用这类饲料。

1. 稻糠

稻谷脱壳后精磨制米的副产物，也称细米糠（图 1-4）。其营养价值依加工程度而异，加工的精米越白，则进入米糠的胚乳越多，其能值越高。米糠约含 13%的粗蛋白质和 17%的粗脂肪，有效能值仅低于稻谷；含有较多的含硫氨基酸，且含铁、锰、锌丰富；含磷量高于钙 20 倍。

米糠适于饲喂各种家畜，但由于其油脂含量较高，易氧化酸败，不宜贮藏，在饲粮中配比过高会引起腹泻及体脂肪发软。一般米糠喂鸡，用于粉料中以 3%～8%为宜，猪应控制在 20%以下，乳牛和肉牛饲粮中可用到 20%左右。

2. 小麦麸

小麦麸俗称麸皮（图 1-4），是面粉加工过程的副产物。干物质含消化能 9.37 MJ/kg，代谢能 6.82 MJ/kg，粗蛋白质 12%～16%，粗纤维 10%左右。并含有较多的 B 族维生素、烟酸和胆碱等和维生素 E，麸皮质地轻松，适口性好，具有轻泻性，因能量水平低，作肥育和仔猪饲料时用量不宜大；蛋鸡和种鸡控制在 10%以下；乳牛饲料使用 30%左右。

3. 其他糠麸

主要有小米麸（图 1-4）、高粱糠、玉米皮等。高粱糠消化能高于小麦麸。对猪、鸡的喂量应限制；饲喂奶牛和肉牛效果较好。玉米皮因粗纤维含量较高，对猪和鸡的有效能值较低，不宜喂仔猪，但可作为乳牛和肉牛饲料。

图 1-4　常见糠麸类饲料

（三）淀粉质块根、块茎及瓜类饲料

常见的有甘薯、马铃薯、木薯、甜菜、胡萝卜、南瓜等。这类饲料的最大特点是水分含量高达 75%～90%。干物质中无氮浸出物达 60%～80%，粗纤维占 3%～10%，粗蛋白质仅为 5%～10%，矿物质为 0.8%～1.8%，缺乏 B 族维生素。适口性好，消化率高，且干物质的代谢能高；除胡萝卜和红心甘薯及南瓜外，都缺乏胡萝卜素。

1. 甘薯

生熟都可，但熟喂时其蛋白质的消化率较高，且饲料利用率也较高，采食量增加 10%～17%。甘薯保存不妥时，碰伤处易受微生物侵染而出现黑斑或腐烂。黑斑甘薯有毒，家畜食后有腹痛和喘息症状，重者致死。用病薯制粉或酿酒后的糟渣也含有毒性物质，不能饲用。将甘薯切片晒干和粉碎后可作为配合饲料组分，替代部分玉米等籽实料。

2. 马铃薯

干物质含量约25%，其中淀粉占干物质的80%左右，鲜马铃薯中维生素C丰富，但其他维生素贫乏。马铃薯对反刍家畜可生喂；对猪熟喂较好。马铃薯的嫩芽、芽眼及绿色表皮含有龙葵素，大量采食可导致家畜消化道炎症和中毒。饲用时须清除皮和幼芽或蒸煮，但煮水不能供家畜饮用。

3. 胡萝卜

每千克鲜胡萝卜含胡萝卜素80 mg，可作为某些畜禽维生素A的来源之一。胡萝卜多汁味甜，各种家畜都喜食，对种公畜和繁殖母畜有很好的调养作用。

(四)其他能量饲料

植物油与动物油脂是常用的液体能量饲料。作为一种高能饲料，它们常用以提高饲粮的能量浓度并改善适口性，在肉仔鸡等的饲养中应用广泛。

1. 油脂

油脂是油与脂的总称，按照一般习惯，在室温下呈液态的称为“油”，呈固态的称为“脂”。随温度的变化，两者的形态可以互变，但其本质不变，它们都由脂肪酸与甘油所组成。油脂来源于动植物，是家畜重要的营养物质之一，特别是它能提供比其他任何饲料都多的能量，因而就成为配制高热能饲料所不可缺少的原料。

植物油的代谢能高达37 MJ/kg，用于肉仔鸡的增重效果好于动物油脂。常用的有大豆油、玉米油等(图1-5)。动物油脂的代谢能略低于植物油，约为35 MJ/kg。这类油脂多由胴体的某些部分熬制加工而来，如猪油脂、牛油脂和鱼油。

天然存在的油脂种类繁多，分类方法也不少，根据产品的来源及状态可分为动物性油脂、植物性油脂和海产动物油脂。鱼油同其他油脂不同，因其富含大量的不饱和脂肪酸，极易氧化酸败，有难闻的鱼腥味。鱼油特别是深海鱼油具有预防心脑血管疾病等功能，将其用于畜禽日粮，可在肉、蛋等产品中富集，从而生产出有益人体健康的动物产品。

饲料中添加油脂，除了由于油脂具有上述的特性外，还有以下几点好处：减少饲料因粉尘而导致的损失及动物呼吸道疾病；减少热应激带来的危害；提高粗纤维的使用价值；提高饲料风味；改善饲料外观；提高制粒效果；减少混合机等机械设备的磨损。

油脂的饲喂价值：

(1)对猪的饲喂价值　仔猪人工乳及教槽饲料因需热能较高，需加适量油脂，以提高适口性，改善增重及增进仔猪免疫能力，以大豆油为最佳；肉猪饲料添加油脂也可提高增重，改善饲料效率，但脂肪太高会导致背膘增厚而影响胴体品质，一般60 kg以上肉猪不宜再添加。母猪分娩前1周给予油脂，可增加泌乳量及乳脂率，提高初乳质量，增加仔猪存活率，并且可避免母猪失重及提高受胎率。另外，注意添加不当导致软脂肉和胴体产生鱼腥臭等问题。

(2)对鸡的饲喂价值　可补充亚油酸，增加蛋重。在炎热的夏季，添加油脂可避免因酷热造成的食欲不振和产蛋率下降等。一般来说，在以玉米、豆饼为主的蛋鸡、育成鸡日粮中，为降低饲养成本可考虑不添加油脂。肉鸡日粮添加适量油脂可满足其代谢能要求，并能显著提高肉鸡日增重和饲料报酬。

(3)对反刍动物的饲喂价值　2周龄以上犊牛的代乳料中需要使用足量的高品质10%～20%油脂，但是用不饱和度高的大豆油和棉籽油喂犊牛时，须经过氢化处理使之成为饱和脂肪酸，或者添加抗氧化剂和维生素 E。高产奶牛的能量供应不易满足，提高精料比例会降低乳脂率和诱发臌胀症、酮病等代谢病。因此日粮中添加适量油脂以代替淀粉类精料，可在不降低精料比例的条件下提高日粮能量浓度，满足奶牛的产奶需要。

(4)对水产动物的饲喂价值　不仅可以提供能量及必需脂肪酸，还具有节省饲料蛋白质的功效。

2. 糖蜜

又名糖浆。包括甜菜、甘蔗、柑橘、糖蜜等，含碳水化合物 53%～55%，水分 20%～30%。易消化，有甜味，适口性好。喂量不宜过多，否则会引起鸡软便和猪、牛腹泻。猪、鸡饲料中适宜添加量为 1%～3%，肉牛为 4%，犊牛为 8%。糖蜜可作为颗粒饲料的黏合剂，提高颗粒饲料的质量。喂牛时，若在糖蜜中添加适量尿素，制成氮化糖蜜，效果更好。

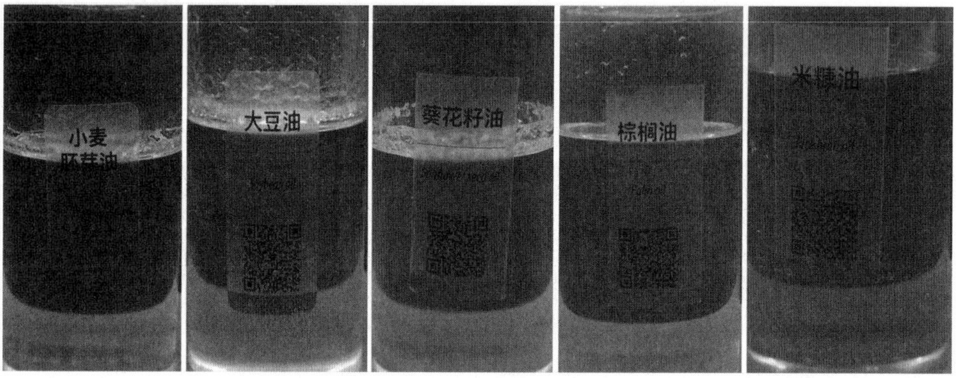

图 1-5　其他能量饲料

二、能量供给

(一)碳水化合物营养

碳水化合物广泛地存在于植物性饲料中，在动物日粮中占一半以上，是供给动物能量最主要的营养物质。

1. 碳水化合物的组成

植物性饲料中的碳水化合物又称糖，虽然种类繁多，性质各异，但是，除个别糖的衍生物中含有少量氮、硫等元素外，都由碳、氢、氧 3 种元素组成。其中氢与氧原子的比为 2∶1，与水的组成相同，故称其为碳水化合物。按其结构性质分类见图 1-6。

寡聚糖又称为低聚糖或寡糖，是指 2～10 个单糖通过糖苷键连接起来形成直链或支链的一类糖；而将 10 个糖单位以上的称为多聚糖，包括淀粉、纤维素、半纤维素、果胶、半乳聚糖、甘露聚糖、黏多糖等；纤维素、半纤维素及果胶则统称为非淀粉多糖(NSP)。根据非淀粉多糖的水溶性，将溶于水的称为可溶性非淀粉多糖，如 β-葡聚糖、阿拉伯木聚糖和果胶；不溶于水的则称为不溶性非淀粉多糖，如纤维素。可溶性 NSP 的抗营养作用日益受到关注，猪、鸡消化道缺乏相应的内源酶而难以将其降解。它们与水分子直接作用增加溶液的黏度，且随多糖浓度的增加而增加；多糖分子本身互相作用，缠绕成网状结构，这种作用过程能引起溶液黏度大大增加，甚至形成凝胶。因此，可溶性 NSP 在动物消化道内能使食糜变黏，进而阻止养分接近肠

- 碳水化合物
  - 无氮浸出物
    - 糖
      - 单糖：葡萄糖、果糖、半乳糖
      - 双糖：麦芽糖、蔗糖、乳糖
    - 淀粉（由许多单糖聚合而成的多糖）
  - 粗纤维
    - 纤维素
    - 半纤维素
    - 镶嵌物质
      - 木质素
      - 角质
      - 木栓质、硅酸

图 1-6　碳水化合物的分类

黏膜表面，最终降低养分消化率。

动物虽然从饲料中采食大量的碳水化合物，但动物体内的碳水化合物仅占体重的1%左右。主要存在形式有：血液中的葡萄糖，肝脏和肌肉中贮存的糖原及乳中乳糖。另外，碳水化合物还以黏多糖、糖蛋白、糖脂等杂多糖的形式存在于动物的组织器官中。

2. 碳水化合物的营养功能

(1)碳水化合物是体组织的构成物质　碳水化合物普遍存在于动物体的各种组织中，作为细胞的构成成分，参与多种生命过程，在组织生长的调节上起着重要作用。

(2)碳水化合物是供给动物能量的主要来源　动物为了生存和生产，必须维持体温的恒定和各个组织器官的正常活动。如心脏的跳动、血液循环、胃肠蠕动、肺的呼吸、肌肉收缩等都需要能量。动物所需能量中，约80%由碳水化合物提供。碳水化合物广泛存在于植物性饲料中，价格便宜，由它供给动物能量最为经济。

(3)碳水化合物是机体内能量贮备物质　饲料中碳水化合物在动物体内可转变为糖原和脂肪而作为能量贮备。碳水化合物在动物体内除供给能量外还有多余时，可转变为肝糖原和肌糖原。当肝脏和肌肉中的糖原已贮满，血糖量也达到0.1%还有多余时，便转变为体脂肪。母畜在泌乳期，碳水化合物也是乳脂肪和乳糖的原料。体脂肪约有50%、乳脂肪有60%～70%是以碳水化合物为原料合成的。

(4)粗纤维是动物日粮中不可缺少的成分　粗纤维经微生物发酵产生的各种挥发性脂肪酸，除用以合成葡萄糖外，还可氧化供能。粗纤维是草食动物的主要能源物质，它所提供的能量可满足草食动物的维持能量消耗；粗纤维体积大，吸水性强，不易消化，可充填胃肠容积，使动物食后有饱腹感；粗纤维可刺激消化道黏膜，促进胃肠蠕动、消化液的分泌和粪便的排出。

饲养实践中，如日粮中碳水化合物不足，动物就要动用体内贮备物质(糖原、体脂肪，甚至体蛋白)，出现体况消瘦，生产性能降低等现象。因此，必须重视碳水化合物的供应。

3. 寡聚糖的特殊作用

碳水化合物中的寡聚糖已知有1 000种以上，目前在动物营养中常用的主要有：寡果糖(又称果寡糖或蔗果三糖)、寡甘露糖、异麦芽寡糖、寡乳糖及寡木糖。近年研究表明，寡聚糖可作为有益菌的基质，改变肠道菌相，建立健康的肠道微生物区系。寡聚糖还有消除消化道内病原菌、激活机体免疫系统等作用。日粮中添加寡聚糖可增强机体免疫力，提高成活率、增重及饲料转化率。寡聚糖作为一种稳定、安全、环保性良好的抗生素替代物，在畜牧业生产中有着广阔的发展前景。

4.单胃动物碳水化合物营养特点及应用

碳水化合物在动物体内代谢方式有两种：一是葡萄糖代谢，二是挥发性脂肪酸代谢。其过程简式表示如下：

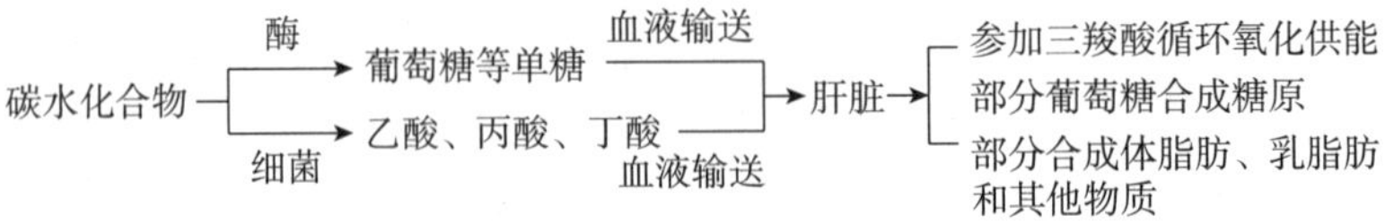

对于无氮浸出物而言，由上可知，饲料中的碳水化合物被猪采食后进入口腔，猪口腔的唾液淀粉酶活性较强，少部分淀粉经唾液淀粉酶的作用水解为麦芽糖等；胃本身不含消化碳水化合物的酶类，而是由饲料从口腔带入部分淀粉酶。猪胃内大部分为酸性环境，淀粉酶失去活性，只有在贲门腺区和盲囊区内，一部分淀粉在唾液淀粉酶作用下，水解为麦芽糖；小肠中含有消化碳水化合物的各种酶类，其消化过程简式如下：

$$\text{淀粉}\xrightarrow[\text{胰淀粉酶}]{\text{肠淀粉酶}}\text{麦芽糖}\xrightarrow{\text{麦芽糖酶}}\text{葡萄糖}$$

$$\text{蔗糖}\xrightarrow{\text{蔗糖酶}}\text{葡萄糖}+\text{果糖}$$

$$\text{乳糖}\xrightarrow{\text{乳糖酶}}\text{葡萄糖}+\text{半乳糖}$$

无氮浸出物最终的分解产物是各种单糖，其中大部分由小肠壁吸收，经血液输送至肝脏。在肝脏中，其他单糖首先都转变为葡萄糖，而所有葡萄糖中大部分经体循环输送至身体各组织，参加三羧酸循环，氧化释放能量供动物需要。另一部分葡萄糖在肝脏合成肝糖原，还有一部分葡萄糖通过血液输送至肌肉中形成肌糖原。再有过多的葡萄糖时，则被输送至动物脂肪组织及细胞中合成体脂肪作为贮备。

单胃动物的胃和小肠不分泌纤维素酶和半纤维素酶，因此饲料中的纤维素和半纤维素不能在其中酶解。饲料中的纤维素和半纤维素的消化主要依靠结肠与盲肠中的细菌发酵，细菌将其酵解产生乙酸、丙酸和丁酸等挥发性脂肪酸及甲烷、氢气、二氧化碳等气体。部分挥发性脂肪酸可被肠壁吸收，经血液输送至肝脏，进而被动物利用，气体则排出体外。

在所有消化器官中没被消化吸收的碳水化合物，最终由粪便排出体外。

由单胃动物碳水化合物消化代谢过程可知(图 1-7)，猪碳水化合物消化代谢的特点是以葡萄糖代谢为主，消化吸收的主要场所是在小肠，靠酶的作用进行。挥发性脂肪酸代谢为辅助代谢方式，且在大肠中靠细菌发酵进行，其营养作用较小，因此，猪能大量利用淀粉和各类单、双糖等无氮浸出物，但不能大量利用粗纤维。

猪饲粮中粗纤维水平不宜过高，一般为 4%～8%。在肥育后期可利用粗纤维较高的日粮，以限制采食量，减少脂肪沉积，提高胴体瘦肉率。瘦肉型猪饲粮中粗纤维应控制在 7%以下。

家禽碳水化合物消化代谢特点与猪相似，但缺少乳糖酶，故乳糖不能在家禽消化道中水解，而粗纤维的消化只在盲肠。因此，它利用粗纤维的能力比猪还低。鸡饲粮中，粗纤维的含量以 3%～5%为宜。

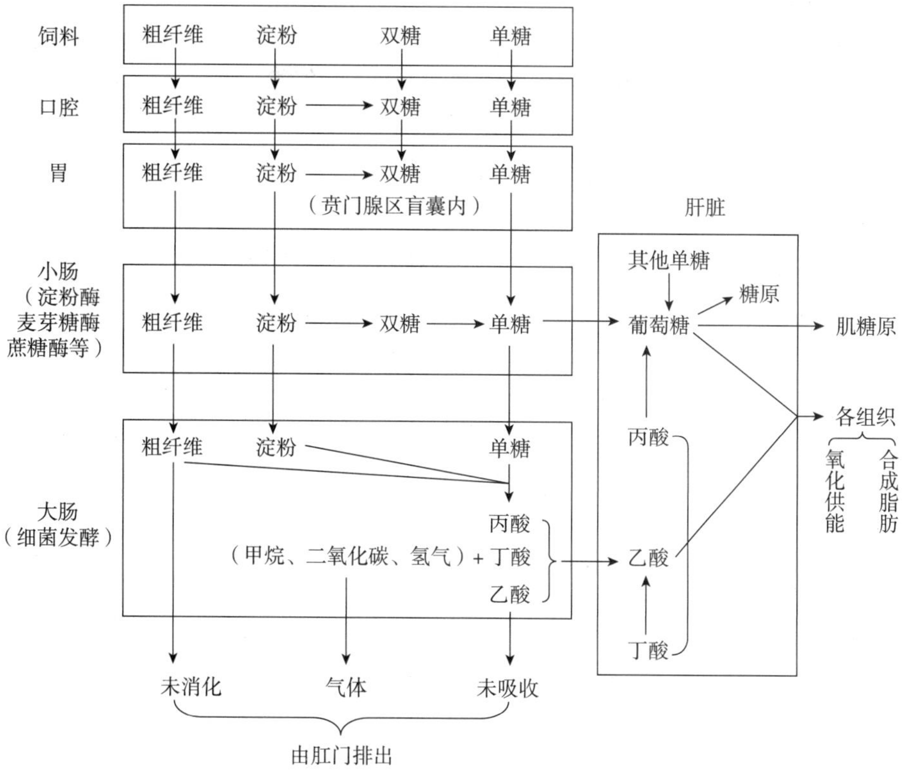

图 1-7　猪体内碳水化合物消化代谢简图

单胃草食动物，如马、驴、骡等，对碳水化合物的消化代谢过程与猪基本相同。单胃草食动物虽然没有瘤胃，但盲肠、结肠较发达，其中的细菌对纤维素和半纤维素具有较强的消化能力。因此，它们对粗纤维的消化能力比猪强，却不如反刍动物。马属动物在碳水化合物消化代谢过程中，既可进行挥发性脂肪酸代谢，又能进行葡萄糖代谢。马属动物在使役时，需要较多的能量，日粮中应增加含淀粉多的精料。休闲时，可多供给些富含粗纤维的秸秆类饲料。

5. 反刍动物碳水化合物营养特点及其应用

反刍动物碳水化合物消化代谢过程见图 1-8。

瘤胃是反刍动物消化粗纤维的主要器官。饲料粗纤维进入瘤胃后，被瘤胃细菌降解为乙酸、丙酸和丁酸等挥发性脂肪酸，同时产生甲烷、氢气和二氧化碳等气体。分解后的挥发性脂肪酸，大部分可直接被瘤胃壁迅速吸收，吸收后由血液输送至肝脏。在肝脏中，丙酸转变为葡萄糖，参与葡萄糖代谢，丁酸转变为乙酸，乙酸随体循环到各组织中参加三羧酸循环，氧化释放能量供给动物体需要，同时也产生二氧化碳和水。还有部分乙酸被输送至乳腺，用以合成乳脂肪。所产生的气体以嗳气等方式排出体外。

瘤胃中未被降解的粗纤维，通过小肠时无大变化。到达结肠与盲肠中，部分粗纤维又可被细菌降解为挥发性脂肪酸及气体。挥发性脂肪酸可被肠壁吸收参加机体代谢，气体排出体外。

反刍动物的口腔中，唾液多但淀粉酶很少，饲料中淀粉在口腔中变化不大。饲料中大部分淀粉和糖进入瘤胃后被细菌降解为挥发性脂肪酸及气体。挥发性脂肪酸被瘤胃壁吸收参加机体代谢，气体排出体外。

瘤胃中未被降解的淀粉和糖进入小肠，在淀粉酶、麦芽糖酶及蔗糖酶等的作用下分解为葡萄糖等单糖被肠壁吸收，参加机体代谢。小肠未消化的淀粉和糖进入结肠与盲肠，被细菌降解为挥发性脂肪酸并产生气体。挥发性脂肪酸被肠壁吸收参加代谢，气体排出体外。

在所有消化道中未被消化吸收的无氮浸出物和粗纤维，最终由粪便排出体外。

由碳水化合物消化代谢过程可知，反刍动物碳水化合物消化代谢的特点是：以挥发性脂肪酸代谢为主，是在瘤胃和大肠中靠细菌发酵。而以葡萄糖代谢为辅，是在小肠中靠酶的作用进行的。故反刍动物不仅能大量利用无氮浸出物，也能大量利用粗纤维。反刍动物对粗纤维的消化率一般可达 42%～61%。

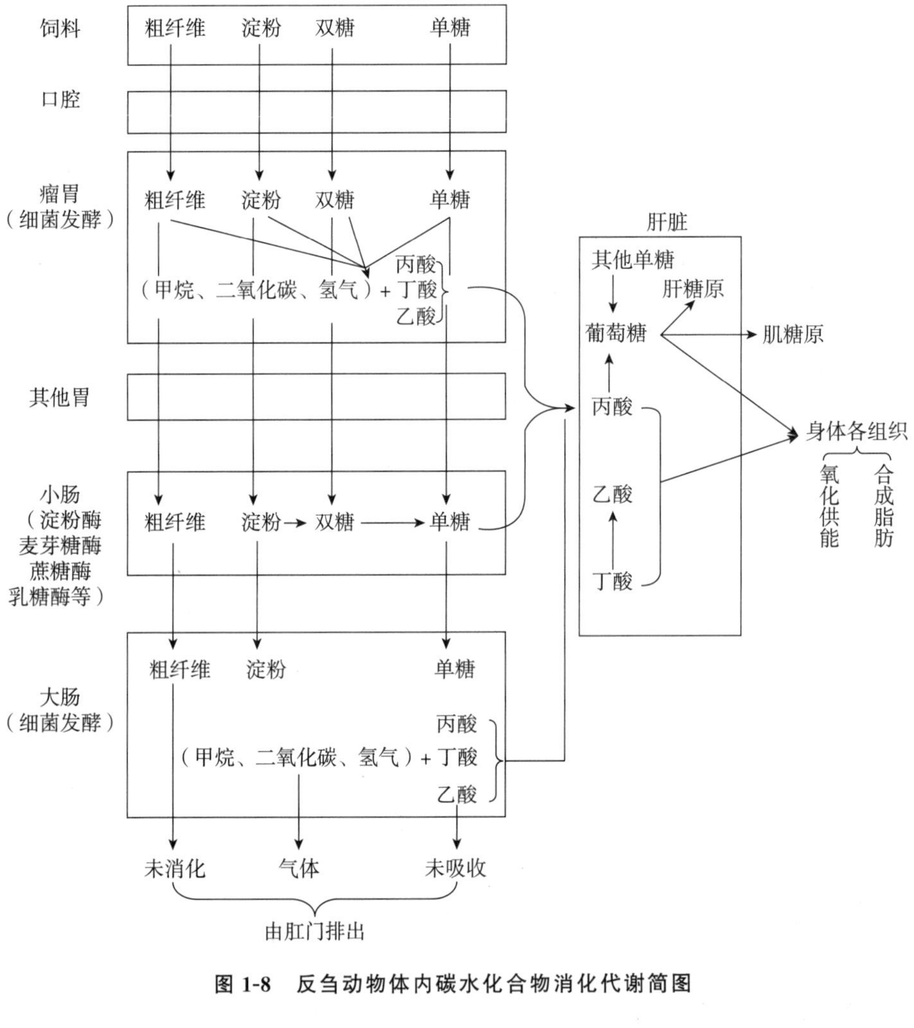

图 1-8　反刍动物体内碳水化合物消化代谢简图

瘤胃发酵形成的各种挥发性脂肪酸的数量，因日粮组成、微生物区系等因素而异。对于肉牛，提高饲粮中精料比例或将粗饲料磨成粉状饲喂，瘤胃中产生的乙酸减少，丙酸增多，有利于合成体脂肪，提高增重改善肉质。对于奶牛，增加饲粮中优质粗饲料的供给量，则形成的乙酸多，有利于形成乳脂肪，提高乳脂率。

反刍动物对粗纤维的利用程度变化极大，影响消化道中微生物所有因素均影响粗纤维的利用。粗纤维是反刍动物的一种必需的营养素。正常情况下，粗纤维除具有发酵产生挥发性脂肪酸的营养作用外，对保证消化道的正常功能，维持宿主健康和调节微生物群落都具有重要作用。粗饲料应该是反刍动物日粮的主体，一般应占整个日粮干物质的50%以上。奶牛粗饲料供给不足或粉碎过细，轻则影响产奶量，降低乳脂率，重则引起奶牛蹄叶炎、酸中毒、瘤胃不完全角化症、皱胃移位等。日粮粗纤维水平低于或高于适宜范围，都不利于对能量的利用，会对动物产生不良影响。奶牛日粮中按干物质计，粗纤维含量约17%或酸性纤维约21%，才能预防出现粗纤维不足的症状。

6.粗纤维的利用

粗纤维的负面作用是众所周知的，比如饲粮粗纤维水平增高，会加快食糜在消化道中的流通速度，从而降低动物对淀粉、蛋白质、脂肪和矿物质的回肠表观消化率，但对于粗纤维，也要看到它对动物有利的一面，以便在动物饲养中合理利用。

(1)粗纤维在动物饲养中的作用　粗纤维对于反刍动物，可以维持瘤胃正常功能，维持正常的生产性能，还可以提供大量的能量。粗纤维对于单胃动物，可以维持胃肠正常蠕动，提供能量，有效地降低血清胆固醇水平，改善胴体品质，刺激胃肠道发育，另外还具有解毒作用，防止仔猪腹泻的发生。

(2)影响动物消化粗纤维的因素　日粮中粗纤维的含量、饲料植物的生长阶段、细胞壁木质化程度、日粮结构、饲料类型、饲料加工调制技术及动物的种类等，均可影响动物对粗纤维的消化。

①日粮中蛋白质水平的影响。反刍动物蛋白质的营养水平是改善瘤胃对纤维素的消化及吸收的重要因素。试验证明，用含蛋白质4.51%～7%，粗纤维素含量为28%的低质干草喂绵羊时，纤维素的消化率为43%，补加10 g缩二脲，其消化率可提高12.8%。由此可见，日粮中蛋白质水平与纤维素的消化率有着非常密切的关系。

②日粮中纤维素和淀粉含量的影响。动物日粮中纤维素与淀粉含量多少，与营养物质的消化率有很大关系。随着日粮中纤维素含量的减少和淀粉含量的增加，日粮中营养物质的消化率也在提高，粗纤维的消化率规律也基本如此。

③矿物质添加剂对纤维素消化率的影响。日粮中加入不同种类的矿物质添加剂，可提高纤维素的消化率。试验证明，在日粮中加入适量的钙、磷、硫等盐类，可提高纤维素的消化率。食盐对提高粗纤维的消化率也有重要的作用。

④饲料加工调制的影响。粗纤维含量高的饲料如稻草，粉碎过细会使反刍动物对粗纤维的消化率降低，其主要原因是由于加速了饲料通过瘤胃、网胃的速度，减少了瘤胃微生物的作用时间。

⑤动物种类、品种及年龄不同对粗纤维消化率的影响。猪的消化道容积小，又没有瘤胃微生物，因此猪消化粗纤维的能力不及反刍动物和其他草食动物。鸡对粗纤维的消化能力更差，对玉米秸秆的纤维素、木质素的戊聚糖几乎不能消化，对小麦粗纤维的消化率大部分是在3%～10%。

⑥饲料中粗纤维含量影响粗纤维本身和其他营养物质的消化率。一般饲料中粗纤维含量高，粗纤维本身消化率低。粗纤维水平与粗蛋白质、粗脂肪以及无氮浸出物的消化率成很强的负相关。

(二)脂肪营养

脂肪是一类存在于动植物组织中，不溶于水，但溶于乙醚、苯、氯仿等有机溶剂的化合物。

脂类是动物体的组成成分，也是动植物体能量贮存的重要形式。它能量价值高，是动物营养中重要的一类营养素，其种类繁多，化学组成各异。常规饲料分析中将这类物质统称为粗脂肪。

1. 脂肪的组成

动植物体组织中均含有脂肪，除少数复杂的脂肪外，均由碳、氢、氧 3 种元素组成。根据其结构的不同，一般分为真脂肪与类脂肪两大类。真脂肪是由 1 分子甘油和 3 分子脂肪酸构成的酯类化合物，故又称为甘油三酯。构成脂肪的脂肪酸种类很多，自然界已发现有 100 多种，其中绝大多数都是偶数碳原子的直链脂肪酸，包括饱和脂肪酸和不饱和脂肪酸。类脂肪由甘油、脂肪酸、磷酸、糖或其他含氮物质结合而成。它虽然不是真脂肪，但它在结构上或性质上却与真脂肪相接近，主要包括磷脂、糖脂、固醇及蜡。

2. 脂肪的性质

脂肪，特别是简单脂肪由于所含脂肪酸种类不同而具有不同性质。脂肪中脂肪酸含双键越多，不饱和程度越大，含不饱和脂肪酸越多，其硬度越低，熔点也越低，植物脂肪多属于此类。如豆油、棉籽油和玉米油等在常温下为液态，而动物脂肪呈固态，其脂肪酸多为饱和脂肪酸，熔点比植物油的高。不饱和脂肪酸易氧化，高温、阳光、潮湿环境及氧化剂易使其酸败，在饲料贮存及动物产品加工中应注意此特点。不饱和脂肪酸氢化为饱和脂肪酸后，熔点提高，硬度增加。一般情况下，脂肪的下列性质与动物营养密切相关。

(1)脂肪的水解特性　脂肪可在酸或碱的作用下水解为甘油和脂肪酸。动植物体内脂肪的水解在脂肪酶的催化下进行，微生物产生的脂肪酶也可催化脂肪水解，这类水解所产生的游离脂肪酸大多数无臭无味，对脂肪营养价值没有影响，但水解产生的某些低级脂肪酸，特别是 4～6 个碳原子的脂肪酸，如丁酸、乙酸具有特殊异味或酸败味，可能影响动物适口性。脂肪酸碳链越短，异味越浓。动物营养中把这种水解看成是影响脂肪利用的因素。

多种细菌和霉菌均可产生脂肪酶，当饲料保管不善时，其所含脂肪易于发生水解而使饲料品质下降。

(2)脂肪氧化酸败　脂肪暴露在空气中，经光、热、湿和空气的作用，或经微生物的作用氧化生成过氧化物，再分解产生低级的醛、酮、酸等化合物，同时释放出令人不快的气味和味道，这种现象就是氧化酸败。

脂肪氧化酸败不仅产生不良气味，影响饲料适口性，而且在氧化过程中所生成的过氧化物还会破坏一些脂溶性维生素，降低脂肪和饲料的营养价值。

脂肪的酸败程度可用酸价来表示。酸价是指中和 1 g 脂肪中的游离脂肪酸所需的氢氧化钾的质量(mg)。通常酸价大于 6 的脂肪即可能对动物的健康造成不良影响。因此，酸败的脂肪切不可饲喂动物，否则将引起消化代谢的紊乱。

(3)脂肪氢化作用　在催化剂或酶的作用下，不饱和脂肪酸的双键可与氢发生加成反应变为双键，不饱和脂肪酸变成饱和脂肪酸。脂肪的这种性质称为氢化作用。脂肪发生氢化作用后，其硬度增加，不易氧化酸败，有利于贮存，但也损失必需脂肪酸。

不饱和脂肪酸与碘原子加成反应，每个不饱和的双键能结合 2 个碘原子，脂肪的不饱和程度可由它所能结合的碘的多少测定，100 g 脂肪所能吸收碘的质量(g)为碘价。碘价越高，脂肪的不饱和程度越高。反刍动物可利用进食的饲料脂肪在瘤胃微生物的作用下发生某种程度的氢化作用，从而使其体脂肪饱和脂肪酸含量较高。

3.脂肪的营养生理功能

(1)脂肪是动物体组织的重要成分　脂肪是组成细胞的必要成分，特别是磷脂和固醇是构成细胞膜的重要组成成分。糖脂可能在细胞膜传递信息的活动中起着载体和受体作用。神经髓鞘中的固醇，是神经纤维之间的绝缘体，因而是保证神经冲动能够高速传导的必要条件。在细胞的原生质内也有一定量的类脂和脂肪。总之，动物的各种组织器官中都有脂肪，这些脂肪多属于磷脂、脑磷脂和胆固醇。动物必须从饲料中摄取脂肪或形成脂肪的其他原料(如碳水化合物和蛋白质)，以满足组织生长、修补、更新的需要。

(2)脂肪是动物能量来源的重要原料　脂肪是含能最高的营养素，生理条件下脂肪含能是蛋白质和碳水化合物的2.25倍左右。直接来自饲料或体内代谢产生的游离脂肪酸、甘油，都是动物维持和生产的重要能量来源。动物生产中常基于脂肪适口性好、含能高的特点，用补充脂肪的高能饲粮提高生产效率。

动物日粮中添加脂肪，应该考虑动物对饲料的采食量、脂肪的利用率、日粮中其他养分的浓度等，要重视养分之间的比例平衡，不是越多越好。一般在动物日粮中脂肪添加量5%～10%是允许的，在肉用仔鸡或肉牛日粮中脂肪若超过10%～12%。则采食量会降低。动物摄入过多的有机物质时，可以体脂肪形式将能量贮备起来。而体内贮积的脂类能以较小体积贮藏较多的能量，是动物贮存能量的最好形式。

(3)脂肪为动物提供必需脂肪酸　脂肪酸中有3种特殊的不饱和脂肪酸，即亚油酸(C18∶2)、亚麻酸(C18∶3)、花生油酸(C20∶4)，它们都是必需脂肪酸。必需脂肪酸是指在动物体内不能合成(除成年反刍动物外)，或能通过体内特定前体合成，但合成的量很少，必须由饲料供给的脂肪酸。

当幼龄动物日粮中缺乏必需脂肪酸时，幼龄动物的生长发育会受影响，常发生皮炎、脱毛、皮下出血及水肿、尾部坏死，严重的引起消化障碍和中枢神经机能障碍，生长停滞。成年动物繁殖力下降，性欲降低，产死胎、泌乳量下降，甚至死亡。

瘤胃微生物合成的脂肪能满足反刍动物脂肪需要的20%，其中细菌合成占49%，纤毛虫合成占16%，后者合成的脂肪中亚油酸含量可高达20%，加上饲料脂肪在瘤胃中未被氢化的部分，以及反刍动物能有效地利用必需脂肪酸，在正常饲养条件下，反刍动物不会产生必需脂肪酸缺乏。

(4)脂肪是脂溶性维生素的溶剂　维生素A、维生素D、维生素E、维生素K和胡萝卜素等被动物采食后，必须先溶解于脂肪中才能被消化、吸收利用。动物日粮中脂肪缺乏时，会影响这类维生素的吸收利用，特别是对胡萝卜素吸收不利，例如：母鸡日粮中含脂肪4%时，能吸收60%的胡萝卜素；当含脂量降为0.07%时，只能吸收20%。

(5)脂肪是体内能量贮存的最好形式　动物摄入的能量超过需要量时，多余的能量则主要以脂肪的形式贮存在体内。动物体内贮存的脂肪含水量很少，占的体积小而能量高，在体内氧化时产生的水也最多。所以，贮备的脂肪是动物以备冬季草枯或饲养条件恶劣时身体能量需要的最好形式。

(6)脂肪是动物产品的组成成分　动物产品肉、蛋、奶及皮毛、羽绒等均含有一定数量的脂肪。饲料中缺乏脂肪，动物产品的质量就会受到影响。因此，为了满足育肥动物、泌乳动物和产卵动物的生产需要，除日粮中供应形成脂肪的碳水化合物外，还需要在日粮中供应适当数量的脂肪。

实验表明，奶牛饲粮添加脂肪可提高产奶量和乳脂含量。母猪饲粮添加脂肪可提高繁殖能力。生长猪和小猪饲粮每添加1%的脂肪，在适宜环境条件下，可提高自由采食量0.2%～0.6%，在等代谢能摄入条件下，每增加1 g可消化脂肪可增加体脂0.42 g，提高增重0.47 g。

4.单胃动物脂肪营养

单胃动物对脂肪的消化主要是在小肠中通过脂肪酶的作用进行的。胃黏膜虽能分泌少量具有水解作用的脂肪酶，但因为脂肪需先经乳化才便于水解，且胃中的酸性环境不利于脂肪的乳化。饲料脂肪进入小肠后与大量胰液和胆汁混合，在肠蠕动影响下，脂肪乳化表面上充分接触，胰脂酶将脂肪水解为游离脂肪酸和甘油一酯。磷脂由磷脂酶水解为溶血卵磷脂。胆固醇由固醇酯酶水解为胆酸和脂肪酸。甘油一酯、脂肪酸和胆酸均具有极性和非极性基团，三者可聚合在一起形成水溶性的适于吸收的混合乳糜微粒。混合乳糜微粒既有极性基团又有非极性基团，极性基团向外排列与水紧密接触，非极性基团向内。混合乳糜微粒的一个重要特性是其内部的非极性的脂质部分可携带大量的非极性化合物如固醇、脂溶性维生素、类胡萝卜素等，否则这些物质不能被吸收。

在小肠内形成的混合乳糜微粒，可携带脂肪的消化产物到达小肠黏膜细胞供吸收。当这种混合乳糜微粒到达十二指肠和空肠等主要吸收部位，并与肠绒毛膜接触时即可破裂，胆盐滞留于肠道中，而游离脂肪酸、甘油一酯、溶血卵磷脂、胆酸等透过细胞膜被吸收，并在黏膜上皮细胞内重新合成甘油三酯、磷脂和固醇等。合成后的甘油三酯、磷脂和固醇可与特定蛋白质结合，形成直径0.1～0.6 μm的乳糜微粒和极低密度脂蛋白，并通过淋巴系统进入血液循环，沉积于脂肪组织中。猪、禽吸收消化脂类的主要部位是空肠。胆盐吸收的情况各异。猪等哺乳动物主要在回肠以主动方式吸收，能溶于细胞膜中脂肪的未分解胆酸在空肠以被动方式吸收。禽整个小肠都能主动吸收胆盐，但回肠吸收相对较少。各种动物吸收的胆汁，经门脉血到肝脏再分泌重新进入十二指肠，形成胆汁、肠、肝循环。饲料脂肪在盲肠、结肠的消化与瘤胃类似。

5.反刍动物脂肪营养

一般认为，幼龄(断奶前)反刍动物对乳脂的消化吸收与单胃动物相似，然而随着断奶后食物的改变和瘤胃微生物的逐渐成熟，反刍动物对脂肪的消化和利用就不同于单胃动物了。反刍动物日粮中含有较高比例的不饱和脂肪酸，其主要是粗饲料和谷物中的甘油三酯、半乳糖甘油酯和磷脂。这些饲料进入瘤胃后，在微生物作用下发生水解。甘油三酯和半乳糖甘油酯水解生成游离脂肪酸、甘油和半乳糖。它们可进一步经微生物发酵生成挥发性脂肪酸。由于瘤胃是一个高度还原的环境，饲料脂肪在瘤胃可发生氢化作用。大部分不饱和脂肪酸经微生物作用氢化为饱和脂肪酸，其中主要是硬脂酸(C18：0)，必需脂肪酸减少。此外，瘤胃细菌和纤毛虫还能将丙酸、戊酸等合成奇数碳链脂肪酸(如C15：0)，也可利用异丁酸、异戊酸以及支链氨基酸(缬氨酸、亮氨酸和异亮氨酸)等的碳骨架合成支链脂肪酸。饲料脂肪经过瓣胃和网胃时，基本上不发生变化；在皱胃，饲料脂肪、微生物与胃液混合，脂肪逐渐被消化，微生物细胞也被分解。进入十二指肠的脂肪由吸附在饲料颗粒表面的脂肪酸、微生物脂肪以及少量瘤胃中未消化的饲料脂肪构成。瘤胃中产生的短链脂肪酸主要通过瘤胃壁吸收。其余脂类的消化产物，进入回肠后都能被吸收，提高产奶量和乳脂率，而且使瘤胃机能正常化，对纤维素消化率也没有影响。呈酸性环境的空肠前段主要吸收混合乳糜微粒中的长链脂肪酸，中后段空肠主要吸收混合乳糜微粒中的其他脂肪酸。

反刍动物对各种脂肪酸的吸收不同于单胃动物。单胃动物对长链脂肪酸和饱和脂肪酸的吸收率较差，而反刍动物对长链脂肪酸和饱和脂肪酸，尤其是对硬脂酸却能较好地吸收。饲料脂肪在盲肠、结肠的消化与瘤胃类似。反刍动物采食低脂日粮可抑制其生产性能的充分发挥，若直接向日粮中添加脂肪，则可抑制瘤胃微生物活动，降低纤维素消化率。如果将脂肪进行包被，通过瘤胃在小肠进行消化吸收，可显著提高纤维素消化率，增加乙酸、丙酸比值，进而提高乳脂率。当然，添加脂肪酸盐(脂肪酸钙)，可消除脂肪对瘤胃发酵的抑制，这也是添加脂肪的一种有效方法。

6. 饲料脂肪对动物产品脂肪的影响

(1)饲料脂肪对肉类脂肪品质的影响

①单胃动物　由单胃动物脂肪的营养特点可以看出，来自饲料的不饱和脂肪酸在猪、禽体内不经氢化可直接沉积在体脂肪中。因此，当饲喂不饱和脂肪酸含量高的饲料脂肪时，猪体内的不饱和脂肪酸也显著升高，导致猪体脂肪变软，容易酸败，肉的品质下降，不适于制作腌肉和火腿等肉制品。生产中，在猪肥育后期，应少喂脂肪含量高的饲料，多喂麦类、薯类等富含淀粉的饲料，因为淀粉转变成的体脂肪中含饱和脂肪酸较多，这样既能保证猪肉品质优良，又可降低饲养成本。

马、兔虽是草食动物，但其没有瘤胃，虽有发达的盲肠和结肠，但饲料中不饱和脂肪酸在进入盲肠和结肠之前，大部分在小肠尚未转化为饱和脂肪酸时已被吸收，故马、兔所采食饲料中的脂肪性质直接影响体脂肪的品质。饲料脂肪性质对鸡体脂肪的影响与猪相似。

②反刍动物　反刍动物主要是以青草、青干草及秸秆类饲料为主，此类饲料中的脂肪以不饱和脂肪酸为主，如青牧草中不饱和脂肪酸占总量的 4/5，饱和脂肪酸占 1/5。由反刍动物脂肪的营养特点可以看出，反刍动物所采食的不饱和脂肪酸在瘤胃内大量氢化形成饱和脂肪酸，进入小肠经消化吸收以饱和脂肪酸的形态沉积为体脂肪；瘤胃微生物合成的高级脂肪酸也多为饱和性质，空肠后部又能较好地吸收长链脂肪酸和饱和脂肪酸。因此，无论反刍动物所采食的饲料脂肪饱和程度是高还是低，它们的体脂肪依然可保持硬度大、熔点高、饱和脂肪酸含量多的特点，体脂肪品质受饲料脂肪性质影响极小。饲料脂肪若不通过瘤胃，氢化作用就不可能起作用，因而也就很难改变反刍动物沉积脂肪的组成。

总之，饲料脂肪、碳水化合物以及蛋白质，在一定条件下，经相应酶的作用，均能转变为体脂肪。糖转化为脂肪，这是极常见的生化反应，尤其是肥育的家畜。在肥育期阶段，经常喂以高谷物类含淀粉丰富的饲料，能达到使动物增肥、增重的目的。饲料蛋白质，在水解酶的作用下，分解为多种氨基酸。氨基酸经联合脱氨作用，生成相应的酮酸后可转化为糖，糖进一步转化为脂肪。所以，蛋白质在一定条件下也能转化为脂肪，但它不是主要来源，因蛋白质在机体内还执行着构造动物体组织的重要生理功能。

(2)饲料脂肪对乳脂肪品质的影响　饲料中的有机养分可供乳脂合成，不过乳脂中的低级的、易挥发性的脂肪酸较多，它确定了黄油的特性。乳脂的理化性质，特别是乳脂的硬度和熔点，受饲料的来源影响极大，60%~70%的乳脂是以饲料中的碳水化合物为原料。大多数植物脂肪均含较多软脂，其形成的脂肪硬度较低。据研究，正常硬度的黄油，碘价为 29～35，碘价大于 35 的则硬度低，低于 29 的则硬度高。各种饲料对乳脂品质的影响，主要由饲料脂肪的性质所决定。奶牛饲喂大豆时黄油质地较软，饲喂大豆饼时黄油较为坚实，而饲喂大麦粉、豌豆粉和黑麦麸时黄油坚实。添加油脂对乳脂率影响较小，一般不能通过添加油脂的办法改善奶牛的乳脂率。

(3)饲料脂肪对蛋黄脂肪品质的影响　将近1/2的蛋黄脂肪是在卵黄发育过程中，摄取经肝脏而来的血液脂肪而合成的，这说明蛋黄脂肪的质和量受饲料脂肪的影响较大。据研究，饲料脂类使蛋黄脂肪偏向不饱和程度大，一些特殊饲料成分可能对蛋黄造成不良影响，例如硬脂酸进入蛋黄中会产生不适宜的气味。添加油脂(主要为植物油)可促进蛋黄的形成，继而增加蛋重，并可能产生富含亚油酸的“营养蛋”。

任务5　蛋白质饲料与蛋白质营养

一、蛋白质饲料

蛋白质饲料是指干物质中粗纤维含量小于18%，粗蛋白质含量大于或等于20%的饲料。按照蛋白质饲料来源，可分为动物性蛋白质饲料、植物性蛋白质饲料、单细胞蛋白质饲料和非蛋白氮含氮饲料。

(一)动物性蛋白质饲料

1.动物性蛋白质饲料营养特点

主要包括鱼类、畜禽肉类和乳品加工副产品以及其他动物产品。其共同点是：

(1)干物质中粗蛋白质含量可达50%～80%。蛋白质所含必需氨基酸齐全，比例接近畜禽的需要，是为各类畜禽配制平衡日粮的优质蛋白质补充饲料。

(2)除乳外，其他此类饲料含碳水化合物极少，且一般不含纤维素，消化率高。

(3)含能量略低于能量饲料。

(4)钙、磷含量较高，比例适当，利用率也高，如秘鲁鱼粉含钙达4%以上，磷3%左右，还含有丰富的硒等微量元素及一定量食盐。

(5)富含B族维生素，其中核黄素、B_{12}为最多。其品质一般优于植物性蛋白质饲料。

2.常用动物性蛋白质饲料(图1-9)

(1)鱼粉　鱼粉是以全鱼或鱼下脚料(鱼头、尾、鳍、内脏等)为原料，经过蒸煮、压榨、干燥、粉碎加工之后的粉状物。这种加工工艺所得的鱼粉为普通鱼粉。如果把制造鱼粉时产生的煮汁浓缩加工，做成鱼汁，添加到普通鱼粉里，经干燥粉碎，所得的鱼粉叫全鱼粉。以鱼下脚料为原料制得的鱼粉叫粗鱼粉。各种鱼粉中，全鱼粉质量最好，普通鱼粉次之，粗鱼粉最差。

①营养特性　鱼粉的营养价值因鱼种、加工方法和贮存条件不同而有较大差异。鱼粉含水量变异幅度大，为4%～15%，平均为10%，取决于加工中的干燥方法。蛋白质含量从40%到70%不等，进口鱼粉一般在60%以上，国产鱼粉约50%；若粗蛋白质含量太低，可能不是全鱼鱼粉，而是下脚鱼粉，若粗蛋白质含量太高，则可能掺假；鱼粉蛋白质品质好，氨基酸含量高，比例平衡。鱼粉含粗脂肪5%～12%，一般在8%左右，高于12%时会给使用带来很多问题。海产鱼的脂肪含大量不饱和脂肪酸，具有特殊的营养生理作用。鱼粉的粗灰分含量高，磷主要以磷酸钙形式存在，利用率高。鱼粉中含有丰富的B族维生素，尤以维生素B_{12}、维生素B_2含量高。真空干燥的鱼粉含有较丰富的维生素A、维生素D。此外，鱼粉中含有未知因子。

②饲用价值　鱼粉蛋白质含量高，消化率达90%以上。蛋白质中的氨基酸相当平衡，利

用率也高。鱼粉也是矿物质、部分维生素和未知生长因子的良好来源，新鲜鱼粉适口性好。因此，鱼粉的饲用价值比其他蛋白质饲料高。

③鱼粉使用时的注意事项

a. 使用鱼粉时，应考虑到鱼粉含有较高的组织胺，组织胺可与赖氨酸结合，形成糜烂素。食用含糜烂素鱼粉的鸡，可发生肌胃糜烂症。

b. 鱼粉含有较高的脂肪，贮藏过久易发生氧化酸败，影响适口性，幼龄动物使用后可出现下痢。鱼粉中添加抗氧化剂可延长其贮存期。长期使用含脂肪高的鱼粉可使猪肉或鸡肉肉质变差。

c. 生鱼粉中含有维生素 B_1 分解酶。如果使用加热不充分的鱼粉或鲜鱼会出现生长下降。此时需添加维生素 B_1 或将鱼粉再加热处理。

d. 目前市场上鱼粉掺假掺杂现象比较严重。掺假的原料有血粉、羽毛粉、皮革粉、尿素、硫酸铵、菜籽饼、棉籽饼、钙粉等，起不到鱼粉的应有作用。

e. 食盐含量的高低也是限制鱼粉用量的因素之一。

(2)鱼溶粉　鱼溶粉是制造鱼粉时所得的鱼黏液，经浓缩干燥而成；或以鱼体内脏经自体消化后的液状物，经离心分离鱼肝油后的蛋白液浓缩干燥而成的产品。如上述鱼黏液经浓缩为含水约 5%的鱼溶浆，再以脱脂米糠、麸皮等饲料吸附、干燥而得产品则称混合鱼溶粉。

①营养特性　鱼溶粉所含蛋白质以水溶性蛋白为主，其中部分属非蛋白氮；水溶性维生素及矿物质含量较多，且含有丰富的未知生长因子，是各种畜禽良好的饲料原料。

②饲用价值　对肉仔鸡及蛋鸡以配合 2%～3%为宜，可提高蛋鸡的产蛋率，增加肉鸡饲料的适口性，促进生长，提高饲料效率及增重。用量超过 5%则易排软便，甚者腹泻，也有造成屠体鱼腥臭味之报道。以 1%～3%配合于仔猪饲料中，可促进生长。在泌乳母猪料中可提高泌乳量。淡水鱼料中配合 5%，效果良好，养鳗饲料一般不用，养虾饲料配合 3%～5%，但效果不明显。

(3)虾粉与蟹粉　将虾(蟹)可食部分除去后的新鲜虾(蟹)杂，经干燥、粉碎的产品称虾(蟹)粉。虾粉及蟹粉的成分随原料品种、处理方法及鲜度不同而有很大差异，含的蛋白质多为来自几丁质的氮，利用价值很低；虾(蟹)粉还含有着色效果的虾红素，有助于肉鸡脚、胫及蛋鸡蛋黄的着色，用量不宜超过 3%。对肥育猪配 3%～5%，可改善肉色。虾、蟹粉也是鱼虾最廉价的诱引剂及着色剂，虾类饲料使用 10%～15%，效果良好。使用时应注意其鲜度及含盐量。

(4)肉骨粉和肉粉　这类饲料是不能用作食品的畜禽下水及各种废弃物或畜禽尸体经高温、高压脱脂干燥而成的产品。含骨量大于 10%的称为肉骨粉，其蛋白质含量随骨的比例提高而降低。一般肉骨粉含粗蛋白质 35%～40%，进口肉骨粉粗蛋白质含量可达 50%以上。干物质消化能为 11.72 MJ/kg，并含有一定量的钙、磷和维生素 B_{12}。肉粉的粗蛋白质含量为 50%～60%，牛肉粉可达 70%以上。赖氨酸和色氨酸含量低于鱼粉，适口性也略差。某些肉粉由于高温熬制部分蛋白质变性，消化率较低。尤其赖氨酸受影响较严重。

肉骨粉作为饲粮的组分可替代部分或全部鱼粉。但在操作时须注意：为平衡移去鱼粉后所缺乏的那部分养分，肉骨粉用量可略高于鱼粉，并适量添加调味剂，以防畜禽出现厌食现象，劣质品不宜使用。

(5)蚕蛹　蚕蛹含粗蛋白质约 55%，粗脂肪 20%～30%。蛋白质品质较好，氨基酸组成接近鱼粉，赖氨酸等必需氨基酸含量高。脱脂蚕蛹的品质更优，可作为鸡的蛋白质补充料、饲喂效果好，但应用不广泛。

(6)血粉　各种家畜的血液经消毒、干燥和粉碎或喷雾干燥而成，粗蛋白质含量达80%以上，氨基酸的组成不平衡。蛋氨酸、色氨酸和异亮氨酸相对不足。血粉含铁特别高，适口性不如鱼粉和肉骨粉，利用率也较低。低温干燥制得的血粉或血清粉质量较好，可作为幼畜代乳品的良好原料。经处理(如发酵)的血粉可在饲粮中替代部分鱼粉。

(7)乳清粉　为乳清经浓缩、干燥而成的粉末。其主要成分为乳糖和灰分。乳糖能提高钙、磷的吸收率。故多用作代乳品或仔畜早期料的组分。仔猪用量一般为5%，效果较佳。犊牛代乳品可用到20%。用量过高会造成下痢及生长障碍并增加饲养成本。

(8)羽毛粉　羽毛经高压、水解、烘干和磨碎而成，含粗蛋白质高达86%。其中胱氨酸含量达4%，居所有饲料之首。氨基酸含量很不平衡，利用率较低。产蛋鸡用量可占饲粮0.5%～3%，肉猪补充赖氨酸时用量可达5%。近年来，水解猪毛粉也可作为蛋白质补充料。值得注意的是，目前这类饲料的加工原料多不新鲜，且加工技术落后，适口性较差，消化率也偏低。在不少地方，仍被视为非常规饲料资源。

图1-9　常见动物性蛋白质饲料

(二)植物性蛋白质饲料

这一大类包括豆类籽实及各种饼粕等(图1-10)。

1.豆类籽实

豆类籽实多为油料作物，一般较少直接用作饲料。其共同点是在植物性饲料中，蛋白质含量较高，占干物质的25%～40%；但品质略低于动物性蛋白质饲料，无氮浸出物含量一般稍低于禾本科谷实类。另外，豆科籽实含有多种蛋白质酶抑制物和脲酶等有害物质，故须经适当处理后才可饲喂。

大豆经膨化后，所含的大部分抗胰蛋白酶和脲酶等被破坏，适口性及蛋白质消化率也得以明显改善。在肉用畜禽日粮中作为部分蛋白质的来源，使用效果颇佳。

用豌豆饲喂猪时，其消化能相当于玉米，而粗蛋白质含量显著高于玉米，达22.6%，有着良好的利用前景。此外，蚕豆、黑豆和秣食豆等在我国一些地区也是良好的畜禽饲料，宜因地制宜，加以充分利用。

2.饼粕类

饼粕是油料作物籽实被提取油脂后的副产品。用压榨法生产的叫油饼，而用浸提法生产的称油粕。饼粕类的营养价值，因原料种类、品质及加工工艺而异，一般含蛋白质30%～47.8%，且品质优良；脂肪含量由于加工方法不同差别较大，通常土榨、机榨、浸提的含油量分别为10%、6%、1%左右。因而，同一籽实的油饼粗脂肪一般高于油粕。含磷较多，并含一定量B族维生素，但缺乏胡萝卜素。

(1)大豆饼粕　这是我国玉米-大豆饼粕型饲粮的骨干饲料之一。蛋白质含量高达45%左右，赖氨酸含量较高，是玉米的10倍。豆饼有芳香味，适口性好，蛋白质消化率达82%，居所有饼粕之首。生豆饼粕含有抗胰蛋白酶、脲酶、血细胞凝集素等有害物质，但在适当水分下经加热或膨化即可破坏。大豆饼粕可用作畜禽的唯一蛋白质补充料，也可与少量动物性蛋白质补充料及其他饼粕等混合使用，以期充分利用各种蛋白质资源，降低饲料成本。

(2)菜籽饼粕　蛋白质含量约为36%，蛋白质中氨基酸比较齐全，蛋氨酸含量比豆饼还高。但其味辛辣，适口性不佳，用量不宜多。菜籽饼中含有硫葡萄糖甙及芥酸，其本身无毒，但如果加工不当，或在体内受芥子酶水解产生有毒物质，对单胃家畜毒害作用较大，猪、禽较为敏感。日粮中用量以不超过7%为宜。

(3)棉籽饼(粕)　不同程度去壳的棉籽脱油后的副产品。蛋白质含量为40%左右，赖氨酸不足，精氨酸过高；矿物质中含硒少，磷多钙少，多为植酸磷；粗纤维11%左右。含有有毒的棉酚，饲喂前应脱毒或控制喂量。一般产蛋鸡可用到6%，肥育猪和肉鸡后期可用到10%。种用畜禽应避免使用。这类饼粕是反刍家畜良好的蛋白质来源，犊牛用量可占精料20%，奶牛占精料的50%。

(4)葵花籽饼　粗蛋白质含量一般在28%～32%，粗纤维含量较高，赖氨酸缺乏，蛋氨酸含量高于花生饼、棉籽饼和大豆饼。优质葵花籽饼粕对于牛的适口性好，对乳牛的饲用价值接近大豆粕。产蛋鸡用量在5%以下。

(5)花生仁饼(粕)　蛋白质含量高达47%，适口性极佳。赖氨酸和蛋氨酸等含量不及大豆饼(粕)，精氨酸含量高达5.2%。饲喂畜禽时，可与大豆饼粕、菜籽饼(粕)、鱼粉或血粉等配伍使用。产蛋鸡和育成鸡可用至5%～10%，肉猪10%左右。奶牛、肉牛均可多使用。不宜作为蛋白质的唯一来源。使用中应注意，这种饼(粕)易在高温高湿季节滋生黄曲霉菌。

另外，生产中还可因地制宜充分利用芝麻饼、胡麻饼、蓖麻饼等替代部分骨干蛋白质补充料。

(6)菜籽饼粕、棉籽饼粕的脱毒

①菜籽饼坑埋法　挖一土坑，大小视菜籽饼用量和周转期而定，坑内铺放塑料薄膜或草席。先将粉碎的菜籽饼按1∶1加水浸泡；而后按每立方米500～700 kg将其装入坑内，接着在顶部铺草或覆以塑料薄膜，最后在上部压土20 cm以上。2个月后，即可饲喂。

②棉籽饼硫酸亚铁溶液浸泡法　游离棉酚含量在0.05%以上的棉籽饼，饲喂猪、禽前最好进行脱毒。常用的方法是：按硫酸亚铁与游离棉酚5∶1的重量比，把0.1%～0.2%的硫酸亚铁水溶液加入棉籽饼中混合均匀并浸泡，搅拌几次，一昼夜后即可饲用。

3.糟渣类

这类饲料多为籽实类加工或酿造后剩余残渣。干物质中粗蛋白质含量在20%以上。常见的有酒糟、醋糟和酱糟以及粉渣、豆腐渣和饴糖渣等。由于发酵或提取，其中可溶性碳水化合物明显减少，使糟类蛋白质含量相对增高；渣类的原料多为豆类，其蛋白质含量较原料籽实低，但粗纤维增加，适口性变差。由于加工或酿造中有时加入其他原料，如糠、食盐，使用时必须注意。有些只能当作粗料。

图 1-10　常见植物性蛋白质饲料

(三)单细胞蛋白质饲料

1. 种类

单细胞蛋白质饲料也称微生物蛋白质饲料，是由各种微生物体制成的饲用品。主要包括酵母类、真菌类、藻类及非病原性细菌类 4 种。

2. 营养特点

单细胞蛋白质饲料营养丰富、蛋白质含量较高，一般在 50%以上，且含有 18～20 种氨基酸，必需氨基酸组成和利用率与优质豆粕相似；富含多种酶，B 族维生素含量丰富；微量元素中铁、锌、硒含量丰富。单细胞生物产生的细胞蛋白质称为单细胞蛋白质，单细胞蛋白质是从酵母或细菌等微生物菌体中获取的蛋白质，因此单细胞蛋白质饲料的生产具有繁育速度快、生产效率高、占地面积小、不受气候影响等优点。因此，在当今世界蛋白质资源严重不足的情况下，发展单细胞蛋白质饲料的生产越来越受到各国的重视。

3. 利用

酵母类饲料味苦，适口性差，但赖氨酸含量高，主要用于育成鸡、蛋鸡、育肥猪后期及高水温鱼饲料。在肉鸡、产蛋鸡饲料中添加量为 5%～10%，育肥猪 5%～15%，鲤、鳗 20%～40%，鲱、鲇 10%～30%。藻类饲料适口性好，可大量用于猪、牛、羊饲料，禽类对其利用率稍差，是水产动物的优质诱食料。

(四)非蛋白质含氮饲料

凡含氮的非蛋白可饲物质均可称为非蛋白氮饲料。

非蛋白饲料包括饲料用的尿素、双缩脲氨、铵盐及其他合成的简单含氮化合物。这类化合物不含能量,只能借助反刍动物瘤胃中微生物的活动,作为微生物的氮源面间接地起到动物蛋白质营养的作用,因此在世界各国广泛被用作成年反刍动物的蛋白质补充料,可节约常规的蛋白质饲料。

目前应用较广泛的非蛋白氮饲料有尿素、硫酸铵、碳酸铵、氯化铵和氨水等,主要用于反刍动物的日粮以及秸秆的加工调制。

二、蛋白质的营养

蛋白质和核酸是生命活动的物质基础,是塑造一切细胞和组织结构的重要成分。蛋白质在动物营养中占有特殊地位,它的营养作用是其他营养物质不能替代的。蛋白质是由氨基酸组成的一类庞大的物质的总称。通常所讲的饲料蛋白质包括真蛋白和非蛋白质类含氮化合物,因此统称为粗蛋白。蛋白质的主要组成元素是碳、氢、氧、氮,大多数的蛋白质还含有硫,少数含有磷、铁、铜和碘等元素。各种蛋白质的含氮量虽不完全相等,但差异不大,一般蛋白质的含氮量按16%计。动物组织和饲料中真蛋白质含氮量的测定比较困难,通常只测定其中的含氮量,然后乘以蛋白质系数6.25(或除以16%)并以粗蛋白表示。

(一)蛋白质的营养生理功能

(1)蛋白质是构成动物体最基本的物质　动物体表的被毛、角、蹄、喙都是角蛋白与胶质蛋白构成的。动物的皮肤、肌肉、神经、结缔组织、腺体、精子、卵子及心脏、肺脏、肝脏、脾脏、肾脏、胃肠等内脏器官,均以蛋白质为基本成分。肌肉、肝脏、脾脏等组织器官的干物质含蛋白质80%以上。

(2)蛋白质是组织更新、修补的主要原料　动物的新陈代谢过程中,各种组织器官的细胞在不断地更新、增殖及进行损伤后的修补,这些都需要蛋白质。据同位素测定,动物全身的蛋白质经6～7个月可更新一半。

(3)蛋白质是体液、酶、激素与抗体的重要成分　这些物质都是动物生命活动所必需的调节因子。体液分为细胞内液和细胞外液,细胞内液是细胞进行各种生化反应的场所。细胞外液是组织细胞直接生活的环境,也是组织细胞与外界环境进行物质交换的媒介,故称其为内环境。而蛋白质恰是体液的重要成分。酶本身就是具有特殊催化活性的蛋白质,可促进细胞内生化反应的顺利进行。激素中有蛋白质或多肽类的激素,如生长激素、催产素等,在新陈代谢中起调节作用,具有抗病力和免疫作用的抗体,本身也是蛋白质。另外,运输脂溶性维生素和其他脂肪代谢的脂蛋白,运输氧的血红蛋白,以及在维持体内渗透压和水分的正常分布上,蛋白质都起着非常重要的作用。

(4)蛋白质是遗传物质的基础　动物的遗传物质DNA与组蛋白结合成为一种复合体核蛋白。而以核蛋白的形式存在于染色体上,将本身所蕴藏的遗传信息,通过自身的复制过程遗传给下一代。DNA在复制过程中,涉及30多种酶和蛋白质的参与协同作用。

(5)蛋白质也可分解供能　蛋白质的主要营养作用不是氧化供能,但在分解过程中,可氧化产生部分能量。尤其是当食入蛋白质过量或蛋白质品质不佳时,多余的氨基酸经脱氨基作用后，将不含氮的部分氧化供能或转化为体脂肪贮存起来，以备能量不足时动用。应尽量避免蛋白质作为能源物质。

(6)蛋白质是动物产品的重要成分　蛋白质是形成奶、肉、蛋、皮毛及羽绒等畜产品的重要原料。

(二)蛋白质不足的后果与过量的危害

1. 蛋白质缺乏

饲料中蛋白质不足或蛋白质品质低下，影响动物的健康、生长、繁殖及生产性能，主要表现有：

(1)消化机能紊乱　饲粮中蛋白质的缺乏会影响消化道组织蛋白质的更新和消化液的正常分泌。动物会出现食欲下降，采食量减少，营养不良及慢性腹泻等现象。

(2)幼龄动物生长发育受阻　幼龄动物正处于皮肤、骨骼、肌肉等组织迅速生长和各种器官发育的旺盛时期，需要蛋白质多。若供应不足，幼龄动物增重缓慢，生长停滞，甚至死亡。

(3)易患贫血症及其他疾病　动物缺少蛋白质，体内就不能形成足够的血红蛋白和血球蛋白而患贫血症。并因血液中免疫抗体数量的减少，使动物抗病力减弱，容易感染各种疾病。

(4)影响繁殖　蛋白质供应不足，公畜性欲降低，精液品质下降，精子数目减少；母畜不发情，性周期失常，卵子数量少、质量差，受胎率低；受孕后胎儿发育不良，以致产生弱胎、死胎或畸形胎儿。

(5)生产性能下降　饲粮中蛋白质的缺乏可使生长动物增重缓慢，泌乳动物泌乳量下降，绵羊的产毛量及家禽的产蛋量减少，而且动物产品的质量也降低。

2. 蛋白质过量的危害

饲粮中蛋白质供给量超过动物的需要，不仅造成浪费，而且多余的氨基酸在肝脏中脱氨，形成尿素由肾随尿排出体外，加重肝肾负担，严重时引起肝肾的病患，夏季还会加剧热应激。

(三)氨基酸的营养

1. 氨基酸的营养生理功能

目前，各种生物体中发现的氨基酸已有 180 种，但常见的构成动植物体蛋白质的氨基酸只有 20 种，植物能够合成自己全部的氨基酸，动物蛋白质虽然含有与植物蛋白相同的氨基酸，但动物不能自己合成。

(1)赖氨酸　赖氨酸是动物体内合成细胞蛋白质和血红蛋白所必需的氨基酸，也是幼龄动物生长发育所必需的营养物质。日粮中缺乏赖氨酸，畜禽食欲降低，体况憔悴消瘦，瘦肉率下降，生长停滞。红细胞中血红蛋白量减少，导致贫血，甚至引起肝脏病变。皮下脂肪减少，骨的钙化失常。

植物性饲料，除大豆、豆饼富含赖氨酸外，其余含量均低。赖氨酸常为第一限制性氨基酸。

(2)蛋氨酸　是动物体代谢中一种极为重要的甲基供体。通过甲基转移参与肾上腺素、胆碱和肌酸的合成；肝脏脂肪代谢中，参与脂蛋白的合成，将脂肪输出肝外，防止产生脂肪肝，降低胆固醇；此外，还具有促进动物被毛生长的作用。蛋氨酸脱甲基后可转变为胱氨酸和半胱氨酸。动物缺乏蛋氨酸时，发育不良，体重减轻，肌肉萎缩，禽蛋变轻，被毛变质，肝脏、肾脏机能损伤，易产生脂肪肝。

动物性饲料中含蛋氨酸较多，植物性饲料中均欠缺，一般常采用 *DL*-蛋氨酸补饲。

（3）色氨酸　参与血浆蛋白的更新，并与血红素、烟酸的合成有关；它能促进维生素 B_2 作用的发挥，并具有神经冲动的传递功能；是幼龄动物生长发育和成年动物繁殖、泌乳所必需的氨基酸。动物缺少色氨酸时，食欲降低，体重减轻，生长停滞。产生贫血、下痢，视力破坏并患皮炎等。种公畜缺乏时睾丸萎缩。产蛋母鸡缺乏时无精卵多，胚胎发育不正常或中途死亡。

色氨酸在动物蛋白中含量多，玉米中缺少。

（4）亮氨酸　亮氨酸是合成体组织蛋白与血浆蛋白所必需的氨基酸，可促进小鸡的食欲和体重的增加。亮氨酸是免疫球蛋白的成分并能促进骨骼肌蛋白质的合成，对除骨骼肌以外的机体组织蛋白质的降解有抑制作用。

（5）异亮氨酸　它与亮氨酸共同参与体蛋白质的合成。缺乏时，动物不能利用饲料中的氮。用不含异亮氨酸的饲料育雏，雏鸡体重下降，并经一定时间死亡。

（6）缬氨酸　具有保持神经系统正常机能的作用。缺乏时，动物生长停滞，运动失调。缬氨酸是免疫球蛋白的成分并影响动物的免疫反应。缬氨酸缺乏，明显阻碍胸腺和外周淋巴组织的发育，抑制嗜中性与嗜酸性粒细胞增殖。

亮氨酸、异亮氨酸和缬氨酸的营养生理作用有共同之处，即在体内除用于合成蛋白质外，当动物处于特殊生理时期（如饥饿、泌乳、运动）时，还能氧化供能，它们在体内分解产生 ATP 的效率高于其他氨基酸；这 3 种必需氨基酸在调节氨基酸与蛋白质代谢方面也起着重要的作用，并影响母畜的泌乳与繁殖；另外，它们还影响动物的免疫反应与健康。

（7）苯丙氨酸　它是合成甲状腺素和肾上腺素所必需的氨基酸。缺乏苯丙氨酸时，甲状腺和肾上腺机能受到破坏。用缺乏苯丙氨酸的饲料育雏，体重减轻。

（8）组氨酸　大量存在于细胞蛋白质中，参与机体的能量代谢，是生长期动物的必需氨基酸，缺乏时生长停滞。

（9）精氨酸　精氨酸是生长动物的必需氨基酸，缺乏时体重迅速下降；精子蛋白中精氨酸约占 80%，缺乏时，精子生成受到抑制，公猪尤为明显；精氨酸在肝脏生成尿素的过程中起着极其重要的作用。动物在免疫应激期间，精氨酸可通过产生一氧化氮，在巨噬细胞与淋巴细胞间的粘连与激活过程中起极为重要的作用。

（10）苏氨酸　参与体蛋白的合成，缺乏时动物体重迅速下降。苏氨酸是免疫球蛋白的成分，也是母猪初乳与常乳中免疫球蛋白中含量最高的氨基酸。苏氨酸作为黏膜蛋白的组成成分，有助于形成防止细菌与病毒入侵的、非特异性防御屏障。

（11）甘氨酸　在动物体内甘氨酸参与许多重要化合物的合成。它与氨、甲酸及二氧化碳等共同合成核酸的重要成分嘌呤类；与琥珀酸共同合成血红素的重要成分卟啉类；它也是合成甘氨胆酸、谷胱甘肽、肌酸及血红素的原料。此外，甘氨酸还是芳香化合物的解毒物质。甘氨酸也可以转变为丝氨酸。甘氨酸是雏鸡的必需氨基酸，缺乏时，雏鸡的腿呈现一种麻痹症状，羽毛发育严重损坏。

2. 饲料蛋白质品质

蛋白质的质量问题实质上是必需氨基酸的数量和比例是否恰当的问题。氨基酸的平衡是指日粮中各种必需氨基酸在数量和比例上同动物需要量相符合，即供给与需要之间是平衡的，一般是指与最佳生产水平的需要量相平衡。而在实际生产中，常用饲料的蛋白质及必需氨基酸含量和比例与动物需要相比，大多不够理想，有的还相差甚远。因此平衡饲粮的氨基酸时，应重点考虑和解决：

(1)氨基酸缺乏　一般在低蛋白饲粮情况下，可能有一种或几种氨基酸不能满足动物需要。氨基酸缺乏不完全等于蛋白质缺乏，如使用机榨菜籽饼作为猪的主要蛋白质饲料，有可能饲粮蛋白质水平超过标准，而个别氨基酸(如赖氨酸)含量仍不能满足需要；或蛋白质不足，但个别氨基酸并不缺乏。

(2)氨基酸失衡　氨基酸的不平衡主要指氨基酸的比例与动物所需要氨基酸比例不一致。一般不会出现饲粮中氨基酸的比例都超过需要的情况，往往是大部分氨基酸符合需要的比例，而个别氨基酸偏低。不平衡主要是比例问题，缺乏主要是量不足。在实际生产中，饲粮氨基酸不平衡一般都同时存在氨基酸缺乏。

(3)氨基酸中毒　在自然条件下几乎不存在，只有在使用合成氨基酸过量时才有可能发生。氨基酸中毒，不能以补加其他氨基酸加以消除，尤以蛋氨酸具毒性，过量摄食可引起动物生长抑制，降低蛋白质的利用率。

(4)氨基酸互补　氨基酸互补是指在饲粮配合中，利用各种饲料氨基酸含量和比例的不同，通过两种或两种以上饲料蛋白质配合，相互取长补短，弥补氨基酸的缺陷，使饲粮氨基酸比例达到理想状态。在生产实践中，这是提高饲粮蛋白质品质和利用率的经济有效的方法。如雏鸡饲粮中，胱氨酸可代替 1/2 的蛋氨酸，丝氨酸可完全代替甘氨酸。酪氨酸不足，可以由苯丙氨酸来满足等。

(5)氨基酸拮抗　某些氨基酸在过量的情况下，有可能在肠道和肾小管吸收时与另一种或几种氨基酸产生竞争，增加机体对这种(些)氨基酸的需要，这种现象为氨基酸的拮抗。如赖氨酸与精氨酸、苏氨酸与色氨酸、亮氨酸与异亮氨酸，亮氨酸与缬氨酸、蛋氨酸与甘氨酸、苯丙氨酸与缬氨酸、苯丙氨酸与苏氨酸之间在代谢中都存在一定的拮抗作用。存在拮抗作用的氨基酸之间，比例相差越大，拮抗作用越明显。拮抗往往伴随着氨基酸的不平衡。

雏鸡试验表明，赖氨酸过多时，会干扰肾小管对精氨酸的重吸收，造成精氨酸不足。为消除不良影响，应向饲粮中添加精氨酸，鸡饲粮中赖氨酸与精氨酸的适宜比例为 1∶1.2。亮氨酸过量时，会激活肝脏中异亮氨酸氧化酶和缬氨酸氧化酶，致使异亮氨酸和缬氨酸大量氧化分解而不足。生产中常遇到亮氨酸超量的问题，这是因为玉米、高粱中亮氨酸较多，以致常引起小鸡对异亮氨酸和缬氨酸需要量提高。拮抗作用只有在两种氨基酸的比例相差较大时影响才明显。

(四)单胃动物蛋白质营养

1. 单胃动物蛋白质营养代谢特点

(1)消化　如图 1-11 所示。单胃动物进食的饲料蛋白质进入胃，在胃酸和胃蛋白质酶的作用下，部分蛋白质(20%左右)被分解为分子较小的胨与脲，然后随同未被消化的蛋白质一同进入小肠继续进行消化。蛋白质和大分子肽在小肠中经胰蛋白质酶和糜蛋白酶的作用下消化，分解生成大量游离氨基酸(占食入蛋白质的 60%以上)和小分子肽(寡肽)，2～3 个肽键的寡肽能被肠黏膜直接吸收或经二肽酶等水解为氨基酸后被吸收。这类酶的作用需要镁离子、锌离子、锰离子等金属离子参与。在胃和小肠未被消化的饲料蛋白质经由大肠以粪的形式排出体外，其中部分蛋白质和氨化物在腐败细菌作用下可降解为吲哚、粪臭素、酚、氨等有毒物质，一部分经肝解毒后随尿排出。在大肠中，部分蛋白质和氨化物还可以在细菌利用下，不同程度地降解为氨基酸和氨，其中部分可被细菌利用合成菌体蛋白，但合成的菌体蛋白绝大部分随粪排出，只有少部分被再度降解为氨基酸后，能由大肠吸收的也为数甚少。

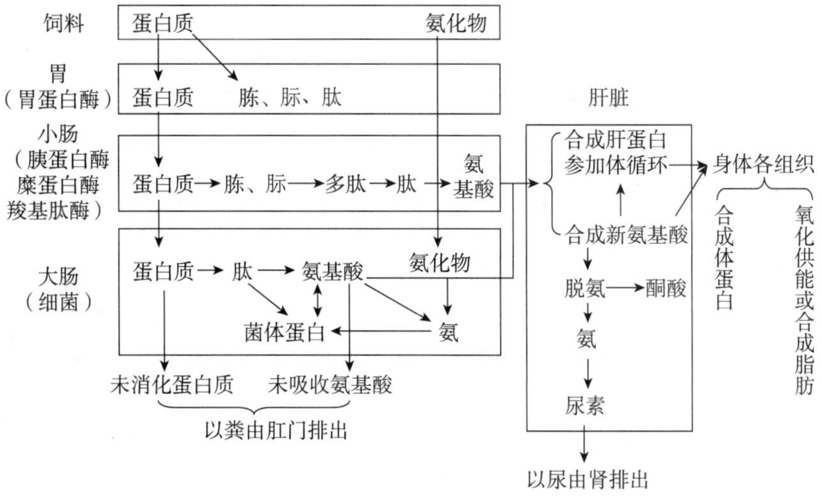

图 1-11　猪体内蛋白质消化代谢过程简图

马、驴、骡等草食动物的盲肠结构较为发达，利用氨化物的能力比猪强，主要利用方式是微生物发酵。

(2)吸收　单胃动物主要以氨基酸的形式吸收利用蛋白质，其吸收部位在小肠，而且主要在十二指肠，也可吸收少量寡肽。

饲料蛋白质消化的终产物氨基酸并非全部被小肠吸收，各种氨基酸的吸收率不尽相同。一般情况下，动物对苯丙氨酸、丝氨酸、谷氨酸、丙氨酸、脯氨酸、甘氨酸的吸收率较其他氨基酸为高。小肠对不同构型的同一氨基酸吸收率也不同，通常 L 形氨基酸的吸收率比 D 形氨基酸高。被吸收的氨基酸主要经门静脉运送到肝，只有少量的氨基酸经淋巴系统转运。但新生的幼猪、幼驹、幼犬、犊牛及羔羊等哺乳动物的血液内几乎不含 γ-球蛋白。但在出生后 24～36 h 可依赖肠黏膜上皮的胞饮作用直接吸收初乳中的免疫球蛋白，以获取抗体得到免疫力。因此，给新生幼畜及时吃上初乳，可保证获得足够的抗体，对幼畜的健康非常重要。

(3)代谢特点

猪：蛋白质消化吸收的主要场所是小肠，在酶的作用下，蛋白质最终以大量氨基酸和少量寡肽的形式被机体吸收利用，而大肠的细菌虽然可利用少量氨化物合成菌体蛋白质，但最终绝大部分还是随粪便排出。因此，猪能大量利用饲料中蛋白质，而不能大量利用氨化物。

禽：腺胃容积小，饲料停留时间短，消化作用不大，而肌胃又是磨碎饲料的器官，因此，家禽蛋白质消化吸收的主要场所是小肠，其特点大致与猪相同。

马属动物和兔等单胃草食动物，盲肠与结肠相当发达，它们在蛋白质消化过程起着重要作用，这一部位消化蛋白质过程类似反刍动物，而胃和小肠蛋白质的消化过程与猪类似，因此草食动物不仅能利用饲料中蛋白质还能利用饲料中氨化物。

2.提高蛋白质转化效率的措施

目前，蛋白质饲料既短缺又昂贵，为了合理地利用有限的蛋白质资源，应采取各种措施，以提高饲料蛋白质转化效率。

(1)配合日粮时饲料应多样化　饲料种类不同，蛋白质中所含必需氨基酸的种类、数量也不同，多种饲料搭配，能起到氨基酸的互补作用，改善饲料中氨基酸的平衡，提高蛋白质的转化效率。

豆饼中赖氨酸含量高，芝麻饼中蛋氨酸含量高，将二者混合饲喂雏鸡，比单独喂豆饼或芝麻饼效果好。又如，用猪做试验，单独饲喂时，玉米蛋白质的生物学价值为 51%，肉骨粉为 42%。若用两份玉米和一份肉骨粉混合喂猪，则蛋白质的生物学价值提高到 61%。

(2)补饲氨基酸添加剂　向饲粮中直接添加所缺少的限制性氨基酸，力求氨基酸的平衡。有人用仔猪做试验：喂给以豆饼为蛋白质饲料、粗蛋白质含量为 18%、第一限制性氨基酸为蛋氨酸的日粮，平均日增重为 290 g。若在此日粮中加入 0.15%的蛋氨酸，并将粗蛋白质水平降到 12%时，平均日增重为 285 g，取得相似的增重效果。

在合理利用饲料资源的基础上，参照饲养标准向饲粮中添加所缺乏的限制性氨基酸，从而使氨基酸达到平衡。目前，生产中广泛应用的有赖氨酸、蛋氨酸和色氨酸，其他氨基酸还有待进一步推广。

(3)日粮中蛋白质与能量要有适当比例　正常情况下，被吸收的蛋白质 70%～80%被畜禽用以合成体组织或产品，20%～30%分解供能，当供给能量的碳水化合物和脂肪不足时，必然会加大蛋白质的供能部分，减少合成体蛋白质和畜禽产品的部分，导致蛋白质转化效率降低。因此，必须合理确定日粮中蛋白质与能量之间的比例，最大限度地减少蛋白质分解供能的部分。

(4)控制饲粮中的粗纤维水平　单胃动物饲粮中粗纤维过多，会加快饲料通过消化道的速度，不仅使其本身消化率降低，而且影响蛋白质及其他营养物质的消化，大约粗纤维每增加一个百分点，蛋白质消化率降低 1.0%～1.5%，因此要严格控制猪、禽饲粮中粗纤维的水平。

(5)掌握好饲粮中蛋白质的水平　饲粮蛋白质数量适宜、品质好，则蛋白质转化效率高，蛋白质过多，蛋白质转化效率下降，多余蛋白质只能做能源，既不经济而且还增加肝肾的负担。

(6)豆类饲料的湿热处理　生豆类与生豆饼等饲料中含有抗胰蛋白酶，抑制胰蛋白酶和糜蛋白酶等的活性，影响蛋白质消化吸收，可采取浸泡、蒸煮、常压或高压蒸汽处理的方法破坏抑制素。但加热时间不宜过长，否则会使蛋白质变性，氨基酸被破坏。据试验，生大豆和生豆饼在 128 ℃、0.15 MPa 下，只需处理 5 min，即可使约 90%的胰蛋白酶抑制因子失活。

(7)保证蛋白质代谢的有关维生素和微量元素的供应　如果饲料中维生素 A、维生素 D、维生素 B_{12} 及铁、铜、钴等供应不足，可进行添加。

(五)反刍动物蛋白质营养

1.反刍动物蛋白质消化代谢特点

(1)消化　如图 1-12 所示。进入反刍动物瘤胃的饲料蛋白质中，约有 70%经细菌分解，仅有 30%左右的蛋白质未经变化而进入消化道的下一部分。

瘤胃：饲料蛋白质在瘤胃微生物蛋白质水解酶的作用下，首先分解为肽，进一步分解为游离氨基酸，即蛋白质消化分解产物——肽和氨基酸，部分被微生物用于合成菌体蛋白质，部分氨基酸亦可在细菌脱氨酶的作用下经脱氨基进一步降解为氨、二氧化碳和挥发性脂肪酸，饲料中非蛋白氮(NPN)化合物亦可在细菌脲酶的作用下分解为氨和二氧化碳，氨可被细菌用于合成微生物蛋白质(MCP)亦称菌体蛋白质。在瘤胃中被发酵而分解的蛋白质称为瘤胃降解蛋白质(RDP)。在瘤胃中，只有细菌能利用氨化物，纤毛虫只能利用现成的，由细菌分解而来的肽和氨基酸，合成纤毛虫体蛋白，具有改善饲料蛋白质品质的作用。

皱胃和小肠：未经瘤胃微生物降解的饲料蛋白质直接进入后部胃肠道，通常称这部分饲料蛋白质为过瘤胃蛋白质(RBPP)，又称未降解蛋白质(UDP)。过瘤胃蛋白质与瘤胃微生物蛋

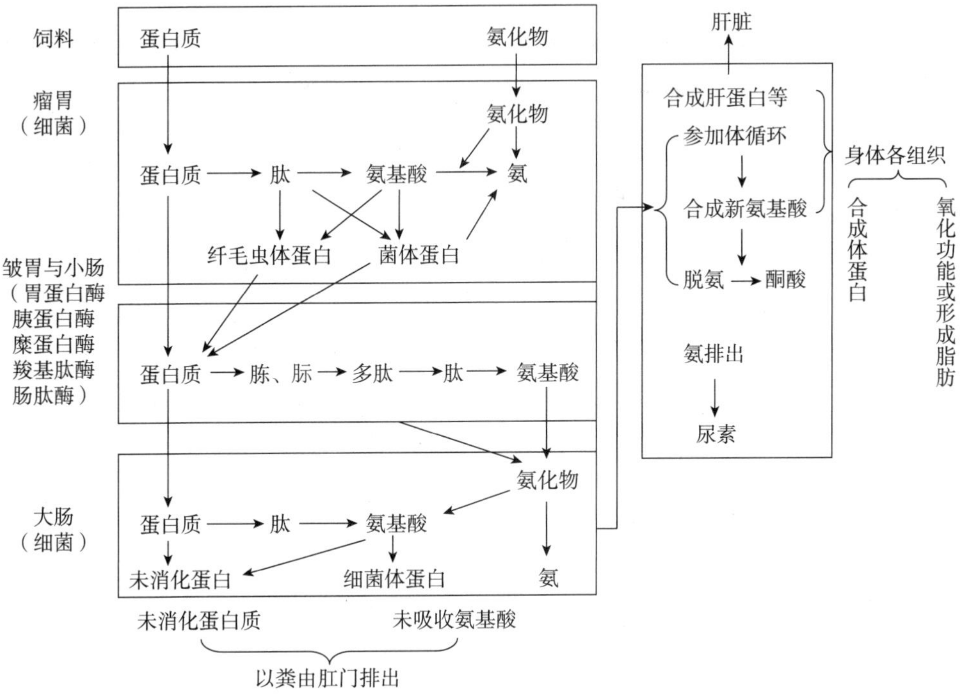

图 1-12　反刍动物体内蛋白质消化代谢过程简图

白质一同由瘤胃转移至皱胃，随后进入小肠，其蛋白质的消化过程和单胃动物相近，靠胃肠道分泌的蛋白质酶水解。

(2)吸收　反刍动物对蛋白质消化产物的主要吸收部位是小肠。

瘤胃壁对氨的吸收能力极强，瘤胃蛋白质的降解产物——氨，除用于合成细菌体蛋白质外，经瘤胃壁黏膜扩散吸收进入门静脉，大量氨被瘤胃壁所吸收，被吸收的氨随血液循环进入肝，合成尿素，所生成的尿素大部分进入肾随尿排出，部分可进入唾液腺随唾液返回瘤胃，再次被微生物合成菌体蛋白，由于这一过程是反复循环的，所以称为“瘤胃—肝的氮素循环”(或称“尿素循环”)。小肠对蛋白质的吸收形式同单胃动物一样，也是氨基酸。

(3)代谢特点　蛋白质消化吸收的主要场所是瘤胃，靠微生物的降解，其次是在小肠内酶的作用下进行；反刍动物不仅能大量利用饲料中的真蛋白质，而且也能很好地利用氨化物；饲料蛋白质在瘤胃进行较大改组，通过微生物合成饲粮中不曾有的氨基酸；反刍动物的小肠可消化来源于瘤胃合成的微生物蛋白质和饲料过瘤胃蛋白质；瘤胃微生物蛋白质品质好，仅次于优质动物蛋白质，与豆饼、苜蓿叶中蛋白质含量相当，优于大多数谷物蛋白质。

(4)反刍动物对必需氨基酸的需要　反刍动物同单胃动物一样，真正需要的不是蛋白质本身，而是蛋白质在真胃以后分解产生的氨基酸，因此，反刍动物蛋白质营养的实质是小肠氨基酸营养。

通常饲养管理条件下，反刍动物所需必需氨基酸的 50%～100% 来自瘤胃微生物蛋白质(含 10 种必需氨基酸)，其余来自饲料。中等以下生产水平的反刍动物，仅微生物蛋白和少量过瘤胃饲料蛋白所提供的必需氨基酸足以满足需要。但对高产反刍动物，上述来源的氨基酸远不能满足需要，限制了生产潜力的发挥。据研究，日产奶 15 kg 以上的奶牛，蛋氨酸和亮氨酸可能是限制性氨基酸，日产奶 30 kg 以上的奶牛，除上述两种外，赖氨酸、组氨酸、苏氨酸和苯丙氨酸可能都是限制性氨基酸。研究确认，蛋氨酸是反刍动物最主要的限制性氨基酸。生产实践中，必须从饲料中保证高产反刍动物对限制性氨基酸的需要，以充分发挥其高产潜力。对高品质蛋白质饲料进行过瘤胃保护，不仅可满足高产反刍动物对必需氨基酸的需要，而且可避免瘤胃过度降解饲料真蛋白质所造成的能量和氮素浪费。

2. 反刍动物对非蛋白含氮物(NPN)的利用

反刍动物营养中所说的 NPN，一般是指简单的含氮化合物如尿素、二缩脲、铵盐等，可代替植物或动物来源的蛋白质饲料饲喂反刍动物，以供给瘤胃微生物合成菌体蛋白所需要的氮源，节省动植物性蛋白质饲料。

(1)反刍动物利用非蛋白含氮物的机制　以尿素为例，其利用机制如下：

$$\text{尿素}\xrightarrow{\text{细菌脲酶}}\text{氨}+\text{二氧化碳}$$

$$\text{碳水化合物}\xrightarrow{\text{细菌酶}}\text{酮酸}+\text{挥发性脂肪酸}+\text{能量}$$

$$\text{氨}+\text{酮酸}\xrightarrow{\text{细菌酶}}\text{氨基酸}\xrightarrow{\text{细菌酶}}\text{细菌蛋白}$$

$$\text{菌体蛋白}\xrightarrow{\text{真胃和小肠消化酶}}\text{氨基酸}$$

瘤胃内的细菌利用尿素作为氮源，以碳水化合物作为碳架和能量的来源，合成菌体蛋白质。进而和饲料蛋白质一样在动物体消化酶的作用下被动物体消化利用。尿素含氮量为 42%～46%。若氨尿素中的氮 70%被合成群体蛋白计算，1 kg 尿素经转化后可提供相当于 4.5 kg 豆饼的蛋白质。

(2)反刍动物日粮中使用 NPN 的目的　一是在日粮蛋白质不足的情况下，补充 NPN，提高采食量和生产性能；二是用 NPN 适量替代高价格的动植物性蛋白质饲料，降低成本，提高经济效益；三是用于平衡日粮中的可降解蛋白与过瘤胃蛋白，以充分发挥瘤胃功能，促进整个日粮的有效利用。

(3)提高尿素利用率的措施　尿素等分解的氨态氮并非全部在瘤胃内合成菌体蛋白，且尿素的利用效果又受多种因素的影响。为了提高尿素的利用率并防止动物氨中毒，饲喂尿素时应注意：

①补加尿素的日粮中必须有一定量易消化的碳水化合物。瘤胃细菌在利用氨合成菌体蛋白的过程中，需要同时供给可利用能量和碳架，后者主要由碳水化合物酵解供给。碳水化合物的性质，直接影响尿素的利用效果。试验证明，牛、羊日粮中单独用粗纤维作为能量来源时，尿素的利用效率仅为 22%，而供给适量的粗纤维和淀粉时，尿素的利用率可提高到 60%以上，这是因为淀粉的降解速度与尿素分解速度相近。能源与氮源释放趋于同步，有利于菌体蛋白的合成。因此，粗饲料为主的日粮中，添加尿素时，应适当增加淀粉质的精料。有人建议，每 100 g 尿素，可搭配 1 kg 易消化的碳水化合物，其中 2/3 淀粉，1/3 是可溶性糖。增加能量供应量，可提高尿素利用率。

②补加尿素的日粮中蛋白质水平要适宜。有些氨基酸，如赖氨酸、蛋氨酸是细菌生长繁殖所必需的营养，它们不仅作为组成成分参与菌体蛋白的合成，而且还具有调节细菌代谢的作用，从而促进细菌对尿素的利用。为了提高尿素的利用率，日粮中蛋白质水平要适宜。日粮中

蛋白质含量超过 13%时，尿素在瘤胃转化为菌体蛋白的速度和利用程度显著降低，甚至会发生氨中毒。日粮中蛋白质水平低于 8%时，又可能影响细菌的生长繁殖。一般认为补加尿素前，日粮蛋白质水平不应高于 13%。

③保证供给微生物生命活动所必需的矿物质。钴是在蛋白质代谢中起重要作用的维生素 B_{12} 的成分。如果日粮中钴不足，则维生素 B_{12} 合成受阻，会影响细菌对尿素的利用。硫是合成细菌体蛋白中蛋氨酸、胱氨酸等含硫氨基酸的原料。为提高尿素的利用率，有人建议，在保证硫供应的同时还要注意氮硫比和氮磷比，含尿素日粮的最佳氮硫比为(10～14)∶1，氮磷比为 8∶1。此外，还要保证细菌生命活动所必需的钙、磷、镁、铁、铜、锌、锰及碘等的供给。

④控制喂量，注意喂法。尿素被利用时，首先要在细菌分泌的脲酶作用下分解。由于脲酶的活性很强，致使尿素在瘤胃中分解为氨的速度很快，如加入日粮干物质量 1%的尿素只需 20 多分钟就全部分解完毕。然而细菌利用氨合成菌体蛋白的速度仅为尿素分解速度的 1/4。如果尿素喂量过大，它会被迅速地分解产生大量的氨，而细菌又来不及利用，其中一部分氨被胃壁吸收后随血液输入肝脏形成尿素，由肾排出，造成浪费。更严重的是，如果吸收的氨超过肝脏将其转变为尿素的能力时，氨就会在血液中积蓄，出现氨中毒症状。表现运动失调、肌肉振颤、痉挛、呼吸急促，口吐白沫等。上述症状一般在喂后 0.5～1 h 内发生，如不及时治疗，可能在 2～3 h 内死亡。因此，要严格控制尿素的喂量并注意喂法。

喂量：尿素的喂量约为日粮粗蛋白质量的 20%～30%或不超过日干物质的 1%。成年牛每头每天饲喂 60～100 g，成年羊 6～12 g。生后 2～3 个月内的犊牛和羔羊，由于瘤胃机能尚未发育完全，严禁饲喂尿素。如果日粮中有含非蛋白氮高的饲料，如青贮料，尿素用量可减半。

喂法：为了有效地利用尿素，防止中毒，饲喂尿素时，必须将尿素均匀地搅拌到精粗饲料中混喂，最好先用糖蜜将尿素稀释或用精料拌尿素后再与粗料拌匀，还可将尿素加到青贮原料中青贮后一起饲喂。饲喂尿素时，开始少喂，逐渐加量，使反刍动物有 5～7 d 的适应期。尿素一天的喂量要分几次饲喂；生豆类、生豆饼类、苜蓿草籽、胡枝子种子等含脲酶多的饲料，不要大量掺在加尿素的谷物饲料中一起饲喂。严禁将尿素单独饲喂或溶于水中饮用，应在饲喂尿素 3 h 后饮水。

⑤采用高效尿素添加剂。为减缓尿素在瘤胃的分解速度，使细菌有充足的时间利用氨合成菌体蛋白，提高尿素利用率和饲用安全性，在饲用尿素时可采用下列措施：向尿素饲粮中加入脲酶抑制剂，如醋酸氧肟酸、辛酰氧肟酸、脂肪酸盐、四硼酸钠等，以抑制脲酶的活性。

⑥包被尿素。用煮熟的玉米面糊或高粱面糊拌和尿素后饲喂。或将磨碎的玉米或高粱与尿素混匀后，用水介质加热器，在温度为 121～176 ℃、湿度为 15%～30%，压力为 2 700～3 400 kPa 条件下制成糊化淀粉尿素。据报道，也可用硬脂酸、二双戊聚合物、羟甲基纤维素、聚乙烯、干酪素、丹宁、蜡类或蛋白质将尿素包被后制成颗粒饲喂。据试验，包被尿素颗粒在 35 ℃的温水中，经过 2 h 后只有 50%被溶解，而未包被尿素 9 min 即全部溶解。

⑦制成颗粒凝胶淀粉尿素。其做法是：70%～75%粉碎的谷物、20%～25%尿素、3%～5%膨润土混匀后，经高温高压的喷爆处理，使淀粉凝胶化并与融化的尿素紧密结合。此产品在降低氨释放速度的同时，加快淀粉的发酵速度，保持能与氮同步释放，提高细菌蛋白的合成效率。

⑧尿素舔块。将尿素、糖蜜、矿物质等压制或自然凝固制成块状物，让牛羊舔食，控制了尿素的食入速度，提高了尿素的利用率。

⑨饲喂尿素衍生物。如磷酸脲、双缩脲、脂肪酸脲、羟甲基脲、异丁叉二脲等。与尿素相比，其降解速度减慢，饲用效果和安全性均高。

马(驴、骡)补饲尿素，来代替日粮中的一部分蛋白质饲料，但在实际生产中应用不多。而猪、鸡饲喂尿素，没有实用价值。

3. 过瘤胃蛋白的保护技术

过瘤胃蛋白的保护技术，即经过技术处理将饲料蛋白质保护起来，避免在瘤胃内被发酵、降解，直接进入小肠被消化吸收，从而达到提高饲料蛋白质利用率的目的。对高品质饲料蛋白质的过瘤胃保护十分必要，但对劣质饲料蛋白质的保护没有实际意义。在保证氨基酸利用率不受抑制的前提下，降低饲料蛋白质在瘤胃中的降解度，提高过瘤胃蛋白质的数量是控制过瘤胃蛋白质产生量的基本原则。

(1)物理处理法　青草的干制可显著降低蛋白质的溶解度。热处理也是一种保护过瘤胃蛋白质有效办法。加热处理饲料蛋白质，可使蛋白质变性，疏水基团更多地暴露于蛋白质分子表面，从而降低蛋白质的溶解度，使之更能抵抗瘤胃微生物酶的水解，增加过瘤胃蛋白质的数量。据试验，大豆饼经过 144 ℃热处理后其溶解度由 70%降至 40%，用以饲喂幼牛增重提高 50%。研究表明：有糖分存在时，加热更能使蛋白质免受瘤胃微生物降解。加热时加入木糖 80 g/kg，可显著降低蛋白质降解度。用热喷处理豆粕喂绵羊，可提高进入小肠内氨基酸总量和赖氨酸数量，增加氮沉积，显著增加日增重和羊毛长度。但加热的温度不能过高，加热时间不宜过长，否则会降低蛋白质的消化率和利用率。热处理豆饼的适宜温度为 115～145 ℃，加热时间一般为 1～3 h。

(2)化学处理法　利用化学药品，如甲醛、单宁、戊二醛、乙二醛、氯化钠、锌盐、氢氧化钠等，可对高品质蛋白饲料进行保护处理。甲醛处理法的原理是甲醛可与蛋白质形成络合物，这种络合物在瘤胃 pH 为 5.5～7 的条件下非常稳定，可抵抗微生物的侵袭。但此络合物进入真胃后即行解体，蛋白质可被胃肠道蛋白酶消化成氨基酸被动物体吸收利用。甲醛处理饲料蛋白质的程序是：先用浓度 0.12%～4.0%的甲醛水溶液对饲料进行处理，然后用水冲洗法或加热法除去游离的甲醛。或向蛋白质饲料中均匀喷洒适量甲醛液，密封保存一段时间，通风晾干后可直接混入配合料中饲用。甲醛处理饲料蛋白质时，应严格控制甲醛剂量，若甲醛剂量过高，出现过度保护，导致蛋白质在小肠的分解减弱而使粪氮排出增多。处理不同的饲料蛋白质，要求甲醛的剂量不同。一般甲醛占待处理饲料干物质 0.2%～0.4%，或占粗蛋白质的 0.4%～0.8%。

(3)包埋方法　包埋方法是用某些富含抗降解蛋白质的物质(如血粉等)或某些脂肪酸对饲料蛋白质进行包埋，以抵抗瘤胃的降解。

将全血洒到蛋白质补充料上，然后在 100 ℃下干燥或用占豆饼重 30%的猪全血包被处理，均可使蛋白降解率下降；利用瘤胃 pH 6 左右和真胃 pH 2 左右的生理条件差别，选择在中性溶液中不分解，而在酸性溶液中分解的材料进行包被，一般选择含有 12～22 个碳原子的脂肪酸。脂肪酸中还加有一定比例过瘤胃值高的碳酸钙，共同组成包被基质。从而使被包被物质在瘤胃中保持稳定，而在真胃中可以溶解，进而被消化利用。

研究认为，今后需要利用复合处理的方法，如先将饲料进行必要的加工，使其易被小肠消化酶消化，同时探索出一种更好的保护物质，这种物质既不受瘤胃微生物的降解，又能在小肠消化酶的作用下被彻底分解。

任务6　矿物质饲料与矿物质营养

畜禽在生长发育及生产过程中，需要多种矿物质元素。虽然各种动、植物性饲料中都含有一定量矿物质，但畜禽处于生长、繁殖及较高生产水平的情况下，对某些矿物质的需要量会明显提高，必须在饲粮中另行添加。

以提供矿物元素为目的的饲料叫矿物质饲料，包括常量矿物质饲料和微量矿物质元素。

一、矿物质饲料

(一)含钠与氯的饲料

植物性饲料大多含钠、氯较少，而含钾很丰富。因此，为了保证动物的生理平衡，对以植物性饲料为主的畜禽应补充钠和氯。

(1)氯化钠　通常使用的是食盐，氯含量为 60.65%，钠 38.35%。食盐还可以改善口味，增进食欲，促进消化。目前使用的加碘食盐，碘含量在 70 mg/kg 左右。猪、鸡等畜禽不可多喂食盐，否则会导致饮水量增加，粪便稀软，重则导致食盐中毒。一般食盐在牛、羊、马等草食动物日粮中占日粮风干物质的 1%，猪、禽日粮中以 0.3%～0.5%为宜。确定食盐添加量时，还应考虑动物体重、年龄、生产力、季节、水及饲料中(特别是鱼粉中)盐的含量。

(2)碳酸氢钠　俗称小苏打。采用食盐供给动物钠与氯时，食盐中氯多钠少，尤其对产蛋家禽，更需要其他供钠的物质。碳酸氢钠，除提供钠离子外，还是一种缓冲剂，可缓解热应激，改善蛋壳强度，保证瘤胃正常的 pH。畜禽对钠的需要量一般高于对氯的需要量。碳酸氢钠常用于补充饲粮中钠的不足。在猪与禽饲粮中以 0.3%～0.4%为宜。使用时，应适当减少食盐用量。

(3)无水硫酸钠　俗称元明粉或芒硝，有泻药成分，除补钠离子外，对鸡互啄有预防作用。

(二)含钙饲料

(1)饲用石粉　主要指石灰石粉，为天然的碳酸钙，含钙 34%～39%，是补钙来源最广、价格最低的矿物质原料。天然的石灰石只要镁、铅、汞、砷、氟含量在卫生标准范围之内均可使用。猪用石粉的粒度为 0.36～0.61 mm，禽用石粉的粒度为 0.67～1.30 mm。

(2)贝壳粉　本品为各类贝壳外壳(牡蛎壳、蚌壳、蛤蜊壳等)经加工粉碎而成的粉状或颗粒状产品，一般含钙不低于 33%，主要成分为碳酸钙。贝壳内部残留有少量的有机物，因而贝壳粉还含有少量的粗蛋白及磷，制作饲料配方时，这些蛋白与磷通常不计。贝壳粉内常夹杂碎石和沙砾，使用时应予以检查并注意贝壳内有无残次的生物尸体的发霉、发臭情况。

(3)蛋壳粉　由蛋品加工厂或大型孵化场收集的蛋壳，经灭菌、干燥、粉碎而成，不过孵化后的蛋壳钙含量极少。新鲜蛋壳制粉时应注意消毒，避免蛋白质腐败，甚至带来传染病。蛋壳粉含粗蛋白质 12.4%，钙 24%～27%。

(4)石膏　其化学式是 $CaSO_4 \cdot 2H_2O$，灰色或白色结晶性粉末。含钙量范围变动大，一般为 20%～30%。如果是磷酸制造工业的副产品，含氟量往往超标，使用此类石膏时应高度重视。供钙的饲料还有白垩、滤泥和木灰等。

钙源饲料很便宜,但不能过量使用。否则会影响钙、磷平衡,影响钙和磷的消化、吸收及代谢。微量元素预混料常常使用石粉作稀释剂和载体,使用比例较大,配料时应将其含钙量计算在内。

(三)钙、磷补充料

(1)骨粉　是以家畜骨骼为原料,经蒸汽高压蒸煮灭菌后,再粉碎而制成的产品,为黄褐色或灰褐色。骨粉含钙24%~30%,磷10%~15%,蛋白质10%~13%,这些数值取决于有机物的脱去程度。有机物含量高的骨粉不仅钙磷含量低,而且常携带有大量细菌,易发霉结块,并产生臭味,降低品质。

(2)磷酸氢钙　又叫磷酸二钙,为白色或灰白色粉末,分子式为 $CaHPO_4 \cdot nH_2O$,通常含2个结晶水。含钙不低于23%,磷不低于18%,铅不超过50 mg/kg,氟与磷之比不超过1∶100。其钙磷利用率高,是优质的钙磷补充料。

(3)磷酸一钙　又名磷酸二氢钙、过磷酸钙,为白色结晶粉末,分子式为[$Ca(H_2PO_4)_2 \cdot nH_2O$],以一水盐居多。含钙不低于15%,磷不低于22%,铅不超过50 mg/kg,氟与磷之比不超过1∶100。其利用率比磷酸二钙、磷酸三钙好。

(4)磷酸三钙　又名磷酸钙,为白色无臭粉末,分子式有 $Ca_3(PO_4)_2 \cdot H_2O$ 和 $Ca_3(PO_4)_2$ 两种,后者居多,含钙32%,磷18%。

(5)脱氟磷酸盐　是磷矿石经煅烧、溶解及沉淀或磷酸与适宜的钙化合物反应,并经高温加热脱去氟而制得。为淡灰色或灰褐色外表,含磷18%以上,钙32%以上,氟0.18%以下。

(6)硫酸钙　俗称石膏,分子式为 $CaSO_4 \cdot 2H_2O$,结晶水多为2分子,颜色为灰黄色至灰白色,在高温高湿条件下可能会潮解结块。

此外,大理石、白云石、白垩石、方解石、葡萄糖酸钙、乳酸钙等均可作为补钙饲料。

(四)微量元素饲料

动物所需的必需矿物元素有16种,其中7种为常量元素,余下的9种为微量元素,它们是铁、铜、锰、锌、钴、碘、硒、钼、氟。其中前7种在动物营养中的作用最大,能提供这些微量元素的矿物质饲料叫微量元素补充料。由于动物对微量元素的需要量少,微量元素补充料通常是作为添加剂加入饲料中的。

微量元素补充料主要是化学产品(一般以饲料级规格出售),一般是其矿物盐及结晶化合物。由于其化学形式、产品类型、规格以及原料细度不同,导致其生物学利用率差异较大,销售价格也不一样。

(五)其他矿物质饲料

自然界的一些其他矿产资源,在重金属含量不超标准时可用于饲料中。国内外不少试验表明,在配合饲料中添加这类物质2%~5%,对畜禽生长和生产有促进作用。

(1)沸石　沸石是一种天然矿石,其分子结构为开放型,有许多空隙与通道,其内有金属阳离子和水分子,这些阳离子和水分子与阴离子骨架联系较弱。沸石的这种特性使沸石具有吸附气体(如氨气),离子交换和催化作用的性质,因此有很多饲料厂使用沸石作为畜禽的生长促进剂,有的直接添加于日粮中,有的用作饲料添加剂的载体和稀释剂。日粮中使用少量沸石,可以提高动物的生产性能,减少肠道疾病,降低畜舍臭味。反刍动物日粮中含非蛋白氮饲料时,添加沸石粉,可提高非蛋白氮的安全性和利用率。沸石用作畜禽饲料时,粒度一般为

0.216～1.21 mm，沸石中还含有大量的微量元素。

(2)麦饭石　主要含氧化硅和氧化铝，含矿物元素达18种以上。麦饭石在我国医药中曾作为一种“药石”，用于防病治病。麦饭石有多孔性，具有很强的吸附性，与活性炭一样有一定的收敛作用，能吸附像氨、硫化氢等有害、有臭味的气体和一些肠菌，如大肠杆菌、痢疾杆菌等。在消化道内，麦饭石能释放出铜、铁、锌、锰、钴、硒等微量元素，延长饲料在消化道滞留时间，提高饲料中营养物质的消化吸收率，改善畜禽的生产性能。

(3)膨润土　常用膨润土钠，含硅约30%，另含有10余种矿物元素。以蒙脱石为主要组分的黏土，具有阳离子交换、膨胀和吸附性，能吸附大量的水和有机质。膨润土中含磷、钾、钙、锰、锌、铜、钴、镍、钼、钒、锶、钡等动物所需的微量及常量元素，常作微量元素的载体或稀释剂，也可作颗粒饲料的黏合剂。

(4)海泡石　属特种稀有非金属矿石，具有特殊的层链状晶体结构，对热稳定，有很好的阳离子交换、吸附和流变性能，可吸附氨，消除排泄物臭味。常用作饲料的成分，也可作微量元素的载体、稀释剂及颗粒饲料黏合剂。

此外，凹凸棒石、稀土、白陶土、水氯镁石等，均可作为动物的矿物质饲料加以开发与利用，常见矿物质饲料如图1-13所示。

图1-13　常见矿物质饲料

二、矿物质营养

矿物质在机体生命活动中起着重要的调节作用，尽管占比很小，且不能提供能量、蛋白质和脂肪，但缺乏时会造成畜禽生长受阻或生产力下降甚至死亡。

动物体内矿物质元素含量约有 4%，其中 5/6 存在于骨骼和牙齿中，其余 1/6 分布于身体的各个部位。体内矿物质元素的含量分布特点如下：

(1)按 100 g 无脂体干物质含量表示，多种成年哺乳动物之间含量相近。

(2)体内钠、钾、氯含量从胚胎到发育结束的各个阶段均是恒定的，而镁、钙、磷在胚胎中含量(无脂干物质)只有成年期含量的一半。

(3)不同组织器官中元素含量，依其功能不同而异。

(4)血清中的钙、镁、钾、氯水平维持在一个狭窄的范围内，不管日粮提供量有多少，但血中微量元素变化很大，没有一个机制来调节食物中的进食量。

动物体组织中含有的 45 种不同数量和浓度的化学元素，有一些是动物生理过程和体内代谢必不可少的，这一部分就是营养学上常说的必需矿物质元素。其中有 26 种被证明是动物必需的，据含量分为 2 类：

常量矿物质元素一般指在动物体内含量高于 0.01%的元素，主要包括：钙、磷、钾、钠、氯、镁、硫，共 7 种。微量元素一般指在动物体内含量低于 0.01%的元素，主要包括：铁、铜、钴、锰、锌、碘、硒、钼、铬、氟、砷、矾、硅、镍、锡，共 15 种。

另有 15～20 种元素存在于动物体内，但其作用不明。证明矿物元素的必需性是通过动物试验，用一种纯合日粮添加或去除某元素后，观察动物的反应。一般认为具备下列 6 个条件的被认为是必需元素：①在动物体内各个组织中均存在；②每个动物体内存在的浓度大致相同；③若从体内撤去该元素，各类动物均产生生理上或结构上的异常症状，而且这种症状可以多次重复再现；④再添加这种元素后即可消除撤去后发生的异常症状；⑤与体内一定的生物化学变化和缺乏症状相关；⑥有措施防止缺乏或治疗，并且在防止缺乏或治疗后上述生物化学异常现象不再发生。

矿物质在动物体内含量为体重的 2%～5%。虽然它不产生能量，但对动物的生长、繁殖和健康有重要作用，是不可缺少的营养物质。矿物质元素的主要营养功能概括如下：

其一，矿物质是机体组织和细胞的组成成分，特别是骨骼的最主要成分。所有液体组织均含有少量的矿物质微量元素，如铁、铜、碘、硒等。还有的元素是酶、激素与某些维生素的组成成分。镍是脱氧核糖核酸(DNA)与核糖核酸(RNA)杂环碱及磷环化合物的辅助成分，具有稳定核酸与保护核糖的作用。

其二，矿物质能调节体内酸碱平衡和渗透压平衡，使体液保持恒定的 pH 和恒定的渗透压，以维持动物的生命活动。

其三，矿物质可影响其他物质在机体内的溶解。如胃液中的盐酸可溶解饲料中的矿物质，使之便于吸收；血液中含食盐可提高磷酸钙的溶解度；体内一定浓度的盐类有助于饲料中蛋白质的溶解。

其四，维持神经、肌肉的正常敏感性。钾、钠、钙、镁等元素对神经、肌肉兴奋性起调节平衡作用。如适当提高钾浓度可增进神经肌肉的兴奋性。镍也具有兴奋神经的功能，并且在肌肉收缩的兴奋过程中，可在一定程度上起到代替钙的作用。

其五，矿物质是体内某些特殊功能化合物的成分。如铁为血红蛋白的成分，钴为维生素 B_{12} 的成分。

矿物质不能相互代替，必须由饲料中供给。在动物日粮中矿物质不足或缺乏时，即使其他营养物质再充足，也会引起缺乏症，影响动物的正常生长，严重时还会造成死亡。

（一）常量矿物质元素

1. 钙与磷

(1)含量与分布　钙和磷是体内含量最多的矿物质元素，平均占体重 1%～2%，其中 98%～99%的钙和 80%的磷存在于骨和牙齿中，其余存在于软组织和体液中。骨中含水 45%，蛋白质 20%，脂肪 10%，灰分 25%，灰分中钙占 36%，磷 18%，镁 0.5%～1.0%，钙、磷比例为 2∶1。

(2)营养与生理功能　钙作为动物体结构组成物质参与骨骼和牙齿的组成，起支持保护作用；通过控制神经传递物质释放，调节神经兴奋性；通过神经体液调节，改变细胞膜通透性；激活多种酶的活性；促进胰岛素、儿茶酚胺、肾上腺皮质固醇，甚至唾液等的分泌；具有自身营养调节功能。

磷参与骨骼、牙齿组成；参与体内能量代谢，是 ATP 和磷酸肌酸的组成成分；以磷脂的方式促进脂类物质和脂溶性维生素的吸收；保证生物膜的完整；作为重要生命遗传物质 DNA、RNA 和一些酶的结构成分。

(3)缺乏与过量

①缺乏　草食动物最易出现磷缺乏，猪、禽最易出现钙缺乏。动物典型的钙、磷缺乏症有佝偻病、骨软化症、骨疏松症和产后瘫痪。

佝偻病是幼龄生长动物钙、磷缺乏所表现出的一种典型营养缺乏症。其表现为动物行走步态僵硬或跛行致骨折，骨骼生长发育明显畸形，长骨末端肿大，骨矿物质元素含量减少，血钙、血磷或二者含量下降。

骨软化症是成年动物钙、磷缺乏所表现出的一种典型营养缺乏症。饲料钙、磷、维生素 D 缺乏或不平衡，高产动物（产奶、产蛋等）过多动用骨中矿物质元素均可引起此病。患骨软化症动物的肋骨和其他骨骼因大量沉积的矿物质分解而形成蜂窝状，容易造成骨折、骨骼变形等。

骨质疏松症是成年动物的另一种钙、磷营养代谢性疾病。患骨质疏松症的动物骨中矿物质元素含量均正常，只是骨的绝对总量减少而造成功能的不正常。引起骨质疏松症的根本大致原因为：一是骨基质蛋白质合成障碍，减少矿物质元素沉积，使骨的绝对总量减少；二是长期低钙摄入，使骨的代谢功能减弱、骨总灰分减少和骨强度降低。属后一种原因引起的骨质疏松症可通过增加饲料供给而消除。动物生产中出现骨质疏松症的情况很少见。

产后瘫痪是高产奶牛因缺钙引起内分泌功能异常而产生的一种营养缺乏症。在分娩后，产奶对钙的需要突然增加，甲状旁腺素、降钙素的分泌不能适应这种突然变化，在缺钙时则引起产后瘫痪。

②过量　动物对钙、磷有一定的耐受力。过量直接造成中毒的虽不多见，但超过一定限度就会影响动物的健康。过量的钙会降低磷及其他矿物质元素的吸收（包括锌、锰、铁），脂肪消化率也会降低。过量的磷会使血钙降低，机体为了调节血钙，刺激甲状旁腺分泌激素增多而引起甲状旁腺机能亢进，致使骨中磷大量分解，易产生跛行或长骨骨折。

(4)影响钙、磷营养的因素

①钙、磷比例　一般动物,钙磷比例在(1～2)∶1范围内吸收率高。各种动物适宜比例略有差异,生长育肥猪(1～1.5)∶1,母猪1.3∶1,种猪1.5∶1。比例不当,易形成难溶性磷酸盐和碳酸盐。

②植酸(肌酸总磷酸)　谷物及副产物中植酸磷占总磷的3/4,主要以植酸磷的形式存在,单胃动物对它的水解能力弱,很难吸收。以谷实类、麸皮类饲料为主的单胃动物日粮中,应适当补加无机磷。植酸与钙结合为不易溶解的植酸钙,也影响钙的吸收。反刍动物瘤胃中的微生物水解植酸磷能力强,不影响其对钙磷的吸收。

③草酸　甜菜叶等青饲料中草酸较多,易与钙结合为草酸钙沉积,草酸钙沉积不能吸收。反刍动物瘤胃微生物可分解草酸,草酸盐含量不高时,不影响对钙的吸收。

④脂肪　脂肪多或消化不良,形成钙皂,但少量脂肪可改善钙吸收。

⑤维生素D　维生素D可促进钙磷吸收,尤其对于在冬季舍饲期的动物,满足维生素D的供应就显得更为重要。但是过高的维生素D会使骨骼中钙、磷过量动员,反而可能产生骨骼病变。

⑥肠道pH　酸性环境,有利于钙磷吸收,胃酸分泌不足,降低钙、磷吸收,添加乳糖提高钙、磷吸收。

⑦饲料种类　动物性饲料利用率高,植物以豆科含钙多,禾本科含磷多,猪日粮至少30%磷应是无机磷。

(5)来源和补充　植物饲料含钙少,而磷多,但磷有一半左右为植酸磷,饲料总磷利用率一般较低,猪20%～60%,鸡30%,反刍动物可较好利用植酸磷。钙、磷的补充料有骨粉(钙31%,磷14%)、磷酸氢钙(钙23.2%,磷18.6%)、磷酸钙、石粉等。

2.钠、钾、氯

(1)含量与分布　动物无脂体干物质含钠0.15%,钾0.30%,氯0.1%～0.15%,主要分布在体液和软组织中。钠主要分布在细胞外,大量存在于体液中,少量存在于骨骼中;钾主要存在于肌肉和神经细胞内;氯在细胞内外均有。

(2)营养与生理功能　体内钠、钾、氯的主要作用是维持电解质渗透压,调节酸碱平衡,控制水的代谢。钠和氯主要分布于细胞外液中,是维持外渗透压和酸碱平衡的主要离子,并参与水的代谢。此外,钠和其他元素一起参与维持肌肉和神经的兴奋性,对心脏活动起调节作用。以重碳酸盐形式存在的钠离子可抑制反刍动物瘤胃中产生过多的酸,为瘤胃微生物活动创造适宜环境。氯是胃酸中的主要阴离子,它与氢离子结合形成盐酸,使胃蛋白酶活化,并保持胃液呈酸性,具有杀菌作用。食盐可刺激唾液分泌,提高食欲。钠、钾、氯可为酶提供有利于发挥作用的环境或作为酶的活化因子。

(3)缺乏与过量

①缺乏　钠和氯缺乏时,动物表现为食欲差,生长慢,饲料利用率低,生产力下降,被毛粗乱,出现异食癖(尤其是奶牛),猪可能相互咬尾,产蛋鸡易形成啄癖。动物常出现喝尿的现象。重役动物缺少食盐,又大量出汗,可发生急性食盐缺乏症,导致神经错乱,肌肉运动失调。生产条件下钾的缺乏症十分罕见,实验动物钾缺乏症表现为:生长停滞、肌肉松软和异食癖。

②过量　食盐过多,饮水量少,会引起动物中毒,特别是鸡,对高剂量的食盐耐受力差。雏鸡日粮中食盐达2%时便会死亡。饲喂含盐2%日粮的生长猪,在给水少的情况下,可出现食

盐中毒，表现为极度口渴，步态不稳，后肢麻痹，剧烈抽搐，甚至死亡。日粮钾过量时可影响镁的吸收，降低镁的吸收率。因此，牧草大量施用钾肥时，可引起反刍动物低镁性痉挛。

不同动物日粮适宜的食盐含量为：鸡 0.35%～0.37%，猪 0.25%～0.40%。

(4)来源和补充　除鱼粉和肉粉外，大多数饲料缺乏钠和氯，可通过食盐补充。常用饲料中含钾高，玉米酒糟、甜菜渣含钾少。

3. 镁

(1)含量与分布　动物体内含镁 0.05%，60%～70%的镁存在于骨中，镁占骨灰分的 0.5%～1.0%，其余 30%～40%存在于软组织中。

(2)营养与生理功能　约有 70%的镁参与骨骼和牙齿组成；具有抑制神经肌肉兴奋性及维持心脏正常功能的作用；是焦磷酸酶、胆碱酯酶、ATP 酶和肽酶等多种酶的活化剂，从而影响三种有机物的代谢，参与遗传物质 DNA 和 RNA 的合成。

(3)缺乏与过量

①缺乏　镁缺乏症主要见于反刍动物。反刍动物缺镁症可分为两种类型：一种类型是长期喂缺镁日粮，导致体内贮存的镁消耗殆尽而发生的缺镁症。主要症状为痉挛，故称其为缺镁痉挛症。另一种类型是早春放牧的反刍动物由于采食含镁量低、吸收率又低的青牧草而发生的缺镁症，称其为草痉挛。主要表现为神经过敏，肌肉痉挛，呼吸弱，抽搐，甚至死亡。

②过量　镁过量可使动物中毒。主要表现为昏睡，运动失调，腹泻，采食量下降，蛋壳变薄。

(4)来源和补充　常用饲料含镁丰富，不易缺乏，糠麸、饼(粕)和青饲料含镁丰富，块根和谷实含镁多。缺镁时，用硫酸镁、氯化镁、碳酸镁补饲。国外研究表明，补镁有利于防止过敏反应和集约化饲养时咬尾巴的现象。

4. 硫

(1)含量与分布　动物体内约含 0.15%的硫，大部分以有机硫形式存在，如组成含硫氨基酸，维生素 B_1、生物素、羽毛、毛中含硫量高达 4%。

(2)营养生理功能　硫以含硫氨基酸形式参与被毛、羽毛、蹄爪等角蛋白合成；是硫胺素、生物素和胰岛素的成分，参与糖类代谢；以黏多糖的成分参与胶原蛋白和结缔组织代谢。

(3)缺乏与过量

①缺乏　硫的缺乏通常是动物缺乏蛋白质时才会发生。动物缺硫表现为消瘦，角、蹄、爪、毛、羽生长缓慢。反刍动物用尿素作为唯一的氮源而不补充硫时，也可能出现缺硫现象，致使体重减轻，利用粗纤维能力降低，生产性能下降。禽类缺硫易发生啄食癖，影响羽毛质量。

②过量　自然界条件下硫过量的情况少见。用无机硫作添加剂，用量超过 0.3%～0.5%时，可能使动物产生厌食、失重、便秘、腹泻、抑郁等毒性反应，严重时可导致死亡。

(4)来源和补充　蛋白质饲料含硫高，鱼粉、肉粉、血粉含硫达 0.35%～0.85%，饼(粕) 0.25%～0.40%，禾谷类及糠麸 0.15%～0.25%，块根块茎作物缺乏，不足时可用硫酸盐或硫化物补充。

(二)微量矿物质元素

1. 铁

(1)含量及分布　各种动物体内含铁 60～70 mg/kg，其中 60%～70%存在于血红蛋白中,3%在肌球蛋白中,26%为贮备,不足1%为铁转运化合物。

(2)营养生理功能　铁是合成血红蛋白和肌红蛋白的原料。血红蛋白作为氧和二氧化碳的载体,能保证其正常运输。肌红蛋白是肌肉在缺氧条件下做功的供氧原;铁作为细胞色素氧化酶、过氧化酶、过氧化氢酶、黄嘌呤氧化酶的成分及糖类代谢酶类的激活剂,参与机体内的物质代谢及生物氧化过程,催化多种生化反应;转铁蛋白除运载铁以外,还有预防机体感染疾病的作用。

(3)缺乏与过量

①缺乏　动物缺铁的典型症状是贫血,表现为食欲不良,虚弱,轻度腹泻,皮肤和可视黏膜苍白,皮毛粗糙,呼吸困难,抗病力弱,生长慢。因饲料中的含铁量超过动物需要量,且机体红细胞破坏分解释放的铁90%可被机体再利用,故成年动物不易缺铁。哺乳幼畜尤其是仔猪容易发生缺铁症。初生仔猪体内贮铁量为30~50 mg,正常生长每天需铁7~8 mg,而每天从母乳中仅得到约1 mg的铁。如不及时补铁,3~5日龄即出现贫血症状;严重者3~4周龄死亡。雏鸡严重缺铁时心肌肥大,铁不足直接损伤淋巴细胞的生成,影响机体内含铁球蛋白类的免疫性能。

②过量　日粮干物质中含铁量达1 000 mg/kg时导致慢性中毒、消化机能紊乱、腹泻、增重缓慢,重者导致死亡。

(4)来源和补充　青草、干草、糠麸、动物性饲料(奶除外)均含铁,但利用率差,仔猪常在3日龄左右补铁,可用氯化亚铁、硫酸亚铁、右旋糖酐铁,肌内注射150~200 mg聚糖铁,可满足3周的需要,但缺维生素E时补铁可引起部分死亡。

2. 铜

(1)含量与分布　动物体内平均含铜2~3 mg/kg,主要存在于肝、大脑、肾、心、被毛中,肝是主要的贮铜器官,肝铜含量比血铜含量作为铜状况指标更可靠。

(2)营养生理功能　铜对造血起催化作用,它促进铁从网状内皮系统和肝细胞中释放出来进入血液,以合成血红蛋白;是红细胞的成分,可加速卟啉的合成,促进红细胞的成熟;以金属酶的成分直接参与体内代谢。铜还是过氧化物歧化酶和单胺氧化酶系统的组成部分。铜是骨骼的重要成分,参与骨形成并促进钙、磷在软骨基质上的沉积;在维持中枢神经系统功能上起着重要作用,并可促进垂体释放生长激素、促甲状腺激素、促黄体激素和促肾上腺皮质激素等;能促进被毛中双硫基的形成及双硫基的多叉结合,从而影响被毛的生长。铜作为酪氨酸酶的成分参与被毛中黑色素的形成过程;对维持动物的妊娠过程、繁殖率及种蛋的孵化率均有影响;参与血清免疫球蛋白的构成并通过由它组成的酶类构成机体防御体系,增强机体的免疫功能。

(3)缺乏与过量

①缺乏

贫血。影响动物的正常造血功能。影响铁从网状内皮系统和肝细胞中释放出来进入血液,降低铁的吸收和利用。

运动失调(摆背病)。羔羊由于母羊缺铜引起运动失调,因缺铜降低了细胞色素氧化酶的活性,使磷脂的合成不完善,引起脑、神经组织的结构缺陷和功能异常。

骨代谢不正常。骨折和骨畸形(牛羊少见而鸡猪多见)。

被毛品质差。被毛或羊毛生长不良和脱毛、弯曲度异常,产生直毛,有色被毛褪色(因酪氨酸酶活性降低)。

繁殖率下降。牛、羊、家禽繁殖性能降低。

②过量　铜过量会引起中毒,铜在肝中蓄积到一定水平时,就会释放进入血液,使红细胞溶解,动物产生血尿、黄疸、组织坏死甚至死亡。猪、鸡耐受力强,羊和牛对过量铜特别敏感。

高铜可促进生长猪的生长,但要注意锌、铁与铜有拮抗作用,且高铜会造成环境污染。

(4)来源和补充　牧草、谷实糠麸和饼粕饲料含铜较高,玉米和秸秆含铜低,但与土壤铜、钼状况有关,缺铜地区可施硫酸铜肥,或直接给家畜补饲硫酸铜。

3. 钴

(1)存在与分布　钴在动物体内分布较均匀。正常健康绵羊和牛肝中含钴 0.2～0.3 mg/kg,按干物质基础,肝中含钴低于 0.08 mg/kg 时,表明钴缺乏。

(2)营养生理功能　钴是维生素 B_{12} 的成分,维生素 B_{12} 可促进血红蛋白的形成,在蛋白质、蛋氨酸和叶酸等代谢中起着重要作用;具有活化磷酸葡萄糖变位酶和精氨酸酶等酶类的功能,与蛋白质、碳水化合物的代谢有关。

(3)缺乏与过量

①缺乏　缺钴时维生素 B_{12} 合成受阻,动物表现为食欲不振、生长停滞,成年动物消瘦,伴有贫血现象。动物机体中抗体减少,降低了细胞免疫反应能力。

②过量　各种动物对钴的耐受能力都比较强,达 10 mg/kg。饲粮中钴含量超过需要 300 倍可产生中毒反应。非反刍动物主要表现是红细胞增多,反刍动物主要表现是肝中钴含量增高,采食量和体重下降,消瘦和贫血。

(4)来源和补充　各种饲料所含微量的钴均能满足动物的需要,一般缺钴地区可给动物补饲硫酸钴、碳酸钴和氯化钴。

4. 硒

(1)含量与分布　动物体内含硒约 0.05～0.2 mg/kg,主要集中在肝、肾及肌肉中,体内硒一般与蛋白质结合存在。

(2)营养生理功能　硒具有抗氧化作用,是谷胱甘肽过氧化酶的成分,可促使组织产生的过氧化氢、过氧化物变为无毒的醇,从而避免对红细胞、血红蛋白、精子原生质膜等的氧化破坏;保证肠道脂肪酶活性,促进乳糜微粒正常形成,从而促进脂肪及脂溶性物质消化吸收的作用;对胰腺组成和功能有重要影响;促进蛋白质、DNA 与 RNA 的合成并对动物的生长有刺激作用;与肌肉的生长发育和动物的繁殖密切相关;还能促进免疫球蛋白的合成、增强白细胞的杀菌能力;在机体内有拮抗和降低汞、镉、砷等元素毒性的作用,并可减轻维生素 D 中毒引起的病变。

(3)缺乏与过量

①缺乏　缺硒时,猪和兔多发生肝细胞大量坏死而突然死亡;3～6 周龄雏鸡患渗出性素质病,胸腹部皮下有蓝绿色的体液聚集,皮下脂肪变黄,心包积液,严重缺硒会引起胰腺萎缩、胰腺分泌的消化液明显减少;幼年动物缺硒均可患白肌病,因肌球蛋白合成受阻,致使骨骼肌和心肌退化萎缩,肌肉表面有白色条纹;缺硒的青年公猪精子数减少、活力差。

②过量　硒过量易中毒,日粮中含 5～10 mg/kg 时,可导致慢性中毒,其表现是消瘦、贫

血、关节僵硬、脱毛、脱蹄、心脏、肝脏机能损伤，并影响繁殖等。摄入 500～1 000 mg/kg 时发生急性中毒，病畜瞎眼、痉挛瘫痪、肺部充血，因窒息而死亡。

(4)来源和补充　饲料含硒量取决于土壤 pH，碱性土壤生长的饲料含硒高，家畜采食后易中毒，酸性土壤地区的家畜易患缺乏症，缺硒时用亚硒酸钠补充。缺硒可用亚硒酸钠维生素 E 制剂做皮下或深度肌内注射，或将亚硒酸钠稀释后拌入饲料中补饲，家禽可将亚硒酸钠溶于水中饮用。

5.锌

(1)含量与分布　多数哺乳动物和禽类体内锌含量在 10～100 mg/kg，平均 30 mg/kg。锌在体内的分布不均衡，骨骼肌中占体内总锌 50%～60%，骨骼中约占 30%，皮和毛中锌含量随动物种类不同而变化较大，其他组织器官含锌较少；按单位干物质浓度计算，眼角膜最高达 14%，其次是毛、骨、雄性器官、心和肾等。

(2)营养生理功能　锌是动物体内多种酶的成分或激活剂；是胰岛素的成分，参与胱氨酸和酸性黏多糖代谢，可维持上皮组织健康与被毛正常生长；是碳酸酐酶的成分，与动物呼吸有关；能促进性激素的活性，并与精子生成有关；参与肝和视网膜内维生素 A 还原酶的组成，与视力有关；参与骨骼和角质的生长，并能增强机体免疫和抗感染力，促进创伤的愈合。

(3)缺乏与过量

①缺乏

幼畜生长发育受阻。缺锌幼畜食欲降低，生长发育受阻。犊牛和羔羊饲喂低锌日粮和严重缺锌时出现侏儒症。

患不全角化症。此症 8～12 周龄的仔猪易发生，表现为皮肤发炎、增厚，增厚的皮肤上覆以容易剥离的鳞屑，脱毛、微痒、呕吐、腹泻。绵羊缺锌，羊角和羊毛易脱落，严重时可使羊毛纤维丧失卷曲和弹性，变得细而松乱，极易脱落。

影响繁殖。公畜缺锌时，睾丸、附睾及前列腺发育受阻，影响精子的生成。母畜缺锌时，性周期紊乱，不易受孕或流产。母猪缺锌时产仔数减少。鸡缺锌表现为孵化率下降，鸡胚死亡率增高。

骨骼变形。缺锌时软骨形成受阻，骨骼中磷酸酶活性降低，导致骨骼发育不良，长骨变短增厚，犊牛表现后腿弯曲、关节僵直。

②过量　过量锌会干扰动物的铁、铜吸收，出现贫血和生长不良，产生厌食。反刍动物对过量锌更敏感。

(4)来源和补充　幼嫩植物、酵母、鱼粉、麸皮、油饼类及动物性饲料中锌含量均很丰富。猪、鸡易缺乏，常用硫酸锌、碳酸锌和氧化锌补饲，若采用蛋氨酸螯合物效果更好。

6.锰

(1)含量与分布　体内含锰比其他元素低，总量 0.2～0.5 mg/kg，主要集中在肝、骨骼、肾、胰腺及脑垂体。

(2)营养生理功能　锰是精氨酸酶和脯氨酸酶的成分，又是肠肽酶、羧化酶、ATP 酶等的激活剂，参与蛋白质、糖类、脂肪及核酸代谢；参与骨骼基质中硫酸软骨素的生成并影响骨骼中磷酸酶的活性；可催化性激素的前体胆固醇的合成，与动物繁殖有关；还与造血机能密切相关，并维持大脑的正常功能。

(3)缺乏与过量

①缺乏　动物缺锰时,采食量下降,生长受阻,骨骼畸形,关节肿大,骨质疏松。生长鸡患滑腱症,腿骨粗短,胫骨与跖骨接头处肿胀,后腿腱从髁状突处滑出,鸡不能站立。难以觅食和饮水,严重时死亡。缺锰母畜不发情或性周期失常,不易受孕,妊娠初期流产或产弱胎、死胎、畸形胎。胚胎期缺锰时,新生仔猪麻痹,死亡率高。缺锰母鸡产的蛋孵化时,鸡胚软骨退化,死胎多,孵化率下降,鸡蛋壳不坚固。锰缺乏或过量都会抑制抗体的产生。

②过量　动物对过量锰具有耐受力,禽耐受力最强,牛羊次之,猪对过量锰敏感。生产中锰中毒现象非常少见,锰过量损伤动物胃肠道,生长受阻,贫血,并致使钙磷利用率降低,导致“佝偻病”“软骨症”。

(4)来源和补充　植物饲料特别是牧草、糠麸含锰丰富,动物饲料含锰少,一般情况不需补充。生产中采用硫酸锰、氧化锰等补饲。补饲蛋氨酸效果更好。

7.碘

(1)含量与分布　体内平均含碘 0.2～0.3 mg/kg,其中 80%存在于甲状腺中,甲状腺素是唯一含无机元素的激素。

(2)营养生理功能　碘是甲状腺素的成分。甲状腺素几乎参与机体所有的物质代谢过程,与动物的基础代谢密切相关,并具有促进动物生长发育、繁殖和红细胞生长等作用。

(3)缺乏与过量

①缺乏　缺碘会降低动物基础代谢,碘缺乏症多见于幼龄动物,其表现为生长缓慢,骨架小,出现“侏儒症”。初生犊牛和羔羊缺碘表现为甲状腺肿大,初生仔猪缺碘表现为无毛、皮厚与颈粗;妊娠动物缺碘,胎儿发育受阻,产生弱胎、死胎或新生胎儿无毛、体弱,成活率低。母牛缺碘发情无规律,甚至不孕;雄性动物缺碘,精液品质下降,影响繁殖。甲状腺肿大是缺碘地区人兽共患的一种常见病。

缺碘可导致甲状腺肿,但甲状腺肿不全是因为缺碘。十字花科植物中的含硫化合物和其他来源的高氯酸盐、硫脲或硫脲嘧啶都能造成类似缺碘的后果。

②过量　各种动物对过量碘耐受力不同。超过耐受量可造成不良影响,如猪血红蛋白下降,奶牛产奶量减少,鸡产蛋量降低。为了防止碘中毒,饲料干物质含碘量以不超过 4.8 mg/kg 为宜。

(4)来源和补充　动物所需的碘主要从饲料和饮水中摄取。一般情况下,远离海洋的内陆山区,土壤中含碘量较少,其饲料和饮水中碘的含量也较低,成为缺碘地区。我国缺碘地区面积较大,此地区的动物尤其要注意补碘。

各种饲料含碘量不同,沿海地区植物的含碘量高于内陆地区植物,海洋植物含碘量丰富。缺碘动物常用含 0.01%～0.02%碘化钾的食盐补饲。蛋鸡补饲碘酸钙有利于高碘蛋的开发,补碘可促进奶牛泌乳。

任务7 维生素饲料与维生素营养

一、维生素饲料

维生素饲料包括工业合成的或原料提出纯精制的各种单一维生素和混合维生素，但富含维生素的自然饲料不划归维生素饲料。

常见的有维生素A、维生素D_3、维生素E、维生素K_3、维生素B_1、维生素B_2、维生素B_6、维生素B_{12}、烟酸、生物素、叶酸、胆碱、维生素C等维生素类饲料添加剂。

二、维生素营养

(一)维生素营养概述

维生素是维持动物正常生理功能所必需的低分子有机化合物，有3个特点：①需要量少，通常以μg、mg计；②是有机物，与微量元素不同；③参与代谢调节，不构成体组织，也不供给热能，在体内起催化作用，促进主要营养素的合成与降解，其中有些维生素是辅酶的组成部分。

1.维生素的分类

根据溶解性维生素主要分为脂溶性维生素和水溶性维生素。

(1)脂溶性维生素　维生素A、维生素D、维生素E和维生素K。

(2)水溶性维生素　维生素B_1、维生素B_2、泛酸、维生素B_6、维生素B_{12}、烟酸、生物素、叶酸、胆碱、维生素C。

2.脂溶性与水溶性维生素比较

(1)脂溶性维生素与脂肪的微粒一起经消化道吸收，脂肪吸收量促进脂溶性维生素的吸收。水溶性维生素大多通过扩散方式吸收，但维生素B_{12}需内因子糖蛋白。

(2)脂溶性维生素在肝脏和脂肪组织贮存，如维生素A贮存量可满足6个月的需要，而水溶性维生素几乎不在体内贮存。每天排出体外的水中有大量水溶性维生素。

(3)排泄途径：脂溶性维生素主要经胆汁从粪中排出，水溶性维生素主要从尿排出。

(4)因体内贮存能力不同，过量的脂溶性维生素，超过需要量500倍产生中毒，水溶性维生素不会中毒。

(5)体内微生物可合成水溶性维生素和维生素K，而不能合成维生素A、维生素D和维生素E。

3.维生素的营养生理功能

(1)调节营养物质的消化、吸收和代谢　维生素作为调节因子或酶的辅酶或辅基的成分，参与蛋白质、脂肪和碳水化合物三种有机物的代谢过程，促进其合成与分解，从而实现代谢调控作用。

(2)抗应激作用　诸多应激因素，如营养不良、疾病、冷热、接种疫苗、惊吓、运输、转群、换料、鸡断喙、有害气体的侵袭及饲养管理不当、抗营养因子及高产等，高密度饲养造成肉鸡的高温应激，致使动物生产性能下降，自身免疫机能降低，发病率上升，甚至大群死亡，可通过应用抗应激营养物质如维生素，提高动物自身抗应激能力，减少生产水平的降低。

(3)激发和强化机体的免疫机能　几乎所有维生素都可提高动物的免疫机能，其中以维生素A、维生素D、维生素K、维生素 B_6 和维生素 B_{12} 及维生素C的免疫功能最为明显。

(4)提高动物繁殖性能　提高种鸡日粮中维生素和微量元素的含量，即可增加鸡蛋中相应营养素的含量，有助于提高受精率、孵化率和健雏率。与动物繁殖性能有关的维生素有维生素A、维生素E、维生素 B_2、泛酸、烟酸、维生素 B_{12}、叶酸及生物素等，其需要量高于同等体重的商品动物。

(5)改善动物产品品质　饲粮中添加维生素E，可防止肉品中脂肪酸氧化酸败，阻止产生醛、酮及醇类等气味很差的物质，这些物质具有致癌、致畸等危害；猪日粮中添加200 mg/kg α-生育酚，可显著提高猪肉贮存稳定性，熟猪肉的货架寿命延长2 d，明显降低冻猪肉在4 ℃条件下贮存解冻时的滴水损失。

蛋鸡饲粮中添加维生素A、维生素 D_3、维生素C有助于改善蛋壳强度和色泽。产蛋鸡饲粮中添加高水平维生素，生产"营养强化蛋"已被生产所采用。

(6)预防集约化饲养条件下的疫病　添加高水平维生素具有一定的预防代谢疾病的作用。如快速生长肉鸡的腿病，可通过在日粮中加入高水平生物素、叶酸、烟酸和胆碱，部分得到纠正。

(7)提高动物生产性能和养殖业的经济效益　现行的维生素需要量标准，是基于30多年前的研究确定的，按NRC标准配制日粮，难以获得最佳生产性能。超量添加维生素已成为获取动物高产的有效措施，并证明超量添加维生素所增加的成本，远低于动物增产所增加的收入，因此，超量添加维生素也是提高养殖业经济效益的有效措施之一。

(二)脂溶性维生素

1. 维生素A(视黄醇、抗干眼症维生素)

(1)理化性质　维生素A为黄色结晶，维生素A有视黄醇、视黄醛、视黄酸3种衍生物。维生素A只存在于动物体内，植物饲料不含维生素A，含有类胡萝卜素，包括 β-胡萝卜素、α-胡萝卜素、γ-胡萝卜素和玉米黄素等，在肠壁细胞和肝脏内可转变为维生素A，1分子β-胡萝卜素可转化为2分子维生素A，其余只转化为1分子维生素A，其中禽转化效率最高。

维生素A在无氧时对热稳定，加热至120～130 ℃基本不变，有氧时易氧化，尤其是在湿热和有微量元素及酸败脂肪存在时，易氧化失效，在无氧黑暗处稳定。

(2)营养生理功能与缺乏症

①维持动物在弱光下的视力　维生素A是视觉细胞内的感光物质——视紫红质的成分，而视紫红质具有维持暗视觉的功能。缺少维生素A，在弱光下，视力减退或完全丧失，患"夜盲症"。

②维持上皮组织的健康　维生素A与黏液分泌上皮的黏多糖合成有关。缺乏维生素A，上皮组织干燥和过度角质化，易受细菌侵袭而感染多种疾病。泪腺上皮组织角质化，发生"干眼症"，严重时角膜、结膜化脓溃疡，甚至失明；呼吸道或消化道上皮组织角质化，易引起生长动物肺炎或下痢；泌尿系统上皮组织角质化，易产生尿道结石。

③促进幼龄动物的生长　维生素A能调节碳水化合物、脂肪、蛋白质及矿物质代谢。缺乏时，影响体蛋白合成及骨组织的发育，造成幼龄动物精神不振，食欲减退，内脏器官萎缩，严重时死亡。

④参与性激素的形成　维生素 A 缺乏时繁殖力下降，种公畜性欲差，睾丸及附睾退化，精液品质下降，严重时出现睾丸硬化；母畜发情不正常，不易受孕；妊娠母畜流产，难产，产弱胎、死胎或瞎眼仔猪。

⑤维持骨骼的正常发育　维生素 A 与成骨细胞活性有关，影响骨骼的合成，缺乏时，破坏软骨骨化过程，骨骼造型不全，骨弱且过分增厚，压迫中枢神经，出现运动失调，痉挛、麻痹等神经症状。牛、羊、猪运动不协调，步态蹒跚。

⑥增强机体免疫力和抗感染能力　给妊娠母猪补充维生素 A，免疫力显著增强，产仔数和仔猪成活率提高。维生素 A 增强机体对传染病的抗感染能力是通过保持细胞膜的强度，使病毒不能穿透细胞，避免了病毒进入细胞利用细胞的繁殖机制来复制自己。缺乏时免疫器官和细胞的生长与分化、黏膜免疫、体液免疫、细胞免疫受损，如胸腺（鸡为法氏囊）萎缩，鸡法氏囊过早消失；动物的免疫应答下降，黏膜免疫系统机能减弱，病原体易于入侵等。

(3)过量的危害　长期或突然摄入过量维生素 A 均可引起动物中毒。对于非反刍动物及禽类，维生素 A 的中毒剂量是需要量的 4～10 倍，反刍动物为需要量的 30 倍。例如，来航小公鸡，当饲粮中维生素 A≥300 mg/kg 时，表现精神抑郁，采食量下降或拒食。猪中毒表现被毛粗糙，触觉敏感，粪尿带血，发抖，最终死亡。

(4)合理供应　动物对维生素 A 的需要量，通常采用 IU 或 mg 来表示。1 IU 维生素 A 相当于 0.3 μg 的视黄醇或相当于 0.6 μg β-胡萝卜素。

为了保证动物对维生素 A 的需要，应饲喂富含维生素 A 或胡萝卜素的饲料，也可补饲维生素 A 添加剂。动物性饲料如鱼肝油、肝、乳、蛋黄、鱼粉中均含有丰富的维生素 A。青绿饲料和胡萝卜中胡萝卜素最多，甘薯、南瓜与黄色玉米中也较多。冬季，优质干草和青贮饲料是胡萝卜素的良好来源。

2. 维生素 D

(1)理化性质　维生素 D 为固醇类衍生物，常见维生素 D_2 和维生素 D_3。维生素 D_2 为麦角钙化醇，维生素 D_3 是胆钙化醇，二者侧链不同，分别由麦角固醇及 7-胆氯胆固醇经紫外线照射而得。

7-脱氢胆固醇主要分布于动物皮下、胆汁、血液及许多组织中，在波长 290～320 nm 下转变为维生素 D_3，达到地面的日光中，紫外线波长为 290～410 nm，麦角固醇存在于植物中，在波长 280～330 nm 时，一部分麦角固醇转变为维生素 D_2。

泌乳动物维生素 D_2 与维生素 D_3 效价相当，但禽的维生素 D_3 的效价比维生素 D_2 高 20～40 倍。同样单位为维生素 D_3 的国际单位(IU)，1 IU＝0.25 μg 维生素 D_3。维生素 D 相当稳定，不易被酸、碱、氧化剂及加热所破坏。

(2)功能与缺乏症　维生素 D 被吸收后，在肝内羟化为 25-羟胆钙化醇，再运至肾脏进一步羟化成 1,25-双羟胆钙化醇活性维生素 D，此物质进入肠黏膜细胞后促进特异 mRNA 的生成，此 mRNA 指导合成一种与钙结合的蛋白质，起主动吸收钙的作用。

维生素 D 的功能是促进肠道钙和磷，主要是钙的吸收，使血钙、磷浓度增加，有利于钙、磷沉积于骨和牙。维生素 D 缺乏，钙、磷吸收减少，血钙、磷浓度降低，向骨骼沉积的能力也降低，幼龄动物出现佝偻病，成年动物骨软病，母鸡产软壳蛋，蛋壳变薄，种蛋孵化率下降。维生素 D 过量可使大量钙从骨中转移出来，沉积于动脉管壁、关节、肾小管、心脏等处。

(3)过量的危害　鸡每千克饲粮中含 4×10^5 IU 维生素 D,猪每天每头摄入 25×10^3 IU 并持续 30 d,会使早期骨骼钙化加速,后期钙从骨组织中转移出来,造成骨质疏松,血钙过高,致使动脉管壁、心脏、肾小管等软组织钙化。当肾脏严重损伤时,常死于尿毒症。短期饲喂,多数动物可耐受 100 倍的剂量。维生素 D_3 的毒性比维生素 D_2 大 10～20 倍,由于中毒剂量很大,故生产中少见中毒现象。

(4)合理供应　动物对维生素 D 的需要量用 IU 表示。为保证动物对维生素 D 的需要。可采取如下措施:

①饲喂富含维生素 D 的饲料。动物性饲料如鱼肝油、肝粉、血粉、酵母中都含有丰富的维生素 D。经阳光晒制的干草含有较多的维生素 D_2。

②加强动物的舍外运动,多晒太阳,促使动物被毛、皮肤、血液、神经及脂肪组织中 7-脱氢胆固醇大量转变为维生素 D_3,或在饲粮中补饲维生素 D_3。对雏鸡,维生素 D_3 的效能比维生素 D_2 高 20～30 倍,因此雏鸡更应强调日光照射。在密闭的鸡舍内,可安装波长为 290～320 nm 的紫外线灯,进行适当照射。

3. 维生素 E(抗不育症维生素、生育酚)

(1)理化性质　具有维生素 E 活性的酚类化合物有 8 种,其中以 α-生育酚效价最高,通常所说的维生素 E 是指 α-生育酚。维生素 E 为黄色油状物,不溶于水而溶于有机脂溶性溶剂,不易被酸、碱及热所破坏,但却极易被氧化。它可在脂肪等组织中贮存。

(2)功能与缺乏症

①抗氧化作用　维生素 E 是一种细胞内抗氧化剂,可阻止过氧化物的产生,保护维生素 A 和必需脂肪酸等,尤其保护细胞膜免遭氧化破坏,从而维持膜结构的完整和改善膜的通透性。

②维持正常的繁殖机能　维生素 E 可促进性腺发育,调节性机能,促进精子的生成,提高其活力,增强卵巢机能。缺乏时,雄性动物睾丸变性萎缩,精细胞的形成受阻,甚至不产生精子,造成不育症;母畜性周期失常,不受孕;妊娠母畜分娩时产程过长,产后无奶或胎儿发育不良,胎儿早期被吸收或死胎;母鸡的产蛋率和孵化率均降低,公鸡睾丸萎缩。母猪妊娠期间补饲维生素 E 和硒,可提高产活仔猪数、仔猪的初生重、断乳重及育成率。公猪补饲维生素 E,射精量和精子密度显著提高。

③保证肌肉的正常生长发育　缺乏时,肌肉中能量代谢受阻,肌肉营养不良,使各种幼龄动物患"白肌病",仔猪常因肝坏死而突然死亡。

④维持毛细血管结构的完整和中枢神经系统的机能健全　雏鸡缺少维生素 E 时,毛细血管通透性增强,致使大量渗出液在皮下积蓄,患"渗出性素质病"。肉鸡饲喂高能量饲料又缺少维生素 E,患"脑软化症"。小脑出血或水肿,运动失调,伏地不起甚至麻痹,死亡率高。

⑤参与机体内物质代谢　维生素 E 是细胞色素还原酶的辅助因子,参与机体内生物氧化。它还参与维生素 C 和泛酸的合成,DNA 合成的调节及含硫氨基酸和维生素 B_{12} 的代谢等。

⑥增强机体免疫力和抵抗力　研究确认,维生素 E 可促进抗体的形成和淋巴细胞的增殖,提高细胞免疫反应,降低血液中免疫抑制剂皮质醇的含量,提高机体的抗病能力,它具有抗感染、抗肿瘤与抗应激等作用。

⑦改善肉质　添加适量维生素 E 可使肉用动物增重加快,并减少肉的腐败,有利于改善和保持肉的色、香、味等品质。

(3)过量的危害　相对于维生素 A、维生素 D 来说维生素 E 几乎是无毒的,大多数动物能忍耐高于需要量 100 倍的剂量。

(4)合理供应　动物对维生素 E 的需要量用 IU 和 mg/kg 表示。1 mg DL-α-生育酚乙酸酯相当于 1 IU 维生素 E;1 mg α-生育酚相当于 1.49 IU 维生素 E。

动物对维生素 E 的需要量与饲粮组成、饲料品质、饲料贮存时间以及不饱和脂肪酸、含硫氨基酸、硒、铁、铜、维生素 A、维生素 C 等的含量密切相关。谷实类的籽实维生素 E 含量丰富,青绿饲料、优质干草中较多,但谷实类在一般条件下贮存 6 个月后,维生素 E 可损失 30%~50%。维生素 E 添加剂已在生产中广泛应用。

4. 维生素 K(抗出血症维生素)

(1)理化性质　维生素 K 以多种形式存在,都是萘醌衍生物,维生素 K_1 为叶绿醌,存在于植物中;维生素 K_2 为甲萘醌,来自微生物和动物合成;维生素 K_3 为人工合成。维生素 K 是一种金黄色黏稠油状物,对热稳定,但在氧化、碱性、强酸、光照以及辐射等环境下易被破坏。

维生素 K 的生物活性单位的国际标准尚未完全确定,维生素 K_1、维生素 K_2、维生素 K_3 生物活性的比例关系为 2∶1∶4。

(2)功能与缺乏症　维生素 K 参与凝血酶原(因子Ⅱ)和凝血因子Ⅶ、Ⅸ、Ⅹ的形成,这 4 种凝血因子蛋白在肝中以无活性前体合成,之后在维生素 K 的作用下转化为活性蛋白。

主要缺乏临床症状是血液凝固机能失调,血液凝血酶原含量下降,血凝时间延长和出血,严重时导致动物死亡。

(3)过量的危害　几乎无毒,但大剂量维生素 K_1 可引起溶血。

(4)合理供应　需要量受诸多因素影响,如肠道合成数量不足、肠道吸收紊乱、肝脏利用能力下降等。

动物对维生素 K 的需要量用 mg 或 mg/kg 表示。维生素 K_1 遍布于各种植物性饲料中,尤其是青绿饲料中含量丰富。维生素 K_2 除动物性饲料中含量丰富外,还能在动物消化道(反刍动物在瘤胃,猪、马在大肠)中经微生物合成。因此,正常情况下家畜不会缺乏,而家禽因其合成能力差,特别是笼养鸡不能从粪便中获取维生素 K,易产生缺乏症。生产实践中常采取补饲维生素 K_3 的办法。据报道,高水平的维生素 K 对患球虫病的鸡有益处。

(三)水溶性维生素

属于水溶性维生素的有 B 族维生素和维生素 C。B 族维生素中包括维生素 B_1、维生素 B_2、维生素 PP(烟酸)、维生素 B_6、泛酸、叶酸、生物素、维生素 B_{12} 及胆碱等。家畜能在体内由单糖合成足够量的维生素 C,仅在不利环境条件下才会感到不足。

B 族维生素的共同特点:B 族维生素都是水溶性维生素;几乎都含有氮元素;都是作为细胞酶的辅酶或辅基的成分,参与碳水化合物、脂肪和蛋白质 3 种有机物的代谢过程;除维生素 B_1 外,很少或几乎不能在动物体内贮存;短时期的缺乏或不足都会降低一些酶的活性,阻碍相应的代谢过程,影响动物的健康及生产力,必须经常供给;B 族维生素可在成年反刍动物瘤胃和家兔盲肠中大量合成,故一般不必由饲料供给,而幼龄反刍动物和家兔因瘤胃和盲肠发育不健全,合成能力差,猪和禽则因在大肠合成后大部分由粪便排出,因此,都必须由饲料来提供,尤其是集约化离地面饲养的猪和鸡,B 族维生素的补充显得更为重要;B 族维生素的饲料来源基本一致,除了维生素 B_{12} 只存在于动物性饲料中外,其他 B 族维生素广泛存在于各种优质干草、青绿饲料、青贮饲料、籽实类的种皮和胚芽中。

1. B族维生素概况

主要B族维生素的理化特性、营养功能及缺乏症的概况见表1-3。

表1-3　B族维生素概况

名称	理化特性	主要营养生理功能	主要缺乏症	易受影响的动物
维生素 B_1（硫胺素）	在干热条件下及酸性溶液中颇为稳定，在碱性溶液中易被氧化	以羧化辅酶的成分参与丙酮酸的氧化脱羧反应；维持神经组织和心脏正常功能；维持胃肠正常消化机能；为神经介质和细胞膜组分，影响神经系统能量和脂肪酸合成	心脏和神经组织机能紊乱，心肌坏死，雏鸡患“多发性神经炎”，头部后仰，神经变性和麻痹；猪运动失调，胃肠功能紊乱，厌食呕吐，浮肿，生长缓慢，体重下降，母猪所生仔猪体弱，畸胎增加	猪、鸡与幼年反刍动物及成年反刍动物出现应激或高产时均需补充
维生素 B_2（核黄素）	橘黄色结晶，味苦，对光和碱均不稳定，极易溶于碱性溶液，对酸相当稳定	以辅基形式与特定酶结合形成多种黄素蛋白酶，参与蛋白、脂类、碳水化合物及生物氧化；与色氨酸、铁的代谢及维生素C合成有关；与视觉有关；强化肝脏功能，为生长和组织修复所必需	幼龄动物食欲减退，生长停滞，被毛粗乱，眼角分泌物增多，伴有腹泻；猪患皮肤炎，皮毛粗糙，脱毛，皮肤发疹等；猪患“白内障”眼变形；妊娠母猪早产或畸胎；鸡患麻痹症，足爪向内弯曲，用跗关节行走，腿麻痹，母鸡产蛋率、孵化率下降，鸡胚死亡率增高	猪、鸡、反刍动物，尤其笼养鸡、种鸡
维生素PP（烟酸）	无色结晶，性质稳定，遇热、碱、酸及氧化剂均不易被破坏	以辅酶Ⅰ、Ⅱ的形式参与三大营养物质代谢；是多种脱氢酶的辅酶，在生物氧化中起传递氢的作用，参与视紫红质的合成；促进铁吸收和血细胞的生成；维持皮肤的正常功能和消化腺分泌等；参与蛋白质和DNA的合成	生长猪患“癞皮症”，皮肤发炎，结“黑痂”，被毛粗糙，生长缓慢，消化机能紊乱，肠炎、呕吐、腹泻，鸡患口腔炎，黑舌症，皮炎，羽毛蓬乱，生长缓慢，下痢，骨骼异常；母鸡产蛋率和孵化率下降	猪、鸡与幼年反刍动物；奶牛日粮中添加烟酸，可抗热应激，提高产奶量，预防酮病的发生
维生素 B_6（吡哆醇）	怕光，在酸性溶液中稳定，在碱性溶液中极易破坏	以转氨酶和脱羧酶等多种酶系统的辅酶形式参与氨基酸、蛋白质、脂肪和碳水化合物代谢；参与抗体合成；促进血红蛋白中原卟啉的合成	幼龄动物食欲下降，生长发育受阻，皮肤发炎，脱毛，心肌变性；猪贫血，运动失调，阵发性抽搐或痉挛，昏迷，肝脏发生脂肪浸润，腹泻，被毛粗糙；鸡异常兴奋，惊跑，胸腹贴地两翼拍打，羽毛粗糙、脱落，下痢，种蛋孵化率下降	日粮中能量和蛋白质水平高时，维生素 B_6 需要量增加，尤其生长动物；猪在应激状态需补充

续表1-3

名称	理化特性	主要营养生理功能	主要缺乏症	易受影响的动物
泛酸(遍多酸)	黄色黏性油状物,对氧化还原剂均稳定,干热酸碱中加热被破坏	为辅酶A的成分,参与三大营养物质代谢;促进脂肪代谢及类固醇和抗体的合成,是生长动物所必需	猪生长缓慢,胃肠功能紊乱,腹泻和便秘,运动失调,出现"鹅行步伐",鳞片状皮炎,脱毛,肾上腺素皮质萎缩,鸡生长受阻,皮炎,羽毛生长不良,雏鸡眼分泌物增多,眼睑周围结痂;母鸡产蛋率和孵化率下降,鸡胚死亡,胚胎皮下出血及水肿	猪、鸡、幼年反刍动物;泛酸是B族维生素中最易缺乏的一种
维生素 B_{12}(氰钴素)	暗红色结晶,遇强酸、强碱氧化剂及日光照射均可破坏	几种酶系统中的辅酶,参与核酸、胆碱与蛋白质的生物合成及3种有机物的代谢;促进红细胞的形成与发育;维持肝脏和神经系统的正常功能	动物食欲下降,营养不良,贫血,神经系统损伤,行动不协调,皮炎,皮肤粗糙,抵抗力和繁殖性能降低,仔猪生长缓慢,四肢共济失调,雏鸡生长缓慢,羽毛不丰满,肾脏损伤,孵化率下降,出壳雏鸡骨骼异常,胚胎往往在最后1周死亡	猪、禽与幼年反刍动物
叶酸	橙黄色的结晶粉末,无臭无味,对空气和热稳定,能被可见光和紫外线辐射分解,在酸性溶液中加热易分解,室温保存易损失	以辅酶形式通过一碳基团的转移,参与蛋白质和核酸生物合成及某些氨基酸的代谢,促进红细胞、白细胞的形成与成熟	动物营养性贫血,生长缓慢,慢性下痢,被毛粗乱,繁殖性能和免疫机能下降,猪患皮炎,脱毛,消化、呼吸及泌尿器官黏膜损伤,鸡羽毛脱色,脊柱麻痹,鸡孵化率低,死胚骨畸形	长期饲喂抗生素和磺胺类药物或长期患消化道性疾病有可能缺乏
生物素	耐酸碱和热,氧化剂可使之破坏	以各种羧化酶的辅酶形成,参与3种有机物代谢;主要起传递二氧化碳作用,它和碳水化合物与蛋白质转化为脂肪有关,与溶菌酶活化和皮脂腺功能有关	动物营养性贫血,生长缓慢,皮炎,繁殖机能和饲料利用率下降,猪后腿痉挛,蹄开裂,皮肤干燥,鳞片和以棕色渗出物为特征的皮炎,鸡脚趾肿胀,开裂,脚、喙及眼周围发生皮炎,胫骨粗短症,生长缓慢,种蛋孵化率降低,鸡胚骨骼畸形	一般可满足需要;猪应激时需要补充

2.胆碱

按维生素的严格意义,将胆碱看作维生素类是不确切的,尽管如此,还是将其收为B族维生素,胆碱不同于其他B族维生素,它可以在肝中合成,机体对胆碱的需要量也较高,就其机能而言,与其说它是辅酶,不如说它是机体结构组分更确切,它不参与任何酶系统,不具备维生素特有的催化作用。

(1)理化性质　胆碱是β-羟乙基三甲铵的羟化物,纯品为无色、黏滞、微带鱼腥味的强碱性液体,可与酸反应生成稳定的结晶盐,具极强的吸性湿,易溶于水,对热和贮存相当稳定,但在碱性条件下不稳定,饲料工业中用的氯化胆碱为吸湿性很强的白色结晶,易溶于水和乙醇。

(2)营养作用

①构成细胞膜。胆碱是磷脂的组成成分,而磷脂是动物细胞膜的结构组分。

②防止脂肪肝。胆碱可促进肝脏脂肪以卵磷脂形式被输送或者提高脂肪酸本身在肝脏里的氧化利用,从而防止脂肪在肝里的反常积聚。

③神经冲动的传导。胆碱是乙酰胆碱的成分,乙酰胆碱是敏感和副敏感神经系统的神经递质,从而使神经刺激由交感神经和副交感神经系统的突触前到突触后纤维的传递成为可能。

④不稳定甲基的来源。不稳定甲基是指体内从一种化合物转移到另一种化合物的甲基,又称为活性甲基。

(3)缺乏　通常表现为生长迟缓,肝脏和肾脏出现脂肪浸润,肾小球因脂肪大量浸润而堵塞,脂肪肝,骨软症,组织出血和高血压,家禽和生长猪易发生胆碱缺乏症,患猪多表现为运动障碍,家禽则表现为胫骨短粗症,产蛋率下降。

(4)过量　过量进食胆碱的症状是流涎、颤抖、痉挛、呼吸麻痹,增重及饲料转化率降低。按需要的一倍量添加胆碱对成年鸡来说是安全的,猪对胆碱有较强的忍受力。

(5)合理供应　一般需要量0.05%~0.2%,日粮脂肪、丝氨酸、碳水化合物、蛋白质含量及动物年龄、性别、进食量、生长速度、应激都影响动物对胆碱的需要量。叶酸、维生素B_{12}缺乏时,胆碱需要增加,蛋氨酸可节约胆碱,4.3 mg蛋氨酸同1 mg胆碱可提供等量的甲基,过量蛋白质需增加胆碱需要量,高剂量日粮加重胆碱的缺乏症,增加对胆碱的需要量。多数动物都可合成足够量的胆碱。

天然脂肪都含有胆碱,含脂肪的饲料都可提供一定数量的胆碱。蛋黄、腺体组织粉、脑髓和血,是最丰富的来源。绿色植物、酵母、谷实幼芽、豆科植物籽实、油料作物籽实、饼(粕)胆碱含量丰富,玉米含胆碱少,麦类胆碱含量比玉米高1倍。

3. 维生素C(抗坏血病维生素,抗坏血酸)

(1)理化性质　抗坏血酸是一种白色或微黄的粉状晶体,微溶于丙酮和乙醇,0.5%的抗坏血酸水溶液是强酸性,pH为3。在干燥的室温中非常稳定,加热易破坏,特别是在碱性条件下,低浓度的金属离子可加速破坏。维生素C以两种形式存在,即还原型和氧化型,二者的L型异构体都具有生物学活性。

(2)营养作用

①参与细胞间质的生成。维生素C是合成胶原和黏多糖等细胞间质时所必需的物质。

②解毒和抗氧化作用。若某些毒物如铅、砷、苯以及某些细菌毒素进入体内,给予大量维生素C往往可缓解其毒性。重金属离子能和体内含活性氢巯基(—SH)的酶类结合,破坏酶的活性,使酶失去活性,因而使机体中毒。维生素C是强还原剂,能使体内氧化型谷胱甘肽转变为还原型谷胱甘肽,还原型谷胱甘肽可与重金属离子结合而被排出体外。故维生素C能够维持活性氢巯基处于还原状态而保持酶的活性,具有解毒作用。维生素C还可阻止体内致癌物质亚硝基胺的形成,从而预防癌症。

③参与体内氧化还原反应。维生素C可脱氢成为脱氢抗坏血酸,此反应是可逆的,它在

体内可能参加生物氧化反应。维生素 C 可使三价铁还原为易吸收的二价铁，促进铁的吸收，故临床上治疗营养性贫血时常用维生素 C 做辅助药物。

④参加体内其他代谢反应。叶酸转变为四氢叶酸的过程、酪氨酸代谢过程及肾上腺皮质激素合成过程中都需要维生素 C 存在。

⑤促进抗体的形成和增强白细胞的噬菌能力。促进伤口愈合，增强机体免疫功能和抗应激能力。

(3)缺乏　当维生素 C 缺乏时，动物易患维生素 C 缺乏病。此时毛细血管的细胞间质减少，血管通透性增大，易引起皮下、肌肉、胃肠道黏膜出血，软骨、骨、牙齿、肌肉及其他组织的细胞间质减少，使骨、牙齿容易折断或脱落、创口溃疡不易愈合，患“坏血症”。动物食欲下降，生长受阻，体重减轻，皮下及关节弥漫性出血，被毛无光，贫血，抗病力和抗应激力下降。动物缺乏维生素 C 时，呈现阵发性剧烈疼痛，随即恢复正常。定量补饲维生素 C，症状可得到缓解或消失。

(4)过量　动物对维生素 C 的需要量没有规定。维生素 C 的毒性很低，一般动物可耐受需要量的数百倍甚至上千倍的剂量。

(5)合理供应　维生素 C 来源广泛，青绿饲料、新鲜水果中含量丰富。一般动物都能自行合成维生素 C，如出生 1 周的幼龄动物可利用葡萄糖合成维生素 C，因此一般不需补饲。但动物在高温、寒冷、惊吓、患病等应激状态下，合成维生素 C 的能力下降，消耗增加，需要额外补充。断奶的幼龄动物如仔猫饲料中也应补充维生素 C。

常见维生素原料见图 1-14。

图 1-14　常见维生素原料

(四)动物对维生素的需要量与供给

1. 影响维生素需要量的因素

(1)动物因素　动物对维生素的需要量在很大程度上取决其种类、年龄、生理时期、健康与营养状况及生产水平等。

(2)维生素拮抗物　饲料中含有某种维生素拮抗物时，维生素的需要量增加。

(3)应激因素　各种应激因素均可增加维生素的需要量，尤其是维生素 C。例如动物患传染病和寄生虫病时，对维生素的需要量增加。

(4)集约化饲养　集约化饲养致使动物对维生素的需要量增加，因为在集约化饲养条件下，易产生维生素不足。

(5)日粮中营养成分　如日粮中脂肪含量不足时，脂溶性维生素的吸收受到影响，其需要量增加；蛋白质的供给量增加时，维生素 B_6 的需要量随之增加。

2. 生产中需要补充的维生素及添加量

(1)需要补充的维生素　猪、鸡一般需要补充已发现的各种维生素，反刍动物通常需要补充维生素 A，有时可能需补充维生素 E。若不接触阳光，应补充维生素 D。出现应激或处在高生产水平时，需补充维生素 B_1 和烟酸。断奶新生犊牛应补充所有维生素。

(2)维生素的添加量　动物对维生素的需要量，有几种表示方法。ARC 和 NRC 标准中使用的是“最低需要量”。它是在试验条件下测定的，以不发生特定的缺乏症为主要依据。因此，在拟定维生素的实际需要量时需考虑多种因素的影响。超量添加维生素已成为国内外获得动物最佳生产性能和最大效益的有效手段之一。

任务 8　饲料添加剂及其应用

一、概述

饲料添加剂是指为了某种目的而以微小剂量添加到配合饲料中的物质的总称。使用饲料添加可以改善饲料的营养价值，提高饲料利用率，促进动物生产；改善饲料的物理特性，增加饲料耐贮性；增进动物健康，改善畜产品品质等；最终达到提高动物生产性能，降低生产成本的目的。饲料添加剂的使用剂量通常以 mg/kg 或 g/t 计，部分添加剂的添加量按百分含量计。

1. 饲料添加剂的分类

根据农业部第 2045 号公告发布的《饲料添加剂品种目录(2013)》，在国内批准使用的饲料添加剂至少有 345 种，其中氨基酸、氨基酸盐及其类似物类 30 种，维生素及类维生素类 37 种，矿物质元素及其络(螯)合物类 82 种，酶制剂 13 种，微生物类 34 种，NPN 类 10 种，抗氧化剂类 9 种，防腐剂、防霉剂和酸度调节剂类 38 种，着色剂类 18 种，调味和诱食物质类 11 种，黏结剂、抗结块剂、稳定剂和乳化剂类 40 种，多糖和寡糖类 9 种，其他类 14 种。《饲料添加剂品种目录(2013)》中还指出，香味剂可参考《食品安全国家标准　食品添加剂使用卫生标准》(GB 2760)，该标准中规定可使用的香味剂包括两大类，累计 1 870 种。根据饲养动物的品种、生产目的及生长阶段等不同，每种配合饲料中使用的添加剂有 20～60 种。根据动物营养学原理，一般将饲料添加剂分为营养性饲料添加剂和非营养性饲料添加剂两大类，再根据营养性、非营养性饲料添加剂的作用不同又细分为多种类型，具体分类见图 1-15。

- 饲料添加剂
  - 营养性饲料添加剂
    - 氨基酸饲料添加剂
    - 微量元素饲料添加剂
    - 维生素饲料添加剂
  - 非营养性饲料添加剂
    - 微生态制剂
    - 酶制剂
    - 动物产品品质改良剂
    - 饲料保存剂
    - 食欲增进剂
    - 中草药添加剂
    - 药物饲料添加剂
    - 其他饲料添加剂

图 1-15　饲料添加剂的分类

2. 饲料添加剂的基本条件

生产实践中对添加剂的要求是：①长期使用不会对畜禽产生毒害作用和不良影响，对种用畜禽不影响生殖、生理及胎儿；②有明显的生产效果和经济效益；③在饲料和畜禽体内具有较好的稳定性；④不影响畜禽对饲料的适口性；⑤在畜禽产品中的残留量不能超过规定标准，不影响畜禽产品的质量和人体健康；⑥用作添加剂的抗生素和抗球虫药不易或不被肠道吸收；⑦不污染环境，有利于畜牧业可持续发展；⑧不影响种畜生殖和胎儿健康；⑨不得超过有效期或失效。

总之，饲料添加剂的研究、生产和选用要符合安全性、经济性和使用方便的原则，使用时要注意添加剂的效价、有效期及限用、禁用和配伍禁忌等规定。

二、营养性添加剂

营养性添加剂主要用于平衡畜禽日粮的营养。

(一)氨基酸添加剂

(1)蛋氨酸　在各种畜禽尤其禽类日粮中，一般添加 0.1%～0.2%的蛋氨酸，可提高蛋白质利用率 2%～3%，并对提高产蛋率、增加猪的瘦肉率和节省蛋白质都十分有效。目前市场上常用的蛋氨酸及其类似物添加剂主要有：DL-蛋氨酸、DL-蛋氨酸羟基类似物(MHA)、DL-蛋氨酸羟基类似物钙盐、N-羟甲基蛋氨酸钙、蛋氨酸金属元素络合物。

(2)赖氨酸　除优质鱼粉外，多数饲料缺乏赖氨酸。近年来，有少用或不用鱼粉的趋势，这使赖氨酸成为饲料加工中必需的添加剂。在猪、鸡饲粮中按需要量添加赖氨酸后，可减少饲料中粗蛋白质 3～4 个百分点。目前常用的有 L-赖氨酸盐酸盐。

(3)色氨酸与苏氨酸　色氨酸也属于最易缺乏的限制性氨基酸，在玉米-大豆饼粕型饲粮中，如使用过多的杂饼(粕)，可能引起色氨酸不足。苏氨酸是幼龄畜禽生长的必需氨基酸。

(4)甘氨酸与谷氨酸　甘氨酸是化学结构最简单的氨基酸，是雏鸡的必需氨基酸。为白色结晶或结晶性粉末，有甜味，溶于水。谷氨酸为无色或白色结晶性粉末。虽然谷氨酸对猪、禽不是必需氨基酸，但在雏鸡、高产蛋鸡以及仔猪日粮中添加谷氨酸，可在动物体内转化为必需氨基酸。将谷氨酸钠按 0.1%的量添加于动物日粮中，可以提高食欲和促进生长。

(5)小肽类　小肽(SP)一般是指由 2～3 个氨基酸组成的寡肽，大量吸收试验表明，小肽的吸收具有速度快、耗能低、载体不易饱和，且各种小肽之间运转无竞争性与抑制性等特点，因此动物对小肽中氨基酸的吸收比对游离氨基酸的吸收更迅速、更有效。小肽产品可应用到各种畜禽及水生动物饲料中，具有促进动物生长、提高生产性能、改善产品品质和动物健康状态的作用。

目前，国内市场的饲料肽制品多为进口产品，常见的是由动物小肠和肠黏膜加工而成的肽蛋白。这种产品因富含寡肽，生物利用率高，在缓解幼小动物的断奶应激、降低腹泻和促进生长等方面都具有很好的效果。大豆蛋白也是一个十分丰富的肽资源库。随着生物技术的发展，应用转基因技术，也使大量生产生物活性肽制品成为可能。

常见氨基酸添加剂如图 1-16 所示。

图 1-16　常见氨基酸添加剂

（二）微量元素添加剂

目前，饲料中常补充的微量元素主要有铁、铜、锌、锰、碘、硒、钴、铬等。微量元素饲料添加剂的发展大体可分为 3 代：

第一代是无机矿物盐形式，如铁、铜、锌、锰、钴的氧化物、氯化物、硫酸盐、碳酸盐及碘化食盐、亚硒酸钠等。由于无机盐的生物学效价较低，使用量大，产生两个问题：一是动物排泄大量的无机盐，造成环境污染；二是过量使用微量元素产生的安全性问题。但因其价格比较便宜，因此使用仍然十分普遍。

第二代是有机态矿物盐类，其形式通常为有机酸盐，如乙酸盐、柠檬酸盐、富马酸盐、葡萄糖酸盐等。有机态矿物盐的生物学利用率比无机矿物盐高，饲喂效果优于无机盐类，但吸收仍不理想，而且生化功能也不够稳定。

第三代是微量元素氨基酸螯合物，即以微量元素为中心原子，通过配位键、共价键或离子键同配体氨基酸或低分子肽键结合而成的一种具有环状特殊结构的复杂络合物。常用来做中心原子的元素有铜、铁、锌、锰、铬和钴等金属离子，作为配位体的氨基酸主要有蛋氨酸、赖氨酸和甘氨酸等。

微量元素氨基酸螯合物具有良好的化学稳定性、较高的生物学效价、易消化吸收、抗干扰、无刺激、无毒等方面的优点，目前被认为是一种非常理想的微量元素添加剂。在畜牧业发达的国家，已在动物生产中得到推广应用。国内在 20 世纪 80 年代中期开始开展开发与研究应用微量元素氨基酸螯合物，并取得了较大进展，但价格偏高，是制约其大量使用的一个重要因素。目前应用于生产实践中的主要有蛋氨酸铁、蛋氨酸铜、蛋氨酸锰、蛋氨酸锌、蛋氨酸钴、赖氨酸锌、赖氨酸铜以及甘氨酸铁等产品。

(三)维生素添加剂

维生素类饲料添加剂是以脂溶性维生素和水溶性维生素为活性成分，加上载体、稀释剂、吸附剂或其他化合物混合而成。作为添加剂的维生素有：维生素 A、维生素 D_3、维生素 E、维生素 K_3、维生素 B_1、维生素 B_2、维生素 B_6、维生素 B_{12}、泛酸钙、烟酸、叶酸和生物素等。

与其他饲料相比，维生素添加剂的稳定性较差。商品维生素制剂对氧化、还原、水分、热、光、金属离子、酸碱度等因素具有不同程度的敏感性。所以在饲料生产工艺上，几乎所有的维生素制剂都经过特殊加工处理和包被，且应在避光、干燥、阴凉、低温环境下分类贮藏。

维生素添加剂的剂型主要有粉剂、油剂、水溶性制剂等。规格可归纳为 3 类：①纯制剂：稳定性较好的维生素如维生素 B_1、维生素 B_2、维生素 B_6、叶酸、烟酸、泛酸钙、维生素 K_3 等多用纯品制剂，其化合物纯度为 95%～99%。②经包被处理的制剂（稳定性制剂）：脂溶性维生素及维生素 C 的商品形式，需用稳定物质进行包被以提高其稳定性。③稀释制剂：利用脱脂米糠等载体或稀释剂制成的各种浓度的维生素预混合饲料。这类制剂中几乎都加有抗氧化剂。

在确定饲粮中维生素用量时，仅考虑畜禽的实际需要是不够的，还应充分顾及以下方面：①维生素的稳定性及使用时实存的效价。②在预混和饲料加工过程（尤其制粒）中的损失。③成品料在贮存过程中的损失。④炎热环境可能引起的额外损失。饲料中原有的维生素应被视为安全用量。目前，市售的维生素制剂有两大类：复合多种维生素与单项维生素。在饲料加工过程中，使用前者较方便。

三、非营养性饲料添加剂

非营养性添加剂（即国际饲料分类中的第八大类）指加入饲料中用于改善饲料利用率、保证饲料质量和品质、有利于动物健康或代谢的一些非营养性物质。

1. 微生态制剂

又称活菌制剂、益生菌、生菌剂等，是可直接饲喂给动物并可改善其肠道菌群平衡的有益活体微生物制剂。动物消化道内存在的正常微生物群落对宿主具有营养、免疫、生长刺激和生物拮抗等作用，人工分离并将正常的菌落制成某种活菌制剂以达到防病治病、促进生长的目的。可选做活菌制剂的微生物种类很多，主要有乳酸杆菌属、双歧杆菌属、乳酸球菌属、梭状芽孢菌属、芽孢杆菌属、酵母菌、霉菌等。

使用时不宜与某些抗生素等抑菌物质直接混用，最好采用饮水方式饲喂。微生态制剂不会使动物产生耐药性，不会产生残留，也不会产生交叉污染，因此，是一种可望替代抗生素的绿色添加剂。

2. 酶制剂

主要用于消化机能尚未发育健全的幼畜和提供消化道缺少的酶类以分解饲料中的某些特殊成分。常用的酶制剂有纤维素酶、非淀粉多糖酶和植酸酶等单一酶或复合酶制剂。如植酸酶已用于猪和蛋鸡饲粮中，非淀粉多糖酶类则已用于消除戊聚糖抗营养作用，使用酶制剂节省营养资源的效果十分明显。使用酶制剂应根据特定的饲料和特定的畜种及其年龄阶段而定，并在加工和使用过程中尽可能避免高温。

3.动物产品品质改良剂

为了改善动物产品的外观性状和商品价值，在饲料中添加的少量或微量物质，主要是着色剂。比如蛋黄的橘黄色和肉鸡屠体的鲜黄色泽，一直受到消费者的青睐。着色剂可以改变饲料的颜色，刺激动物的食欲。通常用作饲料添加剂的着色剂有2种：一种是天然色素，主要是类胡萝卜素及叶黄素类；另一种是人工合成的色素如胡萝卜素醇。前者有：松针粉、苜蓿、蓝藻、辣椒、黄玉米、万寿菊、虾蟹壳粉、紫菜、橘皮等，后者有β-阿朴-8′-胡萝卜素醛、斑蝥黄、柠檬黄等。

4.饲料保存剂

(1)防霉剂　在高温潮湿季节，饲料在保存过程中易发霉变质。霉变的饲料，不仅适口性变差，营养价值降低，而且霉菌毒素危害畜禽健康和生产，甚至引起死亡。因此，必须在配合饲料中添加适量防霉剂。为了防止青贮饲料霉变，加入防霉剂，可控制贮存期内的pH，抑制霉菌繁殖，并增加乳酸产量，有利于正常发酵。常用的防霉剂成分为丙酸及其钠(钙)盐和苯甲酸钠等。

(2)抗氧化剂　在饲料加工与贮存过程中，为防止饲料中的油脂及某些维生素等接触空气后的自动氧化，必须在配合饲料或某些饲料原料中添加抗氧化剂。常用的抗氧化剂有乙氧基喹啉(山道年)、丁基化羟基甲苯(BHT)等，其添加量一般为0.01%～0.05%。

5.食欲增进剂

包括香料、调味剂及诱食剂3种。添加食欲增进剂可增强动物食欲，提高饲料的消化吸收及利用率。饲料香料添加剂有2种来源，一种是天然香料，如葱油、大蒜油、橄榄油、茴香油、橙皮油等；另一类是化学合成的可用于配制香料的物质如酯类、醚类、酮类、芳香族醇类、内酯类、酚、醚类等。饲料调味剂又称风味剂，包括鲜味剂、甜味剂、酸味剂、辣味剂等。诱食剂主要针对水产动物使用，常含有甜菜碱、某些氨基酸和其他挥发性物质。

6.中草药饲料添加剂

中草药添加剂种类很多，功能各异。如能解决其有效成分的提取问题，则此类添加剂可望在生产中广泛使用。

(1)理气健脾助消化　由麦芽、贯众、何首乌等配制。如用山楂、神曲、麦芽、黄芪等制成的复合制剂，可提高鸡的产蛋率和饲料转化率。

(2)补气壮阳，养血滋阴，增强体质　用刺五加饲喂母鸡，可提高产蛋量和蛋重；取山药、当归、淫羊藿添加在蛋鸡料中，可提高产蛋率。

(3)扶正除邪，驱虫消积，防制病毒　为保护畜禽正常生长，用老鹳草、全草、使君子、南瓜子等配制的复合制剂具有上述功能。

7.药物饲料添加剂

(1)允许使用的药物饲料添加剂　为加强兽药的使用管理，进一步规范和指导药物饲料添加剂的合理使用，防止滥用药物饲料添加剂，根据《兽药管理条例》的规定，农业部制定了《饲料药物添加剂使用规范》(农业部公告第168号)(以下简称《规范》)。《规范》中公布了凡具有预防动物疾病、促进动物生长作用，可在饲料中长时间添加使用的饲料药物添加剂共33种，如二硝托胺预混剂、马杜霉素铵预混剂等，其产品批准文号须用“药添字”，生产该类品种成分的饲料，必须在产品标签中标明所含兽药成分的名称、含量、适用范围、停药期规定及注意事项等。

用于防治动物疾病，并规定疗程，仅是通过混饲给药的饲料药物添加剂 24 种，如磺胺喹恶啉、二甲啶预混剂、越霉素 A 预混剂等，其产品批准文号须用"兽药字"；各动物养殖场及养殖户须凭兽医处方购买、使用，所有商品饲料中不得添加该类兽药成分。

(2)不允许使用的药物饲料添加剂　《规范》规定除本《规范》收载品种及农业农村部今后批准允许添加到饲料中使用的饲料药物添加剂外，任何其他兽药产品一律不得添加到饲料中使用；兽用原料药不得直接加入饲料中使用，必须制成预混剂后方可添加到饲料中。另外为保证动物源性食品安全，维护人民身体健康，根据《兽药管理条例》的规定，农业农村部制定了《食品动物中禁止使用的药品及其他化合物清单》(农业农村部公告第 250 号)(以下简称《禁用清单》)。《禁用清单》中列出了 21 类(种)兽药产品为动物禁用产品，不允许作为药物饲料添加剂使用，如 β-兴奋剂类、性激素类、氯霉素及其盐(或酯)等。

8.其他饲料添加剂

(1)寡糖　寡糖类饲料添加剂一般是指功能性寡糖添加剂，添加到饲料中可以促进动物肠道有益菌的增殖，特别是双歧杆菌的增殖，从而提高动物的健康水平和免疫能力。主要有果寡糖、甘露寡糖、低聚半乳糖、木寡糖、低聚壳聚糖、半乳甘露寡糖等。

(2)酸化剂　酸化剂是指能提高饲料酸度的一类饲料添加剂，也称酸度调节剂，主要包括乳酸、柠檬酸、富马酸、甲酸、山梨酸等有机酸。目前使用多以复合产品为主，一般由两种或两种以上的有机酸复合而成，其添加量为 0.1%～0.5%。

(3)大蒜素　大蒜素是大蒜活性成分的总称，包括从天然大蒜中提取的活性物质和人工合成的具有相同功效的硫醚化合物两类。添加到饲料中，具有提高动物饲料的适口性，增进动物食欲；促进动物生长发育，降低料重比；提高动物免疫力，增强动物的抗病能力，提高成活率等功效。其添加量为 0.005%～0.010%。

(4)糖萜素　糖萜素是从山茶属植物油籽饼粕中提取的天然活性物质，其有效成分是寡糖和三萜皂苷类，具有抗应激、增强机体免疫力、提高动物生产性能的作用，对生产安全、优质的动物产品具有重要的意义。饲料中添加量一般为 0.05%左右。

(5)乳化剂　乳化剂是一类分子中具有亲水基和亲油基的物质。饲料中添加乳化剂，能使饲料中原本疏水的油脂液滴以小微粒的形式进一步均匀分散，逐渐形成较稳定的混合体系，提高动物胃肠道内脂肪酶与脂肪的接触率，促进脂肪消化吸收。常用的乳化剂有动植物胶类、脂肪酸、大豆磷脂、丙二醇、木质素磺酸盐、单硬脂酸甘油酯等。

(6)缓冲剂　最常用的是碳酸氢钠，还有石灰石、氢氧化铝、氧化镁、磷酸氢钙等。这类物质可增加机体的碱贮备，防止代谢性酸中毒，动物采食后可中和胃酸，溶解黏液，促进消化，应用于反刍动物可调整瘤胃 pH，平衡电解质，增加产乳量和提高乳脂率，也可防止产蛋鸡因热应激引起的蛋壳质量下降。一般用量为 0.1%～1%。

(7)黏结剂　也称为黏合剂或制粒添加剂，目的是减少粉尘损失，提高颗粒饲料的牢固程度，减少制粒过程中压模受损，是饲料加工生产中常用的添加剂。常用的黏结剂有木质素磺酸盐、羧甲基纤维素及其钠盐、陶土、海藻酸钠等。某些天然的饲料原料也具有黏结性，如膨润土、α-淀粉、玉米面、动物胶、鱼浆、糖蜜等。

(8)流散剂　也称流动剂或抗结块剂。常用的流散剂有天然的和人工合成的硅酸化合物和硬脂酸盐类，如硬脂酸钙、硬脂酸钾、硬脂酸钠、硅藻土、脱水硅酸、硅酸钙等。流散剂多系无水硅酸盐，难以消化吸收，用量不宜过高，一般在 0.5%～2.0%。其主要作用是使饲料和饲料添加剂具有较好的流动性，以防止饲料在加工及贮存过程中结块。

(9)除臭剂　除臭剂是为防止动物排泄物的臭味污染环境而研制生产出来的一类添加剂，主要产品有丝兰皂苷、腐殖酸钙、沸石等。

四、饲料添加剂使用注意事项

饲料添加剂作为配合饲料的核心部分，在饲料工业和养殖业中具有非常重要的作用。然而，这种作用必须在科学、合理使用的基础上才能显示出来。否则将适得其反，带来不必要的损失和不利后果。在饲料添加剂的使用过程中应注意以下问题。

1. 符合有关的法律法规

所使用的饲料添加剂必须符合《饲料卫生标准》《饲料标签》和《饲料添加剂 调味剂 通用要求》的有关国家规定，必须是我国农业农村部公布的《允许使用的饲料添加剂品种目录》所规定的品种和取得生产产品批准文号的新饲料添加剂品种，并且应是具有农业部颁发的饲料添加剂生产许可证的企业生产的、具有产品批准文号的产品。饲料添加剂的使用应遵照饲料标签所规定的用法和用量。药物饲料添加剂的使用应按照《饲料药物添加剂使用规范》执行，使用药物饲料添加剂应严格执行休药期制度，饲料中不应直接添加兽药。

2. 严禁使用违禁药物作为饲料添加剂，控制药物添加剂污染

对养殖场、饲料厂、添加剂厂工作人员要进行培训和教育，禁止使用可以给动物机体和畜产品带来安全隐患的添加剂，如兴奋剂、镇静剂、激素等。对违反者要严厉查处。对药物添加剂的管理与添加应有专人负责，并有完整详细的书面记录。饲料中使用药物添加剂要遵循逐级稀释扩大的方法进行，确保其均匀性。要定期、及时清理粉碎、混合、输送、贮藏药物添加剂的设备及系统，避免污染其他饲料。

3. 科学配制与使用饲料添加剂

(1)选择合适的添加剂种类　饲料添加剂种类很多，同时具有不同的特点、品质要求和功效。在应用前要充分了解这方面的知识，并根据饲养目的、动物种类、生理阶段、气候条件等加以选择。如幼龄动物比成年动物的生长速度快、强度大，故一些促生长添加剂用于前者比后者的效果要好得多。

(2)适时适量添加　切实掌握饲料添加剂的使用量、中毒量和致死量，注意使用期限，防止动物产生生理障碍和不良后果，如维生素 A 的添加量若超出需要量的 3～4 倍，便会引起肝脏损伤。某些微量元素添加剂可以在一定时间内超量使用，以发挥其特殊的功能。如在仔猪饲粮中按 125～250 mg/kg 的剂量添加硫酸铜可以促进仔猪生长；短期内添加 2 000～3 000 mg/kg 的氧化锌可以预防仔猪腹泻；在肉猪饲粮中添加 200 mg/t 的有机铬可以提高胴体瘦肉率。但长期使用高剂量铜会导致动物体内肝脏铜含量升高，超过一定水平时则会使大量的铜释放入血，引起溶血、黄疸甚至死亡。

(3)注意添加方式和适用对象　饲料添加剂除了一些专门溶于水中饮用的外，一般只能混于干料中喂给。用时要按说明书进行，不能随便改变使用方式。另外，也要注意饲料添加剂的适用对象，如有毒(砷、硒等)或产生不良风味的饲料添加剂不能用于奶牛、奶羊等产奶动物，否则会影响奶产品的品质和损害人类健康。

(4)注意配伍禁忌　准确掌握饲料添加剂之间的配伍禁忌，注意矿物质、维生素及其相互

间的拮抗关系。如过量胆碱会影响钙、磷的吸收；有高剂量矿物元素、氯化胆碱及高水分存在时，维生素添加剂易受破坏。

(5)混合要均匀　饲料添加剂加到配合饲料中时，一般先混于少量饲料中，再逐级放大，一定要混合均匀，否则会引起局部缺乏而另一局部中毒的现象。

(6)合理贮存　饲料添加剂应贮存于干燥、低温及避光处。

五、饲料添加剂的发展趋势

饲料工业的发展与提升，加速了饲料添加剂学科领域的进步。目前，饲料添加剂资源包括植物、动物、化工产品、药物、矿物质和生物制品等，其功能也越来越广泛。我国饲料添加剂工业总的发展趋势是与国际饲料添加剂工业接轨，采用国际先进技术来增加国产饲料添加剂的品种与产量，提高质量，实现主要添加剂原料国产化，以促进饲料工业总体水平逐步提高。当前及今后一段时间内饲料添加剂特别是新型饲料添加剂的发展，将呈现以下几种发展趋势。

1. 高科技化、高度专业化

随着科学技术的进一步发展，特别是生物工程、动物营养学、饲料加工工程、化学工程等学科的完善与进步，饲料添加剂行业势将进入高新技术领域，将出现一批高科技含量的饲料添加剂品种。随着畜牧水产等规模养殖业的不断发展，饲料添加剂行业将逐渐与饲料工业及其他相关行业分离，成为一个独立的行业。

2. 系列化、高效化

饲料添加剂的品种和种类将会根据动物的不同种类、不同生长阶段、不同饲养环境及不同季节天气而系列化，且依赖于相关技术的进步与提高而进一步高效化。

3. 环保化、安全化

随着人们对食品安全和环保意识的提高以及可持续发展的需要，饲料添加剂的安全、环保绿色化是未来研发的重中之重。今后会进一步制定和完善饲料及饲料添加剂生物安全标准体系；制定饲料及饲料添加剂生物安全质量标准、生物安全性评价规程、应用技术规范标准；会依法加强对饲料和饲料添加剂生产、经营和使用环节的监督管理等，从而确保整个畜牧业的可持续健康发展，最终要使我国饲料产品总体合格率达到95%以上，添加剂及其预混合饲料总体合格率达到90%以上，违禁药品检出率在5%以下。

4. 标准化、法制化

美国、欧盟等发达国家和地区十分重视饲料添加剂产品的标准化和法制化研究，对各种饲料添加剂的来源、用法用量、适用范围、使用年限等都制定了严格的标准。中国也十分重视饲料添加剂的管理与监督，目前已颁发了一系列法规和管理条例，如《饲料和饲料添加剂管理条例》《允许使用的饲料添加剂品种目录》《饲料药物添加剂使用规范》《饲料中盐酸克伦特罗的测定》《食品卫生法》《食品动物禁用的兽药及其他化合物清单》《禁止在饲料和动物饮用水中使用的药物品种目录》《绿色食品饲料及饲料添加剂使用准则》等。这些法规和管理条例中体现着3个原则：一是与世贸组织(WTO)规则接轨；二是以保证饲料安全为重点，实行饲料生产、经营和使用全程管理，推行HACCP管理制度等；三是行政处罚和刑事处罚相衔接，有明确的法律责任制度等。所有这些保障了中国的饲料添加剂行业能够健康发展。

5. 功能化、方便化、经济化与规模化

为满足人们对动物产品颜色、肉质、味道及保健需求等，具有特殊功能的添加剂会是未来的一个发展方向，具有保健功能或同时具有多种功能的饲料添加剂将成为饲料添加剂品种研究的热点。同时，具有较好的性能价格比及投入产出比的饲料添加剂会被广大饲料生产厂家和养殖业主所接受，而微量化和预混化是饲料添加剂方便生产的良好形式。饲料添加剂生产企业将逐步形成品牌和大型跨国企业集团，走向规模化发展之路。

总之，未来几年饲料添加剂的研究方向可能包括：①研制开发成功拥有自主知识产权的新型、安全植物来源防病剂、免疫增强剂、营养分配剂、色素、风味增强剂、基因工程酶制剂，兼有酶制剂、益生素和抗生素优点的微生态调控剂等；②研究出肠道不吸收、不易产生抗药性的新一代饲用抗生素；③研制开发环保型饲料添加剂、绿色饲料添加剂；④研究转基因微生物原料及添加剂等。

任务9　青绿饲料及其利用

青绿饲料是指天然水分在60%以上的植物性饲料，主要包括天然牧草、人工栽培牧草、青饲作物、叶菜类、非淀粉质块根块茎类、水生植物等。青绿饲料是一类各种营养物质相对平衡、适口性好的饲料，适用于饲喂多种畜禽。

一、青绿饲料营养特性

(1)水分含量高达75%～95%，因而鲜草的干物质含量较低。

(2)按干物质计算，粗蛋白质含量丰富。一般禾本科牧草含粗蛋白质为13%～15%，其品质与营养价值均高。富含精氨酸并含有大量谷氨酸和赖氨酸，但禾本科青饲料中蛋氨酸和异亮氨酸不足。

(3)维生素含量丰富，特别是胡萝卜素的含量高达50～80 mg/kg，高于其他饲料；还含有丰富的B族维生素(维生素 B_6 除外)及较多维生素E、维生素C和维生素K等；缺乏维生素D，但含有其前体物质。

(4)钙、磷含量丰富，比例适当　按干物质计含钙约0.2%～2.0%；含磷约0.2%～0.5%，多为植酸磷。豆科植物含钙量较多，且钙、磷比例接近平衡。青饲料中钙、磷主要集中于叶片中。在一般情况下，以青饲料为主的家畜不易出现钙、磷缺乏。

(5)所含碳水化合物中以无氮浸出物含量较多，粗纤维较少，故易被家畜消化吸收。按干物质计，粗纤维的含量青草中不超过30%，藤菜类不超过15%，而无氮浸出物青草和藤菜类分别为40%～50%和50%。

二、各类青绿饲料的特点

(一)天然草地牧草

天然草地的牧草种类很多，主要是禾本科、豆科、菊科和莎草科4大类。以干物质计，它们的无氮浸出物含量可达40%～50%；粗蛋白质的含量，豆科为15%～20%，莎草科为13%～20%，菊科与禾本科为10%～15%，少数可达20%；粗纤维含量以禾本科牧草较高，达30%，其他科牧草为 20%～25%;矿物质中钙的含量都高于磷。总的来看,豆科的营养价值较高,禾本科虽然营养价值稍低,但一般适口性好,尤其生长早期,幼嫩可口,采食量高,故也不失为优良牧草。此外,禾本科牧草的再生力强,较耐牧。菊科牧草有特异香味,除羊外,其他家畜不喜欢采食。

(二)栽培青饲料

栽培青饲料,泛指人工播种栽培的各种饲用植物,包括谷物和豆类作物,也包括叶菜和瓜、块根类等的可食部分,以及人工栽培或驯化的野生牧草和其他植物,其种类很多,但以产量高、营养好的豆科和禾本科牧草占主要地位。

1.豆科牧草

豆科牧草的主要营养特点是蛋白质含量高、粗纤维含量低、柔嫩多汁、适口性好、消化率高。主要的豆科牧草有紫花苜蓿、三叶草、草木樨、紫云英、沙打旺等。

(1)紫花苜蓿　紫花苜蓿是当今世界分布最广的栽培牧草,主要分布在西北、华北、东北、江淮流域。紫花苜蓿由于产量高、品质好、适应性强,而被冠以“牧草之王”的称号,是最经济的栽培牧草。

紫花苜蓿是多年生牧草,一次种植多年利用,田间栽培利用年限可达 7～10 年之久,正常条件下,一年可收割 3～5 茬,每年亩产鲜草可达 2 000～5 000 kg。营养价值以开花前期最高,粗蛋白质 18%～20%,而且必需氨基酸比例适宜,赖氨酸高达 1.34%,无氮浸出物为 41.3%。另外,还富含多种矿物质和维生素。

苜蓿茎叶柔软,适口性好,不论青饲、放牧或调制干草均可利用。紫花苜蓿的刈割时间应根据饲用目的确定,作为仔猪和禽类的蛋白质、维生素补充料(粉草)宜在现蕾期刈割;作为牛羊等反刍动物青干草或青贮料,宜在初花期刈割,青饲可在现蕾期开始刈割,盛花期结束利用。

紫花苜蓿茎叶中含有皂角素,有抑制酶的作用,反刍动物采食过量的鲜苜蓿后,可引起瘤胃膨胀病,使产乳量下降甚至死亡,故苜蓿鲜饲时应控制喂量,放牧地最好与禾本科牧草混播,或放牧前喂些干草,可防止或减少瘤胃臌胀病的发生。

(2)三叶草　豆科三叶草是多年生牧草,我国栽培较普遍的有白三叶、红三叶、杂三叶和绛三叶等 4 种。

白三叶为豆科三叶草属多年生豆科牧草。蛋白质含量高,干物质中粗蛋白质含量高达 30%左右,茎叶柔嫩,适口性好,为各种畜禽所喜食。可刈割、放牧,最好与禾本科多年生牧草高羊茅、多年生黑麦草等混播,搭配饲喂,以防单食白三叶发生膨胀病。

红三叶又名红车轴草,原产于伊朗和里海南部一带,是世界有名的豆科牧草之一。营养丰富,且有甜味,纤维素含量低,柔软可口,为各种牲畜所喜食。干物质中粗蛋白质 15.04%,脂肪 3.12%,纤维素 24.77%,无氮浸出物 40.89%,灰分 6.97%。大面积栽培主要用于调制干草。叶片不易脱落,在开花初期收割,可以调制成上等干草。

(3)草木樨　草木樨是豆科草木樨属的草本植物。我国种植的主要有二年生白花草木樨和黄花草木樨。草木樨产量高、营养成分同其他豆科牧草一样,干物质中含粗蛋白质 19.0%,脂肪 1.8%、无氮浸出物 31.9%,粗纤维 31.6%,钙 2.71%,磷 0.02%。草木樨茎叶繁茂,营养丰富,不仅是家畜优质牧草,又是重要的保土植物和蜜源植物。草木樨可青饲、调制干草、放牧或青贮,是一种很有价值的发展畜牧业的牧草植物。

草木樨中含有香豆素,具有不良气味,初喂时家畜不习惯。应注意由少到多,使家畜逐步适应。当草木樨保存不当时容易引起动物中毒。

(4)紫云英　紫云英又称红花草，在我国长江中下游各省栽培较多，是水稻产区的冬季绿肥牧草。紫云英产量高，粗蛋白质、矿物质、维生素含量丰富，鲜嫩多汁，适口性好，是喂猪的好饲料。现蕾开花期或盛花期刈割较好，干物质中粗蛋白质含量为22.3%，粗纤维为19.2%，钙1.38%，磷0.53%。盛花期后虽蛋白质含量减少，粗纤维含量增加，但总养分含量比一般豆科牧草高。可青饲、调制干草(或干草粉)、青贮料等。

(5)沙打旺　沙打旺又称直立黄芪，为黄芪属多年生牧草。在我国北方能安全越冬，生长迅速，产量高，营养价值丰富，是干旱地区的优质牧草，还是良好的防风固沙、水土保持植物及绿肥植物和蜜源植物。沙打旺茎叶鲜嫩，营养丰富、干物质中粗蛋白质含量为23.5%，粗脂肪3.4%，粗纤维15.4%，无氮浸出物44.3%，钙1.34%，磷0.34%。沙打旺含有硝基化合物，有苦味，适口性较差，饲喂时需加工粉碎后与其他牧草搭配使用。也可制成青贮、干草和发酵饲料。

2.禾本科牧草

用于青饲的禾本科作物主要黑麦草、苏丹草等，这类饲草富含糖类，蛋白质较少，粗纤维含量随着生产阶段的延长而增加，一般适口性较好。

(1)黑麦草　黑麦草主要有多年生黑麦草和一年生黑麦草，生长快，繁殖力强，幼嫩多汁，适口性好，营养丰富，多种动物喜食。产草量高，再生性强，是一种经济价值高的牧草。适合刈割青草，调制优质干草，也可放牧利用，还是鱼的好饵料，在鱼塘边种植，可用于饲喂草鱼。新鲜黑麦草干物质含量约为17%，粗蛋白质2.0%。随生长期的延长，黑麦草的粗蛋白质含量降低，粗纤维明显增加，尤其是难以利用的木质素增加显著，故刈割时期要适宜。

(2)苏丹草　苏丹草也称野高粱，属一年生草本植物。苏丹草具有高度的适应性，抗旱能力特强，其营养含量也丰富，蛋白质含量较其他禾本科牧草多，抽穗前干物质中含蛋白质达15.3%。苏丹草的营养价值与刈割时期密切相关，抽穗期比开花期和结实期的营养价值高，适口性好，草食家畜均喜采食，同时也是草食性鱼类的优质饲料。由于苏丹草的幼嫩茎叶中含少量氢氰酸，使用时应防止中毒。

(3)高丹草　高丹草是由饲用高粱和苏丹草自然杂交形成的一年生禾本科牧草。高丹草综合了高粱茎粗、叶宽和苏丹草分蘖力、再生力强的优点，能耐受频繁的刈割，并能多次再生。其特点是产量高，抗倒伏和再生能力强，抗病抗旱性好，适口性好，消化率高，营养价值高。高丹草粗蛋白、粗脂肪含量占鲜重百分比分别为2.49%和0.6%，是牛、羊、马、鱼的好饲料。可以用来青饲或青贮，也可以调制成干草。

(三)青饲作物

青饲作物是指农田栽培的农作物或饲料作物，在结实前或结实期收割作为青绿饲料用。这类饲料可直接饲喂，也可调制成干草或作青贮。常见的青饲作物有青刈玉米、青刈燕麦等。

(1)青刈玉米　在玉米乳熟、蜡熟期时刈割制作青饲料。玉米青刈在单位面积上所获得的营养价值比成熟后收割者高15%，胡萝卜素高20倍以上。青刈玉米茎株高大，生长迅速，产量高，富含糖类，胡萝卜素及其他维生素含量丰富，饲用价值高。青刈玉米可以青饲，也可制作青贮饲料。

(2)青刈燕麦　燕麦在陕北、晋北、冀北和内蒙古一带种植。叶多茎少，叶片宽长，多汁，适口性好，是一种极好的青刈饲料。青刈燕麦营养丰富，干物质中粗蛋白质含量14.7%，粗纤维

27.4%,无氮浸出物45.7%,粗灰分7.6%,钙0.56%,磷0.36%。青刈燕麦可在拔节至开花时刈割,各种禽类、兔、鱼都喜食,喂猪可粉碎或打浆后饲用。

(3)青刈高粱　高粱青刈时由于茎矮分蘖多,营养价值高,在籽实成熟时,茎叶绿色部分含糖量仍有10%左右,适口性好,家畜喜采食。但新鲜高粱茎叶中含有氰苷配糖体,尤以出苗后2～4周含量较高,成熟时大部消失,生长期高温干燥时含量较高,土壤中氮肥多时含量也多。这些氰苷配糖体在植物体内特殊酶的作用下,被水解而形成氢氰酸,或在瘤胃微生物、胃酸(单胃家畜)的作用下,将其转变为氢氰酸而被家畜吸收中毒。所以利用新鲜青刈高粱作为饲料时应注意防止家畜中毒。高粱也是很好的青贮作物。

(四)叶菜类

叶菜类饲料种类很多,包括作为饲料栽培的苦荬菜、苋菜等,还有食用蔬菜、根茎瓜类的茎叶及野草、野菜等。

(1)苦荬菜　苦荬菜也称苦苣菜、山莴苣、八月老、鹅草等,是一种营养价值高、适口性好的青绿饲料。苦荬菜生长快,再生能力强,利用时间长,1年可多次收割,每亩鲜草产量高达10 000 kg。苦荬菜味稍苦,性甘凉,多汁,干物质中粗蛋白质含量在20%左右,粗纤维约为14.5%,营养价值高,能促进仔畜生长和母畜泌乳。主要鲜喂,通常切碎或打浆后拌糠麸喂猪,采食量和消化率都高。

(2)苋菜　苋菜也称千穗谷、西番谷。苋菜是一种优质高产饲料作物,亩产鲜草可达5～6 t,茎秆粗壮、脆嫩,叶片较多,适口性好,营养价值高,干物质中粗蛋白质含量可达8.50%,粗脂肪1.8%,粗纤维38.70%,无氮浸出物35.30%。苋菜,又称作"蛋白草"。苋菜是猪的优质青绿饲料,生喂、熟喂均可。

(五)非淀粉质块根块茎类饲料

非淀粉质块根块茎类饲料主要包括胡萝卜、甘蓝、甜菜、南瓜等。这类饲料中的水分含量为70%～90%、粗纤维含量较低,无氮浸出物含量较高,多为易消化的淀粉或糖分,是家畜冬季的主要青绿多汁饲料。

(1)胡萝卜　胡萝卜产量高,易栽培,耐储存,营养丰富,是家畜冬、春季节重要的多汁饲料。胡萝卜大部分营养物质为无氮浸出物,有甜味,胡萝卜素含量尤其丰富,蛋白质含量较其他块根为多。胡萝卜的适口性好,各种家畜都喜食,有利于提高产乳量和乳品质。

(2)甜菜　甜菜的品种比较多,主要有糖甜菜、半糖甜菜和饲用甜菜。糖甜菜、半糖甜菜的可溶性糖分含量高,干物质含量为20%～22%,用于喂猪效果好,反刍动物效果差。饲用甜菜中粗纤维含量高,可溶性糖分含量少,干物质为8%～11%,适用于反刍动物。

(3)南瓜　南瓜耐贮藏,运输方便,营养丰富,南瓜含水分在90%左右,不宜单喂。干物质中无氮浸出物含量较多,而且还有很多胡萝卜素和核黄素,是猪、牛、羊及鸡的好饲料,尤其适合饲喂繁殖和泌乳家畜。

(六)树叶类

在林区及树木较多的地方,在不影响树木生长的前提下,可利用鲜树叶作为饲料。合理采食树叶,可扩大饲料资源,还可以促进林牧并进。可供作饲料的树叶类有槐树叶、苹果叶、桑叶、榆树叶和柳树叶等。优质的鲜树叶营养丰富,可制成蛋白质饲料,如槐树叶鲜叶制成的干草粉,干物质中粗蛋白质达20%以上,粗纤维含量低,且富含维生素和矿物质。

(七)水生植物

水生植物主要有水浮莲、水葫芦、水花生、绿萍等。这类饲料生长快，产量高，不占耕地，利用时间长。茎叶柔软，细嫩多汁，含有丰富的维生素，但水分高，可达90%～95%，故营养价值低于陆生植物。水生植物易被寄生虫感染，最好与其他饲料搭配使用，以满足畜禽的营养需要。

三、青绿饲料的利用

(一)青绿饲料的饲用

青绿饲料一般鲜嫩多汁，适口性好，各种家畜均可利用，但不同动物日粮中饲料用量差别很大，一般主要饲喂牛羊等草食动物，日粮中比例为60%～70%；在单胃动物饲料中所占比例较小，为10%～30%。青绿饲料的利用方式主要有青饲、调制成干草或干草粉、制成青贮饲料和直接放牧。

(二)利用青绿饲料的注意事项

(1)防止氢氰酸中毒　亚麻叶、鲜木薯、三叶草、苏丹草、南瓜藤、高粱幼苗、玉米幼苗均含有氰苷，大量采食可中毒。氰苷进入机体后在酶作用下水解为剧毒物质氢氰酸。

氢氰酸中毒的症状为腹痛腹胀，呼吸困难，呼出气体有苦杏仁味，行走站立不稳，可视黏膜由红色变为白色或带紫色，肌肉痉挛，牙关紧闭，瞳孔放大，最后卧地不起，四肢划动，呼吸麻痹而死。使用高粱苗、玉米苗、马铃薯幼芽、木薯、亚麻叶、蓖麻籽饼、三叶草、南瓜蔓等做饲料时，用量不能过大，最好能将其调制成青贮饲料，或制后晾晒降低毒素。

(2)防止瘤胃臌胀病　牛、羊大量采食鲜苜蓿可发生瘤胃臌胀病，如不及时排除瘤胃内气体、最后将导致窒息。

(3)防止草木樨中毒　草木樨含有香豆素，草木樨霉烂时形成双香豆素(又称出血素)，它影响维生素K的作用，阻止凝血素的形成，应与其他饲料配合饲喂。当大量采食时，会引起出血。

双香豆素中毒主要发生于牛，其他动物很少发生。中毒发生缓慢，通常饲喂草木樨2～3周后发病。牛中毒后食欲变化不大，主要表现为机体衰弱，步态不稳，运动困难，有时发生跛行，体温低，发抖，瞳孔放大。临床表现为凝血时间变慢，在颈部、背部，有时在后躯皮下形成血肿，鼻孔可流出血样泡沫，乳里也可出现血液。

此病可用维生素K治疗。注意饲喂草木樨时逐渐增加喂量，不能突然大量饲喂，不要投喂发霉变质的草木樨。

(4)防止亚硝酸盐中毒　蔬菜类饲料中含有毒性低的硝酸盐，在潮湿高温条件下产生毒性高的亚硝酸盐。亚硝酸盐进入血液与血红蛋白作用，使二价铁氧化成三价铁，形成高铁血红蛋白(MHb)，使血红蛋白失去携氧能力，引起组织缺氧。

亚硝酸盐中毒发病很快，多在1 h内死亡，严重者可在0.5 h内死亡。发病症状表现为动物躁动不安、腹痛、口吐白沫、流涎、呼吸困难、心跳加快、全身震颤、行走摇晃、体温无变化或偏低、血液呈酱油色。因此，饲喂蔬菜、饲用甜菜、萝卜叶、芥菜叶、油菜叶等叶菜类青绿饲料时，应随割随喂，若需存放应将其摊开，保持通风，严防腐烂。

(5)防止水生饲料寄生虫　水生饲料易带来寄生虫病，如猪蛔虫、姜片虫、肝片吸虫等。解决方法是饲用前消毒和漂洗。

(三)青饲料的处理

(1)切碎　青饲料经切碎后便于采食、咀嚼,减少浪费,有利于和其他饲料均匀混合。切碎的长度可依家畜种类、饲料类别及老嫩状况而异。

(2)打浆　青饲料经打浆后更加细腻,并能消除某些饲料的茎叶表面毛刺而利于采食,提高利用价值。打浆前应将饲料清洗干净,除去异物,有的还须先切短,打浆时应注意控制用水,以免含水过多。

(3)闷泡和浸泡　对带有苦涩、辛辣或其他异味的青饲料,可用冷水浸泡和热水闷泡 4～6 h,去掉泡水,再混合其他饲料喂猪,这样可改善适口性,软化纤维素,提高利用价值。但泡的时间不宜过长,以免腐败或变酸。

(4)发酵　使有益微生物(如酵母、乳酸菌等)在适宜的温度和湿度下进行繁殖,从而软化或破坏细胞壁,产生菌体蛋白和其他酵解产物,把青饲料变成一种酸、甜、软、熟、香的饲料。经发酵可改善饲料质地或不良气味,并可避免亚硝酸盐及氰氢酸中毒。

此外,青饲料可用于调制干草和青贮饲料。

任务 10　粗饲料及其利用

粗饲料是指天然水分含量在 45%以下、绝干物质中粗纤维含量大于等于 18%的饲料,包括干草类、稿秕类农副产品类、干枯树叶类、高纤维糟渣类和某些草籽、树实类等。粗饲料中粗纤维含量高,体积大,难消化、可利用养分少,营养价值低。但是其因来源广、数量大、价格低,是草食动物的主要饲料,充分开发利用对发展草食动物具有重要意义。

一、青干草

青干草是指天然或人工种植的牧草及饲料作物在质量和产量最好的时期刈割,经自然或人工干燥调制成能长期保存的粗饲料。调制后的优质青干草保持青绿颜色,气味芬芳,质地柔软,叶片很少脱落,绝大部分营养物质被保存下来。

(一)营养特性

优质青干草含蛋白质为 7%～20%,高于禾谷类籽实饲料,干物质中可消化碳水化合物占 40%～60%,粗纤维为 20%～35%,还富含脂肪、矿物质和维生素,胡萝卜素含量 5～40 mg/kg,维生素 D 为 16～150 μg/kg,有机物质的消化率为 46%～79%,且含有家畜生产所需要的各种氨基酸,能够保证家畜的正常生长发育和繁殖。

(二)饲用价值

青干草是草食家畜的基本饲料。特别是优质干草,不仅是草食家畜的好饲料,粉碎后还可作为猪、鸡配合饲粮的原料。将干草与多汁饲料配合饲喂奶牛,可增加干物质和粗纤维采食量,从而保证产奶量和乳脂率。

(三)青干草的制作方法

青干草调制时应根据饲草种类,草场环境和生产规模采取不同方法,大体上分自然干燥法和人工干燥法。

1.自然干燥法

自然干燥法是利用阳光或环境温度使牧草脱水，达到干制目的。此方法是目前普遍采用的方法，简便、成本低，但牧草在干制过程中由于机械作用、光热、氧化、细胞呼吸、雨淋等因素的影响，营养成分损失比较多。

(1)田间干燥法　牧草在刈割以后，先在草地上干燥 6～7 h，应尽量摊晒均匀，并及时进行翻晒通风，使牧草充分暴露在干燥的空气中。含水量 40%～50%时茎开始凋萎，叶子还柔软，不易脱落时，用搂草机搂成松散的草垄，使牧草在草垄上继续干燥 4～5 h，含水量 35%～40%时叶子开始脱落前，用集草器集成草堆，再经过 2～3 d 干燥就可调制成干草。

(2)草架干燥法　适宜于多雨季节或降水量较多的地区，用干草架进行牧草干燥时，首先把刈割下的牧草在地面上干燥 1 d 或 0.5 d，使其含水量降至 45%～50%，然后用草叉将草上架，但遇雨时不用干燥而可立即上架，堆放牧草时应自下而上逐层堆放，草的顶端朝里，堆放成圆锥形或屋脊形，堆中应留通道，这样既有利于通风，也可避免与地表接触吸潮。在堆放完毕后应将草架两侧牧草整理平顺，这样遇雨时雨水可沿其侧面流至地表，减少雨水浸入草内。此方法可获得品质优良的干草，但建造草架需要一定的人力和物力。

(3)发酵干燥法　将含水量为 50%左右的牧草分层夯实、压紧堆积，每层可撒上占饲草质量 0.5%～1%的食盐，防止发酵过度，牧草本身细胞的呼吸热和细菌、霉菌活动产生的发酵热在牧草堆中积蓄，草堆温度可上升到 70～80 ℃，借助通风手段将饲草中的水分蒸发使之干燥。

2.人工干燥法

(1)常温通风干燥法　先建一个干燥草库，库房内设置大功率鼓风机若干台，地面安置通风管道，管道上设通气孔。需干燥的青草经刈割压扁后，在田间干燥至含水量为 50%左右时运往草库，堆在通风管上，开动鼓风机完成干燥。

(2)低温烘干法　先建造青草干燥室、空气预热锅炉、设置鼓风机和牧草传送设备；用煤或电做能量将空气加热到 50～70 ℃或 120～150 ℃，鼓入贮有青草架的干燥室；利用热气流经 5～6 h 或 20～40 min 完成干燥。

(3)高温快速干燥法　将收割后的新鲜青草切成 2～3 cm 长，随即在烘干机内利用 150 ℃或 500 ℃以上的高温气流，经过数分钟或数秒将青草水分含量降到 14%～15%。

自然晒制的青干草，营养物质损失较多，而人工干燥法调制的青干草品质好，但加工成本较高。

(四)调制过程对青干草营养价值的影响

牧草在干燥调制过程中，草中的营养物质会发生复杂的物理和化学变化，一些有益的变化会促使其产生某些营养物质，改变青干草的品质，而由于植物体内的呼吸和氧化作用使青干草的一些营养物质被损耗掉，青干草产量和质量受到很大影响。调制过程中影响青干草品质和质量的因素主要有以下几种。

1.水分的散失

牧草刈割后，植物体内游离于细胞间隙的自由水通过蒸腾作用散失很快，良好天气经 5～8 h，含水量从 80%左右降至 40%～50%，所以，要尽量选择干燥、晴朗有微风的天气刈割晾晒牧草，促使水分快速散失。

2. 某些养分的变化

主要的变化是产生芳香物质和增加维生素 D 含量，提高了青干草的质量。

3. 营养物质的损失及其影响因素

(1)机械作用引起的损失　青干草在调制和保存过程中，由于受搂草、翻草、搬运、堆垛等一系列机械作用，叶片、嫩茎、花序等细嫩部分破碎脱落而损失。为了减少机械损失，应适时刈割，在牧草细嫩茎叶不易脱落，水分降至 40%～50%时及时集成草垄或小堆干燥，也可适时打捆，在干燥棚内通风干燥。

(2)植物体生化变化引起的损失　牧草刈割后，植物细胞并未立即死亡，其呼吸作用继续进行。呼吸作用可促使水分散失；植物体内的部分无氮浸出物被水解成单糖而消耗；少量蛋白质被分解成肽、氨基酸等。当水分降至 40%～50%时，细胞才逐渐死亡，呼吸停止，牧草凋萎。因此，应尽快采取有效干燥法，迅速使水分降至 40%～50%，以减少呼吸等作用引起的损失。

(3)阳光照射与漂白作用造成的损失　晒制干草时，阳光照射会使植物体内所含的胡萝卜素、叶绿素及维生素 C 因光化学作用遭到破坏而损失很多。叶绿素和胡萝卜素被破坏，再加上阳光的漂白作用会使青草颜色变淡。为了减少阳光对这些营养成分的破坏，应尽量缩短曝晒时间，牧草凋萎后立即集堆或搭架晾晒。

(4)雨水的淋洗造成的损失　雨水淋洗会使牧草可消化蛋白质和粗脂肪等可溶性营养物质受到不同程度的损失，阴雨天气还易使饲草霉烂失去使用价值。因此，应尽量选择晴朗干燥的天气晒制干草，以减少雨淋造成的损失。

(五)青干草的品质鉴定

青干草品质的好坏最终将决定家畜的自由采食量及其营养价值的高低。在生产上，通常根据青干草的外观特征评定青干草的饲用价值。

1. 植物学组成

一般分为豆科、禾本科、其他可食草、不可食草和有毒植物 5 类。豆科牧草的比例超过 5%，不可食草不超过 5%为优等；禾本科及其他非豆科可食草占 80%以上，不可食草不超过 10%为中等；除禾本科草、豆科草外，其他可食草较多，不可食草占比例超过 15%为劣等。任何干草中有毒有害植物均不应超过 1%。

2. 颜色及气味

青干草的颜色和气味是判断青干草品质优劣的最明显标志。青干草的绿色程度越高，品质越好。色泽青绿，香味浓郁，没有霉变和雨淋为优等；色泽灰绿，香味较淡，没有霉变为中等；色泽黄褐，无香味，茎秆粗硬，有轻度霉变为次等；色泽暗褐色，有霉味，霉变严重为劣等，不宜饲用。

3. 含叶量

叶片所含的蛋白质、矿物质、维生素等都远远超过茎的含量，叶片的消化率也较高。青干草的叶片保有量在 75%以上为优等；叶片保有量在 50%以上为中等；低于 25%为劣等。

4. 含水量

青干草的含水量决定着青干草能否长期贮存而不变质。含水量 15%以下为干燥；含水量 15%～17%为中等；含水量 17%以上为潮湿。

二、稿秕饲料

稿秕饲料是农作物籽实成熟和收获以后所剩余的副产品，包括秸秆和秕壳两部分。脱籽后的作物茎秆和秸叶称为秸秆，如玉米秸、稻草、谷草、各种麦类秸秆、豆类和花生秧等。作物脱粒时，分离出包被籽实的颖壳、荚皮与外皮、瘪谷和碎落的叶片等统称为秕壳。

（一）营养特点

(1)粗纤维含量达30%～45%，其中木质素比例为6.5%～12%。其体积大，适口性差，且消化率低。

(2)蛋白质含量一般为2%～8%，且品质差，缺乏必需氨基酸。一般豆科好于禾本科。

(3)粗灰分达6%以上，其中稻壳的灰分近20%，大部分是硅酸盐，而钙、磷较少。另外，除维生素D以外多种维生素的含量均低。

（二）饲用价值

这类饲料营养价值较低，只适用于反刍家畜及其他草食畜禽。对于单胃畜禽，未经适当处理的稿秕粉只能稀释日粮营养浓度和填充容积，几乎无营养价值。同类作物的秸秆与秕壳相比，通常后者略好于前者。大麦秕壳夹杂芒刺，易损伤口腔黏膜引起口腔炎，故需加工处理后使用。

（三）主要秸秆饲料

1. 玉米秸

玉米秸外皮光滑，质地坚硬，可作为草食动物的饲料。粗蛋白质含量为6.5%。反刍家畜对玉米秸粗纤维的消化率大约为65%，对无氮浸出物的消化率在60%左右。秸秆青绿时，胡萝卜素含量为3～7 mg/kg。夏播的玉米秸由于生长期短，粗纤维少，易消化。为提高玉米秸饲用价值，可在果穗上方留下一片叶后，削取上稍饲用，或制成青贮料、干草。也可将收获后的全株分成上半株或上2/3株切碎直接饲用或制成青贮料。

2. 稻草

稻草的营养价值低，但生产的数量大。牛、羊对其消化率为50%左右，猪一般在20%以下。稻草的粗纤维含量较玉米秸高，约为35%，粗蛋白质为3%～5%，粗脂肪为1%，粗灰分为17%，其中硅酸盐所占比例大；钙和磷含量低，分别为0.29%和0.07%，不能满足家畜生长和繁殖需要。为了提高稻草的饲用价值，可添加矿物质和能量饲料，并对稻草进行氨化、碱化处理。经氨化处理后，稻草的含氮量可增加1倍，氮的消化率可提高20%～40%。

3. 麦秸

麦秸的营养价值因品种、生产期的不同而异，但从整体看仍属于一种能量低、难以消化、适口性差，品质较差的粗饲料。常作为饲料的有大麦秸、小麦秸、燕麦秸等，其中小麦秸产量最多。小麦秸粗纤维含量高，但由于含有猪难以利用的硅酸盐和蜡质，猪吃后易发生便秘，影响增重，因此主要用于饲喂牛、羊。大麦秸的产量比小麦秸低，但其蛋白质含量和适口性都高于小麦秸；燕麦秸的饲用价值最高，但产量低。

4. 豆秸

豆秸指收获后的大豆、豌豆、蚕豆等的茎叶，都是豆科作物成熟后的副产品，大部分叶片已经凋落，即使含有少部分叶片也已枯黄，维生素已经分解，蛋白质减少，茎秆木质化，质地坚硬。

但与禾本科秸秆相比，粗蛋白质含量和消化率都比较高。

风干大豆秸秆含消化能，猪为0.71 MJ/kg、牛为6.82 MJ/kg、绵羊为6.99 MJ/kg。大豆秸适合饲喂反刍家畜，尤其适合喂羊。在各类豆秸中豌豆秸营养价值最高，但在新鲜时含水量高，容易腐败变黑，要及时晒干。

(四)主要秕壳类饲料

农作物在收获脱粒时，除分出离稿秆外，还分离出很多包被籽实的颖壳、荚皮与外皮等物，这些物质统称为秕壳。主要包括谷壳、高粱壳、花生壳、豆荚、棉籽壳、秕谷及其他脱壳副产品，除稻壳、花生壳外，秕壳的营养价值高于秸秆。它们的成分与营养价值往往有很大变异。

(1)豆荚　豆荚是一种比较好的粗饲料。其无氮浸出物含量为12%～50%，粗纤维33%～40%、粗蛋白质5%～10%，饲料价值较高。

(2)谷壳　谷壳营养价值仅次于豆荚，但数量大，来源广。稻谷壳营养价值很低，仅勉强用作反刍动物的饲料。经过适当加工处理，可以改善营养价值，如经氨化、碱化、高压煮或膨胀软化后按10%比例添加饲喂反刍动物。

三、其他类

藤蔓类、树叶类和高纤维糟渣类也可作为草食动物的饲料，但大多数营养价值低且适口性差，应注意采用合适的加工方法，以改善其品质。

藤蔓类主要包括甘薯藤、冬瓜藤、南瓜藤、西瓜藤、黄瓜藤等藤蔓类植物的茎叶。其中甘薯藤是常用的藤蔓饲料，具有相对较高的营养价值，不仅用作牛羊饲料，也可用作喂猪饲料。

树叶类主要有松针、桑叶、槐树叶等，其中桑叶和松针的营养价值较高。

糟渣饲料主要包括啤酒糟、白酒糟、味精渣和甜菜渣等，此类饲料的纤维物质易于被瘤胃微生物消化，属于易降解纤维，因此它们是反刍动物的良好饲料，常用于饲喂。

四、粗饲料的加工利用

粗饲料由于适口性差、可消化性低、营养价值不高，直接单独饲喂动物往往难以达到应有的饲喂效果。为了获得较好的饲喂效果，生产实践中常对这类饲料进行加工调制。加工处理的方法分为物理、化学和生物学处理法。

(一)物理处理法

物理处理法主要是通过加工方法改变粗饲料的形状，但不改变其化学性质。物理处理主要包括以下方法：

1.机械加工

如铡碎、揉碎和粉碎。这是粗饲料加工最简便而常用的方法，通过该加工处理后，便于动物咀嚼，减少能耗，提高采食量，并减少粗饲料浪费。

(1)铡碎　利用铡草机将粗饲料切短成1～2 cm，稻草较柔软，可稍长些，而玉米秸较粗硬且有结节，以1 cm为宜。

(2)粉碎　粗饲料粉碎可提高饲料利用率，便于混拌精饲料，冬春季节饲喂绵山羊的粗饲料应加以粉碎。粉碎的细度不应太细，以便反刍。粉碎机筛底孔径以8～10 mm为宜。如用作猪禽配合饲料的干草粉，要粉碎成面粉状，以便充分搅拌。如喂猪的草粉粒度应能通过

0.2～1.0 mm 直径的筛孔。

(3)揉碎　将秸秆饲料揉搓成丝条状，尤其适于玉米秸的揉碎，可饲喂牛、羊。秸秆揉碎不仅可以提高适口性，也提高了饲料利用率，是当前秸秆饲料利用比较理想的加工方法。

2. 热加工

热加工有蒸煮、膨化和高压蒸汽裂解等方法。可使秸秆饲料结构发生裂解，破坏纤维素——木质素的紧密结构，分解出纤维素和半纤维素，提高适口性和消化率。但消耗能源大、加工成本高、投资较大，尚难推广。

3. 盐化浸泡

盐化浸泡是指用 1% 的食盐水溶液浸泡等量的经切碎或粉碎的秸秆饲料，浸泡时间为 12～24 h，使秸秆粗饲料软化，提高适口性和采食量。浸泡饲料再与其他饲料配合使用，效果更好。

(二)化学处理法

秸秆的化学处理是指利用碱、酸等化学物质对秸秆粗饲料进行适当处理，降解纤维素和木质素等不易消化的物质，提高秸秆的饲用价值。处理方法主要有碱化、氨化和酸化处理等。

1. 碱化处理

碱化处理是利用碱溶液中的氢氧根离子破坏木质素与半纤维素之间的酯键，使半纤维素和 60%～80% 木质素溶于碱液中，把镶嵌在木质素半纤维素复合物中的纤维素释放出来，便于反刍动物消化利用，提高秸秆饲料的消化率。

(1)氢氧化钠处理　有两种方式：

①湿法处理。即将秸秆放在盛有 1.5% 氢氧化钠溶液池内浸泡 24 h，然后用水反复冲洗，晾干后喂反刍家畜，有机物消化率可提高 25%，这种方法用水量大，许多有机物被冲掉，且污染环境。

②干法处理。用占秸秆重量 4%～5% 的氢氧化钠，配制成 30%～40% 溶液，喷洒在粉碎的秸秆上，堆积数日，不经冲洗直接饲喂，可提高有机物消化率 12%～20%，这种方法虽较湿法处理有较多改进，但牲畜采食后粪便中含有相当数量的钠离子，对土壤和环境也有一定的污染。

(2)石灰水处理　生石灰加水后生成的氢氧化钙，是一种弱碱溶液，经充分熟化和沉淀后，用上层的澄清液石灰乳处理秸秆。具体方法是：每 100 kg 秸秆，需 3 kg 生石灰，加水 200～250 kg，将石灰乳均匀喷洒在粉碎的秸秆上，堆放在水泥地面上，经 1～2 d 后即可直接饲喂牲畜。这种方法成本低，材料易得，方法简便，效果明显。

氢氧化钠处理效果较好，但处理成本相对较高，且环境污染的风险较大；石灰处理的成本较低，环境污染的风险较小，但处理效果比氢氧化钠处理要差。

2. 氨化处理

氨化处理的原理是：当氨与秸秆中的有机物相遇发生氨解反应，破坏木质素与纤维素、半纤维素链间的酯键结合，并形成铵盐。铵盐是一种非蛋白氮化合物，同时，氨水中的氢氧化铵离解出的氢氧根离子对秸秆又有碱化作用。目前，多采用无水液氨、氨水、尿素、碳酸氢铵为氨源。如用无水液氨可采用堆垛法氨化，先用塑料薄膜铺底，上面堆放秸秆成垛，再用塑料薄膜罩在垛上，上、下两张塑料薄膜四周封严。垛的底部通入输氨管，按秸秆风干重 3% 通入无水液氨，在气温为5～15 ℃时，需4～8周即可使用。如果秸秆干燥，堆垛时可喷入适量水使其湿润。稻草、小麦秸等经氨化后疏松柔软，气味糊香，颜色棕黄，提高了适口性和采食量，增加了营养价值和饲用价值。

3. 氨碱复合处理

氨碱复合处理是把秸秆氨化后再进行碱化，综合氨化和碱化的优点，提高秸秆饲料营养成分和消化率。如稻草氨化处理后的消化率为55%，而复合处理后则能达到71.2%。

(三)生物学处理法

生物学方法是通过微生物和酶的作用，使粗饲料纤维部分降解，并且产生菌体蛋白，以改善适口性、消化率和营养价值。生产实践中主要采用微贮、生物酶解和发酵3种方式。这些方法不仅对粗饲料起到水浸软化的作用，并能产生一些糖、有机酸，可提高适口性。但在发酵时产生热能，会使饲料中的能量损失。

1. 微贮

是通过有益微生物的发酵作用，降解低质粗饲料中的木质纤维，软化粗饲料，改善适口性，从而提高其消化率的方法。在秸秆中加入微生物活菌种进行发酵，使秸秆变成大家畜喜食的粗饲料。

2. 生物酶解

是将纤维素、半纤维素分解酶溶于水中，再喷洒于粗饲料上，以提高其消化率的方法，但因处理成本较高，目前难以付诸实用。

粗饲料的加工处理方法很多，但单一的加工和处理方法不能达到理想的效果，在生产中，需要将不同的处理方法综合使用。粗饲料加工利用途径的选择，要根据当地生产条件、饲料特点、设备投入和饲养的经济效益等综合因素，科学地加以利用。

任务11　青贮饲料及其利用

青贮饲料是将生长盛期的饲草铡碎，在密闭、厌氧的条件下，通过乳酸菌发酵，调制保存的一种青绿多汁饲料。青饲料虽有许多优点，但因水分含量高不易保存，尤其在我国北方，青饲料的生产集中在夏季，故不易做到青饲料的全年均衡供应。青贮是贮存和调制青饲料并保持其营养特性的一种最好方法。青贮饲料是草食家畜冬春维持高产不可缺少的饲料。

一、青贮饲料的优越性

1. 能保存青绿饲料的绝大部分养分

据试验，干草在调制过程中，养分损失达20%～40%。而调制青贮料，干物质仅损失0%～15%，可消化蛋白质仅损失5%～12%。特别是胡萝卜素保存率，青贮比其他任何方法都要高。

2. 延长青饲季节

我国西北、东北、华北各地区，青饲季节不足半年，冬、春季节缺乏青绿饲料。而采用青贮的方法可以做到青饲料四季均衡供应，保证了草食家畜饲养业的优质高产和稳定发展。

3. 适口性好，易消化

青贮饲料不仅营养丰富，而且气味芳香，柔软多汁，适口性好，且有刺激家畜消化腺分泌和提高饲料消化率的作用。因此，可视为家畜的保健性饲料。

4. 调制方便，耐久藏

青贮料调制简便，不太受气候条件限制。取用方便，随用随取，青贮料制成后，若当年用不完，只要不漏气，可保存数年不变质。

5. 扩大饲料资源

(1)有些植物，如菊科类植物及马铃薯茎叶等在青饲时有异味，且适口性差，利用率低。但青贮后，气味改善，柔软多汁，提高了适口性并减少了废弃部分。

(2)有些农副产品，收集期集中而量大，一时用不完或不宜大量饲喂，可又不易直接存放，或因天气条件限制，不能晒干，却又无其他方法保存，往往不能充分利用而废弃。若及时调制成青贮饲料，则可解决这一矛盾。如甘薯叶、萝卜叶、甜菜叶等。

(3)块根、块茎及瓜类饲料，如甘薯、胡萝卜等，单独贮存时要求条件很高，且费工，还不能久贮，如及时切碎，添加适量干草粉青贮，既不怕腐烂，又不愁天暖后发芽消耗养分。

6. 利于消灭作物害虫及田间杂草

青贮过程的压力、温度和酸度可杀死作物害虫及其卵，并使杂草种子失去发芽力。

二、青贮原理

利用乳酸菌对原料进行厌氧发酵，产生乳酸。当酸度降到 pH 4.0 左右时，包括乳酸菌在内的所有微生物停止活动，且原料养分不再继续分解或消耗，从而长期将原料保存下来。从青贮原料刈割到青贮完成的整个过程可分为 3 个阶段：

(1)植物细胞呼吸阶段　青贮原料装填镇压并封闭后，由于植物细胞的呼吸作用，以及重压后水分渗出，以致原料的温度上升。在镇压良好、水分适当时，其温度在 20～30 ℃。此时，通过好气性细菌及霉菌等的作用，产生醋酸。此阶段越短对青贮料越有利。

(2)乳酸菌发酵阶段　由于氧气不断消耗直至耗尽，青贮原料好气菌逐渐停止活动。而后在厌气性乳酸菌的作用下，糖类酵解产生乳酸，发酵过程开始。

(3)青贮稳定阶段　乳酸菌迅速繁殖，形成大量乳酸，使腐败菌和丁酸菌等受到抑制，随后乳酸菌的繁殖也被自身产生的大量乳酸所抑制，青贮原料转入稳定状态，故可长期保存而不腐败。

以上 3 个阶段需 17～21 d，这与原料等因素有关。

三、乳酸菌迅速繁殖的条件

为了保证发酵过程的顺利进行，必须创造有利于乳酸菌迅速繁殖的条件：

(1)青贮原料中含有一定量的可溶性糖　要求青贮原料的含糖量不少于鲜重的 1%～1.5%。含糖不足而含粗蛋白较多的如豆科作物、豆科牧草等，不能单独用作青贮；而西瓜蔓、南瓜蔓、黄瓜蔓之类含糖量更少，单独青贮更不易，需与一定比例的淀粉质原料如玉米面混贮。

(2)适宜的水分　禾本科牧草及其他禾本科植物含水量以 65%～70%为宜，豆科牧草含水量为 60%～70%。青贮原料适宜含水量常以手抓法测定：手抓一把切短的青贮原料，用力挤压后慢慢松开，手中见水但不滴水为含水适宜。

(3)适宜的温度　填紧压实和密封形成的厌氧环境及适宜的温度一般为 19～37 ℃。

四、青贮饲料的使用

饲料青贮后经 30～50 d，便可开窖取用。喂青贮饲料之前应检查质量，可以从气味、颜色、触感 3 方面来判定，一般优质青贮饲料应当是色、香、味和质地俱佳，即颜色黄绿，柔软多汁，气味酸香，适口性好。拿在手上感觉松散，质地柔软，略带湿润。饲用青贮饲料时应注意以下几个问题：

(1)取料应从一角开始，自上而下，每次取料的厚度不应少于 9 cm，不要挖窝掏取，要逐层逐段取用。取用量以满足当天采食为准，用多少取多少，随取随用，以保证青贮料新鲜，取完后及时覆盖，防止日晒、雨淋和二次发酵，避免养分流失、质量下降或发霉变质，黑色及结块的不能用。

(2)开始饲喂时家畜不大喜欢吃，有一个适应过程，要进行调教。可以在青贮料上面撒一些牛、羊比较喜欢吃的草料，让牛、羊慢慢适应其气味。

(3)喂量要由少到多，逐渐增加。青贮饲料的用量，应视动物的品种、年龄、用途和青贮饲料的质量而定。停止饲喂时，也应由多到少逐步减少，使动物有一个适应过程，防止暴食和食欲突然下降。一般情况下每头牛最多每天采食 20 kg，羊 3～5 kg，役牛 10～15 kg，种公牛、肉用牛 5～12 kg。

(4)不可单喂青贮料。青贮饲料适口性好，但多汁轻泻，应与牧草或与其他干草搭配饲喂，妊娠母牛喂量不宜太多，以防流产。

(5)冬季如果青贮饲料结冰，慎喂动物，容易引起动物的消化道疾病或母畜流产，故应融化后再喂。

技能训练 3　青贮饲料调制与品质鉴定

【实训任务描述】　按照生产要求，独立或者在教师及技术人员的指导下，完成青贮饲料加工调制和品质鉴定的岗位工作任务。在完成任务过程中，培养学生对青贮饲料的利用能力，明确用于青贮饲料的原料、设备，掌握青贮的方法步骤以及青贮饲料品质鉴定的方法。

(1)实训目标　熟悉青贮原理，掌握青贮饲料调制方法；通过对青贮饲料的颜色、气味、pH 和质地等各项指标的测定，了解青贮饲料品质鉴定的意义，掌握评定青贮饲料品质的一般方法，从而确定青贮饲料的品质。

(2)知识准备　熟悉饲料的分类，清楚青贮饲料的概念，了解青贮饲料的原理、营养特性和青贮饲料的优越性。

一、青贮饲料的调制

【实训条件】　在开始青贮前 1 周，准备好下列各项：

(1)可根据当时当地的条件，确定青贮原料种类及来源，根据青贮需要计算好青贮总量，决定收割面积和收购数量，可按表 1-4 参考计算。

表 1-4　各种原料(鲜)青贮时每立方米的质量　kg

原料	质量
玉米茎叶(乳熟-蜡熟)	500～600
玉米秸(收获后立即刈割,尚有 1/2 青绿)	400～500
野青草、牧草	600～700
甘薯藤	650～750
菜叶、紫云英	750～800
水生饲料	800～1 000

在收割或收购原料时,一般应比计划青贮量多准备 20%～30%,贮后如有剩余可供日常牲畜用。

(2)青贮设备。青贮窖应选择靠近畜舍附近,地势高燥、排水便利,且有较大空地,调制时青绿饲料运输方便,机具容易安装的地方。调制前检查青贮窖、池、壕或塔等,逐个记录好容积(平均面积×深度),清扫消毒(一般用 2%～3%石灰水),堵塞漏气孔,开好排水沟。另外还可用青贮堆、袋贮等简易方式。

(3)收割、运输机械。检修割草机(或镰刀),青贮联合收割机及运输车辆等要准备足够的数量。大型畜牧场应设有地磅室,以便称量原料。

(4)填充物。秸草、干草、秕壳糠等,供调节原料水分之用。

(5)踩压工具。耙、铲、碾磙、推土机等,供摊匀压实原料用。

(6)覆盖物。塑料薄膜、草帘、新鲜泥土或细沙等,供密闭时用。

【方法步骤】　调制青贮饲料是一项重要任务,必须保证青贮成功,为此应有专门技术人员总负责;工作量大,需有多人参加操作,事前应做好分工安排,各有专责,协力完成。主要方法步骤如下:

(1)天气的选择。为操作方便、保证质量,青贮工作应选择在晴天进行。

(2)原料的运输。原料要保证供应充足,保持干净,为此运载工具、加工场地均应事先清扫,清除粪渣、煤屑、碎石、竹木片以及其他污物,以免污染原料、损伤机器。

(3)原料选择。青贮饲料原料来源广泛,禾本科作物、豆科作物、块根、块茎以及水生饲料和树叶都可用来青贮,目前,应用最多的是专门种植用于青贮的带穗玉米,摘穗后的玉米秸、高粱秸及甘薯藤、花生秧等,紫云英、苜蓿也可做青贮饲料。当然也有不能做青贮的,如骆驼刺、干草等,芦苇做青贮不能超过 20%。

(4)切碎。对牛、羊等反刍动物,一般将禾本科牧草和豆科牧草及叶菜类等原料切成 2～3 cm 长,将玉米和向日葵等粗茎植物切成 0.5～2 cm 长,原料的含水量越低,切得越短。青贮原料切碎后,便于采食、咀嚼,减少浪费,有利于和其他原料混合。青贮原料在收获和切割过程中,汁液渗出浸润饲料表面,可刺激乳酸菌的生长,使乳酸菌数量增加,促进乳酸发酵。

(5)水分调节。常规青贮一般要求水分含量在 65%～75%。如果制作半干青贮饲料可将水分含量降至 45%～55%。如在雨天或早晨露水未干时收割的原料水分过高的,应设法调整：最简单的方法是将原料摊开晾去水分，先晾后切或先切后晾均可，待原料表面凋萎，挤茎叶不滴水，仅呈微潮湿，即为水分基本合适。如遇天气等因素无法晾干，则用掺入其他干料法加以调整，其法可按下式计算：

$$D=\frac{A-B}{B-C}\times 100\%$$

式中，A 为高水分的青贮原料含水量，单位为%；B 为调节后的理想含水量，单位为%；C 为调节用的干料含水量，%；D 为每 100 kg 原料所用干料的质量，单位为 kg。

为了保证青贮质量，原料还应含有一定的糖。含糖量低的原料，如豆科作物，可与含糖量高的原料，如玉米茎叶、甘薯藤等混贮，或者添加糖浆、淀粉等以补其糖的不足。

(6)原料的装填、压实。水分适宜的原料可装入窖中。在装窖前，先在窖底铺一层干净的稻草，约 10 cm 厚，以便吸收青贮汁液。然后填入原料，摊匀，每摊一层，厚 15～20 cm 压实一次，可用人力或畜力踩压，尤其需要注意压实边角，如为大型青贮壕，可在卸料后用履带拖拉机边摊平边压实，这样更省工。原料的装填和压实工作必须在当天完成或在 1～2 d 完成，以便及时封窖，保持质量。压实可排出空气，给青贮创造厌氧乳酸发酵的条件。紧实与否是青贮成败的关键，青贮原料装填越紧实，空气排出得越彻底，青贮效果越好。

(7)密封。一般将原料装至高出窖面 30 cm 左右，原料装填完毕应立即密封和覆盖。先盖一层秸秆或秕壳糠，厚约 5 cm，然后再盖塑料薄膜，薄膜上面加盖一层新鲜土或细沙，厚约 10 cm，压实。尤其需要注意填好四周边缘部分，勿透气，使窖顶呈馒头形或屋脊形，以利排水。最后在上面加几块石头或木板，压紧薄膜，使日后能随原料下沉而自然下压，避免薄膜下出现空隙，造成霉烂。

(8)管理。青贮窖贮好、封严后，在四周约 1 m 处挖排水沟，以防雨水浸入。密封后要注意管理，及时检查，每日至少 1 次，青贮下陷开裂部分要及时填补好，排汁孔也要及时填塞，青贮窖防止牲畜践踏，窖顶应设遮盖物，以避风雨。

二、青贮饲料的品质鉴定

【实训条件】

(1)材料与仪器。刚取出来的青贮饲料，烧杯、吸管、玻璃棒、试管、白瓷比色盘、漏斗、滤纸等。

(2)甲基红-溴甲酚绿混合指示剂。0.04%甲基红和 0.04%溴甲酚绿按 1∶1.5 混合。0.04%甲基红配制：称 0.1 g 甲基红，放入研钵内，加 0.02 mol/L 的氢氧化钠溶液 10.6 mL，细心研磨，使之完全溶解，再用蒸馏水稀释至 250 mL。0.04%溴甲酚绿配制：称 0.1 g 溴甲酚绿，放入研钵内，加 0.02 mol/L 的氢氧化钠溶液 18.6 mL，细心研磨，使之完全溶解，再用蒸水稀释至 250 mL。

【方法步骤】

(1)在青贮饲料中部，取青贮饲料约 50 g，于烧杯中进行鉴定。

(2)青贮饲料放入瓷盘中，进行气味、颜色、结构和湿润度的感官评定，逐项填入表 1-5、表 1-6 中。

表 1-5　颜色评定标准

颜色	评分
绿色	3 分
黄绿色	2 分
暗绿、深褐色、黑色	1 分

表 1-6　气味评定标准

气味	评分
芬芳酒香味	3 分
乙酸味	2 分
臭味、腐败味及强烈丁酸味	1 分

(3)测定 pH。将待测样品切短，装入烧杯中至 1/2 处，以蒸馏水或凉开水约 100 mL 浸没青贮饲料，用玻璃棒充分搅拌 5 min，静置 15～20 min，将水浸物用滤纸过滤。吸取滤液 2 mL 移入白瓷比色盘内，加 2～3 滴混合指示剂，用玻璃棒搅拌，观察盘内浸出液的颜色。按表 1-7 评分。

(4)总评，综合评定标准见表 1-8。

表 1-7　pH 评分标准

pH	颜色反应	评分
3.8～4.4	红、乌红、紫红	3 分
4.6～5.2	紫、紫蓝、深蓝	2 分
5.4～6.0	蓝紫、绿、黑	1 分

表 1-8　综合评定标准

青贮等级	总评分
优良	8～9 分
中等	5～7 分
低劣	1～4 分

【考核评定】

1. 简答题(30 分)

(1)简述青贮饲料的制作原理及步骤。(15 分)

(2)叙述青贮饲料品质评定的一般方法。(15 分)

2. 技能操作

根据提供的条件，在教师指导下，完成青贮饲料的调制和对青贮饲料品质的鉴定，并写出实训报告。(70 分)

考核结果评定：能调制青贮饲料和对青贮饲料进行品质鉴定，其方法步骤及解决方案回答正确者得 100 分；能调制青贮饲料和对青贮饲料进行品质鉴定，其方法步骤及解决方案回答基本正确者得 80 分；能调制青贮饲料和对青贮饲料进行品质鉴定者得 60 分；否则不及格。

模块二

各类动物的营养措施

项目 1

家禽营养

☆学习任务单

模块二项目 1	家禽营养	参考学时	4 学时
任务分配			
学习目标	1. 了解各类家禽的消化生理特点 2. 禽料的主要成分及其饲料特性，如粉料、颗粒料及颗粒大小等 3. 新型饲料原料在禽料上的应用 4. 掌握家禽育雏期、育成期、产蛋期、产蛋后期营养需要标准 5. 禽料的饲喂程序及饲喂量等饲喂技术内容		
知识目标	1. 了解鸡、鸭、鹅的消化生理特点、饲料特性 2. 掌握鸡、鸭、鹅的营养需要（饲养标准） 3. 掌握鸡、鸭、鹅的饲喂技术内容		
能力目标	1. 能说出鸡、鸭、鹅的消化生理特点 2. 能正确灵活使用鸡、鸭、鹅的营养需要 3. 能熟练叙述鸡、鸭、鹅的饲喂技术		
素质目标	1. 培养学生崇尚科学、积极探索的职业素养 2. 培养学生求真务实、严谨认真的科研态度 3. 培养学生语言表达能力、团队协作能力和总结归纳能力		
考核点	1. 鸡、鸭、鹅的消化生理特点 2. 鸡、鸭、鹅的饲料特性 3. 鸡、鸭、鹅的饲养标准的应用 4. 鸡、鸭、鹅的饲喂程序及饲喂量等饲喂技术		
参考资料	[1]陈烈. 科学养鹅. 北京：金盾出版社，2010. [2]彭健. 饲料分析及饲料质量检测技术. 北京：科学出版社，2011.		

任务 1　家禽的消化生理特点

鸡、鸭、鹅、火鸡、鹌鹑、鸽子是禽类，属于鸟纲动物，其消化生理功能与哺乳动物相比有许多不同的特点。家禽的消化器官包括喙、口腔、咽、食道、嗉囊(鸭和鹅称为食道膨大部)、腺胃、肌胃、小肠、盲肠、大肠、直肠、泄殖腔以及肝、胰等。

家禽依靠喙采食饲料，口腔内没有牙齿，口腔底为舌所在，舌黏膜上典型味蕾细胞数较少，嗅觉不发达，味觉不敏感，但能经验性地感觉味道；唾液腺不发达，口腔内唾液腺分泌唾液以湿润食物；鸡采食的饲料经与口腔内分泌的黏液混合后吞咽经食道进入嗉囊作短暂储存，排入胃内消化。嗉囊不分泌消化液，仅分泌黏液软化饲料，其中一些细菌和淀粉酶使饲料变成可溶状态。鸭、鹅无嗉囊，颈部食管可呈纺锤形膨大，用来暂存食物。嗉囊或食管膨大部收缩使食物由嗉囊进入腺胃。

腺胃的体积小，食物停留的时间较短，胃液的消化作用主要是在肌胃内进行；而且由于腺胃黏膜缺乏主细胞，家禽的胃液(胃蛋白酶原和盐酸)由其壁细胞分泌。混有胃液的食物在肌胃内除了充分发挥胃液的消化作用外，肌胃坚实的肌肉及其较坚实的角质膜、肌胃内所含一定数量的砂粒，及其有节律性的收缩使饲料粒度变小，有助于消化。家禽肠道的消化液不含分解纤维素的酶，其他成分大体上与单胃哺乳动物相同，多种酶类共同作用可降解饲料中相应的营养成分。家禽对饲料营养物质的吸收主要在小肠内进行，但家禽的肠道长度与体长比值较哺乳动物的小，饲料在肠内停留时间较短，许多营养成分未经充分消化吸收就随粪便排出体外。

家禽的消化系统简单，消化道短，体长与消化道的长度比例为 1∶4 左右，鸭、鹅的肠管长度约为体长的 4～5 倍，而牛为 20 倍，猪为 14 倍。因此，饲料通过家禽消化道的速度较快，消化吸收不完全，吃进去的食物约经过 4～5 h 就可排出体外，鹅的消化道排空更快，饲料在胃肠道内一般仅存留 2 h 左右。鸭、鹅的盲肠比鸡的长，对半纤维素的消化率较强。鸡、鸭、鹅的消化器官见图 2-1 至图 2-3。

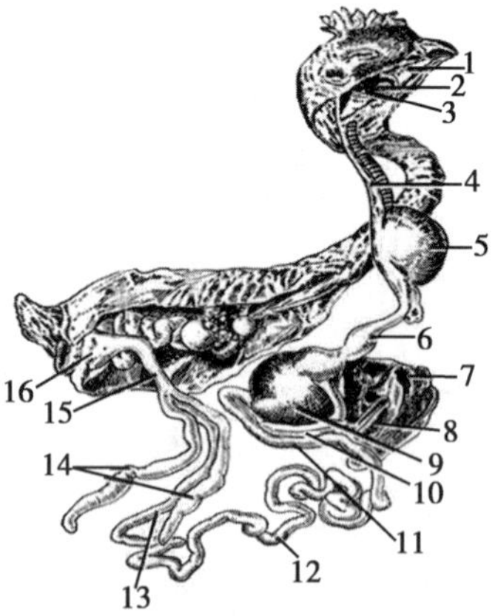

1. 口腔　2. 喙　3. 咽　4. 食管　5. 嗉囊　6. 腺胃　7. 肝　8. 胆囊　9. 胰　10. 胰　11. 十二指肠　12. 空肠　13. 回肠　14. 盲肠　15. 直肠　16. 泄殖腔

图 2-1　鸡的消化器官

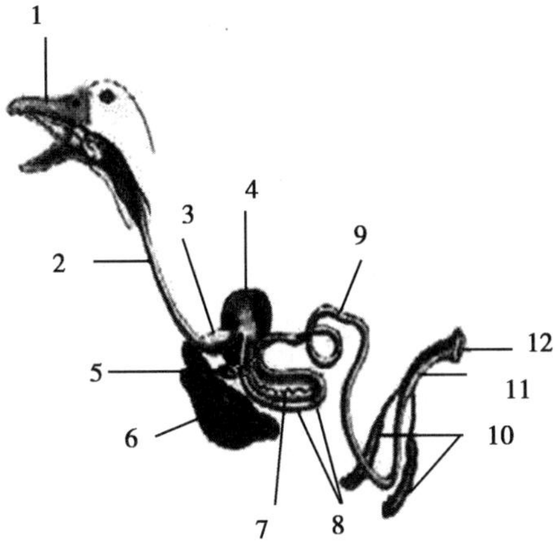

1.喙　2.食管　3.腺胃　4.肌胃　5.胆囊　6.肝　7.胰腺　8.十二指肠　9.小肠　10.盲肠　11.直肠　12.泄殖腔

图 2-2　鸭的消化器官

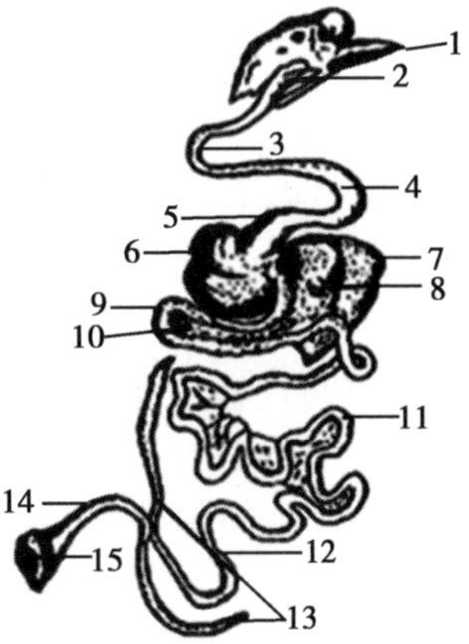

1.喙　2.口咽　3.食管　4.食管膨大部　5.腺胃　6.肌胃　7.肝　8.胆囊　9.十二指肠　10.胰腺　11.空肠　12.回肠　13.盲肠　14.直肠　15.泄殖腔

图 2-3　鹅的消化器官

任务2　家禽饲料的种类及主要成分

饲料是家禽的食物。家禽每天可从饲料中获取维持其正常生理所需要的营养物质，因此，饲料的质量对家禽的生长、生产、繁殖非常重要。

一、禽饲料的种类

1.按营养成分分类

(1)全价配合饲料　又称全日粮配合饲料。饲料中所含的各种营养成分和能量均衡全面，不需要添加其他任何成分，可以直接饲喂，并能获得最大的经济效益。全价配合饲料是由能量饲料、蛋白质饲料、矿物质饲料以及各种添加剂饲料组成。

(2)初级配合饲料　又称基础日粮，是由能量饲料、蛋白质饲料、矿物质饲料按照一定比例组成的，能满足基本的动物营养需要，但营养不够全面，适合散养并搭配一定量的青饲料进行饲喂。

(3)蛋白质补充饲料　又称蛋白质浓缩饲料或平衡用混合饲料，是以蛋白质饲料为主，加上矿物质饲料和添加剂预混料配制而成的混合饲料。由于其中的蛋白质、高于饲料标准规定的要求，因此不能直接饲喂。需要按一定比例添加能量饲料来配成营养全面的全价配合饲料。一般情况下，蛋白质补充料占全价配合饲料的20%～30%。使用浓缩料，运输较为方便，也能保证配合成的饲料质量。

(4)添加剂预混料　是由营养物质添加剂和非营养物质添加剂组成，并以玉米粉、豆饼粉或面粉等作为载体，根据动物的不同品种和生产方式，均匀配制的一种饲料半成品。

2.按物理性状分类

(1)粉状饲料　一般是把按一定比例混合好的饲料粉碎成颗粒大小比较均匀的一种料型。细度在 2.5 mm 以上。这种饲料的生产设备及工艺比较简单,加工成本低。饲料中养分含量比较均匀,饲喂方便,但容易引起家禽的挑食,造成浪费;在运输过程中易产生分层现象。例如鸡的粉料,在饲喂中会浪费 6%～10%。

(2)颗粒料　一般是以粉料为基础,经过蒸汽、加压处理而制成的圆柱状饲料。这种饲料密度大,体积小,可改善饲料的适口性。同时,这种饲料在制粒的过程中经过加热和加压处理,可破坏饲料中的部分有毒成分,也可杀虫灭菌。但这种饲料的加工成本高,同时,由于制作时加热加压,会使一部分维生素和酶失去活性。

颗粒料的直径根据动物的种类、年龄不同而有具体的要求。我国一般采用的标准是:肉鸡 1～2.5 mm;成年鸡 4.5 mm。颗粒料的长度一般为其直径的 1～1.5 倍,硬度以 5～10 kg/cm^2 为宜。

(3)碎粒料　是用机械方法将颗粒料再经过破碎加工成细度为 2～4 mm 的碎粒。使用破碎料和使用颗粒料的效果一样,只是由于破碎后使禽类的采食速度减慢,可以避免采食过多而较快增加体重。

(4)压扁饲料　是将籽实类饲料,如玉米、高粱去皮后(对于反刍动物可以不去皮),加 16%的水,通过蒸汽加热到 120 ℃左右,然后压成片状,冷却,再配制各种添加剂制成的。这种饲料可提高饲料的消化和可利用效率,适口性好,同时饲料因为被压扁后表面积增大,被采食后利于消化液的充分浸泡,能充分发挥消化酶的作用。

二、家禽饲料的主要成分

(1)植物性成分　主要有禾本科籽实及其加工副产品、豆科籽实和油料作物籽实的饼粕、优质菜叶类、藤蔓等。

(2)动物性成分　主要有鱼粉、肉骨粉、蛋粉、黄粉虫、蛆、蝇、蚯蚓、蚕蛹、丰年虫、白蚂蚁等。

(3)青绿饲料成分　主要有新鲜叶菜类、块根块茎类等。

(4)粗饲料成分　主要有优质的苕藤粉、菜叶粉、槐花树叶粉、桑叶粉等。

(5)矿物质成分　常量矿物质饲料、微量矿物质饲料。

(6)饲料添加剂　主要有氨基酸、维生素、促生长剂、酶制剂、微生态制剂等。

任务3　鸡、鸭、鹅的营养需要

一、家禽的营养需要

(一)家禽的营养需要的概念

家禽因种类、品种、年龄、性别、生长发育阶段、生理状态及生产目的不同,对营养物质的需要亦不相同。家禽从饲料摄取的营养物质,一部分用来维持正常体温、血液循环、组织更新等必要的生命活动，另一部分则用于生长、产肉、产蛋等生产活动。因此，家禽的营养需要是指每天每只家禽对能量、蛋白质、矿物质和维生素等营养物质的总需要量。

（二）营养需要量的表示方法

1. 每天每只需要量

以一只某一体重某一生产形式的家禽每天对能量和各种养分的需要量表示。单位视不同养分而异，如能量用 MJ、kJ 表示；蛋白质、氨基酸、矿物质元素、维生素等用 g、mg、μg、IU 等表示。此表示方法适用于估计饲料供给量或限制饲喂。

2. 养分浓度

按每千克饲粮的养分含量（MJ、g、mg）或百分含量表示，可按饲喂状态（含自然水分）或绝干状态计算。此法适用于自由采食的家禽和饲粮配制。

3. 能量与养分的比例

按饲粮单位能量中的养分含量（g、mg）表示。能量和蛋白质的关系表示为能量蛋白比或蛋白能量比。此法适用于平衡饲粮养分。

4. 体重与养分的比例

按养分需要量与体重（自然体重或代谢体重）比表示。

5. 生产力与养分的比例

即每生产 1 kg 产品的养分需要量。

二、家禽的维持营养需要

1. 维持营养需要的概念

维持营养需要是指家禽不从事任何生产（包括生长、产蛋等），只是维持正常的生命活动。包括维持体温、呼吸、血液循环、内分泌系统正常机能的实现，支持体态、体组织的更新、羽毛、爪与表皮的消长，以及用于必需的自由活动等情况下，动物对各种营养物质的最低需要量。

实际上维持状态下的家禽，其体组织依然处于不断地动态平衡中，生产中也很难使家禽的维持营养需要处于绝对平衡的状态。因此，只能把休闲的非配种的成年家禽、停产的母鸡等看成相近的维持状态。

实践中可把维持需要视为全部非生产性活动所消耗的养分总和。这在经济上没有收效，是一项重要支出。尽管如此，家禽的不同生产活动都是在维持的基础上进行，而且二者是互相影响和制约的。用于维持消耗的营养物质的比例越大，家禽产品产量及饲料转化率也就越低。因此，我们研究家禽维持需要的主要目的在于尽可能减少维持营养需要量的份额，增大生产需要量的比例，最有效地利用饲料能量和各种营养物质，以提高生产的经济效益。例如，在家禽生产潜力允许范围内，增加饲料投入，可相对降低维持需要，从而增加生产效益。当然，缩短肉用家禽的饲养时间，减少不必要的自由活动，加强饲养管理和注意保温等措施，也是减少维持营养需要、提高经济效益的有效方法。

2. 影响维持营养需要的因素

（1）种类、品种和生产水平　不同家禽种类、品种、维持营养需要不同。如鸡与鸭、鹅、鹌鹑等；白壳蛋鸡与红壳蛋鸡的维持营养需要不同。按单位体重需要计算，高产家禽比低产家禽的代谢强度高。一般代谢强度高的畜禽，按绝对量计，其维持需要也多；但相对而言，维持需要所占的比例就越小。

（2）年龄和性别　幼龄家禽代谢旺盛，以单位体重计，基础代谢消耗比成年和老年家禽高，故幼龄家禽的维持需要相对高于成年和老年家禽。性别也影响代谢消耗，公禽比母禽代谢消耗高。

（3）体重和体型　一般说来体重越大，其维持需要量也越多。但就单位体重而言，体重小的维持需要较体重大的为高。这是因为体重小者，单位体重所具有的体表面积大，散热多，故维持需要量也多。

（4）环境温度　家禽是恒温动物，只有当产热量与散热量相等时，才能保持体温恒定。而散热量受环境温度、湿度、风速的影响很大。当气温低、风速大时，散热量显著增加。家禽为了维持体温的恒定，必须加速体内氧化分解过程，提高代谢强度，以增加产热量。在这种情况下，维持的能量需要就可能成倍增加。家禽由于气温低开始提高代谢率时的环境温度，称为“临界温度”，也称为临界温度下限。而当气温达到过高温度时，家禽的散热受阻，这时由于体内蓄热而致体温升高，使呼吸与循环加速，代谢率也要提高。这种因高温而提高代谢率的环境温度称为“过高温度”，也称为临界温度上限。不同家禽的“临界温度”上限与下限都不同。在临界温度上限与临界温度下限之间的环境温度称为“等热区”。在等热区内动物代谢率最低，维持需要的能量最少。所以，无论严冬或酷暑都会增加家禽的维持需要量。因此，实际饲养中，应注意调节舍温，以减少畜体无谓的基础代谢消耗。

（5）被毛厚薄　家禽的羽毛状态对维持能量需要的影响颇为明显。全身覆盖羽毛良好的家禽比有裸露皮肤面积的家禽维持需要量少。

（6）活动量　自由活动量越大，用于维持的能量就越多。所以，饲养肉用家禽应适当限制活动，可减少维持营养需要的消耗。

（7）饲养管理制度　个体饲养的家禽受低温影响较大，家禽在寒冷季节，加大饲养密度可互相挤聚以保持体温，减少体表热能散发，从而节省能量消耗。生产中，冬季家禽舍内群饲对保温是有益的。厚而干燥的垫草和保温性能良好的地面也可以减少能量消耗。

3. 维持营养需要的估计

（1）能量需要　家禽维持能量的需要，可通过基础（或绝食）代谢等方法加以估测。

试验表明，基础能量代谢大约与体重的 0.75 次方成正比。也与体表面积有关，每千克代谢体重每天需要 293 kJ 能量，即：

$$\text{基础代谢能量(净能,kJ/d)} = 293 \times W^{0.75}$$

基础代谢是指家禽处于安静状态（立卧各占一半时间）和适宜的外界温度及绝食时的能量代谢。而家禽的维持能量需要，除了包括基础代谢能量消耗外，还包括非生产性自由活动及环境条件变化所引起的能量消耗。此外，还应充分考虑高产状态下家禽基础代谢加强所引起的营养消耗增加的部分。所以，根据基础代谢估测家禽维持能量需要，可用公式表示为：

$$\text{维持能量需要(kJ)} = 293W^{0.75} \times (1 + a)$$

式中：a——家禽非生产性活动的能量消耗率。

在生产条件下，一般家禽舍饲时，应在基础代谢上增加 20%，笼养鸡增加 37%，散养家禽增加 50%。

(2)蛋白质的需要　家禽体内蛋白质的代谢是不间断的，即使喂不含蛋白质的日粮，从粪、尿中仍排出稳定数量的氮。从粪中排出的氮称代谢氮(MFN，主要来自消化道黏膜脱落部分和消化液等)，从尿中排出的氮称内源氮(EUN，动物体内蛋白质始终处于一种分解和合成代谢的动态平衡中，而分解代谢产生的氨基酸不可能全部重新用于蛋白质的合成代谢，氧化分解部分主要从尿中排除)。代谢氮与内源氮之和为维持氮量。维持氮量乘以 6.25 即得维持的蛋白质净需要量。

$$维持蛋白质需要=(内源尿\ N+代谢粪\ N)\times 6.25$$

(3)矿物质的需要　钙、磷、钠等矿物质在代谢过程中，可被机体重复利用。一般维持时每 4 184 kJ 净能，需钙 1.25～1.26 g，需磷 1.25 g。钠和氯以食盐形式供给，每 100 kg 体重为 2 g。

(4)维生素的需要　维生素 A 的需要量为 100 kg 体重每日 6 600～8 800 IU，或胡萝卜素 6～10 mg；维生素 D 需要量为每 100 kg 体重每日 90～100 IU。但不同家禽及不同年(日)龄个体有较大差异。

三、生产的营养需要

生产需要同维持需要一起，构成了家禽总的营养需要。生产需要是指生长、繁殖、产蛋、产肉等所需要的养分与能量。不同家禽可能在同一时期进行一项至多项生产。此外，应充分认识到，生产与维持是一个复杂的整体过程中相互联系制约的两大方面。简单的分割式数学计算有时与家禽的实际需要有差距，这在日粮配合时是应注意的。确定生产需要的主要依据是产品中养分的含量及饲料养分转换为产品养分的利用率。

一般来说，产蛋的营养需要为高水平，生长和肥育的营养需要属中等水平。

(一)生长家禽的营养需要

生长期是指从出壳到性成熟为止的生理阶段，包括育雏和育成两个阶段。在这段时间内，家禽的物质代谢十分旺盛，同化作用大于异化作用。根据家禽生长发育规律，提供适宜的营养水平，是促进幼龄家禽生长、培养出体型发育和成年后生产性能均良好的后备家禽的重要条件之一。

家禽的生长可理解为：一是家禽体尺的增长和体重的增加；二是机体细胞的增殖与增大，以及组织器官的发育与功能的日趋完善；三是机体化学成分(蛋白质、脂肪、矿物质和水分)的合成积累。最佳的生长体现在生长速度正常和成熟家禽器官的功能健全。

在生长期中，家禽的生长速度不一样。绝对生长速度(日增重)取决于年龄和起始体重的大小，呈慢—快—慢的趋势。相对生长速度，即相对于体重的增长倍数或百分比，则以幼龄的高速度逐渐下降直至停止。绝对生长速度越大，相对生长速度越高，表明生长速度愈快。为此，在家禽生长前期应加强营养，以充分发挥其生长迅速的特点。对于生长期的公、母家禽应区别对待，使公禽的营养水平略高于母禽。

家禽在生长过程中，各体组织和生长部位的生长速度及各时期生长重点不同，因而使其体型与体组织成分发生着变化。一般生长初期，体组织以骨骼生长为主生长中期，肌肉生长加快；生长后期，体组织则以沉积脂肪为主。因此，家禽体骨骼、肌肉与脂肪的增长和沉积尽管同时并进，但在不同阶段各有侧重。

根据这一规律，在生长早期重点保证供给家禽生长骨骼所需要的矿物质；生长中期则满足生长肌肉所需要的蛋白质；生长后期必须供给沉积脂肪所需要的碳水化合物。对于种禽、产蛋禽为了提高后期繁殖率应适当限制碳水化合物的供给。一般家禽在生长中、后期的营养水平不必过高，在体况较好的情况下，可对生长母禽适当限制营养，使其体况保持适中，既不过肥也不过瘦。

(二)繁殖家禽的营养需要

根据种公禽和繁殖母禽的生理特点及对营养需要的规律，分别给以适宜的营养水平，是繁殖出量多质优幼畜禽的基础条件。

1.种公禽的营养需要

正确饲养的种公禽应保持良好的种用体况及较强的配种能力，即精力充沛，性欲旺盛，能生产量多质优的精液。日粮中各种营养物质的品质和含量，对幼年公禽的培育或成年公禽的配种能力都有重要作用。

(1)能量的需要　能量供应不足，可导致未成年公禽出现睾丸和附属性器官发育异常，性成熟期推迟，更为严重的是使成年家禽性欲降低，精子生成受阻，射精量少，精子活力差。因此，生产中在种公禽配种前必须加强饲养。但能量供应过多，又易引起种公禽过于肥胖而降低配种能力，甚至丧失配种能力。在过度配种的情况下，即使给予丰富的营养，也不能阻止性机能的减退和精液品质的下降。一般种公禽合理能量供给是在维持需要的基础上增加20%左右。

(2)蛋白质的需要　蛋白质的数量与质量均可影响各种公禽性器官发育和精液品质，从某种程度上讲，蛋白质对种公禽繁殖性能影响的程度比能量还大。合理的蛋白质供应，是在维持需要基础上增加60%～100%，尤其是赖氨酸对改进精液品质十分重要，日粮中加入5%左右的动物性饲料，可明显改善种公禽精液品质。

(3)矿物质的需要　影响种公禽精液品质的矿物质元素有钙、磷、钠、氯、锌、锰、碘、钴、铜等，特别应注意锌的供给。试验证明，长期缺锌的家禽，睾丸发育不良，精子生成完全停止；为了性机能的高度发挥，还要特别注意锌的补充。禽日粮中缺乏钙和磷，钙与磷的比例失衡，会引起睾丸病理变化，精子发育不良。锰不足可引起睾丸生殖腺上皮细胞退化，为保证公禽繁殖需要，注意钙、磷、锰的补充。

(4)维生素的需要　维生素A、维生素E与种公禽的性成熟和配种能力有密切关系。缺乏维生素A，使未成年公禽延迟性成熟，成年公禽性欲下降，精液品质不佳。长期缺乏维生素E，可使公鸡睾丸退化，永久性丧失繁殖能力。维生素A、维生素E的需要量远远高于维持需要量。有人试验维生素C可以改善种公禽精液品质，使精液由稀变稠，精子活力增强，存活时间也长。

2.繁殖母禽的营养需要

母禽的繁殖性能包括发情、排卵、受精与妊娠等方面。母禽日粮营养水平直接影响繁殖力。种母禽繁殖过程可分为繁殖前(开产前)和繁殖(产蛋期)两个阶段。

(1)繁殖前母禽的营养需要特点　科学合理的营养供给水平，才能保证母禽体质健壮，发情正常及繁殖率高。家禽的性成熟期很大程度上与营养有关。高营养水平，可使生长期的家禽的性成熟出现较早，体况过肥使母禽早开产，高峰期维持时间短，产蛋后期产蛋下降幅度大。相反，若能量和蛋白质水平过低，可使家禽的性成熟推迟，繁殖率降低。因此，营养水平过高或过低均可影响家禽的性成熟和繁殖率。开产前1～2周是家禽为产蛋做准备阶段，需要较高营养水平的日粮，蛋白质、氨基酸、矿物质、维生素的营养需要高于生长期，尤其是需要沉积大量的钙。所以禽日粮中钙、磷含量很关键，一般该阶段提高日粮的钙的水平2.0%左右。

(2)产蛋母禽营养需要的特点　产蛋母禽一方面产蛋量增加，蛋重增加；另一方面体重也在增加，代谢增强。这一时期产蛋母禽对蛋白质、能量、矿物质和维生素的需要量随产蛋量的增加而逐渐增加，钙需要量更高，此时期内尤其注意钙、磷的需要量与比例，一般钙需要3.5%～4.0%，钙、磷比例(5～6)∶1。产蛋高峰期过后，产蛋水平下降，这时期应防止营养过剩，出现体况过肥，产蛋下降幅度过大。

繁殖期种用母禽，还应特别注意维生素A、维生素D、维生素E和矿物质中锰、碘、硒、锌的供应。它们是维持母禽正常繁殖机能所必需的养分，在严重缺乏时，会影响种用母禽的正常繁殖和胚胎的发育，需要注意供给。

3.产蛋的营养需要

产蛋是禽类特有的机能。产蛋禽的生产水平相当高。鸡年产蛋量高达220枚以上，一只蛋鸡一年所产蛋中的干物质总量约为其自身体重的4倍以上。产蛋的营养需要既关系到养禽业的投入与产出的效益，又关系到家禽种群的繁衍。

产蛋的营养需要可根据蛋中养分的含量、产蛋量和饲料养分转化为蛋中养分的利用率来计算。

(1)蛋的成分　禽蛋的大小因种类、品种及环境而异。一般鸭蛋重89～110 g，鹅蛋重110～180 g，鸡蛋重50～60 g。禽蛋的结构可分为蛋壳、蛋白和蛋黄3部分。一枚56～59 g的鸡蛋，蛋壳占10.5%，蛋白占58.5%，蛋黄占31.0%，含能量326.35 kJ，蛋白质6.5 g，脂肪5.8 g，碳水化合物0.4 g。其中，蛋黄含干物质最高，能量也最多；蛋清含水分高，蛋白质、氨基酸含量也高。几乎所有的脂类、大部分的维生素、微量元素都存在于蛋黄之中。矿物元素钙、磷和镁绝大部分存在于蛋壳之中。

(2)产蛋家禽的营养需要

产蛋家禽的营养总需要＝维持需要＋产蛋需要＋增重需要＋羽毛生长需要

能量　用代谢能(ME)表示。

维持能量需要＝基础代谢＋随意活动消耗

母鸡的基础代谢(ME，净能 kJ/d)＝$284.51W^{0.75}$

随意活动消耗为基础代谢的37%～50%(平养为50%，笼养为37%)

所以，维持能量需要＝$(1.37\sim1.5)\times284.51W^{0.75}=(389.78\sim426.77)W^{0.75}$

产蛋的能量需要根据产蛋率、蛋中含能量来计算，一枚重50～60 g的鸡蛋含能值292.88～376.56 kJ NE，一枚中等大小的鸡蛋含净能可以355 kJ计。

产蛋能量需要＝产蛋率×蛋中含净能量(kJ/d)

如，1只重1.8 kg、产蛋率为70%的产蛋鸡的能量需要量为：

维持净能需要＝$426.77W^{0.75}=426.77\times1.8^{0.75}=66.20$(kJ/d)

每日产蛋净能需要＝70%×355＝248.5(kJ)

每日总净能需要＝663.2＋248.5＝911.7(kJ)

若代谢能用于维持和产蛋的效率为68%，则该鸡

每日需代谢能＝911.7÷68%＝1 340.7(kJ)

一般情况下，饲粮代谢能水平为10.88～12.13 MJ/kg，鸡可通过调节采食量来满足能量需要。

蛋白质 产蛋鸡的蛋白质总需要可用综合法或析因法来确定。析因法根据体重、产蛋率、蛋中蛋白质含量和饲料蛋白质利用率等来计算。蛋白质的利用率因产蛋率的变化而变化，当产蛋率由100%降到70%时，蛋白质的利用率由57%降到46%。

例如，1只体重1.8 kg、产蛋率100%的母鸡，其蛋白质需要量为：

维持需要＝2.02×$W^{0.75}$＝2.02×1.80.75＝3.0(g/d)

产蛋需要＝100%×6.0(g/枚蛋)＝6.0(g/d)

羽毛生长＝0.1(g/d)

总需要＝9.1(g/d)，换算为粗蛋白质为＝9.1÷57%＝16(g/d)

蛋白质的需要还可以用能量蛋白比或蛋白能量比来表示。我国鸡饲养标准采用蛋白能量比。饲粮中的蛋白质水平应随饲粮能量水平变动而调整。

产蛋鸡需要10种必需氨基酸。一般饲粮中容易缺乏蛋氨酸、赖氨酸和色氨酸，蛋氨酸通常是第一限制性氨基酸。

钙 是产蛋鸡的限制性营养物质，需要量特别高。在蛋壳形成过程中，所有进入子宫的钙都由血液提供，血钙来自饲粮和骨髓组织。如果产蛋鸡饲粮中的钙为3.6%时，蛋壳中80%的钙由饲料供给，20%的钙由骨组织提供。当饲粮中的钙只有1.9%时，30%～40%的钙由骨组织提供。因此，饲粮缺乏钙时，会影响蛋壳的形成，蛋壳变薄，产蛋下降。

产蛋所需要的钙量由蛋中钙含量和钙的利用率计算。一枚鸡蛋含钙2.2 g，饲料利用率为50%～60%，则需要钙2.2÷(50%～60%)＝4(g)。一般认为，在全价饲粮中每天供给钙3～4 g，即可满足产蛋鸡需要。若供钙过多，反会降低采食量和产蛋率。

磷 需要量低，很少出现缺磷现象。饲粮中按0.6%水平或按钙磷比例为5∶1供给就可满足需要。由于鸡对植酸磷利用率仅30%，故产蛋鸡饲粮中的有效磷应占50%左右。

食盐 可按占饲粮的0.37%供给。

其他矿物元素均需要满足，尤其注意锰、铁、碘、锌的供给。

维生素 对各种维生素均需要，生产中其需要量常常因在鸡群过密、转群、预防接种、高温、运输等环境条件下而显著提高。应根据情况供给。

水 缺水比缺饲料危害更大。缺水会严重影响家禽健康和产蛋量。饮水量因品种、年龄、气温和生产性能而异，一般为饲料量的1.5～2倍，夏天可达5倍之多。

四、商品肉用禽的营养需要

(1)商品肉用禽营养需要的特点 商品肉用禽早期对蛋白质需要量大于后期。而能量需要后期大于前期。同时要注意商品肉用禽对饲料中营养成分利用率不同。

(2)营养需要 商品肉用禽对能量和蛋白质的需要比较高，通常，商品肉用禽日粮中要添加油脂，以满足肉鸡对能量的需要。

商品肉用禽代谢旺盛，对能量、蛋白质、矿物质和维生素的需要必须得到满足。还应注意，不同生长阶段，它们对各类养分的需要有所侧重。前期饲喂蛋白质高的饲料，后期提供能值高的饲料。

根据体重增长规律，由于生长家禽能量代谢水平随年龄增长逐渐降低，并且单位增重中脂肪沉积渐多，能量逐渐提高，故在培育肥育家禽时，为避免后期过肥，日粮中的能量水平应在不致过肥的情况下加以控制，实行必要的限饲。

商品肉用禽蛋白质的沉积也随年龄的增长而减少，日粮中蛋白质的利用率也有降低的趋势，故生长家禽单位体重所需要的蛋白质也应随年龄增长而减少，禽对日粮中蛋白质的利用不仅受数量的影响，还受必需氨基酸，特别是赖氨酸、蛋氨酸、色氨酸、苏氨酸和异亮氨酸等的影响，这在生长家禽表现尤为明显。各种家禽生长期的蛋白质需要量（风干饲料量%）鸡生长前期（育雏期）蛋鸡为 20%，肉鸡为 23%；生长后期为 15%～16%。

商品肉用禽在生长期间，由于骨骼生长最快，对钙、磷的需要也最迫切，其他如铁、铜、锰、钴、锌和硒等矿物质元素也需要较多。这期间，饲养不合理极易引起营养缺乏症和生长发育不良等。

商品肉用禽必须充分供应各种维生素，特别应注意维生素 A、维生素 D 及 B 族维生素的供应。

五、水的营养需要

水是家禽所必需的营养素之一，家禽在失去全部体脂肪和 1/2 体蛋白后仍能生存，但当失去体内水分的 1/10 时便会死亡，可见水是非常重要的。家禽每天除从饲料中得到部分水外，还要饮大量的水。生产中要经常了解家禽的饮水量变化，因饮水量的变化可以反映饲料营养、管理制度以及疾病方面的问题，如在发生疾病或有应激的情况下，饮水量的下降往往发生在饲料采食量下降之前 1～2 d。

影响家禽饮水量的因素很多，主要在饲料种类、采食量、环境温度、水温、家禽的体重、活动程度及产蛋率等。其中以环境温度和产蛋率的影响最大。试验表明，当温度高于 21 ℃时，饮水量明显增加，如气温 31 ℃时鸡的饮水量为 21 ℃时的 1 倍，而 39 ℃时则为 21 ℃时的 2 倍。产蛋率上升，饮水量也随之增加。表 2-1 是每 100 只母鸡每天的饮水量。

表 2-1　每 100 只母鸡每天的饮水量　　L

周龄	21 ℃	32 ℃
	蛋用型	蛋用型
2	3.8	6.3
4	5.8	10.0
6	7.2	12.7
8	8.6	15.0
10	10.0	17.7
12	11.8	19.5
14	12.7	21.8
16	13.6	23.6
18	14.5	25.0
20	15.4	26.8

任务4 鸡、鸭、鹅的营养需要量及饲喂标准

一、饲养标准和营养需要的概念

饲养标准，就是指动物在一定生理生产阶段，为达到特定的生产水平和生产效率，每日供给每个个体的各种种类的营养物质的数量或者百分比或者每千克饲粮中各种营养物质含量。它不仅加有安全系数(高于最低营养需要)，而且附有相应饲料成分及营养价值表。

营养需要，是指动物需要各种营养物质的最低量，它可以反映出群体的平均需要量，未加安全系数。在生产实际中应该根据具体情况适当上调，满足禽对各种营养物质的实际需要量。

营养供给量是由禽的最低营养需要量、加上保险系数、结合生产实际后的人为供应量。它能满足群体大多数动物个体的营养需要，安全系数过高也容易造成浪费。

二、家禽营养需要的养分指标

家禽饲养标准中所涉及的必须由饲料提供的养分指标有：干物质或风干物质、能量(ME)、蛋白质及氨基酸、矿物质、维生素、亚油酸、粗脂肪、粗纤维、粗灰分等。

三、鸡、鸭、鹅的营养需要量(表2-2至表2-7)

表2-2 中国建议的生长蛋鸡营养需要量(NY/T 33—2004)

营养成分	生长蛋鸡营养需要			产蛋鸡营养需要		
	0～8周	9～18周	19周至开产	开产至高峰期(产蛋率＞85％)	高峰后(产蛋率＜85％)	种鸡
代谢能/[MJ/kg(Mcal/kg)]	11.91 (2.85)	11.70 (2.80)	11.50 (2.75)	11.29 (2.70)	10.87 (2.65)	11.29 (2.70)
粗蛋白质/％	19.0	15.5	17.0	16.5	15.5	18.0
蛋白能量比/[g/MJ(g/Mcal)]	15.95 (66.67)	13.25 (55.30)	14.78 (61.82)	14.61 (61.11)	14.26 (58.49)	15.94 (66.67)
赖氨酸能量比/[g/MJ(g/Mcal)]	0.84 (3.51)	0.58 (2.43)	0.61 (2.55)	0.64 (2.67)	0.61 (2.54)	0.63 (2.63)
赖氨酸/％	1.00	0.68	0.70	0.75	0.70	0.75
蛋氨酸/％	0.37	0.27	0.34	0.34	0.32	0.34
(蛋氨酸＋胱氨酸)/％	0.74	0.55	0.64	0.65	0.56	0.65
苏氨酸/％	0.66	0.55	0.62	0.55	0.50	0.55
色氨酸/％	0.20	0.18	0.19	0.16	0.15	0.16
精氨酸/％	1.18	0.98	1.02	0.76	0.69	0.76

续表2-2

营养成分	生长蛋鸡营养需要			产蛋鸡营养需要		
	0～8 周	9～18 周	19 周至开产	开产至高峰期（产蛋率＞85％）	高峰后（产蛋率＜85％）	种鸡
亮氨酸/％	1.27	1.01	1.07	1.02	0.98	1.02
异亮氨酸/％	0.71	0.59	0.60	0.72	0.66	0.72
苯丙氨酸/％	0.64	0.53	0.54	0.58	0.52	0.58
（苯丙氨酸＋酪氨酸）/％	1.18	0.98	1.00	1.08	1.06	1.08
组氨酸/％	0.31	0.26	0.27	0.25	0.23	0.25
脯氨酸/％	0.50	0.34	0.44			
缬氨酸/％	0.73	0.60	0.62	0.59	0.54	0.59
（甘氨酸＋丝氨酸）/％	0.82	0.68	0.71	0.57	0.48	0.57
可利用赖氨酸/％				0.66	0.60	—
可利用蛋氨酸/％				0.32	0.30	—
钙/％	0.90	0.80	2.00	3.50	3.50	3.50
总磷/％	0.70	0.60	0.55	0.60	0.60	0.60
非植酸磷/％	0.40	0.35	0.32	0.32	0.32	0.32
钠/％	0.15	0.15	0.15	0.15	0.15	0.15
氯/％	0.15	0.15	0.15	0.15	0.15	0.15
铁/(mg/kg)	80	60	60	60	60	60
铜/(mg/kg)	8	6	8	8	8	6
锌/(mg/kg)	60	40	80	80	80	60
锰/(mg/kg)	60	40	60	60	60	60
碘/(mg/kg)	0.35	0.35	0.35	0.35	0.35	0.35
硒/(mg/kg)	0.30	0.30	0.30	0.30	0.30	0.30
亚油酸/％	1	1	1	1	1	1
维生素 A/(IU/kg)	4 000	4 000	4 000	8 000	8 000	10 000
维生素 D/(IU/kg)	800	800	800	1 600	1 600	2 000
维生素 E/(IU/kg)	10	8	8	5	5	10
硫胺酸/(mg/kg)	1.8	1.3	1.3	0.8	0.8	0.8
核黄素/(mg/kg)	3.6	1.8	2.2	2.5	2.5	3.8
泛酸/(mg/kg)	10	10	10	2.2	2.2	10
烟酸/(mg/kg)	30	11	11	20	20	30
吡哆醇/(mg/kg)	3.0	3.0	3.0	3.0	3.0	4.5
生物素/(mg/kg)	0.15	0.10	0.10	0.10	0.10	0.15

续表2-2

营养成分	生长蛋鸡营养需要			产蛋鸡营养需要		
	0～8 周	9～18 周	19 周至开产	开产至高峰期(产蛋率>85%)	高峰后(产蛋率<85%)	种鸡
叶酸/(mg/kg)	0.55	0.25	0.25	0.25	0.25	0.35
维生素 B_{12}/(mg/kg)	0.010	0.003	0.004	0.004	0.004	0.004
胆碱/(mg/kg)	1300	900	500	500	500	500

表 2-3　中国建议的肉用仔鸡营养需要标准(NY/T 33—2004)

营养成分	0～3 周	4～6 周	7 周以后	0～2 周	3～6 周	7 周以后
代谢能/[MJ/kg(Mcal/kg)]	12.54 (3.00)	12.96 (3.10)	13.17 (3.15)	12.75 (3.05)	12.96 (3.10)	13.17 (3.15)
粗蛋白质/%	21.5	20.0	18.0	22.0	20.0	17.0
蛋白能量比/[g/MI(g/Mcal)]	17.14 (71.67)	15.43 (64.52)	13.67 (57.14)	17.25 (72.13)	15.43 (64.52)	12.91 (53.97)
赖氨酸能量比/[g/MJ(g/Mcal)]	0.92 (3.83)	0.77 (3.23)	0.67 (2.81)	0.88 (3.67)	0.77 (3.23)	0.62 (2.60)
赖氨酸/%	1.15	1.00	0.87	1.20	1.00	0.82
蛋氨酸/%	0.50	0.40	0.34	0.52	0.40	0.32
(蛋氨酸+胱氨酸)/%	0.91	0.76	0.65	0.92	0.76	0.63
苏氨酸/%	0.81	0.72	0.68	0.84	0.72	0.64
色氨酸/%	0.21	0.18	0.17	0.21	0.18	0.16
精氨酸/%	1.20	1.12	1.01	1.25	1.12	0.95
亮氨酸/%	1.26	1.05	0.94	1.32	1.05	0.89
异亮氨酸/%	0.81	0.75	0.63	0.84	0.75	0.59
苯丙氨酸/%	0.71	0.66	0.58	0.74	0.66	0.55
(苯丙氨酸+酪氨酸)/%	1.27	1.15	1.00	1.32	1.15	0.98
组氨酸/%	0.35	0.32	0.27	0.36	0.32	0.25
脯氨酸/%	0.58	0.54	0.47	0.60	0.54	0.44
缬氨酸/%	0.85	0.74	0.64	0.90	0.74	0.72
(甘氨酸+丝氨酸)/%	1.24	1.10	0.96	1.30	1.10	0.93
钙/%	1.00	0.90	0.80	1.05	0.95	0.80
总磷/%	0.68	0.65	0.60	0.68	0.65	0.60
非植酸磷/%	0.45	0.40	0.35	0.50	0.40	0.35

续表2-3

营养成分	0～3 周	4～6 周	7 周以后	0～2 周	3～6 周	7 周以后
钠/%	0.20	0.15	0.15	0.20	0.15	0.15
氯/%	0.20	0.15	0.15	0.20	0.15	0.15
铁/(mg/kg)	100	80	80	120	80	80
铜/(mg/kg)	8	8	8	10	8	8
锰/(mg/kg)	120	100	80	120	100	80
锌/(mg/kg)	100	80	80	120	80	80
碘/(mg/kg)	0.70	0.70	0.70	0.70	0.70	0.70
硒/(mg/kg)	0.30	0.30	0.30	0.30	0.30	0.30
亚油酸/%	1	1	1	1	1	1
维生素 A/(IU/kg)	8 000	6 000	2 700	10 000	6 000	2 700
维生素 D/(IU/kg)	1 000	750	400	2 000	1 000	400
维生素 E/(IU/kg)	20	10	10	30	10	10
维生素 K/(IU/kg)	0.5	0.5	0.5	1.0	0.5	0.5
硫胺酸/(mg/kg)	2.0	2.0	2.0	2	2	2
核黄素/(mg/kg)	8	5	5	10	5	5
泛酸/(mg/kg)	10	10	10	10	10	10
烟酸/(mg/kg)	35	30	30	45	30	30
吡哆醇/(mg/kg)	3.5	3.0	3.0	4.0	3.0	3.0
生物素/(mg/kg)	0.18	0.15	0.10	0.20	0.15	0.10
叶酸/(mg/kg)	0.55	0.55	0.50	0.20	0.15	0.10
维生素 B_{12}/(mg/kg)	0.010	0.001	0.007	0.010	0.010	0.007
胆碱/(mg/kg)	1 300	1 000	750	1 500	1 200	750

注：* 养殖者可根据肉仔鸡生长阶段的划分选择应用"营养需要 1"或"营养需要 2"配制肉用仔鸡饲粮。

表 2-4　黄羽肉鸡营养需要量(NY/T 33—2004)

	生长蛋鸡营养需要		
营养成分	母鸡 0～4 周龄 公鸡 0～3 周龄	母鸡 5～8 周龄 公鸡 4～5 周龄	母鸡 8 周龄 公鸡 5 周龄
代谢能/ [MJ/kg(Mcal/kg)]	12.12 (2.90)	12.54 (3.00)	12.96 (3.10)
粗蛋白质/%	21.0	19.0	16.0
蛋白能量比/ [g/MI(g/Mcal)]	17.33 (72.41)	15.15 (63.30)	12.34 (51.61)

续表2-4

营养成分	生长蛋鸡营养需要		
	母鸡 0～4 周龄 公鸡 0～3 周龄	母鸡 5～8 周龄 公鸡 4～5 周龄	母鸡 8 周龄 公鸡 5 周龄
赖氨酸能量比/ [g/MJ(g/Mcal)]	0.87 (3.62)	0.78 (3.27)	0.66 (2.74)
赖氨酸/%	1.05	0.98	0.85
蛋氨酸/%	0.46	0.40	0.34
(蛋氨酸+胱氨酸)/%	0.85	0.72	0.65
苏氨酸/%	0.76	0.74	0.68
色氨酸/%	0.19	0.18	0.16
精氨酸/%	1.19	1.10	1.00
亮氨酸/%	1.15	1.09	0.93
异亮氨酸/%	0.76	0.73	0.62
苯丙氨酸/%	0.69	0.65	0.56
(苯丙氨酸+酪氨酸)/%	1.28	1.22	1.00
组氨酸/%	0.33	0.32	0.27
脯氨酸/%	0.57	0.55	0.46
缬氨酸/%	0.86	0.82	0.70
(甘氨酸+丝氨酸)/%	1.19	1.14	0.97
钙/%	1.00	0.90	0.80
总磷/%	0.68	0.65	0.60
非植酸磷/%	0.45	0.40	0.35
钠/%	0.15	0.15	0.15
氯/%	0.15	0.15	0.15
铁/(mg/kg)	80	80	80
铜/(mg/kg)	8	8	8
锌/(mg/kg)	80	80	80
锰/(mg/kg)	60	60	60
碘/(mg/kg)	0.35	0.35	0.35
硒/(mg/kg)	0.15	0.15	0.15
亚油酸/%	1	1	1
维生素 A/(IU/kg)	5 000	5 000	5 000
维生素 D/(IU/kg)	1 000	1 000	1 000

续表2-4

营养成分	生长蛋鸡营养需要		
	母鸡 0～4 周龄 公鸡 0～3 周龄	母鸡 5～8 周龄 公鸡 4～5 周龄	母鸡 8 周龄 公鸡 5 周龄
维生素 E/(IU/kg)	10	10	10
维生素 K/(IU/kg)	0.5	0.5	0.5
硫胺酸/(mg/kg)	1.8	1.8	1.8
核黄素/(mg/kg)	3.6	3.6	3.0
泛酸/(mg/kg)	10	10	10
烟酸/(mg/kg)	35	30	25
吡哆醇/(mg/kg)	3.5	3.5	3.0
生物素/(mg/kg)	0.15	0.15	0.15
叶酸/(mg/kg)	0.55	0.55	0.55
维生素 B_{12}/(mg/kg)	0.010	0.010	0.010
胆碱/(mg/kg)	1 000	750	500

表 2-5　北京市地方标准—北京鸭各阶段营养需要推荐量(DB11/T 012.1—2016)

营养成分	日龄			
	0～14	15～35	36～出栏	
			自由采食	人工填饲
粗蛋白质/%	20.00～22.00	16.50～17.50	15.00～16.00	13.00～14.00
代谢能/(MJ/kg)	11.93～12.14	11.93～12.14	12.35～12.56	12.56～12.76
赖氨酸/%	1.10	0.85	0.65	0.60
蛋氨酸/%	0.45	0.40	0.35	0.30
胱基酸/%	0.35	0.30	0.25	0.25
钙/%	0.90	0.85	0.90	0.90
有效磷/%	0.45	0.40	0.35	0.35
钠/%	0.15	0.15	0.15	0.15
维生素 A/(IU/kg)	4 000	3 000	2 500	2 500
维生素 D/(IU/kg)	2 000	2 000	2 000	2 000
维生素 B_1/(mg/kg)	2.0	1.5	1.5	1.5
维生素 B_2/(mg/kg)	10	10	10	10
烟酸/(mg/kg)	50	50	50	50
泛酸/(mg/kg)	20	10	10	10
吡哆醇/(mg/kg)	4.0	3.0	3.0	3.0
胆碱/(mg/kg)	1 000	1 000	1 000	1 000

续表2-5

营养成分	日龄			
	0～14	15～35	36～出栏	
			自由采食	人工填饲
锰/(mg/kg)	100	100	100	100
锌/(mg/kg)	60	60	60	60
铁/(mg/kg)	60	60	60	60
铜/(mg/kg)	8	8	8	8
碘/(mg/kg)	0.3	0.3	0.2	0.2
硒/(mg/kg)	0.3	0.3	0.2	0.2

表 2-6 美国 NRC(1994)建议的北京鸭营养物质需要量(干物质 90%)

营养成分	0～2 周龄	2～7 周龄	种鸭
代谢能/(Mcal/kg)	12.13	12.55	12.13
粗蛋白质/%	22	16	15
精氨酸/%	1.1	1.0	0.38
异亮氨酸/%	0.63	0.46	0.76
亮氨酸/%	1.26	0.91	0.60
赖氨酸/%	0.90	0.65	0.27
蛋氨酸/%	0.40	0.30	0.50
(蛋氨酸+胱氨酸)/%	0.70	0.55	0.14
色氨酸/%	0.23	0.17	0.47
缬氨酸/%	0.78	0.56	2.75
钙/%	0.65	0.60	0.12
氯/%	0.12	0.12	500
镁/%	500	500	—
非植酸磷/%	0.40	0.30	0.15
钠/%	0.15	0.15	—
锰/(mg/kg)	50	—	—
硒/(mg/kg)	0.20	—	—
锌/(mg/kg)	60	—	—
维生素 A/(IU/kg)	2 500	2 500	4 000
维生素 D/(IU/kg)	400	400	900
维生素 E/(IU/kg)	10	10	10
维生素 K/(IU/kg)	0.5	0.5	0.5

续表2-6

营养成分	0～2 周龄	2～7 周龄	种鸭
烟酸/(mg/kg)	55	55	55
泛酸/(mg/kg)	11.0	11.0	11.0
吡哆醇/(mg/kg)	2.5	2.5	3.0
核黄素/(mg/kg)	4.0	4.0	4.0

表 2-7　美国 NRC(1994)建议的鹅的营养物质需要量(干物质 90%)

营养成分	0～4 周龄	4 周龄以上	种鹅
代谢能/(Mcal/kg)	12.13	12.55	12.13
粗蛋白质/%	20	15	15
赖氨酸/%	1.00	0.85	0.60
(蛋氨酸+胱氨酸)/%	0.6	0.5	0.5
钙/%	0.65	0.60	2.25
非植酸磷/%	0.30	0.30	0.30
维生素 A/(IU/kg)	1 500	1 500	4 000
维生素 D/(IU/kg)	200	200	200
胆碱/(mg/kg)	1 500	1 000	—
烟酸/(mg/kg)	65.0	35.0	20.0
泛酸/(mg/kg)	15.0	10.0	10.0
核黄素/(mg/kg)	3.8	2.5	4.0

四、鸡、鸭、鹅的饲喂标准(表 2-8 至表 2-12)

表 2-8　生长蛋鸡体重与耗料量　　g/只

周龄(周)	周末体重	耗料量	累计耗料量
1	70	84	84
2	130	119	203
3	200	154	357
4	275	189	546
5	360	224	770
6	445	259	1 029
7	530	294	1 323
8	615	329	1 652
9	700	357	2 009

续表2-8

周龄(周)	周末体重	耗料量	累计耗料量
10	785	385	2 394
11	875	413	2 807
12	965	441	3 248
13	1 055	469	3 717
14	1 145	497	4 214
15	1 235	525	4 739
16	1 325	546	5 285
17	1 415	567	5 852
18	1 505	588	6 440
19	1 595	609	7 049
20	1 670	630	7 679

表 2-9 肉用仔鸡体重与耗料量 g/只

周龄(周)	周末体重	耗料量	累计耗料量
1	126	113	113
2	317	273	386
3	558	473	859
4	900	643	1 502
5	1 309	867	2 369
6	1 696	954	3 323
7	2 117	1 164	4 487
8	2 457	1 079	5 566

表 2-10 黄羽肉仔鸡体重与耗料量 g/只

周龄(周)	周末体重		耗料量		累计耗料量	
	公鸡	母鸡	公鸡	母鸡	公鸡	母鸡
1	88	89	76	70	76	70
2	199	175	201	130	277	200
3	320	253	269	142	546	342
4	492	378	371	266	917	608
5	631	493	516	295	1 433	907
6	870	622	632	358	2 065	1 261

续表2-10

周龄(周)	周末体重		耗料量		累计耗料量	
	公鸡	母鸡	公鸡	母鸡	公鸡	母鸡
周龄(周)	周末体重		耗料量		累计耗料量	
	公鸡	母鸡	公鸡	母鸡	公鸡	母鸡
7	1 274	751	751	359	2 816	1 620
8	1 560	949	719	479	3 535	2 099
9	1 814	1 137	836	534	4 371	2 633
10		1 254		540		3 028
11		1 380		549		3 577
12		1 548		514		4 091

表 2-11　北京鸭的体重和耗料量(美国 NRC,1994)

周龄(周)	体重/kg		每周耗料量/(kg/周)		累计耗料量/kg	
	公	母	公	母	公	母
0	0.06	0.06	0.00	0.00	0.00	0.00
1	0.27	0.27	0.22	0.22	0.22	0.22
2	0.78	0.74	0.77	0.73	0.99	0.95
3	1.38	1.28	1.12	1.11	2.11	2.05
4	1.96	1.8	1.28	1.28	3.40	3.33
5	2.49	2.30	1.48	1.43	4.87	4.76
6	2.96	2.73	1.63	1.59	6.50	6.35
7	3.34	3.06	1.68	1.63	8.18	7.98
8	3.61	3.29	1.68	1.63	9.86	9.61

表 2-12　鹅的体重和耗料量(美国 NRC,1994)　　kg

周龄(周)	平均体重	每两周耗料量	累计耗料量
0	0.11	0.00	0.00
2	0.82	0.96	0.96
4	2.05	2.93	3.89
6	3.05	3.20	7.09
8	4.05	4.34	11.43
10	4.85	4.68	16.11

利用公式估计某种饲料对家禽的能量利用情况。

总能(GE)(kJ)

$$GE=23.6\ CP+39.8\ CF+17.3\ ST+16.0\ SU+18.9\ NFR$$

消化能(DE)(kJ):

$$DE=23.6\ dCP+39.8\ dCF+17.3\ dST+16.0\ dSU+17.2\ dNFR$$

代谢能(ME)(kJ)

$$ME=18.8\ dCP+39.8\ dCF+17.3\ dST+16.0\ dSU+17.2\ dNFR$$

沉积净能(NER_f)(kJ)

$$NER_f=10.8\ dCP+29.0\ dCF+13.5\ dST+12.4\ dSU+10.5\ dNFR$$

注:(1)公式中的缩写词:

CP—粗蛋白质,g;CF—粗脂肪,g;ST—淀粉,g;SU—糖,g;

NFR—无氮浸出物,g,NFR=有机物—CP—CF—ST—SU;

dCP—可消化粗蛋白,g;dCF—可消化粗脂肪,g;dST—可消化淀粉,g;dSU—可消化糖,g;

dNFR—可消化无氮浸出物,g,dNFR=可消化有机物—dCP—dCF—dST—dSU

(2)用上述公式计算家禽对牛奶和奶制品的能量利用值时,必须使用下式进行校正:

每 g 可消化蛋白质+4.19 kJ NER_f

每 g 可消化脂肪−4.19 kJ NER_f

(资料出处:Rostock Feed Evaluation System,2003。)

项目 2

猪的营养

☆学习任务单

模块二项目 2	猪的营养	参考学时	4 学时
任务分配			
学习目标	1. 掌握猪的消化生理特点 2. 猪饲料的主要成分 3. 不同阶段猪的营养需要和饲养标准 4. 不同阶段猪的饲喂量和饲喂程序		
知识目标	1. 掌握猪的消化生理特点 2. 了解和掌握猪饲料的主要成分 3. 了解不同阶段猪的营养需要和饲养标准 4. 掌握不同阶段猪的饲喂量和饲喂程序		
能力目标	1. 能准确说出猪的消化生理特点 2. 能掌握不同阶段猪的饲喂量和饲喂程序		
素质目标	1. 培养学生吃苦耐劳、崇尚科学、积极探索的职业素养 2. 培养学生理论联系实际、理论指导实践的学习和工作态度 3. 培养学生语言表达能力、团队协作能力和实际应用能力		
考核点	猪饲料的主要成分及特点 不同阶段猪的饲喂量和饲喂程序		
参考资料	Treena Hein. New supplements for liquid pig feed. https://www.pigprogress.net/Nutrition/Articles/2020/4/New-supplements-for-liquid-pig-feed-571730E/.		

任务5　猪的消化生理特点

猪的消化器官由一条长的消化道和与其相连的一些消化腺组成。消化道起始于口腔，向后依次为咽、食管、胃、小肠（包括十二指肠、空肠和回肠）、大肠（包括盲肠、结肠和直肠），最后终止于肛门（图 2-4）。消化腺包括唾液腺、肝脏、胰脏和消化道壁上的小腺体。

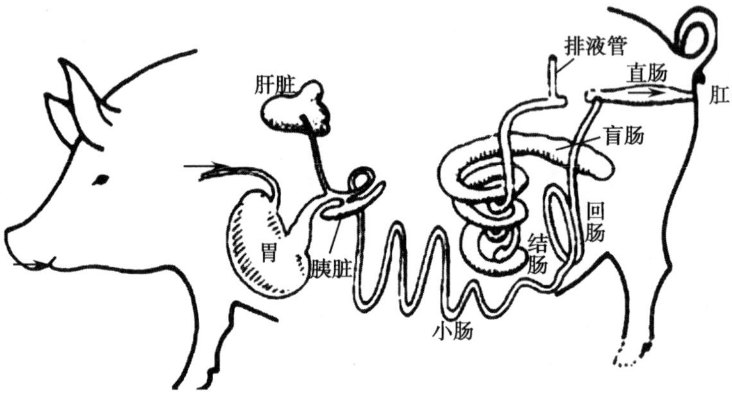

图 2-4　猪的消化器官

一、仔猪的消化生理特点

仔猪的消化器官在胚胎期已经形成，但结构和机能都不完善，随着仔猪的生长发育，它的消化机能逐渐成熟。从胚胎到出生再到断奶的整个过程中，仔猪经历了营养、心理和环境三大方面的应激。胚胎期生存环境稳定，出生时从恒温环境到变温环境，从无菌水生的胎盘到有菌陆生的猪舍，对养分的吸收也从靠脐带被动吸收到靠消化道主动吸收等一系列变化；断奶时又要经历离开母亲，从吸吮母乳转为采食配合饲料，环境条件改变等引起的所谓断奶应激。养猪生产中，应充分考虑到仔猪消化生理特点及其发育规律，分析饲养和环境因素对仔猪消化功能发育的影响，合理地进行仔猪饲养管理和日粮配制。

（一）唾液分泌的特点

初生仔猪即有唾液分泌，但其中唾液淀粉酶活性较低。仔猪的唾液分泌量、干物质和含氮量均随年龄增长而增加，尤其断奶后转为采食植物性饲料时更为显著，同时唾液淀粉酶的活性也显著增加。

（二）胃消化的特点

小猪出生后消化器官和消化机能的发育，还要经历一段时间，才能达到成熟和完善的程度。在达到成熟之前，仔猪胃内的消化具有一些突出的特点，如胃液分泌量、胃酸、胃液中的消化酶等均与成年猪有较大差异。仔猪对母猪乳汁中各种养分的消化能力很强。仔猪出生后 36 h 内，胃肠黏膜上皮能够以“吞饮”的方式，直接吸收完整的免疫球蛋白，从而获得后天免疫的能力。

在胃液组成上，初生仔猪的最大特点是胃液中缺乏游离盐酸。虽然其胃腺也分泌少量盐酸，但由于很快与胃黏液结合，因此用滴定方法不能测出游离盐酸。一般从出生后 20 d 开始，才有少量游离盐酸出现，以后随着年龄增长而逐渐增加。胃液的杀菌性主要取决于其中游离盐酸的浓度，至断奶前后，仔猪胃液才表现出明显的抑菌和杀菌作用。

仔猪胃液中的消化酶，主要是胃蛋白酶和凝乳酶。凝乳酶在初生仔猪已有作用，哺乳期间随日龄增长，凝乳能力也逐渐增强。至于胃蛋白酶，虽然1日龄仔猪胃液中就含有胃蛋白酶原，并且浓度在3～6周内不断增加，但是由于缺乏盐酸，不能使其激活，因此它的作用一般在20日龄后才能表现出来。断奶以后，胃蛋白酶的消化力逐渐增强，直至达到成年猪的水平。

(三)小肠内消化的特点

在胃液缺乏盐酸的年龄性机能不全期，仔猪胃内的消化作用很小，食物主要在小肠内靠胰液和肠液消化；随年龄渐渐增长，胃消化机能逐渐完善，对饲料的消化作用才较为重要。仔猪胰腺在出生时已发育完全，并能分泌一定数量的碱性胰液，其中消化酶也具有较高的活性。初生仔猪肠腺已能旺盛地分泌肠液，其中的淀粉酶和乳糖酶活性较高。初生仔猪虽有胆汁分泌，但分泌量很少，出生后3周内胆汁分泌量缓慢增加。胆汁中的胆酸盐是胰脂肪酶的激活剂，并能乳化脂肪、促进食物中脂肪的分解和吸收，因此，幼龄仔猪的胆汁分泌量少可能是胰脂肪酶不能充分发挥作用的主要原因，且使脂肪的消化和吸收受到一定限制。随年龄增长，胆汁的分泌量增加，从而促进脂肪消化率的增加。

(四)大肠内消化的特点

大肠壁的结构与小肠相比，差别表现最明显的是黏膜。在黏膜上整个大肠都没有绒毛，黏膜固有层的肠腺较直，杯状细胞较多。黏膜固有层和黏膜下层中含有淋巴组织。大肠的主要功能是吸收水分、电解质和在小肠中来不及吸收的物质，未吸收的物质最后排出体外。进入大肠的内容物，大都是难于消化的物质，主要是植物性饲料中的纤维素。

仔猪出生时，消化道内是无菌的，数小时后，随着吃奶的过程，在消化道内出现了微生物，且随仔猪生长逐渐增加，直到形成正常的微生物区系。正常肠道微生物能抑制其他致病微生物的生长繁殖，同时通过刺激机体的免疫机能而减少肠道疾病的发生。哺乳仔猪由于没有形成正常的微生物区系，所以易发生消化道疾病。仔猪对饲料中的粗纤维的消化，几乎完全靠大肠内纤维素分解菌的作用。消化过程以微生物消化为主。

二、生长育肥猪的消化生理特点

根据生长育肥猪的生理特点和发育规律，并按照猪的体重可将育肥猪的生长过程分为生长期和育肥期两个阶段。

生长期：将育肥猪的体重在20～60 kg的这段时期称为生长期。这一阶段育肥猪的生理特点是身体各组织和器官的发育还不够完善，功能还不够健全。特别是刚从保育转入育肥的20 kg重的猪，消化系统功能弱，消化液中的有效成分不能使营养物质很好地被吸收利用，并且此阶段生长育肥猪的胃容积小，神经系统及对外界的抵抗力都处于日渐完善的阶段。此阶段的生长特点是脂肪的增长缓慢，主要是以骨骼和肌肉的生长发育为主。

育肥期：体重在60 kg以上直到出栏为育肥期。这一阶段生长育肥猪的特点是身体各器官、组织、系统及功能都已发育完全，特别是消化系统有了很大的变化，可以消化吸收各种饲料。神经系统和机体对外界的抑抗力也有所提高，能够快速适应外界环境的变化。此阶段的生长特点是脂肪的增长旺盛，肌肉和骨骼的生长基本已经完成，生长较为缓慢。

任务6 猪用饲料

一、猪饲料的主要成分

(一)能量类

玉米、小麦、大麦、碎米、次粉、麸皮、油。

在谷物类原料中,玉米的能值最高,但蛋白质含量低,氨基酸的组成结构不好。麦类及其副产品的蛋白质要高一些,但其粗纤维要比玉米高,因此能值要低一些。油作为一种原料使用时,它既可供能,也可提供必需的脂肪酸。由于油价昂贵,一般养殖户都不在饲料中加油。但如果玉米的添加量低于50%时,则要考虑加油以提供亚油酸等必需脂肪酸,否则,猪会因为缺乏必需脂肪酸而导致生产性能下降。

(二)蛋白质类

鱼粉、豆粕、花生粕、菜籽粕、棉籽粕、酵母粉、肉骨粉。

一般将粗蛋白质含量大于30%的原料归为蛋白质类原料。鱼粉是动物性的高蛋白质饲料原料,在猪的日粮中特别是在乳猪料中被广泛使用。鱼粉中的氨基酸平衡良好,对促进动物生长有明显的作用。但由于其价格昂贵其使用范围和用量受限。

豆粕富含赖氨酸,但蛋氨酸不足,花生粕中的赖氨酸含量低于豆粕。如果养殖户要用部分花生粕取代豆粕喂猪,则要考虑补充赖氨酸。豆粕与花生粕中的赖氨酸含量分别为2.6%和1.6%。花生粕的用量生长猪控制在5%,肥育猪不要超过10%。棉籽粕和菜籽粕因其含有一些有毒物质而在用量上加以控制。二者最好能同时使用以起到氨基酸上的互补作用。一般生长肥育猪中二者总的用量最好不要超过15%,繁殖母猪中的用量控制在6%以内较安全。

酵母除含有丰富的蛋白质外,B族维生素的含量也很高。酵母中的赖氨酸含量较高,但蛋氨酸不足。由于适口性不佳等方面的原因,日粮中的含量最好不要超过2%。

目前,养殖户使用肉骨粉的情况还不多,但当鱼粉价格昂贵时,饲料厂可考虑使用部分进口肉骨粉。进口美国肉骨粉的粗蛋白在50%左右,由于肉骨粉其组成成分每批都有差异,因此质量难以稳定,同时要特别注意肉骨粉中脂肪的氧化情况,一旦发现“哈喇”味,则应停止使用,日粮中的比例控制在2%左右,乳猪料中不要使用。

(三)矿物质类

磷酸氢钙、碳酸钙、食盐、硫酸铜、硫酸亚铁、硫酸锰、碘化钾、氧化锌、亚硒酸钠、氯化钴等。

动物体内存在常量和微量元素两大类。前者指占动物体内干物质重0.01%以上,这些元素普遍存在于生物的正常组织中,有些是骨骼的成分,如钙、磷,有些是体内代谢中酶的成分,如铜、铁、锌等。饲料中常量和微量元素的缺乏,会导致动物生理代谢和结构的异常。养殖户或饲料厂在使用这些原料时,要注意其重金属的含量,特别是铅、汞、砷等有毒金属的含量。

(四)维生素类

脂溶性维生素A、维生素D、维生素E、维生素K和水溶性维生素B族维生素、维生素C、氯化胆碱等。

维生素不是动物体内的结构物质，它在动物代谢过程中作为某些酶类和激素的组成成分，对营养物质的代谢起催化作用。一般养殖户没有能力将这种添加量很少的维生素混合均匀后加入饲料中，通常通过购买饲料厂家的浓缩料或预混料来解决这一问题。

(五)营养性和非营养性添加剂

营养性添加剂包括氨基酸添加剂，如合成赖氨酸、蛋氨酸、苏氨酸、色氨酸等。非营养性添加剂包括药物、驱虫剂、防霉剂、防腐剂、抗氧化剂、调味诱食剂、酶制剂、黏结剂等。

试验表明，猪饲料主料中的许多谷类粮食可以使用其他谷类进行替换，比如传统猪饲料中的玉米完全可以利用小麦进行代替。小麦与玉米相比，其蛋白质含量更高，而且可以向小麦中添加一定浓度的蛋氨酸和赖氨酸来增加小麦中的蛋白质含量。

豆粕一直都是猪饲料制作过程中的一种重要成分，含有大量蛋白质，也就是因为蛋白质含量高，因此被广泛使用。近几年来，人们尝试使用全脂大豆取代猪饲料中的豆粕，取得了较好的效果。全脂大豆中含有大量蛋白质、脂肪、维生素 E、亚油酸等。试验表明，全脂大豆不仅可以提高猪肉质量，同时还可以提高母猪受胎率进而增加经济效益。

二、猪饲料的特性

猪的消化系统相对简单，其无法利用干草、青贮饲料或牧草中的养分。所以经常以农场谷物作为其单一的饲料来源(包括麦麸、米糠和玉米粉等)，或者将这些饲料原料与一些营养性添加剂(包括蛋白质、维生素和矿物质等)混合后制成配合饲料再进行饲喂。根据饲料形态的不同，配合饲料可分为粉料、颗粒饲料、颗粒碎粒饲料、膨化饲料、压缩饲料、液态饲料、流动性饲料及块状饲料等。

其中，颗粒饲料加工技术已应用多年，并且颗粒饲料已在畜禽饲养(包括猪的饲养)中得到广泛的应用。猪的颗粒饲料可由单一的饲料或配制的全价饲料通过压制技术制成，制成的颗粒饲料通常呈圆筒形，且有不同的大小。

(一)颗粒饲料对猪生产性能的有利影响

与含较大颗粒的日粮相比，颗粒饲料中细粉碎的原料，可进一步提高猪的平均日增重(Average Daily Gain，ADG)和饲料转化率(Feed/Gain，F/G)。产生这种影响源自饲料适口性的提高、饲料损耗的减少和营养物质利用率的提高。事实上，将猪饲料加工成颗粒饲料的其中一个主要原因是可以充分发挥饲料原料细粉碎后的特性。

(二)猪饲料颗粒大小及品质

猪饲料颗粒大小有两种表示方法：饲料颗粒直径和饲料粉碎粒度(原料的粉碎程度)。传统观点认为，仔猪偏爱直径较小的饲料颗粒，而大猪喜欢直径较大的饲料颗粒。但是，大量试验表明，饲料颗粒的直径大小不会显著影响猪的生产性能，而粒度大小才是影响饲料品质进而会影响猪生产性能的一个主要因素。

(三)粒度大小对颗粒品质的影响

(1)对营养物质均匀度的影响　就混合工艺而言，若饲料所用的原料种类较多，小颗粒意味着饲料原料的混合过程较慢，但其混合均匀度较高，这可确保营养物质的均匀。

(2)对饲料制粒的影响　就饲料制粒工艺而言，精细粉碎的饲料原料有较大的表面积，因此其可以进行充分的调质、固化，并且水和热量可完全渗透其中；因而制粒的饲料具有较好的黏合特性和较高的稳定性。同时，粉碎较细的原料可减少模具的磨损，进而可提高制粒的效率。

三、新型饲料添加剂在猪料上的应用

目前，全球范围内正在减少或完全取代抗生素类生长促进剂的使用。随着饲料中促生长类和预防性抗生素使用减少或完全禁止，现在饲料中的添加剂，关注重点由提高猪只的消化率已经转变为更多地关注猪只的肠道健康。这些添加剂包括益生菌、酶和其他有助于肠道发育或产生有利的代谢物（如乳酸）的饲料添加剂。

其中，酸化剂提高了消化率，同时亦使胃内环境不利于病原菌的生长。有机酸水剂的使用可能是养猪业界探索的最常见的解决方案，这些物质已被充分证明具有抗菌甚至抗病毒的特性。一项新的研究表明，添加含中链脂肪酸混合物的添加剂（如有机酸和蛋氨酸，类似于蛋氨酸羟基类似物 HMTB 和蛋氨酸羟基类似物钙盐 HMTB-Ca 的混合物）可以降低或减弱塞内卡病毒（Seneca Virus A，SVA）、猪流行性腹泻病毒（Porcine Epidemic Diarrhoea Virus，PEDV）、猪繁殖与呼吸综合征病毒（Porcine Reproductive and Respiratory Syndrome Virus，PRRSV）和牛疱疹病毒Ⅰ型（Bovine Herpesvirus Type 1）的毒力（Treena Hein，2020）。蛋氨酸可用于牲畜饲料的几种形式有蛋氨酸（DL-Met，标准蛋氨酸源）、液体蛋氨酸羟基类似物游离酸、蛋氨酸羟基类似物钙盐和 L-蛋氨酸（L-Met）。最近的研究发现 DL-Met 和 L-Met 作为蛋氨酸源，可以用于优化猪的生长性能、肠道完整性以及猪的抗氧化状态。

酵母和酵母衍生物等替代抗生素添加剂的使用，有助于维持仔猪的健康、改善仔猪福利水平并提高其生长性能。酵母甘露寡糖（MOS）和 β-葡聚糖添加剂对处于应激压力或健康状况较差状况下的个体有益。

益生菌作为一种潜在的可用于替代抗生素的新型饲料添加剂，具有无残留、无毒副作用等特点。使用益生菌可以提高猪群生产性能，改善猪肉品质并净化环境卫生。益生菌作为抗生素的替代品或补充品发展空间很大，它对于建立一个可持续的生态畜牧业具有广阔的应用前景。但今后还应侧重以下几个方面的研究：一是加强益生菌的作用机制研究，利用分子生物学技术改造现有菌种、开发新型菌种；二是注意益生素菌种的筛选，以安全性为出发点，同时要保证制剂中活菌的数量与稳定性；三是正确把握益生菌使用的剂量与时间，以确保使用效果；四是推进动物微生态学与动物营养学等其他交叉学科的紧密结合，加强微生物制剂与益生元、酶制剂、中草药制剂等其他制剂之间的科学配伍研究，最大限度地发挥其益生功效。

任务 7　猪的营养需要

一、断奶期、后备期、育肥期、妊娠期的营养需要

（一）断奶仔猪的营养需要

为了避免断奶仔猪出现消化系统的问题，在饲料原料的选择上就要尤其注意，不但要保证仔猪摄入充足的营养，还要确保饲料的可消化性和适口性，以使断奶仔猪尽快采食，减少消化道的不适，快速地适应固体饲料。

1. 能量饲料

仔猪的能量来源主要包括油脂、淀粉和糖类，使用最多的是乳糖和葡萄糖，饲料中高水平的乳糖可以有效地刺激仔猪采食，提高仔猪的增重速度，但是将乳糖类饲料制成颗粒难度较大，目前大多数的猪饲料使用淀粉作为能量饲料，但是使用淀粉为主要能量和使用乳糖来比，使用前者的仔猪生长速度较慢，这主要是由于仔猪体内的淀粉酶不足，当仔猪生长发育到一定的阶段后，消化酶的分泌量增多，消化淀粉的能力也就变强了，因此早期断奶仔猪的饲料中使用乳糖、葡萄糖来提供能量的较多。

2. 蛋白质饲料

断奶仔猪的蛋白质饲料使用奶制品和动物性蛋白质较多，这样可以帮助仔猪从母乳到固体饲料的顺利转化，由于断奶仔猪的消化机能还较差，不能很好地消化植物性蛋白，因此仔猪的早期日粮中豆粕的含量较少，如果饲喂仔猪过多的豆粕类日粮，会引起仔猪发生下痢，造成生长发育受阻，这一方面是由于仔猪的消化机能较弱；另一方面则是由于豆粕中含有胰蛋白酶抑制因子。使用动物性蛋白则可以很好地刺激仔猪采食，并且增加消化率。

3. 非营养性添加剂

为了使仔猪快速采食，提高仔猪的食欲，避免出现拒食的现象，常在仔猪的饲料中加入一些非营养性的添加剂，提高饲料的适口性，如常使用的非营养性添加剂主要有香味剂、酸化剂、甜味剂等。另外，为了达到预防和治疗疾病的作用，还常在仔猪的饲料中添加一些抗菌剂和微量元素，有时还需要加入一些保健类的药物，以增强仔猪的体质。

(二)后备母猪的营养需要

后备母猪的培育可分为育成阶段、性成熟到配种阶段。育成阶段的目标是在具体的年龄和性成熟阶段获得适当的体重和体况，并尽早启动初情期。性成熟到配种阶段的短期目标是获得最佳(最大)排卵率，获得最大胚胎存活率，达到最佳体况。而长期目标是配种前后备母猪必须完全成熟，即体形合适，同时体内有足够的瘦肉和脂肪沉积，以提高母猪的终生繁殖力。因为，后备母猪一旦开始它的种用“使命”，要想弥补或校正其身体的不足就变得非常困难，结果使其终生的生产性能都会受到影响。

后备母猪在初情期以前是其一生中生长最快的阶段，蛋白质沉积速度逐渐下降，脂肪沉积的能力逐渐加强。后备母猪繁殖时的体况受后备期间营养供给的影响，而体况是影响母猪使用年限的重要因素。因此，后备期间应该正确地供给营养，保证小母猪正常的生长发育，保持适中的种用状况，性成熟与体成熟平行发展，能够如期发情配种，使繁殖力和利用年限最大化。

(1)能量需要量　目前，有关后备母猪营养需要量的研究还很少，生产上大多按生长或育肥日粮饲喂程序进行饲养。但由于饲养目标的不同，决定后备母猪饲养只能一定程度上参照生长育肥猪的营养模型来进行。能量作为大多数动物生产体系中的首要限制因素，对母猪繁殖性能存在阶段性和长久性的影响。通过能量调节后备母猪的生长速度、背膘厚，以使后备母猪配种前具有理想的体重和体况，这是达到后备阶段饲养目标的手段之一。生产中可参照2012年NRC标准，根据品种、采食量及生长速度进行调整。

具体到日粮配制，考虑到在中国油脂成本高，后备母猪消化能水平可以设置为3 200 kcal/kg，具体取值应根据气温调整。在确保采食量的前提下，在此基础上还可以降低消化能水平，以降低饲料成本。在原料选用方面，优质无霉菌污染的全脂米糠、进口DDGS等含高脂肪原料是不错的选择，合计用量可以控制在15%以内。如果无上述原料，可以添加1%左右豆油，适量添加麦麸，控制中性洗涤纤维含量在15%左右。后备母猪料中既要添加油脂，又要添加粗纤维含量高的原料。后备母猪料主要能量饲料原料是玉米，也可以用小麦，无具体的用量限制。

(2)蛋白质需要量　后备母猪在生长期具有生长发育快、日粮蛋白质需要量高的特点。此阶段的日粮和饲养方式是成功培育母猪的关键环节，选择适宜的蛋白质饲料对于促进后备母猪的生长发育和性成熟、降低饲养成本都具有非常重要的意义。

研究表明，母猪在后备阶段，蛋白质水平影响日增重、日采食量和饲料利用率以及脂肪与瘦肉比率。低蛋白日粮对后备母猪脂肪沉积没有显著影响，但极显著地提高了脂肪与蛋白质的沉积比率。同时，低蛋白日粮可导致后备母猪日增重降低，从而使配种体重显著下降。当蛋白水平从13%增加到25%时，后备母猪采食量呈线性下降，而且下降的幅度远高于阉猪；饲喂高蛋白(25%)的日粮可显著降低后备母猪平均日增重18%。

研究表明，母猪在后备阶段，氨基酸水平过高或过低，会显著降低后备母猪的生长速度。低蛋白日粮中添加氨基酸，使日粮氨基酸平衡其生产性能与高蛋白水平相似。目前认为，后备母猪对氨基酸平衡的敏感性远高于氨基酸的量。在蛋白质水平过低时，某些其他氨基酸(如异亮氨酸和缬氨酸)可能会限制动物生长。饲喂低赖氨酸水平的日粮，可显著降低乳腺中蛋白质和脂肪的含量。最近研究显示，其他氨基酸对后备母猪的生长有重要影响，单独添加异亮氨酸以后，可降低后备母猪日增重、日采食量和饲料利用率；相反，单独添加缬氨酸，可增加后备母猪日增重和日采食量。同时添加组氨酸和缬氨酸时，可使采食蛋白水平为11%的后备母猪生产性能等同甚至高于饲喂12%蛋白水平日粮的后备母猪；而同时添加异亮氨酸和缬氨酸以后，后备母猪日增重与采食蛋白质水平与采食高蛋白水平(CP16%)日粮的后备母猪差异不显著。因此认为，缬氨酸可能是后备母猪的第五种限制性氨基酸，而组氨酸或异亮氨酸可能成为低蛋白日粮时动物的第六种限制性氨基酸。

(3)矿物质与维生素需要量　NRC(2012)没有专门确定后备母猪的矿物质与维生素需要量，后备母猪对有一些矿物质和维生素的需要量可能比生长猪高一些，但没有与生长猪的需要量做区分。只是提出后备母猪在50～120 kg阶段，钙、总磷和有效磷的需要量应比生长猪高0.05～0.1个百分点。生产中对后备母猪钙、磷的需要量应分别提高到1.0%和0.8%，以确保后备母猪有足够的矿物质进行骨骼和矿物质的沉积。铬可以提高胰岛素的效果，日粮中添加有机形式的铬可以改善后备母猪的窝产仔数和产仔率。

生物素的推荐量一般是0.3 mg/kg，但需要时可以提高到1.0 mg/kg(如存在有蹄病或繁殖问题的猪)；叶酸能降低胎儿死亡率和流产。母猪在受精和妊娠早期需要叶酸添加量一般是3～4 mg/kg。维生素E可提高免疫力，改善窝产仔数。添加硒可以减少后备母猪对维生素E的需要量，建议给后备母猪日粮中添加0.3 mg/kg有机硒。维生素A可以调节动物的繁殖和其他生理功能。子宫分泌蛋白在维持动物妊娠和胚胎发育中具有重要的作用，视黄醇结合蛋白是其中的一种。维生素A是其组成部分，它可以提高胚胎发育的整齐程度，促进胚胎发育，从而减少胚胎损失。

(三)育肥猪的营养需求

(1)能量　能量是育肥猪生长发育所需的重要营养元素，猪的日增重随能量的升高而加快，并且饲料的利用率越高，脂肪的沉积也越多，但同时，瘦肉率也随之相应降低，使胴体的品质变差。而对于处在生长期的育肥猪，能量的摄入限制了增重和瘦肉的生长。所以要合理配制饲料，掌握好日粮中的能量水平。提高能量的供给，虽然可提高增重速度及饲料转化率，但会导致育肥猪的胴体过肥；而饲料中的能量水平过低，则增重缓慢，饲料转化率太低。研究表明，采用高能的饲料可以缩短饲养周期。因此在育肥猪的饲养过程中要适当加强能量饲料的添加，一般生产上最常用的能量饲料是玉米。

(2)蛋白质和氨基酸　蛋白质是猪只体内各种酶、激素和抗体的主要成分，主要参与肌肉的生长所需。对维持育肥猪的机体生命活动和生长发育起着重要的作用。如果育肥猪的蛋白质缺乏，不但会影响肌肉的生长，还会影响体重的增长。一般瘦肉型猪日粮中的蛋白质水平在育肥猪的生长期以16%～18%为最佳，在育肥期以14%～15%为最佳。生产上常用的蛋白质类饲料是大豆，在实际上生产中多以油脂提取后的产物(如豆饼)为主。生产上为了获得最佳的育肥效果不仅要满足蛋白质的需求，同时也要考虑必需氨基酸间的平衡与利用。育肥猪的体重和生长速度不同，需要的氨基酸平衡也不同。当猪体重增加时需要更多的蛋白来维持机体功能，因为维持机体功能的许多蛋白包含大量苏氨酸和含硫氨基酸。所以在生产中要保证饲料中蛋白质和必需氨基酸的供给。

(3)能量蛋白比　一般高能量的摄入可以提高日增重及饲料的转化率，但是会降低胴体的品质，而适宜的蛋白质水平又可以改善猪胴体的品质，这就要求在饲料的添加过程中供给合适的能量蛋白比，达到既提高日增重又不改变胴体品质的目的。

(4)粗纤维　根据育肥猪的生理特点，猪属于单胃动物，对饲料中粗纤维的利用率低，并且当饲料中粗纤维的水平超过一定限度后，将会影响育肥猪的日增重和饲料转化率，研究表明，随着饲料中粗纤维水平的提高，能量的摄入相应减少，猪的增重和对饲料的利用率都随着降低。在育肥猪的日粮中要控制粗纤维的含量。因为饲料中的粗纤维是影响饲料消化率和适口性的重要因素。如果含量过低，育肥猪易出现腹泻现象；含量过高，则适口性差，降低了饲料的转化率。所以实际生产中猪的日粮粗纤维水平要适量，一般对育肥猪的生长期用量不超过4%，育肥期不超过8%为最佳。

(5)矿物质和维生素　矿物质和维生素是保证猪正常生长发育不可缺少的营养物质，饲料中的矿物质和维生素水平长期过量或不足，都会导致代谢紊乱，轻者使增重减慢，严重的还会发生缺乏症或死亡。其中，生长育肥猪对矿物质的要求非常严格，育肥猪必需的矿物质有十几种，在配制饲料时主要考虑钙、磷和食盐的添加，研究表明，在以玉米为能量饲料，以豆饼为蛋白质饲料的基础日粮中添加0.3%～0.5%的食盐可以有效提高日增重。所以在饲料中添加食盐不但花费少，还可以满足育肥猪对矿物质的需求，获得较高的经济效益。在实际生产中每头育肥猪每天饲喂2 kg左右的青饲料即可满足育肥猪对维生素的需要量，如果在没有或缺乏青饲料的情况下，可以添加专用于育肥猪的多种维生素添加剂以满足育肥需求。

(四)妊娠期的营养需要

母畜妊娠后，体重增加，代谢增强。妊娠母畜在妊娠期平均增重10%～20%。增重内容包括子宫内容物(胎衣、胎水和胎儿)的增长和母畜本身的增重。胎儿器官主要在妊娠初期形成，这一时期增重较慢；妊娠后期增重越来越快，胎重的2/3是在妊娠最后1/4时期增长的，这时胎儿体蛋白、能量和矿物质随妊娠期而逐渐增加，而水分逐渐减少，一般约为50%的蛋白质和50%以上的能量是在妊娠最后1/4时期内沉积的，同时钙、磷的沉积率较高。

(1)能量需要　包括母猪维持需要、母体增重需要和妊娠产物需要三大部分。妊娠母猪的维持能量需要占总需要量的75%～80%。妊娠期间，母猪的维持能量需要一般保持不变。妊娠期母体适宜增重因母猪胎次、年龄和体重不同而异，从 10～30 kg 不等。屠宰实验表明，母猪在不同营养水平下每胎妊娠产物的总增重比较恒定，为 22.8 kg。

(2)蛋白质需要　妊娠母畜对蛋白质的需要，因受较大的“缓冲”调节能力和“孕期合成代谢”强度的影响，必须给予一定数量的蛋白质。我国肉脂型猪饲养标准规定：妊娠母猪每千克饲粮粗蛋白质含量为：前期 11.0%，后期 12.0%。饲粮赖氨酸、蛋氨酸、苏酸氨和异亮氨酸推荐量分别为：前期 0.35%、0.19%、0.28%和 0.31%，后期 0.36%、0.19%、0.28%和 0.31%。

(3)矿物质的需要

①钙和磷　妊娠母猪的钙和磷需要是：我国肉脂型猪饲养标准规定钙、磷需要量分别为 0.61%和 0.49%。

②钠和氯　研究表明，饲粮中 0.3%的氯化钠不能满足妊娠母猪的需要。妊娠母猪饲粮氯化钠从 0.5%降到 0.25%时，仔猪初生重和断奶重会下降。

③锰　母猪饲粮中含锰 0.5 mg/kg 可导致母猪发情异常，当增至 40 mg/kg 时，则可使发情恢复正常。妊娠动物的锰需要量(按风干饲粮计)：母猪 8～10 mg/kg。

④碘　妊娠母猪碘需要量(按风干饲粮计)为 0.14 mg/kg。

⑤锌　妊娠母猪锌需锌量(按风干饲粮计)为 50.0 mg/kg。

⑥硒　在母羊饲粮中添加硒和铜，可提高产羔率和双羔率。妊娠动物的需硒量(按风干饲粮 mg/kg 计)：母猪 0.13～0.15 mg/kg，妊娠母牛的需硒量与之大致相同。

⑦铜　牛、羊缺铜可造成不发情或胚胎早期死亡。妊娠动物的需铜量一般为 4～10 mg/kg。但最近研究表明，母猪连续 6 个妊娠—哺乳期饲喂高铜(250 mg/kg)，仔猪初生重可提高 8%，断奶重提高 5%。高铜对母猪繁殖成绩无明显不利影响，但可显著提高母猪肝铜和肾铜含量，同时造成环境污染。

(4)维生素需要

①维生素 A 和胡萝卜素　妊娠动物维生素 A 的需要量，是随着胎儿发育、胎儿肝脏贮存以及母体贮存的增加而增加。我国饲养标准规定妊娠母猪：每千克饲粮需要维生素 A 为 3 200～3 300 IU 或 10.5～11.4 mg。NRC(1998)推荐妊娠母猪：每千克饲粮需要维生素 A 为 4 000 IU。国外规定妊娠母羊：每千克饲粮需要维生素 A 为 5 000～8 000 IU。β-胡萝卜素具有很强的抗氧化作用，可以保护卵泡和子宫细胞。补充 β-胡萝卜素可以显著降低奶牛的乳腺炎发生率，增强机体的免疫功能。研究表明，给妊娠母畜同时补充维生素 A 和 β-胡萝卜素可获得更好的繁殖成绩。

②维生素 D　妊娠动物维生素 D 的需要量(每千克饲粮含国际单位)：a. 妊娠母猪：我国肉脂型猪饲养标准为 160 IU，NRC 为 200 IU。b. 妊娠母牛：我国奶牛饲养标准无此项指标，NRC 的规定为每日 19 051 IU。妊娠母羊为每日 300～900 IU。

③维生素 E　猪的研究表明，为了获得最大产仔数，妊娠期饲粮每千克需要 44～66 IU 维生素 E。高于此水平时，可增加初乳的维生素 E 含量，从而有益于仔猪的健康。

④叶酸　研究表明，在母猪妊娠早期(45～60 d)每千克饲粮中添加 5～15 mg 叶酸可明显降低胚胎死亡率，提高产仔数，平均每窝多产 1 头仔猪。

⑤其他维生素　在妊娠母猪玉米-豆粕饲粮中添加 434～880 mg/kg 胆碱，可增加窝产仔数和断奶仔猪数，改善母猪受胎率。母猪达到最佳繁殖性能时对泛酸、维生素 B_2、维生素 B_6

的需要量分别为 12.0～12.5 mg/kg、16 g/kg、2.1 mg/kg。反刍动物能在瘤胃内合成 B 族维生素，一般不需另外补充。

任务 8　猪的营养需要量及饲喂标准

一、不同国家建议的猪的营养需要量(表 2-13～表 2-15)

表 2-13　后备母猪、公猪的营养需要量(每千克饲粮养分含量)

(自由采食，90%干物质，美国 NRC，2012)

体重/kg	50～75		75～100		100～135	
性别	小母猪	公猪	小母猪	公猪	小母猪	公猪
体增重/(g/d)	866	872	897	922	853	906
体蛋白沉积/(g/d)	145	150	144	156	126	148
(采食量＋消耗量)估测值/(g/d)	2 124	2 062	2 524	2 442	2 842	2 754
有效 DE/(MJ/kg)	14.23	14.23	14.23	14.23	14.23	14.23
有效 ME/(MJ/kg)	13.8	13.8	13.8	13.8	13.8	13.8
总 CP/%	14.0	14.3	12.7	13.3	10.9	12.0
钙与磷/%						
总钙	0.61	0.64	0.56	0.61	0.49	0.57
可利用磷	0.28	0.30	0.26	0.29	0.23	0.27
可消化磷	0.24	0.25	0.22	0.24	0.19	0.23
总磷	0.53	0.55	0.49	0.53	0.42	0.50
回肠末端真可消化氨基酸需要量/%						
精氨酸	0.40	0.40	0.35	0.37	0.29	0.33
组氨酸	0.30	0.30	0.26	0.28	0.22	0.25
异亮氨酸	0.46	0.46	0.41	0.43	0.34	0.39
亮氨酸	0.88	0.89	0.78	0.83	0.65	0.74
赖氨酸	0.87	0.88	0.77	0.82	0.64	0.73
蛋氨酸	0.25	0.26	0.22	0.24	0.18	0.21
(蛋氨酸＋胱氨酸)	0.49	0.50	0.44	0.47	0.37	0.42
苯丙氨酸	0.52	0.53	0.46	0.49	0.39	0.44
(苯丙氨酸＋酪氨酸)	0.82	0.83	0.73	0.77	0.61	0.69
苏氨酸	0.53	0.54	0.48	0.51	0.42	0.46
色氨酸	0.15	0.15	0.13	0.14	0.11	0.13

续表2-13

体重/kg	50～75		75～100		100～135	
性别	小母猪	公猪	小母猪	公猪	小母猪	公猪
缬氨酸	0.57	0.58	0.51	0.54	0.43	0.48
总氮	1.88	1.19	1.69	1.78	1.43	1.61
回肠末端表观可消化氨基酸需要量/%						
精氨酸	0.35	0.36	0.31	0.33	0.25	0.29
组氨酸	0.28	0.29	0.25	0.26	0.20	0.24
异亮氨酸	0.43	0.44	0.38	0.4	0.32	0.36
亮氨酸	0.83	0.84	0.73	0.78	0.60	0.70
赖氨酸	0.83	0.84	0.73	0.78	0.60	0.69
蛋氨酸	0.24	0.24	0.21	0.22	0.17	0.20
（蛋氨酸＋胱氨酸）	0.47	0.47	0.42	0.44	0.35	0.4
苯丙氨酸	0.49	0.5	0.44	0.46	0.36	0.41
（苯丙氨酸＋酪氨酸）	0.77	0.78	0.68	0.73	0.57	0.65
苏氨酸	0.48	0.49	0.43	0.45	0.36	0.41
色氨酸	0.14	0.14	0.12	0.13	0.10	0.12
缬氨酸	0.52	0.53	0.46	0.49	0.38	0.44
总氮	1.66	1.69	1.47	1.56	1.22	1.4
总氨基酸需要量/%						
精氨酸	0.45	0.46	0.4	0.42	0.34	0.38
组氨酸	0.35	0.35	0.31	0.33	0.26	0.3
异亮氨酸	0.53	0.54	0.48	0.50	0.40	0.45
亮氨酸	1.00	1.02	0.89	0.95	0.75	0.85
赖氨酸	0.99	1.01	0.89	0.94	0.74	0.85
蛋氨酸	0.29	0.29	0.26	0.27	0.22	0.25
（蛋氨酸＋胱氨酸）	0.58	0.59	0.53	0.55	0.45	0.5
苯丙氨酸	0.60	0.61	0.54	0.57	0.45	0.51
（苯丙氨酸＋酪氨酸）	0.96	0.98	0.86	0.91	0.73	0.83
苏氨酸	0.65	0.66	0.59	0.62	0.51	0.56
色氨酸	0.17	0.17	0.15	0.16	0.13	0.15
缬氨酸	0.67	0.68	0.60	0.63	0.51	0.57

表 2-14　瘦肉型生长肥育猪每千克饲粮养分含量

（自由采食，88%干物质，中国 NY/T 65—2004）

体重/kg	3～8	8～20	20～35	35～60	60～90
日增重/(kg/d)	0.24	0.44	0.61	0.69	0.80
采食量/(kg/d)	0.30	0.74	1.43	1.90	2.50
饲料/增重	1.25	1.59	2.34	2.75	3.13
消化能 DE/[MJ/kg(kcal/kg)]	14.02(3 350)	13.60(3 250)	13.39(3 200)	13.39(3 200)	13.39(3 200)
代谢能 DE/[MJ/kg(kcal/kg)]	13.46(3 215)	13.06(3 120)	12.86(3 070)	12.86(3 070)	12.86(3 070)
粗蛋白质/%	21.0	19.0	17.8	16.4	14.5
能量蛋白比/[kJ/%(kcal/%)]	668(160)	716(170)	752(180)	817(195)	923(220)
赖氨酸能量比/[g/MJ(g/Mcal)]	1.01(4.24)	0.85(3.56)	0.68(2.83)	0.61(2.56)	0.53(2.19)
氨基酸/%					
赖氨酸	1.42	1.16	0.90	0.82	0.70
蛋氨酸	0.40	0.30	0.24	0.22	0.19
(蛋氨酸+胱氨酸)	0.81	0.66	0.51	0.48	0.40
苏氨酸	0.94	0.75	0.58	0.56	0.48
色氨酸	0.27	0.21	0.16	0.15	0.13
异亮氨酸	0.79	0.64	0.48	0.46	0.39
亮氨酸	1.42	1.13	0.85	0.78	0.63
精氨酸	0.56	0.46	0.35	0.30	0.21
缬氨酸	0.98	0.80	0.61	0.57	0.47
组氨酸	0.45	0.36	0.28	0.26	0.21
苯丙氨酸	0.85	0.69	0.52	0.48	0.40
(苯丙氨酸+酪氨酸)	1.33	1.07	0.82	0.77	0.64
矿物质元素					
钙/%	0.88	0.74	0.62	0.55	0.49
总磷/%	0.74	0.58	0.53	0.48	0.43
非植酸磷/%	0.54	0.36	0.25	0.20	0.17
钠/%	0.25	0.15	0.12	0.10	0.10
氯/%	0.25	0.15	0.10	0.09	0.08
镁/%	0.04	0.04	0.04	0.04	0.04
钾/%	0.30	0.26	0.24	0.21	0.18
铜/mg	6.00	6.00	4.50	4.00	3.50
碘/mg	0.14	0.14	0.14	0.14	0.14

续表2-14

体重/kg	3～8	8～20	20～35	35～60	60～90
铁/mg	105	105	70	60	50
锰/mg	4.00	4.00	3.00	2.00	2.00
硒/mg	0.30	0.30	0.30	0.25	0.25
锌/mg	110	110	70	60	50
维生素和脂肪酸					
维生素 A/IU	2 200	1 800	1 500	1 400	1 300
维生素 D_3/IU	220	200	170	160	150
维生素 E/IU	16	11	11	11	11
维生素 K/mg	0.50	0.50	0.50	0.50	0.50
硫胺素/mg	1.50	1.00	1.00	1.00	1.00
核黄素/mg	4.00	3.50	2.50	2.00	2.00
泛酸/mg	12.00	10.00	8.00	7.50	7.00
烟酸/mg	20.00	15.00	10.00	8.50	7.50
吡哆醇/mg	2.00	1.50	1.00	1.00	1.00
生物素/mg	0.08	0.05	0.05	0.05	0.05
叶酸/mg	0.30	0.30	0.30	0.30	0.30
维生素 B_{12}/μg	20.00	17.50	11.00	8.00	6.00
胆碱/g	0.60	0.50	0.35	0.30	0.30
亚油酸/%	0.10	0.10	0.10	0.10	0.10

表 2-15　生长猪的采食量(英国 ARC,2003)

猪的活体重/kg	每日风干饲料最高采食量/(kg/d)	每日风干饲料采食量/(kg/d)	每日风干饲料最低采食量/(kg/d)
10	0.61	0.55	0.50
20	1.11	1.01	0.92
30	1.52	1.39	1.26
40	1.86	1.70	1.54
50	2.15	1.96	1.78
60	2.38	2.18	1.97
70	2.57	2.35	2.13
80	2.73	2.50	2.27

续表2-15

猪的活体重/kg	每日风干饲料最高采食量/(kg/d)	每日风干饲料采食量/(kg/d)	每日风干饲料最低采食量/(kg/d)
90	2.87	2.62	2.38
100	2.98	2.72	2.47
110	3.07	2.80	2.54
120	3.14	2.87	2.60

二、三元杂交猪的饲喂程序及饲喂量

前期自由采食，每日 2～3 次，后期为控制背膘厚、提高饲料利用效率采用限制饲喂，限制饲喂时要保证每头猪有足够的采食空间。

三、种猪的饲喂程序及饲喂量

(一)种公猪的饲喂程序及饲喂量

种公猪分为后备期、青年期和成年期。后备期的营养需要按照生长发育的要求供给全价料，以满足其生长的需要，训练配种时开始进入青年期，即 8～24 月龄，24 月龄后的种公猪进入成年期。

种公猪必须进行科学饲养，才能充分发挥其种用价值，否则将会影响繁殖性能。种公猪饲喂应定时、定量，每餐不要喂得过饱，以免影响公猪性欲。

种公猪饲养过程中，应该根据其年龄、体重、配种任务、舍内温度等灵活掌握喂量。对于青年种公猪，为了满足自身生长发育需要，可增加日粮给量 10%～20%。正常情况下，成年种公猪配种期间的日粮量为 2.5～3.0 kg/头；非配种期间日粮量为 2 kg/头左右。饲喂方式以干料或湿拌料，日喂 2～3 次为宜。

(二)后备母猪的饲喂程序及饲喂量

现代后备母猪的初配年龄应达到 8 月龄，在体重 130～140 kg，背膘 16～18 mm 时配种。此饲喂方式 5～6 月龄前自由采食，体重达到 90 kg 左右，6～7 月龄限制饲养，饲料中适当提高粗纤维比例，让猪肠胃得到锻炼，同时控制母猪的增重速度，以使性成熟与体成熟同步。在配种前 10～14 d 催情补饲，提高饲喂水平以增加排卵数，催情补饲一般增加排卵 2～3 枚，可能是通过增加促黄体素的分泌，提高血中促卵泡激素和胰岛素浓度，从而刺激促性腺激素的分泌，提高排卵速率。配种后，早期须将饲养水平降低至催情补饲前的水平，以降低胚胎死亡率。

后备母猪引入后的前 7 d，为减少应激，最好饲喂与引进猪场相同或相同类型的饲料，引入当天及第二天进行限饲，之后让后备母猪自由采食或者根据食欲饲喂，随着后备母猪体重的增加，饲喂量也随之加大，体重达到 100 kg 以上的后备母猪每天饲喂量不低于 3 kg/d。

当群体大部分后备母猪出现第二次发情后的 7 d 内连续降低饲喂量至 2.5 kg/d。在第二次发情后 7～21 d，即第三次发情前的 14 d 增加饲喂量，让后备母猪自由采食或根据食欲饲喂，至少 3 kg/d。

(三)妊娠期饲喂分为4个阶段

(1)妊娠前期　配种当天至30 d,饲喂量降低至1.8 kg/d。

(2)妊娠中期　妊娠31～90 d,对于体况在3分或以上的后备母猪增加饲喂量至2.1 kg/d,体况评分2分的后备母猪饲喂量增加至2.3 kg/d,体况评分在1分的后备母猪饲喂量增加至2.5 kg/d,并在妊娠第28～35天及第63～70天进行体况评分后及时调整饲喂量。通常后备母猪不会低于2分,否则不能达到配种要求的背膘厚度。

(3)妊娠后期　妊娠90～110 d增加饲喂量至2.8 kg/d。

(4)待产阶段　妊娠111 d如果母猪仍留在妊娠舍,降低饲喂量至1.8 kg/d。

项目3

反刍动物的营养

☆学习任务单

模块二项目 3	反刍动物的营养	参考学时	4 学时
任务分配			
学习目标	1.掌握牛、羊的消化生理特点 2.牛、羊饲料的主要成分 3.不同阶段牛、羊饲的营养需要和饲养标准 4.不同阶段牛、羊的饲喂量和饲喂程序		
知识目标	1.掌握牛、羊的消化生理特点 2.了解和掌握牛、羊饲料的主要成分 3.了解不同阶段牛、羊的营养需要和饲养标准 4.掌握不同阶段牛、羊的饲喂量和饲喂程序		
能力目标	1.能准确说出牛、羊的消化生理特点 2.能掌握不同阶段牛、羊的饲喂量和饲喂程序		
素质目标	1.培养学生吃苦耐劳、崇尚科学、积极探索的职业素养 2.培养学生理论联系实际、理论指导实践的学习和工作态度 3.培养学生语言表达能力、团队协作能力和实际应用能力		
考核点	牛、羊饲料的主要成分及特点 不同阶段牛、羊的饲喂量和饲喂程序		
参考资料	张宏福.动物营养参数与饲养标准.北京:中国农业出版社,2010. 刘进.养牛与牛病防治.银川:宁夏人民出版社,2014. 梁武英.牛羊生产与牛羊病防治.北京:北京理工大学出版社,2017.		

任务9 牛、羊的消化生理特点

一、牛的消化生理特点

(一)草食性

牛是草食性家畜,具有素食性。奶牛对食物有选择性,喜食绿草、秸秆(玉米秸、稻草、小麦秸、豆秸、花生藤、地瓜蔓），最喜吃苜蓿。放牧时，喜食高的牧草，采食中用舌卷起草茎的上半部送入口中。所以，在草架上吃草时有往后甩的动作，故对饲草的浪费大。在饲喂过程中，应根据牛的这一采食行为采取合适的饲喂设施和方法。奶牛喜食青绿饲料和块根饲料，喜食带甜、咸味的饲料，但通过训练，能大量采食带酸性成分的饲料。

（二）牛的消化器官

（1）口腔　牛没有上切齿，只有臼齿（板牙）和下切齿。牛是通过左右侧臼齿轮换与切齿切断饲草，在唾液润滑下吞咽入瘤胃，反刍时再经上、下齿仔细磨碎食物。

（2）牛胃及消化特点　由于牛是复胃动物，比单胃动物多了3个胃室（瘤胃、网胃、瓣胃），所以形成牛对饲料消化的特殊性。瘤胃容积很大，虽不具备分泌消化液的能力，但胃壁强大的纵向肌肉环能有力地收缩和松弛，进行节律性的蠕动，以搅拌和揉磨胃中的食物。胃黏膜上发达的乳头状突起，更有助于食物的揉磨与搅匀。另外，牛瘤胃中还存在着大量的与牛“共生”的细菌和纤毛虫，这些微生物的生命活动对瘤胃的消化起着极其重要的主导作用。饲料中的70%～80%的可消化干物质和50%以上的粗纤维素在瘤胃内消化，产生挥发性脂肪酸、二氧化碳和氨，以合成自身需要的蛋白质和B族维生素及维生素K。因而有人把瘤胃称作是一个活的、庞大的、高度自动化的“饲料发酵缸”。

牛瘤胃内的微生物在生活过程中除能产生纤维素分解酶，将粗纤维加以消化外，还能利用一般家畜不能利用的非蛋白质含氮物来合成细菌本身的体蛋白（这也是用适量的尿素等非蛋白质含氮物喂牛的原因），进而被牛消化吸收，成为牛的蛋白质营养。非蛋白质含氮物在青饲料、青贮饲料和块根、块茎类饲料中含量较多，尤其在幼嫩的植物性饲料中含量较多。因此，牛应喂给充足的粗饲料（饲喂干草和秸秆饲料的同时应喂给大量的青贮饲料）。另外，瘤胃微生物中的纤毛虫具有分解多种营养物质的能力，它能将植物性蛋白质转化为更适合需要、营养价值较高的动物性蛋白质，成为牛的营养物质。牛的消化系统见图2-5。

在采食方式上，牛进食草料速度较快，但咀嚼不细，每次的进食量很大。经咀嚼并混合唾

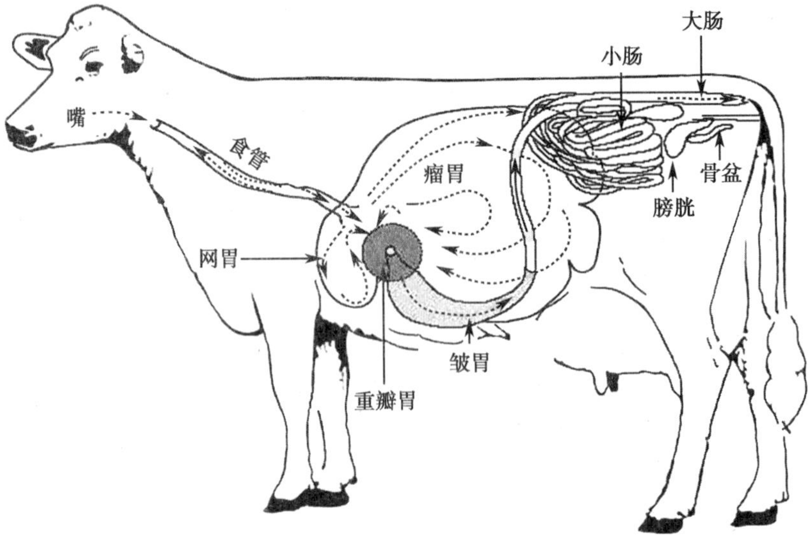

图2-5　牛的消化系统

液的食物，吞咽入瘤胃浸泡、软化和发酵，食后 0.5～1 h 开始反刍，食糜从胃中返回口腔再次被咀嚼后进入瘤胃，一般每昼夜反刍 6～12 次，反刍时间达 6～8 h。在消化特点上，牛对饲料的消化率在 50%～90%，而猪只有 3%～25%，若饲料中粗纤维的含量为 30%～35%，则牛对饲料有机营养成分总的消化率高达 61%，而马为 56%，猪仅为 37.2%，禽类更低。因此，牛比其他畜禽更能有效地利用以秸秆为主的粗饲料来生产人们必需的肉、奶、皮等产品。另外，由于瘤胃微生物的作用，牛还能利用非蛋白含氮物质（如尿素、硫酸铵、碳酸氢铵）在瘤胃分解释放的氨合成菌体蛋白。

二、羊的消化生理特点

（一）草食性

羊对牧草的选择性比牛强。羊是利用嘴唇将牧草采入口中。所以，羊能够采食别的草食动物不能采食的细小牧草，也不会将异物食入。

（二）羊的消化器官

（1）口腔　羊的嘴唇薄而灵活，无上切齿，下切齿锋利、稍向外倾斜。采食时用嘴唇将牧草纳入口中，用上颌板压住下切齿，头向前抬，切断牧草。

（2）羊胃及消化特点　羊是反刍动物，具有功能不同的瘤胃、蜂巢胃、瓣胃和皱胃 4 个胃。第一胃称瘤胃。其容积约为 33.4 L，占胃总容积的 79%左右，表面有无数密集的乳头状突起。瘤胃内共生着庞大的微生物群落。第二胃称蜂巢胃，又称网胃。内壁有许多网状小格、形如蜂巢状.容积平均为 2 L。第一、第二胃相连在一处，消化功能相似。主要是分解和消化食物。第三胃称为瓣胃。内壁有纵列褶膜，故又称百叶胃。其容积约为 0.9 L，主要功能是对由瘤胃、网胃进入的食物进行机械性压榨作用。第四胃称为皱胃，又称真胃。与单胃动物的胃相似，容积约为 3.3 L。胃壁有腺体组织，能分泌盐酸、胃蛋白酶等消化液，食物在这里进行化学消化。前 3 个胃没有腺体组织，不分泌消化液，主要对食物进行微生物消化和物理消化。羊的食性造成特有的胃结构。和牛比较，牛采食大容积饲料，瓣胃容积大于网胃容积，便于食物在瓣胃中进一步研磨、过滤和压榨由网胃中进入的饲料；羊的瓣胃则小于网胃，故羊对高纤维饲料的消化能力较牛差，饲粮中粗纤维超过 25%，就对消化吸收产生不利的影响。

羊能够在较短时间采食大量饲草，经初步咀嚼，混入大量唾液形成食团，吞咽进入瘤胃，在瘤胃内经过浸泡软化，休息时进行反刍活动，将进入瘤胃中的食团返回到口腔中进行反复咀嚼。据资料介绍，每个食团咀嚼 71 次（绵羊）～78 次（山羊），并混合大量唾液，再吞咽入瘤胃，如此反复进行，绵羊和山羊每天反刍的时间各为 491 min 和 446 min，每天咀嚼次数各为 35 482 次和 40 094 次，每天咀嚼 500 多个食团。羊瘤胃中饲料颗粒的大小影响微生物对食物的分解，影响瘤胃内食物进入后消化道。食物颗粒过大，就不能通过瘤胃出口，所以羊对食物进行反刍，将食物充分磨碎是非常必要的。绵羊、山羊每天有一半时间用于采食和反刍，而反刍时间约为采食时间的 2 倍。如果羊患病、过度疲劳或受外界因素的强烈刺激，就会引起反刍减弱或停止。

（3）羊的肠道消化特点　羊的小肠是营养物质消化和吸收的主要器官，平均长度 25 m（17～34 m），细长而曲折。第四胃的食物进入小肠后，进一步经消化液的化学消化，分解成各种营养物质，被小肠绒毛上皮组织吸收。未消化的食物经小肠蠕动进入大肠。羊的大肠长

4～13 m，其功能主要是吸收水分，并继续对食物进行微生物和酶（由小肠进入的）消化和吸收。剩余的残渣形成粪便排出体外。

三、瘤胃生态环境

1.瘤胃内具有较稳定的缓冲系统

在正常情况下，维持瘤胃内 pH 变动范围在 6～7。pH 低于 6.2 时，不利于饲料中纤维物质的消化；pH 在 6.8～7.8 缓冲能力良好。

2.瘤胃内的温度较稳定

瘤胃内的温度为 38.5～40 ℃，较为恒定。由于发酵产热，瘤胃内温度比体温高 1～2 ℃。不过由于导热作用，呼吸、皮肤散热，使瘤胃内温度不至于过高。

3.瘤胃内的渗透压处于相对稳定的范围

由于采食、饮水、反刍使食物、水和唾液较稳定地进入瘤胃，对瘤胃内的液体起稀释作用，并为微生物提供了营养物质；由于瘤胃有节律地运动将发酵产物吸收，未发酵的饲料物质不断地流出，使瘤胃营养物质保持平衡，调节了瘤胃内的离子浓度。而且瘤胃内的离子和血液内的离子通过双向扩散和交换，维持了瘤胃内渗透压接近血液渗透压。

4.瘤胃内生存着大量微生物

羊瘤胃中栖息着大量的、复杂的、多样的非致病微生物，主要有厌氧细菌、厌氧真菌、瘤胃原虫、噬菌体等。其中前三类在动物营养方面有重要意义。瘤胃微生物是反刍动物在进化过程中适应和选择的结果。新生羔羊消化道内并不存在微生物，随着生长发育和瘤胃功能的完善，形成了特定的微生物群落和区系。

瘤胃细菌种类很多，根据其对营养物质的利用和发酵产物，可分为纤维分解菌、蛋白质分解菌、淀粉分解菌、脂肪分解菌、维生素合成菌、甲烷产气菌、产氨菌。其中纤维分解菌占有重要的位置，它能使纤维性饲料经过反刍动物进入人类食物链。

厌氧真菌的功能在于能够侵袭植物纤维结构，使木质素强度降低，为纤维分解细菌的繁殖创造条件。

瘤胃原虫种类很多，其主要发酵底物是淀粉和可溶性糖。原虫将这些物质同化后以聚糊精的形式贮存在体内，这样可以降低瘤胃胃液中淀粉和可溶性糖的浓度，降低细菌分解淀粉的速度，从而抑制挥发性脂肪酸的生成速度，达到维持 pH 稳定的目的。

四、反刍动物营养特点

瘤胃是反刍动物对食入饲料中营养物质消化利用的第一关。各种营养物质在瘤胃进行着分解和合成的生化过程。饲料中 60%有机物质和 50%的纤维物质在这里消化，同时能合成微生物蛋白质和维生素。碳水化合物在瘤胃中经过发酵，最终以挥发性脂肪酸的形式为反刍动物提供能量；饲料中蛋白质和非蛋白氮经过发酵生成氨和二氧化碳，其大部分氨被微生物利用合成菌体蛋白质。发酵过程中产生的甲烷是能量的损失，而反刍动物借助这些发酵过程，可以很有效地将低质的纤维性饲料和非蛋白氮转化为高品质的菌体蛋白质。

瘤胃微生物对蛋白质营养有正、负两方面的影响。一方面瘤胃微生物将饲料中的蛋白质降解为氨和二氧化碳，一部分氨被利用，一部分氨和二氧化碳一起被排出体外，造成浪费；另一方面，瘤胃微生物能将低质蛋白质和内源、外源非蛋白氮转化为优质蛋白质，使氨基酸更加齐全和平衡，提高了蛋白质生物学价值。

反刍动物饲料中的能量既要供给反刍动物本身的需要，又要首先满足瘤胃微生物的生长繁殖和合成蛋白质的需要，否则会影响对营养物质的正常消化和利用。饲料中有机物质被瘤胃微生物分解时。一部分能量以三磷酸腺苷（ATP）的形式被释放，供微生物生长繁殖。只有三磷酸腺苷的数量与可利用的氨、氮成一定比例时，微生物合成蛋白质才能达到最大值。有机物质发酵产生的另一部分能量以挥发性脂肪酸（乙酸、丙酸和丁酸）的形式供反刍动物利用。而葡萄糖为反刍动物提供的能量很少，这是反刍动物与单胃动物能量利用方式的不同特点。

反刍动物饲料中的碳水化合物主要有淀粉、可溶性糖、纤维素、半纤维素、木质素和果胶等。这些物质是反刍动物能量的主要来源。饲料中淀粉和可溶性糖，经瘤胃微生物发酵，几乎全部被降解，生成葡萄糖、果糖、木糖、戊糖等，再进一步发酵转化为挥发性脂肪酸和三磷酸腺苷，被羊体和微生物利用。反刍动物直接吸收葡萄糖极少，只有饲粮中含有过瘤胃淀粉（如玉米）可避开微生物发酵而进入皱胃，被消化利用。反刍动物所需的葡萄糖是靠葡萄糖的异生作用合成内源性葡萄糖。葡萄糖异生作用的前体物质主要是丙酸，其次为甘油和氨基酸。所以，反刍动物不是不需要葡萄糖，而是获得葡萄糖的途径与单胃动物不同。反刍动物饲粮中必需有足够的可溶性糖和淀粉，供瘤胃微生物利用。

反刍动物瘤胃微生物能够合成B族维生素和维生素K，可满足身体所需，所以在反刍动物饲粮中只需供给维生素A、维生素D和维生素E。反刍动物和单胃动物一样需要一定量的各种矿物质，过量或不足都会造成不良后果。反刍动物对矿物质的需要，不仅要满足本身须要，而且还要满足瘤胃微生物的需要。注意补饲尿素时，应增加硫的供给量。

任务10　反刍动物饲料的主要成分

一、反刍动物饲料的主要成分

（一）粗饲料

1. 牧草

牧草一般指供饲养的牲畜使用的草或其他草本植物。在饲料分类学中是属于青绿多汁饲料。牧草最理想的饲喂方法是放牧采食，这样能够无损地摄取牧草的营养。牧草水分含量高，一般陆生牧草含水量达60%～90%；蛋白质含量较高，占干物质的13%～15%，豆科牧草甚至可达18%～24%，且赖氨酸、色氨酸等必需氨基酸含量较高，故品质较优；粗纤维含量较低，开花前粗纤维含量一般占干物质的15%～30%，且木质素含量低，粗纤维的消化率可达78%～90%；无氮浸出物在40%～50%；钙、磷比例适宜，钙为0.25%～0.5%，磷为0.20%～0.35%，特别是豆科牧草钙的含量较高，因此以青绿饲料为主食的动物不易缺钙。青绿饲料是供应家畜维生素营养的良好来源，特别是胡萝卜素含量较高，每千克饲料含50～80 mg之多。在正常采食情况下，放牧家畜所摄入的胡萝卜素要超过其本身需要量的100倍。此外，青绿饲料中B族维生素、维生素E、维生素C和维生素K的含量也较丰富。此外，青绿饲料幼嫩、柔软和多汁，适口性好，还含有各种酶、激素和有机酸，易于消化。青绿饲料是一种营养相对平衡的饲料，但因其水分含量高，从而限制了其潜在的营养优势。尽管如此，优质的青绿饲料仍可与一些中等的能量饲料相比拟。

2.干草

干草是将牧草及禾谷类作物在质量和产量最好的时期收割，经自然或人工干燥调制成长期保存的饲草。青干草可常年保存供家畜饲用。优质的干草，颜色青绿，气味芳香，质地柔松，叶片不脱落或脱落很少，绝大部分的蛋白质和脂肪、矿物质、维生素被保存下来，是家畜冬季和早春不可少的饲草。调制干草用的牧草品种不同其干草的品质有着很大的区别。

(1)苜蓿干草　苜蓿干草产量高、品质好、适应性强，是最经济的栽培牧草，被誉为“牧草之王”。苜蓿的营养价值很高，在初花期收割的干物质中粗蛋白质为20%～22%，产奶净能为5.4～6.3 MJ/kg，钙为3.0%，而且必需氨基酸组成较为合理，赖氨酸可高达1.34%，此外还含有丰富的维生素与微量元素，如胡萝卜素含量可达161.7 mg/kg。苜蓿干草是国内外大型牧场产奶牛TMR日粮必不可少的粗饲料。

进口苜蓿和国产苜蓿的品质有着较大的差别。进口苜蓿的含叶量较高，粗蛋白质含量一般高于19%，杂草含量很少，是大型牧场高产奶牛日粮粗饲料的最佳选择，但价格较高。不同厂家和批次的国产苜蓿的质量差别巨大，含叶量和粗蛋白质含量都不如进口苜蓿，且不同程度含有杂草，但由于价格较低，通常作为产奶中后期奶牛日粮的粗饲料。

(2)羊草　羊草为多年生禾本科牧草，叶量丰富，适口性好，产量高，营养丰富，颜色浓绿，气味芳香，是奶牛的上等青干草。羊草干物质含量为28.64%，粗蛋白质为3.49%。羊草价格便宜，适宜作为干奶期奶牛主要的粗饲料，也可与苜蓿干草搭配作为产奶牛的粗饲料。

3.青贮玉米

玉米青贮饲料是指将新鲜的玉米切短装入密封容器里，经过微生物发酵作用，制成一种具有特殊芳香气味、营养丰富的多汁饲料。与其他粗饲料相比青贮玉米具有以下优点：一是能够保存青绿玉米的营养特性，二是可以四季供给家畜青绿多汁饲料；三是消化性强，适口性好。

根据制作玉米青贮饲料的原料不同，可分为全株玉米青贮和青贮玉米秸两种。全株玉米青贮是将商品粮用玉米或青饲玉米在乳熟期带棒收割，制作的青贮饲料，里面含有30%左右的玉米籽粒，淀粉含量较高。青贮玉米秸是在玉米籽实成熟收获后，在玉米秸秆风干前将其收割制作而成的青贮饲料。相比较而言，由于青贮玉米秸收获期较晚，又没有玉米籽粒，所以其能值相对较低，纤维素的含量相对较高。

由于青贮饲料含有大量有机酸，具有轻泻作用，因此母畜妊娠后期不宜多喂，产前15 d停喂。劣质的青贮饲料有害畜体健康，易造成流产，不能饲喂。冰冻的青贮饲料也易引起母畜流产，应待冰融化后再喂。使用全株青贮玉米时由于其中含有玉米籽粒，所以精料使用量要相应减少，以免造成瘤胃酸中毒。

4.干玉米秸

干玉米秸的可消化能值很低，木质素含量却很高，其营养价值非常低。但由于其来源广泛，价格低廉是散户广泛采用的奶牛粗饲料来源。目前广大养殖户均采用粉碎的玉米秸配合玉米青贮饲料构成奶牛的主要粗饲料，这样的组合粗料只能满足奶牛对纤维素的需求，对营养物质的提供十分有限。这样的粗料组成必然要求提供足够的精料来满足奶牛的产奶需求，这必定增加奶牛瘤胃酸中毒的风险。

5.胡萝卜

胡萝卜本身不属于粗饲料，但部分养殖者会在精料外额外添加，故放在此处。胡萝卜产量高、易栽培、耐贮藏、营养丰富，是家畜冬、春季重要的多汁饲料。胡萝卜的营养价值很高，大部分营养物质是无氮浸出物，含有蔗糖和果糖，故具甜味。胡萝卜素尤其丰富，为一般牧草饲料所不及。胡萝卜含有大量的钾盐、磷盐和铁盐等。一般来说，颜色越深，胡萝卜素或铁盐含量越高，红色的比黄色的高，黄色的又比白色的高。胡萝卜按干物质计产奶净能为7.65～8.02 MJ/kg，可列入能量饲料，但由于其鲜样中水分含量高、容积大，在生产实践中并不依赖它来供给能量。它的重要作用是在冬春季饲养时作为多汁饲料和供给胡萝卜素等维生素。在青绿饲料缺乏季节，向干草或秸秆比重较大的饲粮中添加一些胡萝卜，可改善饲粮口味，调节消化机能。乳牛饲料中若有胡萝卜作为多汁饲料，则有利于提高产奶量和乳的品质，所制得的黄油呈红黄色。胡萝卜熟喂，其所含的胡萝卜素、维生素C及维生素E会遭到破坏，因此最好生喂，一般奶牛日喂25～30 kg。

（二）精料补充料的组成

大中型牧场由于管理者的知识水平较高，能充分认识到粗饲料的重要性，故其使用的粗饲料较好。但由于我国广大养殖户普遍存在重精料轻粗料的错误观念，以及现时使用的粗饲料品质较差等原因，所以我国小型牧场和小区主要依赖精饲料提供奶牛生产的所需营养，使精料和粗料的角色发生转换。

奶牛的精补料提供奶牛产奶所需的全部营养，提供调节瘤胃功能的调节剂，提供改善饲料品质等作用的添加剂。由于每种饲料的特性不同，一种饲料原料只能起到一种关键作用和几种辅助作用，要想获得全价的日粮就必须将多种不同特性的饲料合理搭配起来。根据奶牛饲料原料的营养特性不同，精料补充料的配合原料可分为能量饲料、蛋白质补充料、矿物质饲料以及添加剂饲料。同时，为了弥补散养户粗饲料品质较差带来的纤维品质差的不足，在精料补充料当中也会添加一部分品质好的粗饲料原料。

1.能量饲料

能量饲料在动物饲粮中所占比例最大，一般为50%～70%，对动物主要起着供能作用。但由于饲料分类体系所存在的不准确性，能量饲料所涵盖的饲料品种往往与提供能量的本质不相符。

（1）玉米　玉米亩产量高，有效能量多，是最常用而且用量最大的一种能量饲料，故有“饲料之王”的美称。玉米的碳水化合物超过70%，主要是淀粉；粗蛋白质含量一般为7%～9%；粗纤维含量较少；粗脂肪含量为3%～4%；玉米为高能量饲料，产奶净能（奶牛）为7.70 MJ/kg；粗灰分较少，仅1%，其中钙少磷多；维生素含量较少，但维生素E含量较多。

（2）油糠　油糠是米糠的别名，是糙米精制时产生的果皮和种皮的全部、外胚乳和糊粉层的部分，合称为米糠。油糠的品质与成分，因糙米精制程度而不同，精制的程度越高，油糠的饲用价值越大。由于油糠所含脂肪多，易氧化酸败，不能久存。油糠的蛋白质含量为13%，赖氨酸含量高；脂肪含量10%～17%，多为不饱和脂肪酸；粗纤维含量较多，质地疏松，容重较轻；无氮浸出物含量不高，只占50%以下；受脂肪含量影响，有效能较高，产奶净能(奶牛)为7.61 MJ/kg；矿物质中钙(0.07%)少磷(1.43%)多；B族维生素和维生素E丰富。

(3)米糠粕　米糠粕是用膨化浸出法生产米糠油的副产品。呈黄色或黄褐色，有米味或烤香味，粉状。米糠粕是优质的饲料原料，含粗蛋白质15%、粗纤维10%，同时含维生素B、维生素E及钾、硅等，其品质优于麸皮。

(4)麦麸　麦麸是以小麦籽实为原料加工面粉后的副产品。小麦麸受小麦品种、制粉工艺、面粉加工精度等因素影响成分变异较大。麦麸的粗蛋白质含量为12%～17%；无氮浸出物(60%左右)较少；粗纤维含量为10%；有效能较低，产奶净能(奶牛)为6.23 MJ/kg；灰分较多，所含灰分中钙少(0.1%～0.2%)磷多(0.9%～1.4%)，极不平衡；铁、锰、锌较多；B族维生素含量很高。小麦麸容积大，每升容重为225 g左右，可用于调节饲料比重。小麦麸还具有轻泻性，可通便润肠。

(5)玉米胚芽粕　玉米胚芽粕是以玉米胚芽为原料，经压榨或浸提取油后的副产品，又称玉米脐子粕。玉米胚芽粕中含粗蛋白质18%～20%，其氨基酸组成与玉米蛋白饲料(或称玉米麸质饲料)相似；粗脂肪为1%～2%；粗纤维为11%～12%。名称虽属于饼粕类，但按国际饲料分类法，大部分产品属于中档能量饲料。对于奶牛来说，玉米胚芽粕是很好的能量补充饲料，添加量可达10%。

(6)玉米纤维饲料　玉米纤维饲料(玉米皮)，是选用优质玉米提取淀粉后的副产品，采用科学的工艺流程，提取成饲料级淡黄色碎粉状的原料，分喷浆(玉米纤维饲料)和不喷浆(玉米皮)两种。喷浆玉米纤维饲料其粗蛋白质含量20.0%，在所含蛋白质中，过瘤胃蛋白质30%；粗脂肪5.7%；粗灰分1.0%；粗纤维16.20%；无氮浸出物57.45%(其中淀粉40%以上)；钙0.10%，磷0.30%。不喷浆的蛋白8%～10%。二者均可直接添加到奶牛饲料原料中。

(7)糖蜜　工业制糖过程中，蔗糖结晶后，剩余的不能结晶，但仍含有较多糖的液体残留物。它是一种黏稠、黑褐色、呈半流动的物体，其成分因制糖原料、加工条件的不同而有差异，在工业生产中通常作为发酵底物使用。糖蜜含有少量粗蛋白质，一般为3%～6%。多属于非蛋白氮类，蛋白质生物学价值较低。糖蜜的主要成分为糖类，以蔗糖为主。此外，无氮浸出物中还含有3%～4%的可溶性胶体，主要为木糖胶、阿拉伯糖胶和果胶等。糖蜜的矿物质含量较高，为8%～10%，但钙、磷含量不高，钾、氯、钠、镁含量高，因此糖蜜具有轻泻性，维生素含量低。在奶牛TMR日粮制作调制过程中，利用糖蜜的黏稠特性，将粉状精料黏附于粗饲料表面，防止分层。

(8)油脂　多数高产奶牛存在着能量负平衡。为此，在奶牛日粮中加适量油脂，或用高脂饲料，可使奶牛摄入较多能量，满足其需要，油脂用于泌乳的效率高；油脂由于热增耗少，故给热应激牛补饲油脂有良好作用；用油脂给奶牛补充能量的同时，还能保证粗纤维摄入量，提高繁殖机能，维持较长泌乳高峰期，降低瘤胃酸中毒和酮病的发生率。

给奶牛补饲油脂不当，也会出现不良后果：①一些脂肪酸(如C_8～C_{14}脂肪酸和较长碳链不饱和脂肪酸)能抑制瘤胃微生物。这种抑制作用降低纤维素消化率，改变瘤胃液中挥发性脂肪酸比例，并能降低乳脂率。②奶牛总采食量可能下降。③乳中蛋白质含量也可能下降。奶牛日粮中油脂的含量最多不能超过日粮干物质的7%。在正常情况下，奶牛基础日粮本身就含有3%左右的油脂，因此，补充量应为3%～4%。

(9)乳清粉　用牛乳生产工业酪蛋白和酸凝乳干酪的副产物即为乳清,将其脱水干燥便成乳清粉。乳糖含量很高,大于70%。正因为如此,乳清粉常被看作是一种糖类物质。乳糖对犊牛有很好的利用价值,但对于成年牛的利用率较差,因此乳清粉是犊牛很好的能量来源,可用于犊牛的开食料的配制。

2.蛋白质补充饲料

蛋白质补充饲料是指干物质中粗纤维含量小于18%、粗蛋白质含量大于或等于20%的饲料。蛋白质饲料可分为植物性蛋白质饲料、动物性蛋白质饲料、单细胞蛋白质饲料和非蛋白氮饲料。由于国家法律规定和现实生产情况限制,奶牛饲料中的蛋白质饲料主要为植物性蛋白质饲料。

(1)大豆饼粕　大豆饼粕是以大豆为原料取油后的副产物。由于制油工艺不同,通常将压榨法取油后的产品称为大豆饼,而将浸出法取油后的产品称为大豆粕。

大豆饼粕粗蛋白质含量高,为40%～50%,必需氨基酸含量高,组成合理;蛋氨酸含量不足,在以玉米、大豆饼粕为主的饲料中,一般要额外添加蛋氨酸才能满足畜禽营养需求;粗纤维含量较低,主要来自大豆皮;无氮浸出物主要是蔗糖、棉籽糖、水苏糖和多糖类,淀粉含量低;胡萝卜素、核黄素和硫胺素含量少,烟酸和泛酸含量较多,胆碱含量丰富;矿物质中钙少磷多,磷多为植酸磷(约61%),硒含量低。大豆粕和大豆饼相比,具有较低的脂肪含量,而蛋白质含量较高,且质量较稳定。含油脂较多的豆饼对奶牛有催乳效果。

(2)棉籽和棉籽饼粕　棉籽是棉花的种子,在棉纺加工中被梳理出来。棉籽饼粕是棉籽脱壳取油后的副产品。棉籽饼粕粗纤维含量主要取决于制油过程中棉籽脱壳程度。国产棉籽饼粕粗纤维含量大于13%,有效能值低于大豆饼粕。棉籽饼粕粗蛋白质含量较高,大于34%,氨基酸中赖氨酸、蛋氨酸较低,精氨酸含量较高,矿物质中钙少磷多,其中71%左有为植酸磷,含硒少。维生素B_1含量较多,维生素A、维生素D少。

棉籽饼粕对反刍动物不存在中毒问题,是反刍家畜良好的蛋白质来源。奶牛饲料中添加适当棉籽饼粕可提高乳脂率,若用量超过精料的50%则影响适口性,同时乳脂变硬。棉籽饼粕属便秘性饲料原料,需搭配芝麻饼粕等软便性饲料原料使用,一般用量以在精料中占20%～35%为宜。喂幼牛时,以低于精料的20%为宜,且需搭配含胡萝卜素高的优质粗饲料。牧场配制TMR日粮时常会用到棉籽,全棉籽含有高脂肪、高蛋白质,并且棉籽壳可以保护脂肪和蛋白质。奶牛采食的棉籽可以通过第一个胃直接到达第四个胃或小肠中,很好地被吸收利用。

(3)DDGS　DDGS是酒糟蛋白饲料的商品名,即含有可溶固形物的干酒糟。在以玉米为原料发酵制取乙醇的过程中,其中的淀粉被转化成乙醇和二氧化碳,其他营养成分如蛋白质、脂肪、纤维等均留在酒糟中,将酒糟干燥后即为DDGS。DDGS其主要成分为糖类、粗蛋白质、粗脂肪、微量元素、氨基酸、维生素等,粗蛋白质含量为23%～35%,粗纤维含量较高,维生素B_1、维生素B_2均高;同时由于微生物的作用,DDGS含有发酵中生成的未知促生长因子。

(4)玉米蛋白饲料　玉米蛋白饲料是把玉米淀粉的副产品——玉米蛋白粉、玉米黄浆、玉米纤维、碎玉米等混合后,通过高温压榨、脱脂,再接种多株耐酸菌,进行液态/固态发酵,所获产品再进行低温水解、膨化、干燥以后生产的复合蛋白饲料。玉米蛋白饲料水分小于11%,粗蛋白质为20%～35%,粗脂肪小于4%,粗灰分不足5%,粗纤维素为10%,产品为黄色粒状,略带发酵气味。在使用玉米蛋白饲料的过程中,应注意霉菌含量,尤其黄曲霉毒素含量。

(5)豆腐渣　豆腐渣是来自豆腐、豆奶工厂的副产品，为黄豆浸渍成豆乳后，过滤所得的残渣。豆腐渣干物质中粗蛋白质、粗纤维和粗脂肪含量较高，维生素含量低且大部分转移到豆浆中。鲜豆腐渣是奶牛的良好多汁饲料，可提高奶牛产奶量。鲜豆腐渣经干燥、粉碎可做配合饲料原料，但加工成本较高，更宜鲜喂。在高水分和高蛋白质含量时易腐败变质，使用过程中要注意保存。

3. 矿物质饲料

矿物质元素在各种动植物饲料中都有一定含量，自然状态下动物采食饲料的多样性可在某种程度上满足对矿物质的需要。但在舍饲条件下或饲养高产动物时，动物对它们的需要量增多，这时就必须在动物饲粮中另行添加所需的矿物质。

(1)石灰石粉　又称石粉，为天然的碳酸钙($CaCO_3$)，一般含纯钙 35%以上，是补充钙的最廉价、最方便的矿物质原料。

(2)磷酸氢钙　又称磷酸二氢钙或过磷酸钙，纯品为白色结晶粉末，多为一水盐[$Ca(H_2PO_4)_2 \cdot H_2O$]。本品含磷 22%左右，含钙 15%左右。由于本品磷高钙低，在配制饲粮时与石粉的其他含钙饲料配合，易于调整钙磷平衡。

(3)食盐　精制食盐含氯化钠 99%以上，粗盐含氯化钠为 95%。纯净的食盐含氯 60.3%，含钠 39.7%，此外尚有少量的钙、镁、硫等杂质。食用盐为白色细粒。多数植物性饲料钠和氯的含量较少，相反，含钾丰富。为了保持生理上的平衡，对以植物性饲料为主的畜禽，应补饲食盐。食盐除了具有维持体液渗透压和酸碱平衡的作用外，还可刺激唾液分泌，提高饲料适口性，增强动物食欲，具有调味剂的作用。一般奶牛精料中食盐添加比例为 1%。

(4)小苏打　学名碳酸氢钠($NaHCO_3$)，由于可以在水中电离出 HCO_3^-，既可以结合酸性的 H+，也可以结合碱性的 OH^-，使它成为很好的缓冲物质。在粗饲料质量较差，依靠精饲料提高产奶量的饲喂方式下，小苏打的添加对于调解瘤胃的内环境，预防酸中毒有很重要的作用。

4. 添加于精料中的粗饲料

泌乳奶牛的饲料中需要一定比例的品质较好的纤维素成分，但在饲草品质较差的饲养方式下，有效纤维的含量往往不能从饲草中获得足够的补充，会造成牛的营养物质和瘤胃发酵的失衡。为保证瘤胃发酵的正常，根据饲养的实际情况，有必要通过向精料中添加一部分品质较好的粗饲料来保证日粮营养的平衡。

(1)大豆皮　大豆皮是大豆外层包被的物质，颜色为米黄色或浅黄色，是大豆制油的副产品，占整个大豆体积的 10%，占整个大豆重量的 8%。大豆皮含有大量的粗纤维，含量为 38%，主要成分是细胞壁和植物纤维。大豆皮含粗蛋白 12.2%、氧化钙 0.53%、磷 0.18%、木质素低于 2%。大豆皮可代替草食动物粗饲料中的低质秸秆和干草。

(2)甜菜粕　甜菜粕是制糖生产中的副产品(甜菜丝)经压榨、烘干、造粒而成。甜菜粕有丰富的纤维和蛋白质以及其他微量元素，含粗蛋白 10.3%、粗脂肪 0.9%、粗纤维 20.2%、无氮浸出物 64.4%、钙 0.9%、磷 0.1%，总能为 16.05 MJ/kg，是一种营养价值很高的优质饲料。

5. 添加剂预混料

由于动植物之间存在着一定的种属差异，以植物性为主的饲料原料在满足奶牛主要营养物质需求的同时，很难全部满足维生素和微量元素以及必需的氨基酸的需求。同时非营养性的营养调控物质等添加剂也需要额外补充。但是由于需求量和添加量不大，很难与能量饲料、蛋白质饲料等一起同时混合饲喂。这就需要将这些成分预先按比例混合，附以载体和稀释剂进行预混，这就是添加剂预混料，它是营养物质的必要补充，也是营养调控物科技含量的所在。不同厂家的产品从设计理念到加工工艺都存在很大差异，其配方也是饲料企业的重要机密，养殖者在使用预混料过程中应按照产品说明严格使用。

6.非蛋白氮饲料

非蛋白氮饲料一般指通过化学合成的尿素、缩二脲、铵盐等。牛瘤胃中的微生物可利用非蛋白氮合成微生物蛋白，和天然蛋白质一样被供宿主消化利用。尿素含氮46%左右，其蛋白质当量为288%，按含氮量计，1千克含氮为46%的尿素相当于6.8 kg含粗蛋白质42%的豆饼。尿素的溶解度很高，在瘤胃中很快转化为氨，尿素饲喂不当会引起致命性的中毒。因此使用尿素时应注意：

(1)尿素的用量应逐渐增加，应有2周以上的适应期。

(2)只能在6月龄以上的牛日粮中使用尿素，因为牛在6月龄以下时瘤胃尚未发育完全。奶牛在产乳初期用量应受限制。

(3)和淀粉多的精料混匀一起饲喂，尿素不宜单喂，应与其他精料搭配使用，也可调制成尿素溶液喷洒或浸泡粗饲料，或调制成尿素青贮料，或制成尿素颗粒料、尿素精料砖等。

(4)不可与生大豆或含脲酶高的大豆粕同时使用。

(5)尿素应与谷物或青贮料混喂。禁止将尿素溶于水中饮用，喂尿素1 h后再给牛饮水。

(6)尿素的用量一般不超过日粮干物质的1%，或每100 kg体重喂15～20 g。

近年来，为降低尿素在瘤胃的分解速度，改善尿素氮转化为微生物氮的效率，防止牛尿素中毒，研制出了许多新型非蛋白氮饲料，如糊化淀粉尿素、异丁基二脲、磷酸脲、羟甲基尿素等。日粮能量与瘤胃氮素的比例适当可使它们的利用效率达到最高。如果日粮的瘤胃能氮平衡为零，则表明平衡良好；如为正值，则说明瘤胃能量有富余，应添加尿素；如为负值，则表明应增加瘤胃中的能量。

二、反刍动物日粮的配制

1.日粮的配制原则

精粗比合理，营养全价，满足奶牛的营养需要。营养价值高，价格合理，适口性强，饲料报酬高。营养素搭配合理，确保奶牛健康和乳成分的正常稳定。

全混日粮：混合均匀，水分适宜(45%～55%)。

2.日粮配制应注意的问题

日粮中青贮应以青贮玉米为主，干草类饲料应选用优质苜蓿干草、东北羊草和小黑麦干草。合理的矿物质平衡，钙、磷比为(1.5～2.0)∶1。

TMR日粮水分应控制在45%～55%。合理的能量蛋白比，同时考虑不同种类蛋白质饲料中氨基酸的互补性。粗饲料的物理形态及纤维含量。应有部分粗饲料长度大于3.5 cm，高产牛粗纤维的摄入不应低于干物质的15%，酸性洗涤纤维(ADF)占干物质的19%～21%，中性洗涤纤维(NDF)占干物质的25%～28%。

混合精料实行集中加工、统一供应，配合比例为：能量饲料占50%～55%；蛋白质类饲料占 25%～30%；矿物质类饲料占 3%～5%；维生素及微量元素添加剂占 1%；其他辅料部分（如麸皮、干啤酒糟等）占 5%～10%。

任务 11　反刍动物的营养需要

一、反刍动物的营养需要

反刍动物所需要的营养物质包括能量、蛋白质、矿物质、维生素和水。羊的营养需要量因品种、年龄、体重和生理阶段的不同而有差异，同时也受环境温度、风速、应激程度等因素的影响。

反刍动物的营养需要分为维持需要和生产需要两部分，一般以维持需要为基础，再按不同生产需要制定相应的能量、蛋白质、矿物质和维生素的需要量。

（一）维持需要

反刍动物的维持需要就是在非生产状态下，保持体重不变，体内营养物质种类和数量变化基本维持恒定，即体内营养物质分解和合成代谢处于动态平衡时各营养物质的需要量。在维持情况下，体内营养物质成分的比例不一定保持不变。如产毛羊在维持情况下，羊毛仍在生长，体内脂肪和蛋白质比例也在变化；生长牛在维持状态下，体内蛋白质在增加，脂肪在减少。在这种情况下仍可保持体重不变。所以维持需要是仅用于满足反刍动物生命活动的最基本的代谢需要。

反刍动物维持需要与体重大小、年龄及环境有关。已知在中等温度区，舍饲动物的能量需要与代谢体重（体重的 0.75 次方）呈高度相关，即代谢体重大，维持需要量高。随年龄增长，维持需要量逐渐下降，妊娠后期比空怀期和妊娠前期维持需要量高；放牧比舍饲的维持需要量高，不过这与放牧地条件有关，在不良草地上放牧比在良好草地上放牧维持需要量高。同一只动物，在寒冷环境或季节的维持需要量高于温热环境或温暖季节。为减少维持消耗，应创造良好的放牧条件，冬春季节要采取措施，保持圈舍温暖。

即使在维持状态下，反刍动物体内各种酶、内分泌、各组织器官的细胞仍在进行着新陈代谢、细胞更新，需要各种营养物质的均衡供给。

（二）生长需要

生长动物对能量的需要，随年龄增长而上升。幼龄动物单位体重增重需能量较少，成年动物需能量较多。生长期动物以生长肌肉和骨骼为主，对蛋白质和钙、磷需要量较高，每单位增重的蛋白质含量也随年龄增加而降低。舍饲幼年动物，由于采食青草少、晒太阳少，日粮中应添加维生素 A 和维生素 D，同时注意钙和磷的补充。

（三）妊娠需要

妊娠母畜的营养需要，除维持需要外，主要是供给胎儿生长发育及胚胎产物的需要。母畜本身也需要一定量的物质蓄积。妊娠前期（妊娠期的前 3 个月）胎儿生长发育慢，子宫、胎盘发育快及羊水形成快，营养物质需要量应略高于空怀期；妊娠后期胎儿生长发育快，幼畜初生重的 70%是在此阶段形成的，对营养物质的需要量比妊娠前期高 30%～40%；妊娠期母畜营养过高过低，都有不良影响。营养水平过低，母畜消瘦，胎儿生长发育不良，幼畜初生重小、生活力差，母畜乳房发育不良，影响产奶，还会患妊娠中毒症。营养水平过高，会造成饲料浪费、难产，也会患妊娠中毒症。所以一定要根据营养需要量进行配料和饲养。

（四）泌乳需要

母畜泌乳期营养水平对产奶量有很大影响。妊娠期营养水平不仅对胎儿生长有影响，对产后产奶量也有一定影响。所以促进幼畜生长发育的措施，应从妊娠期抓起。泌乳期营养不足会直接影响母畜的产奶量，进而影响羔羊生长发育。泌乳期母畜本身沉积营养物质很少或不沉积，甚至还要动用体组织营养物质供产奶用。

（五）产毛需要

能量水平高，产毛量增加，毛纤维变粗；能量水平低，产毛量低，严重时毛纤维形成“饥饿痕”。要测定能量摄入量与产毛量之间的数量关系的确很困难。有人估计，用于产毛的能量约为维持需要量的 10％，而代谢能转化为产毛的净能效率约为 18％。一只年产 4 kg 毛的绵羊，每千克毛中存留 0.23 MJ 能量，每天生长毛的能量需要量为 1.3 MJ（0.23÷18％）。

据资料分析，年产毛量 6 kg 的绵羊，因长毛每千克需沉积蛋白质 6.7 g，需要 23 g 可消化蛋白质才能满足需要。据屠宰试验，测得中国美利奴羊每千克代谢体重每日毛中沉积蛋白质为 0.63 g。

毛纤维几乎全部由角质蛋白质组成，角质蛋白质中含硫氨基酸（胱氨酸）的含量很高。胱氨酸不是必需氨基酸，但不足时，必须由必需氨基酸中的蛋氨酸转化而来。每千克角质蛋白质中胱氨酸和蛋氨酸含量为 100～200 g，每千克植物性饲料蛋白质和微生物蛋白质中胱氨酸和蛋氨酸的含量为 20～30 g。可见饲料蛋白质转化为羊毛蛋白质的效率取决于饲料中胱氨酸和蛋氨酸含量的高低。为满足羊毛生长的需要，饲粮中应有充足的瘤胃不能降解的含硫氨基酸，同时应补充硫元素，以满足瘤胃微生物合成含硫氨基酸的需要。

二、反刍动物饲养标准

饲养标准是以营养需要量的形式表述的。反刍动物的营养需要量又称营养需要，是其在维持正常生命健康、正常生理活动和保持最佳生产水平时对各种营养物质需要的有效数值。通常用表格形式列出每头每日营养物质需要量。

我国范畴内的牛、羊饲养标准是根据我国现有的生产条件，在适宜温度下、舍饲（只有小运动场）和无应激环境条件下制定的平均数值，只具有相对的普遍的代表性，在不同地区、不同饲料条件、不同环境条件、不同饲养水平下，动物对营养物质的需要量必然会有变化，使用时要根据实际情况进行调整。

第一，考虑个体需要的不同，增加一定的安全系数确保肉牛需要。一般所给出的营养需要量标准都是没有加安全系数的，而且是群体的平均数。以标准中的营养量配合日粮可能满足了大部分个体的需要，而少部分个体并没获得足够的营养物质，这样就会限制其生产性能得到发挥。增加一个安全系数后就可能使这部分个体的需要得到满足，这个安全系数是标准中规定量的 10％～15％。

第二，考虑季节变化而适当调整。营养需要量标准中的营养推荐量是在适宜温度下指定的。如果一年四季不管温度变化使用统一标准配制日粮，那么在夏季、冬季等，肉牛的营养需要难以满足需要。因此应根据季节温度变化适当调整标准，比如在夏季或冬季应将日粮的能量和蛋白质的营养水平适当提高 10%～15%。

第三，应根据动物生产目标的不同而适当调整。在生产中应根据肉牛、肉羊肥育生产目标的实际情况而适当调整标准中的营养需要量，比如说专门生产烧烤肉时，要求肉有一定的肥度，则相应的提高日粮能量水平。而当要求生产的肉产品有较好的嫩度而脂肪要少时，则应适当降低日粮的能量等。

第四，根据动物的品种、体况、肥育目标等合理选择饲养标准。例如，用 NRC 设计我国肉牛日粮时应考虑到我国的肉牛品种主要是以黄牛为主的杂交牛，其采食量、日增重等指标比国外要低，因此需要适当将肉牛采食量、日增重等下调 5%～10%。

任务 12　牛、羊的营养需要量及饲喂标准

一、中国建议的奶牛的营养需要量（NY/T 34—2004）（表 2-16 至表 2-18）

表 2-16　成年母牛维持的营养需要量

体重/kg	日粮干物质/kg	奶牛能量单位/NND	产奶净能/Mcal	产奶净能/MJ	可消化粗蛋白质/g	小肠可消化粗蛋白质/g	钙/g	磷/g	胡萝卜素/mg	维生素A/IU
350	5.02	9.17	6.88	28.79	243	202	21	16	63	25 000
400	5.55	10.13	7.60	31.80	268	224	24	18	75	30 000
450	6.06	11.07	8.30	34.73	293	244	27	20	85	34 000
500	6.56	11.97	8.98	37.57	317	264	30	22	95	38 000
550	7.04	12.88	9.65	40.38	341	284	33	25	105	42 000
600	7.52	13.73	10.30	43.10	364	303	36	27	115	46 000
650	7.98	14.59	10.94	45.77	386	322	39	30	123	49 000
700	8.44	15.43	11.57	48.41	408	340	42	32	133	53 000
750	8.89	16.24	12.18	50.96	430	358	45	34	143	57 000

注：(1)对第一个泌乳期的维持需要按本表基础增加 20%，第二个泌乳期增加 10%。

(2)如第一个泌乳期的年龄和体重过小，应按生长牛的需要计算实际增重的营养需要。

(3)放牧运动时须在本表基础上增加能量需要量。

(4)在环境温度低的情况下，维持能量消耗增加，须在本表基础上增加需要量。

(5)泌乳期间，每增重 1 kg 体重需增加 8 NND 和 325 g 可消化粗蛋白质；每减重 1 kg 需扣除 6.56 NND 和 250 g 可消化粗蛋白质。

表 2-17　每产 1 kg 奶的营养需要量

乳脂率/%	日粮干物质/kg	奶牛能量单位/NND	产奶净能/Mcal	产奶净能/MJ	可消化粗蛋白质/g	小肠可消化粗蛋白质/g	钙/g	磷/g	胡萝卜素/mg	维生素A/IU
2.5	0.31～0.35	0.80	0.60	2.51	49	42	3.6	2.4	1.05	420
3.0	0.34～0.38	0.87	0.65	2.72	51	44	3.9	2.6	1.13	452
3.5	0.37～0.41	0.93	0.70	2.93	53	46	4.2	2.8	1.22	486
4.0	0.40～0.45	1.00	0.75	3.14	55	47	4.5	3.0	1.26	502
4.5	0.43～0.49	1.06	0.80	3.35	57	49	4.8	3.2	1.39	556
5.0	0.46～0.52	1.13	0.84	3.52	59	51	5.1	3.4	1.46	584
5.5	0.49～0.55	1.19	0.89	3.72	61	53	5.4	3.6	1.55	619

表 2-18　种公牛的营养需要量

体重/kg	日粮干物质/kg	奶牛能量单位/NND	产奶净能/Mcal	产奶净能/MJ	可消化粗蛋白质/g	钙/g	磷/g	胡萝卜素/mg	维生素A/IU
500	7.99	13.40	10.05	42.05	423	32	24	53	21
600	9.17	15.36	11.52	48.20	485	36	27	64	26
700	10.29	17.24	12.93	54.10	544	41	31	74	30
800	11.37	19.05	14.29	59.79	602	45	34	85	34
900	12.42	20.81	15.61	65.32	657	49	37	95	38
1 000	13.44	22.52	16.89	70.64	711	53	40	106	42
1 100	14.44	24.26	18.15	75.94	764	57	43	117	47
1 200	15.42	25.83	19.37	81.05	816	61	46	127	51
1 300	16.37	27.49	20.57	86.07	866	65	49	138	55
1 400	17.31	28.99	21.74	90.97	916	69	52	148	59

三、中国建议的肉绵羊的饲养标准(NY/T 816 2021)

表 2-19　肉用绵羊哺乳羔羊每日营养需要量

体重/kg	日增重/g	干物质采食量/kg	代谢能/MJ	净能/MJ	粗蛋白质/g	代谢蛋白质/g	钙/g	磷/g
6	100	0.16	2.0	0.8	33	26	1.5	0.8
	200	0.19	2.3	1.0	38	31	1.7	1.0
8	100	0.27	3.2	1.4	54	43	2.4	1.3
	200	0.32	3.8	1.6	64	51	2.9	1.6
	300	0.35	4.2	1.8	71	56	3.2	1.8
10	100	0.39	4.7	2.0	79	63	3.5	2.0
	200	0.46	5.5	2.3	92	74	4.2	2.3
	300	0.51	6.2	2.6	103	82	4.6	2.6

续表2-19

体重/kg	日增重/g	干物质采食量/kg	代谢能/MJ	净能/MJ	粗蛋白质/g	代谢蛋白质/g	钙/g	磷/g
12	100	0.53	6.2	2.6	103	83	4.6	2.6
	200	0.63	7.3	3.1	121	97	5.5	3.0
	300	0.69	8.1	3.4	135	108	6.1	3.4
14	100	0.52	6.4	2.7	106	85	4.8	2.7
	200	0.61	7.5	3.2	127	102	5.6	3.1
	300	0.67	8.4	3.5	139	111	6.3	3.5
16	100	0.64	7.5	3.3	129	103	5.8	3.2
	200	0.75	9.0	3.8	151	121	6.8	3.8
	300	0.84	9.8	4.3	167	134	7.5	4.2
18	100	0.75	8.4	3.8	152	122	6.7	3.7
	200	0.88	10.2	4.1	176	141	7.9	4.4
	300	0.98	11.6	4.9	195	155	8.8	4.9

注：6～18 kg 哺乳绵羊羔羊矿物质和维生素需要量为：钠/(g/d)：0.1～0.4；钾/(g/d)：0.8～3.6；氯/(g/d)：0.2～0.5；硫/(g/ d)：0.3～0.9；镁/(g/d)：0.3～0.8；铜/(mg/d)0.9～3.0；铁/(mg/d)：10.0～29.0；锰/(mg/d)：4.0～12.0；锌/(mg/d)：5.0～20.0；碘/(mg/d)：0.1～0.4；钴/(mg/d)：0.1～0.4；硒/(mg/d)：0.1～0.3；维生素 A/(IU/d)：2 000～6 000；维生素 D/(IU/d)：50～1 200；维生素 E/(IU/d)：30～60

表 2-20　育肥绵羊每日营养需要量

活体重/kg	日增重/g	性别	干物质采食量/kg	代谢能/MJ	粗蛋白质/g	中性洗涤纤维/g	钙/g	磷/g
20	100	公	0.71	5.6	99	0.21	6.4	3.6
		母	0.62	6.0	86	0.19	6.1	3.4
	200	公	0.85	8.1	119	0.25	7.7	4.3
		母	0.74	8.7	104	0.22	7.3	4.0
	300	公	0.95	10.5	133	0.29	8.6	4.8
		母	0.85	11.4	121	0.25	8.4	4.6
	350	公	1.00	11.7	148	0.32	9.5	5.3
		母	0.92	12.7	129	0.28	9.1	5.0
25	100	公	0.80	6.5	112	0.24	7.2	4.0
		母	0.70	6.9	97	0.21	6.9	3.8
	200	公	0.94	9.2	132	0.28	8.5	4.7
		母	0.82	9.8	114	0.25	8.1	4.5
	300	公	1.03	11.9	144	0.31	9.3	5.2
		母	0.93	12.7	131	0.27	9.2	5.1
	350	公	1.17	13.3	157	0.35	10.5	5.9
		母	0.99	14.2	140	0.31	9.8	5.4

续表2-20

活体重/kg	日增重/g	性别	干物质采食量/kg	代谢能/MJ	粗蛋白质/g	中性洗涤纤维/g	钙/g	磷/g
30	100	公	1.02	7.4	143	0.31	9.2	5.1
		母	0.80	7.6	108	0.27	7.9	4.4
	200	公	1.21	10.3	169	0.36	10.9	6.1
		母	0.92	10.8	126	0.32	9.1	5.0
	300	公	1.29	13.3	181	0.39	11.6	6.5
		母	1.03	14.0	144	0.34	10.2	5.6
	350	公	1.48	14.7	207	0.44	13.3	7.4
		母	1.09	15.5	152	0.39	10.8	5.9
35	100	公	1.12	8.1	157	0.34	10.1	5.6
		母	0.91	8.5	120	0.29	9.0	5.0
	200	公	1.31	10.9	183	0.39	11.8	6.6
		母	1.04	11.6	137	0.34	10.3	5.7
	300	公	1.38	13.7	193	0.41	12.4	6.9
		母	1.17	14.7	155	0.36	11.6	6.4
	350	公	1.50	15.1	224	0.48	13.6	8.0
		母	1.24	16.0	165	0.42	12.3	6.8
40	100	公	1.22	8.7	159	0.43	11.0	6.1
		母	1.01	9.5	133	0.37	10.0	5.5
	200	公	1.41	11.3	183	0.49	12.7	7.1
		母	1.13	12.5	150	0.43	11.2	6.2
	300	公	1.48	13.9	192	0.52	13.3	7.4
		母	1.26	15.4	167	0.45	12.5	6.9
	350	公	1.62	15.2	224	0.60	14.5	8.6
		母	1.34	16.9	176	0.52	13.3	7.3
45	100	公	1.33	9.4	173	0.47	12.0	6.7
		母	1.12	10.5	145	0.40	11.1	6.1
	200	公	1.51	12.1	196	0.53	13.6	7.6
		母	1.24	13.4	161	0.46	12.3	6.8
	300	公	1.57	14.9	204	0.55	14.1	7.9
		母	1.35	16.3	178	0.48	13.4	7.4
	350	公	1.70	16.3	221	0.65	15.4	9.3
		母	1.42	17.8	188	0.56	14.1	7.7

续表2-20

活体重/kg	日增重/g	性别	干物质采食量/kg	代谢能/MJ	粗蛋白质/g	中性洗涤纤维/g	钙/g	磷/g
50	100	公	1.43	10.0	186	0.50	12.9	7.2
		母	1.24	11.6	158	0.44	12.3	6.8
	200	公	1.61	12.9	209	0.56	14.5	8.1
		母	1.36	14.5	174	0.49	13.5	7.4
	300	公	1.66	15.8	216	0.58	14.9	8.3
		母	1.48	17.6	190	0.51	14.7	8.1
	350	公	1.76	17.3	230	0.69	16.0	9.9
		母	1.55	19.0	197	0.60	15.3	8.4
55	100	公	1.53	10.9	199	0.54	13.8	7.7
		母	1.35	12.5	173	0.47	13.4	7.4
	200	公	1.72	13.9	225	0.68	15.4	8.7
		母	1.47	15.4	190	0.59	14.6	8.0
	300	公	1.80	17.0	233	0.73	16.2	9.0
		母	1.59	18.4	206	0.64	15.7	8.7
	350	公	1.95	18.5	255	0.85	17.7	10.1
		母	1.66	20.0	215	0.74	16.4	9.0
60	100	公	1.63	11.8	212	0.57	14.7	8.2
		母	1.48	13.4	184	0.50	14.7	8.1
	200	公	1.82	15.0	238	0.72	16.5	9.3
		母	1.61	16.5	200	0.62	15.9	8.8
	300	公	1.91	18.2	248	0.77	17.2	10.0
		母	1.73	19.4	217	0.67	17.1	9.4
	350	公	2.05	19.8	265	0.91	18.6	11.2
		母	1.80	20.9	228	0.79	17.8	9.8

注：20～60 kg 生长育肥绵羊矿物质和维生素需要量为：钠/(g/d)：0.4～1.5；钾/(g/d)：4.0～10.1；氯/(g/d)：0.5～1.6；硫/(g/ d)：2.1～4.3；镁/(g/d)：0.6～2.3；铜/(mg/d)6.0～33.0；铁/(mg/d)：30.0～88.0；锰/(mg/d)：22.0～53.0；锌/(mg/d)：33.0～81.0；碘/(mg/d)：0.3～1.7；钴/(mg/d)：0.3～0.7；硒/(mg/d)：0.4～0.9；维生素 A/(IU/d)：6 600～14 500；维生素 D/(IU/d)：1 200～2 600；维生素 E/(IU/d)：60～160。

四、中国建议的山羊的营养需要量（NY/T 816 2021）

表 2-21　肉用哺乳山羊羔羊每日营养需要量

体重/kg	日增重/g	干物质采食量/kg	代谢能/MJ	净能/MJ	粗蛋白质/g	代谢蛋白质/g	钙/g	磷/g
2	50	0.08	1.0	0.4	16	13	0.7	0.4
4	50	0.14	1.7	0.7	29	23	1.3	0.7
	100	0.16	1.9	0.8	32	26	1.4	0.8
6	50	0.17	2.1	0.9	35	28	1.6	0.9
	100	0.19	2.3	1.0	38	31	1.7	1.0
8	50	0.23	2.8	1.2	46	37	2.1	1.2
	100	0.25	2.9	1.2	49	39	2.2	1.2
	150	0.26	3.1	1.3	52	41	2.3	1.3
	200	0.27	3.3	1.4	55	44	2.5	1.4
10	50	0.35	4.2	1.8	70	56	3.2	1.8
	100	0.37	4.5	1.9	74	60	3.3	1.9
	150	0.39	4.7	2.0	79	63	3.5	2.0
	200	0.41	5.0	2.1	83	66	3.7	2.1
12	50	0.47	5.6	2.4	95	77	4.2	2.4
	100	0.50	6.0	2.6	100	81	4.5	2.5
	150	0.53	6.4	2.8	104	83	4.7	2.6
	200	0.55	6.7	2.9	111	89	5.0	2.8
14	50	0.59	6.9	3.1	119	95	5.3	3.0
	100	0.63	7.4	3.3	128	102	5.6	3.1
	150	0.65	7.9	3.4	132	106	5.9	3.3
	200	0.69	8.4	3.6	138	110	6.3	3.5

注：2～14 kg 哺乳山羊羔羊矿物质和维生素需要量为：钠/(g/d)：0.3～0.5；钾/(g/d)：1.0～3.5；氯/(g/d)：0.2～0.4；硫/(g/d)：0.6～1.3；镁/(g/d)：0.3～0.8；铜/(mg/d)0.9～3.0；铁/(mg/d)：0.2～18.0；锰/(mg/d)：0.6～13.0；锌/(mg/d)：0.4～15.0；碘/(mg/d)：0.1～0.4；钴/(mg/d)：0.1～0.3；硒/(mg/d)：0.1～0.3；维生素 A/(IU/d)：700～4 600；维生素 D/(IU/d)：60～1 200；维生素 E/(IU/d)：20～60

表 2-22　育肥山羊每日营养需要量

活体重/kg	日增重/g	干物质采食量/kg	代谢能/MJ	粗蛋白质/g	中性洗涤纤维/g	钙/g	磷/g
15	50	0.61	4.9	85	0.18	5.5	3.1
	100	0.75	6.0	105	0.23	6.8	3.8
	150	0.76	6.1	106	0.23	6.8	3.8
	200	0.76	6.1	106	0.23	6.8	3.8
	250	0.79	6.3	111	0.24	7.1	4.0
20	50	0.72	5.8	101	0.22	6.5	3.6
	100	0.82	6.6	115	0.25	7.4	4.1
	150	0.90	7.2	126	0.27	8.1	4.5
	200	0.92	7.4	129	0.28	8.3	4.6
	250	0.95	7.6	133	0.29	8.6	4.8
25	50	0.83	6.6	116	0.25	7.5	4.2
	100	0.91	7.8	136	0.29	8.7	4.9
	150	0.99	7.9	139	0.30	8.9	5.0
	200	1.01	8.1	141	0.30	9.1	5.1
	250	1.12	9.0	157	0.34	10.1	5.6
30	50	0.93	7.4	130	0.28	8.4	4.7
	100	1.07	8.6	150	0.32	9.6	5.4
	150	1.22	9.8	171	0.37	11.0	6.1
	200	1.28	10.2	179	0.38	11.5	6.4
	250	1.34	10.7	188	0.40	12.1	6.7
35	50	1.02	8.2	143	0.31	9.2	5.1
	100	1.17	9.4	164	0.35	10.5	5.9
	150	1.31	10.5	183	0.39	11.8	6.6
	200	1.37	11.0	192	0.41	12.3	6.9
	250	1.42	11.4	199	0.43	12.8	7.1
40	50	1.19	9.5	155	0.42	10.7	6.0
	100	1.26	10.1	164	0.44	11.3	6.3
	150	1.41	11.3	193	0.49	12.7	7.1
	200	1.55	12.4	202	0.54	14.0	7.8
	250	1.59	12.7	207	0.56	14.3	8.0

续表2-22

活体重/kg	日增重/g	干物质采食量/kg	代谢能/MJ	粗蛋白质/g	中性洗涤纤维/g	钙/g	磷/g
45	50	1.29	10.3	168	0.45	11.6	6.5
	100	1.35	10.8	176	0.47	12.2	6.8
	150	1.50	12.0	195	0.53	13.5	7.5
	200	1.64	13.1	213	0.57	14.8	8.2
	250	1.78	14.2	231	0.62	16.0	8.9
50	50	1.38	11.0	179	0.48	12.4	6.9
	100	1.53	12.2	199	0.54	13.8	7.7
	150	1.58	12.6	205	0.55	14.2	7.9
	200	1.73	13.8	225	0.61	15.6	8.7
	250	1.87	15.0	243	0.65	16.8	9.4

注：15～50 kg 育肥山羊矿物质和维生素需要量为：钠/(g/d)：0.6～1.6；钾/(g/d)：3.5～10.0；氯/(g/d)：0.4～1.2；硫/(g/d)：1.0～4.2；镁/(g/d)：0.6～2.3；铜/(mg/d)6.0～34.0；铁/(mg/d)：19.0～70.0；锰/(mg/d)：10.0～33.0；锌/(mg/d)：12.0～56.0；碘/(mg/d)：0.3～1.6；钴/(mg/d)：0.3～0.7；硒/(mg/d)：0.4～0.9；维生素 A/(IU/d)：5 000～16 500；维生素 D/(IU/d)：1 200～2 700；维生素 E/(IU/d)：60～120。

项目 4

伴侣动物的营养

☆学习任务单

模块二项目 4	伴侣动物的营养	参考学时	4 学时
任务分配			
学习目标	1. 犬、猫的消化生理特点 2. 犬、猫的饲料的主要成分 3. 犬、猫的饲料特性 4. 犬、猫的营养需要和饲养标准 5. 犬、猫的饲喂量和饲喂程序		
知识目标	1. 掌握犬、猫的消化生理特点 2. 了解犬、猫的饲料的主要成分 3. 了解和掌握犬、猫的饲料特性 4. 熟知犬、猫的营养需要和饲养标准 5. 掌握犬、猫的饲喂量和饲喂程序		
能力目标	1. 能熟知犬、猫的消化生理特点 2. 能熟知犬、猫的饲料的主要成分 3. 会熟练使用犬、猫的营养需要和饲养标准 4. 能熟练掌握犬、猫的饲喂量和饲喂程序		
素质目标	1. 培养学生崇尚科学、积极探索的职业素养 2. 培养学生理论联系实际、理论指导实践的学习和工作态度 3. 培养学生语言表达能力、团队协作能力和实际应用能力		
考核点	1. 能根据动物正确选择饲养标准 2. 能说出不同动物的消化生理特点、饲喂程序		
参考资料	杨久仙. 宠物营养与食品. 北京:中国农业出版社,2007.		

任务 13　犬、猫的消化生理特点

一、犬的消化生理特点

犬属于哺乳纲食肉目犬科，是以食肉为主的杂食动物。犬上下腭各有一对尖锐的犬齿，是食肉动物撕咬猎物所特有。犬的肠道短，只有体长的 3～4 倍，对粗纤维的消化率很低。犬的味觉较差，吃东西不是细嚼慢咽，而是“狼吞虎咽”，依靠其灵敏的嗅觉来辨别食物新鲜或腐败。

（一）口腔

饲料在口腔中的消化以机械性地咀嚼磨碎大的颗粒并且与唾液充分混合的机械式为主。唾液是在咀嚼食物时由 4 对唾液腺分泌的，其中腮腺位于耳前方，腭腺（或颌下腺）位于每侧下颌的底侧，舌下腺位于舌底，颧腺位于眼睛下方的上颌。一旦食物进入口腔后，唾液一直持续分泌，唾液中含有 99%的水分，剩下 1%由黏液、无机盐和酶组成。黏液是有效的润滑剂，有助于食物的吞咽，特别是含水分低的食物。犬唾液的 pH 为 7.34～7.80，跟很多物种一样，犬唾液中缺乏淀粉酶。犬唾液的另一个重要功能就是蒸发散热，在副交感神经的强烈刺激下，犬腮腺的分泌速度是人的 10 倍。

（二）食管

食管是从口腔到胃部的一条短的肌质管道。犬的食管只含有横纹肌，因此传播蠕动波的速度比较快。

（三）胃

胃由头区和尾区 2 部分组成。在暂时性储存食物期间，胃头区会膨大，这种特性对于犬这样按餐进食的不连续分餐摄入很重要。胃的肌肉结构可以使胃磨碎食物颗粒并控制胃的运动。幽门括约肌控制着固体食物进入十二指肠，同时又防止食物倒流。

进入胃的食物与胃液混合并且受到胃收缩的机械性压力而进一步分解。胃液由胃黏膜分泌产生，唾液量的增加也可促进胃液的分泌。胃液分泌对蛋白质的初步消化，肠中钙、铁和维生素 B_{12} 的吸收以及通过肠腔内环境的稳定来维持胃肠正常微生物区系起着一定的作用。犬胃腔内最重要的酶是胃蛋白酶。胃蛋白酶在 pH 为 2.0 时，活性最高，胃黏膜分泌的盐酸维持着该 pH。胃的分泌受一餐中蛋白质数量和食物体积的影响，也受某些激素的影响，这些激素能间接影响胃中食糜的酸度。神经系统在盐酸的分泌中也起到一定作用。在禁食的状况下，犬胃部的 pH 变化波动小，而在进食后 pH 波动比较大。尽管在胃分泌物中还发现其他酶类，但它们在正常的胃消化过程中没有多大作用。有文献记载，犬胃排空 1/2 的时间平均为 72～240 min。影响胃排空速度的因素包括：胃的体积，胃内容物的能量含量、黏度、密度和粒子大小，温度，体重，十二指肠中酸的量，水的摄取量，摄食一餐的体积以及食物种类。

（四）小肠和胰腺

对食物进行酶的消化，大部分发生在小肠中。在十二指肠中，食糜与消化酶混合到一起。一部分消化酶由十二指肠的黏膜分泌，其他的酶由胰腺分泌，胰腺有 2 个独立的功能：①外分泌，分泌酶和重碳酸盐进入小肠，重碳酸盐能使肠道的 pH 维持在一个最佳的状态，以利于小肠酶和胰酶发挥作用;②内分泌,分泌激素进入到血液中,如胰岛素。胰腺分泌许多酶类,包括无活性的蛋白消化酶,脂肪酶(脂肪消化)和淀粉酶(碳水化合物消化)。犬的胰液有抗菌能力。活性成分是平均分子质量大约为 4 000 的蛋白质,适合于碱性 pH,它在胰液被稀释到 10 倍之前都具有活性 。

犬小肠中的微生物种群相对比较简单。肠道中微生物的数量,除回肠末端大约为 10^6 个/mL 外,很少超过 10^4 个/mL。犬小肠中微生物数量相对较低的原因,主要是受胃的酸度和胆汁的影响,同时也受肠运动的影响,肠的运动导致无黏着力的微生物不能在肠道中定殖。

(五)大肠

犬大肠的主要作用是吸收电解质和水,并作为微生物发酵养分的主要场所。犬的大肠比较短,为 0.6 m。大肠分为盲肠、结肠和直肠。结肠是大肠的主要部分,它由 3 部分组成:升结肠、横结肠和降结肠。大肠没有肠绒毛,其表面是平的。直的、管状的肠腺从浆膜表面延伸到黏膜。在其最深的部位含有黏液细胞和上皮细胞。黏液是碱性的(含重碳酸盐),它的作用是保护大肠黏膜免受机械和化学性损伤。黏液起到润滑的作用,有利于粪便的排泄,重碳酸盐中的离子可中和微生物发酵产生的酸。未消化的食物在犬大肠中存留的时间大约为 12 h。

大肠含有复杂的微生物系统,它由几百种细菌组成。健康肠道中的大部分细菌是厌氧的。日粮组成会影响大肠的细菌组成。结肠的细菌能发酵未被小肠消化和吸收的营养物质,这些物质来自日粮和内源分泌物。人的结肠近端部位富含碳水化合物的代谢物,而蛋白质发酵主要发生在结肠末端,犬的情况可能与此类似。

图 2-6 为犬和猫的消化系统。

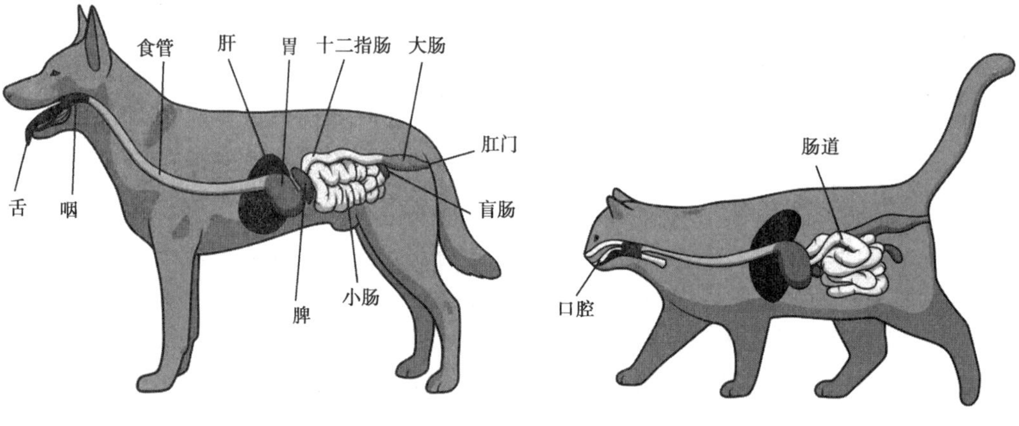

图 2-6　犬和猫的消化系统(引自 Barbara Royal, DVM)

二、猫的消化生理特点

猫唾液腺很发达,吃食时会分泌大量的稀薄唾液,在湿润食物的同时,有利于吞咽和消化,而且唾液里的溶菌酶还能杀菌、消毒、除臭,保持口腔的清洁卫生,防止腐败、变质的肉类危害口腔器官。

猫的胃腺很发达,整个胃壁上都有胃腺分布,而猪、兔等动物的胃中约有 1/3 的胃壁上没有胃腺(无腺部)。胃腺能分泌盐酸和胃蛋白酶原。盐酸是一种强酸,具有很强的腐蚀作用,能将吃到胃里的肉、骨头等食物加工成糊状的食糜，以利于肠道对食物中营养物质的进一步消化吸收。盐酸还能使胃蛋白酶原转变成胃蛋白酶，分解、消化蛋白质。而当食糜进入肠道后，在各种酶的作用下营养物质就被充分地分解、吸收，其余不能被机体利用的物质迅速后送，形成粪便排出体外。正常情况下，猫排粪均是定时定点的，其排粪次数、粪便形状、数量、气味、色泽都是很稳定的。

猫虽然经长期家养驯化，但其对营养物质的消化、吸收仍保持肉食动物的特性。因此，在猫的饲养上，尤其是家养的名贵玩赏猫，由于捕鼠能力差或不捕鼠，所以应在饲料中添加较高比例的动物性饲料，以保持猫正常的消化生理功能和保证猫对营养物质的需要。应注意的是猫缺乏淀粉酶，因此不能大量消化淀粉类食物。

表 2-23　犬、猫的比较消化生理

项目	犬	猫
消化过程	物理消化、化学消化、微生物消化	
淀粉酶	无	
微生物群	特别简单	
胃酸 pH	2.5	2.5
胃排空速度	1.2～4 h	0.36～7 h
小肠长度	3.9,75 cm	1.7,50 cm
大肠长度	0.6 m	0.4 m
肠道运送时间	12～30 h	4～12 h

表 2-24　犬、猫消化道因素比较

项目	犬	猫	作用
消化道长短	4.5 m	2.1 m	消化道长短通过影响营养物质停留时间，从而影响消化时间，因此犬比猫消化更快一些
肠绒毛	有	有	肠绒毛吸收面积大，可以起到加快营养物质消化速度的作用
胃蛋白酶活性重要度	犬＜猫		蛋白酶的活性越高，越易消化肉类蛋白
牛磺酸	非必需	必需	猫的胆汁酸必须与其连接，缺乏会出现未结合胆酸，影响脂类消化
小肠运转时间	1～3 h	2.25～3.05 h	小肠的运转时间与消化所花时间成正比

任务 14　犬、猫饲料的主要成分

一、犬、猫饲料的主要成分

犬、猫饲料的主要成分均是由能量饲料、蛋白质饲料、矿物质饲料、维生素饲料、氨基酸饲料、饲料添加剂等组成。

(一)犬饲料的主要成分

常用的能量饲料有:玉米、大米、小麦、燕麦、稻米、糙米、大豆油、鱼油、酵母提取物(甘寡糖来源)等。

常用的蛋白质饲料有:豌豆、脱水家禽肉、家禽蛋白、禽肝、蛋粉、牛肉粉、羊肉粉、三文鱼粉、猪肉粉、鸡肉粉、鱼粉等。

矿物质饲料有:氯化钾、食盐、磷酸氢钙、蛋白铜、蛋白锰、蛋白锌、蛋白铁、碘化钾、亚硒酸钠等。

维生素饲料有:生物素、核黄素、硫胺素、维生素 B_6、维生素 B_{12}、维生素 D_3、维生素 A、维生素 C、维生素 E、氯化胆碱、叶酸、胡萝卜素、肌醇、烟酸等。

氨基酸饲料有:DL-蛋氨酸、牛磺酸、L-赖氨酸等。

饲料添加剂有:天然味料、迷迭香、天然薄荷等。

(二)猫饲料的主要成分

猫是肉食动物,饲料蛋白含量要求较高,一般来说,猫粮里含肉量较高。猫饲料的主要成分与犬饲料大致相同,主要有能量饲料、蛋白质饲料、矿物质饲料、维生素饲料、氨基酸饲料、饲料添加剂等。

常用的能量饲料有:玉米、大米、小麦、燕麦、稻米、糙米、大豆油、鱼油、鸡油、玉米油等。

常用的蛋白质饲料有:各种肉粉,如蛋粉、牛肉粉、羊肉粉、三文鱼粉、猪肉粉、鸡肉粉、鱼粉等。

矿物质饲料有:氯化钾、食盐、磷酸氢钙、蛋白铜、蛋白锰、蛋白锌、蛋白铁、碘化钾、亚硒酸钠等。

维生素饲料有:生物素、核黄素、硫胺素、维生素 B_6、维生素 B_{12}、维生素 D_3、维生素 A、维生素 C、维生素 E、氯化胆碱、叶酸、胡萝卜素、肌醇、烟酸等。

氨基酸饲料有:牛磺酸。

饲料添加剂有:天然味料、迷迭香、天然薄荷等。

二、饲料特性

宠物成品日粮是指目前市场上出售的国内外各种犬、猫商品性食物,这些食品一般都是根据犬、猫营养需要,经科学配比、工业合成的全价平衡食品,它们能满足不同生长发育阶段犬、猫对蛋白质、脂肪、碳水化合物、矿物质和维生素等各种营养物质的需要,利于养分的消化吸收,保证幼年犬和猫生长发育、成年犬和猫健康及宠物的可观赏性,而且饲喂方便,无需再加工,适口性好。

犬成品日粮按其形式和干物质含量可分为颗粒饲料、风干饲料、稀食料。颗粒饲料是将选用的原料按拟定配方,通过一定加工程序进行熟化和制粒所形成的产品,其干物质含量为90%左右。风干饲料是将选用原料按比例混合,通过熟化加工和风干而配制的饲料,其干物质含量一般为60%左右。稀食料是将若干种原料进行熟化后直接使用的犬用食品,其干物质含量一般在35%以下,犬用罐头也可列为稀食料。

猫的食物品种繁多,但按其性状可分为干燥型、半湿型、罐头型猫粮;按食物原料的性质可分为谷物类、豆制品类、蔬果类、动物蛋白类、添加剂类；按照其加工风格可分为烧烤类、蒸煮类、凉拌类等。按食物是否具有治疗作用分为特殊处方食品。

一般市售宠物成品日粮犬、猫商品性食品可分为干燥型食品、半湿型食品、罐头型食品、处方食品、软膨化食品、点心食品等几类。

(一)干燥型食品

干燥型食品，也称干性宠物食品或干膨化宠物食品或完全食品或干粮，这类产品在市场上销售量较大。在国外，干燥型食品主要是指干膨化宠物食品，它是宠物食品的主导产品。

干膨化食品通常水分含量为8%～12%、碳水化合物含量为65%，是由各种谷物及其副产品、豆科籽实、动物性饲料、乳制品、油脂、矿物质、维生素以及添加剂加工而成。犬的干性食品一般含代谢能为14.64～17.57 MJ/kg。以干物质为基础，干膨化犬食品与猫食品的粗蛋白质含量一般分别可达18%～30%与30%～36%、粗脂肪含量分别为5%～12.5%与8%～12%，添加较多的脂肪可改善产品的适口性。干的犬食品在市场上常见有粉料、颗粒料、碎粒料或膨化产品等几种类型，而干的猫食品通常是经挤压熟化加工而成的产品。大多数干燥型犬食品的可消化性为65%～75%。

干膨化食品都经过防腐处理，不需要冷藏，可较长时间保存，而且营养全价，十分卫生，使用方便，可供应不同体重、生长阶段及各年龄层宠物的需要。此类食品可以干喂，即将它放在食盘中让犬、猫自由采食，也可以加水调湿再喂。另外，饲喂干膨化宠物食品时，必须经常供给新鲜饮水。长期保存时要防止霉变和虫害。

(二)半湿型食品

半湿型食品，也称为半湿式猫粮(犬粮)，较为常见的是猫粮。其质地比干燥型食品更为柔软，更易被动物接受，适口性也有所提高。

这类食品是营养全价、平衡，并经挤压熟化的产品，一般水分含量为30%～35%，碳水化合物含量为54%，常制成饼状、条状或粗颗粒状。其原料与干膨化食品基本相同，主要含有谷物、动物性产品、水产品、大豆产品、脂肪或油类、矿物质和维生素添加剂，同时，还必须加入防腐剂和抗氧化剂。以干物质为基础，半湿型宠物食品粗蛋白质含量为34%～40%，粗脂肪含量为10%～15%。其多以密封袋口、真空包装，不需冷藏，能在常温下保存一段时间而不变质，但保存期不宜过长。每包的量是以一只猫一餐的食量为标准。打开后应及时饲喂，最好尽快喂完，不能放置，以免腐败变质，尤其是在炎热的夏季，更应打开后及时饲喂。一般半湿型犬食品的可消化性为80%～85%。

半湿型猫食品有时还会被当作“点心”或是奖赏来喂给猫，而半湿型犬食品由于通常含有高比例的碳水化合物或糖分，不适宜喂患糖尿病的犬。

一般情况下，由于半湿食品的气味比罐装食品小，独立包装也更加方便，因此，受到一些宠物主人的青睐。以干物质重量为基础进行比较时，通常半湿型宠物食品的价格介于干燥型食品和罐装型食品之间。

(三)罐装食品

罐装食品又称罐装湿式猫(犬)粮或潮湿的食物。

这类食品的含水量大约与新鲜肉类相等，一般水分含量为75%～80%。其主要原料有动物性产品、水产品、谷类或其副产品、豆制品、脂肪或油类、矿物质及维生素等。由于罐装食品的含水量较多，如犬的罐头食品中代谢能含量仅为 4.18 MJ/kg。以干物质为基础，罐装宠物食品粗蛋白质含量为 35%～41%，粗脂肪含量为 9%～18%。罐装食品营养齐全，适口性好，如罐装犬食品的可消化性为 75%～85%。

罐装食品可分为两类：一类是营养全价的罐装食品，这种食品常常包含各种原料，如谷类及其加工副产品、精肉、禽类或鱼的副产品、豆制品、脂肪或油类、矿物质及维生素等；也有只含 1～2 种精肉或动物副产品，并加入足量的维生素和矿物质添加剂的罐装食品。另一类是作为饲粮的补充，或以罐装肉，或肉类副产品的形式用于医疗方面的食品，这种罐装食品通常是指以某一类饲料为主的单一型罐头食品，多以肉类组成的罐装肉产品较为常见，如肉罐头、鱼罐头、肝罐头等，即全肉型，此类食品不含维生素或矿物质添加剂，这种食品不是为了提供宠物所需全面营养而配制的，只是用作饲粮的一种补充，或用于医疗方面，以保证宠物日粮的全价与均衡。

全肉型的成分全部是肉类及副产品，而营养全价的罐装食品原料除肉类及副产品外，还有谷物和蔬菜等，如蔬菜罐头型食品。由于水分含量高，要对产品做稳定性处理，在不冷藏保存条件下不腐败变质，应把其 pH 调为 4.0～5.5，使许多微生物无法生存，并加入防腐剂、湿润剂和防霉剂，以保持质量。

一般可根据饲养犬（或猫）的口味及营养需要，选择和搭配罐装型食品的种类。罐装型食品使用方便，罐头打开后应及时饲喂，开罐后不宜保存。夏天开启后的罐头，必须放入冰箱保存，如果发生变质，不能饲喂。

罐装食品通常不必特别防腐保存，因为在烹调过程已经杀死了所有细菌，而且罐装密封可以防止污染。因为，此类食品并不含有任何防腐剂，所以开封后如未马上用完，应需要在冷藏条件下保存，以保持其新鲜。罐装食品由于其加工成本较高，因而价格也较高，但对于那些喂养过分挑剔的宠物主人具有很强的吸引力。

(四)处方食品

处方食品亦称特殊配方食品或处方粮或“专业处方”产品或保健食品。

这类食品也是全价营养食品，主要是针对患有心脏病、肾脏病、尿结石病等不同疾病的犬（或猫）、不同年龄犬（或猫）的生理需要和不同病因等情况配制而成的，多以罐头较为常见。使用这类食品时，一般由兽医根据宠物的具体情况，在进行药物治疗的同时，配给饲喂处方食品，临床效果十分明显，但必须在兽医指导下应用。

处方食品一般是由国际知名厂家所制造，以被称为“专业处方”产品而闻名，这类产品品质好，仅在特定的宠物店、大部分是动物医院所销售。在动物医院所销售的宠物处方食品，是专门针对某些特殊健康问题所调配的“处方食品”猫粮或犬粮，例如过敏、肠胃、肝脏、肾脏、膀胱或肥胖问题等。另外，有些特殊处方食品是针对怀孕或泌乳母犬（或母猫），或辅助犬（猫）的手术及外伤造成的伤口快速恢复，以及贫血或癌症状况下起辅助治疗作用。其次，犬处方食品的配方也有针对口腔保健所设计的，这类犬处方食品通常还需要配一些饼干以帮助减少牙菌斑的产生。

宠物处方食品是提倡以营养来调理疾病的食品，并不能单独作为药物来治疗宠物疾病，但在宠物疾病防治过程中，能维持和调理宠物的营养需要，最有效地配合动物疾病康复和预防再发病。以犬处方食品为例，其分类如下：

1.高营养处方食品

多为膏状,包装成牙膏状、罐状或在大注射器中,以便饲喂病犬。含有高质量蛋白质、脂肪和维生素等,有助于机体增强免疫力和抗病力,以及病后犬的恢复。适用于各种疾病引起的厌食、虚弱、手术后或产后的恢复阶段。在机体恢复正常后,应停止使用,不适用患严重胃肠道疾病的犬。

2.犬结石用处方食品

犬的结石用处方食品有以下3种。

(1)预防犬磷酸氨镁尿结石处方食品　含蛋白质、镁、磷和钠较少,食后能使尿液变酸。主要用于预防磷酸氨镁尿结石的形成。此类食品禁止用于饲喂患非磷酸氨镁尿结石的犬,并禁止与尿酸化剂合用。

(2)预防和治疗犬磷酸氨镁尿结石处方食品　这种食品含蛋白质、镁和磷少,含钠较多。食后使犬多饮水、多排尿,能使尿液变酸,用于溶解磷酸氨镁尿结石及其预防形成。禁止用于饲喂幼犬、妊娠母犬,并禁止与尿酸化剂合用。也不能用于患心脏病、肝衰竭、腹水、肾病、水肿和非磷酸氨镁结石的犬。

(3)犬尿酸盐、草酸盐和胱氨酸尿结石用处方食品　这种食品含蛋白质、核酸、镁、钙和铜较少,食后能使尿液变成碱性。主要用于尿酸盐尿结石、草酸盐尿结石和胱氨酸尿结石疾病的治疗和预防,也可用于进行性肾衰竭和肝脏铜中毒。禁止饲喂患磷酸氨镁尿结石的犬。

3.预防食物过敏的处方食品

这类食品主要用于预防犬由于食入过敏性食物引起的皮肤瘙痒或湿疹、过敏性腹泻(甚至带血)或呕吐。这类食物如马肉、猪肉、牛肉、大豆、牛奶、蛋类、鸡肉、鱼、甲壳类及含有谷蛋白的各种谷物(稻米不含谷蛋白)等。此类有罐装的,主要成分由稻米、羔羊肉和植物油组成。干制饲粮由鸡蛋、稻米和植物油组成。

4.犬充血性心力衰竭处方食品

这类食品含蛋白质和钠少,含钾较多。主要用于犬充血性心力衰竭,以及肝病、肾病引起的高血压、钠和液体潴留性水肿等。禁止饲喂腹泻、脱水和电解质平衡失调的犬。

5.犬胃肠道处方食品

这种食品由低脂肪、低纤维和高电解质组成。特点是易消化吸收,营养价值高。主要用于胃肠炎、腹泻、消化道手术、呕吐、胃扩张、肝病、胰腺炎、胰脏功能不足等。禁止饲喂患充血性心力衰竭和肾衰竭的犬。

6.犬肾衰竭处方食品

这种食品含蛋白质、磷和钠较少。主要用于犬肾病、肾衰竭、进行性肝病、充血性心力衰竭和肾代谢性酸中毒。

7.犬高蛋白质性处方食品

这种食品由高质量蛋白质和高能量营养物组成。主要用于犬虚弱性疾病、贫血、手术后、食欲不振、恶病质、病后恢复期、抽搐、骨折、低血糖、营养不良和创伤等。禁止饲喂患心脏病、肾病、肝病和肥胖症的犬。

8. 犬减肥处方食品

这种食品由高纤维、低脂肪和低能量营养物组成。主要用于肥胖成年犬、高血脂和淋巴扩张的犬。禁止饲喂患严重心脏病、肾衰竭和肝脏病的犬。

9. 防治犬纤维反应性疾病的处方食品

这种食品含纤维多,脂肪和镁少。犬采食后尿液变酸。食品中所含能量较减肥处方食品高,但比正常犬的食品低。主要用于纤维性反应疾病,如糖尿病、便秘、高血脂、大肠炎、淋巴管扩张和有变肥胖倾向的犬。

10. 防治牙结石的处方食品

这类食品为干型,成年犬咀嚼时可除去牙齿上的牙垢和牙结石,减轻口腔异常气味。禁止饲喂患严重牙周病的犬。

任务 15　犬、猫的营养需要

一、犬的营养需要及其特点

犬的营养需要是指每只犬每天对能量、蛋白质、矿物质和维生素等营养物质的总需要量,包括维持需要和生产需要。

(一)维持需要

维持需要是指犬既不生长发育又不繁殖和工作,其体重没有任何增长,只是在保持正常的营养状态情况下,犬所需要的营养物质,用来维持正常的体温,并保持呼吸、循环、消化等器官的正常机能,以及供给起卧、行走等必要行动的热能。维持需要简称“维持”,是最低程度的需要,若不能满足,犬就会消瘦下去。

(二)生长需要

1. 生长概述

生长是指宠物通过机体的同化作用进行物质积累,细胞数量增多和组织器官体积增大,从而使宠物的整体体积及重量增加的过程。生长过程包括:①体尺增长,体重增加;②细胞增殖与增大、组织器官发育与功能日趋完善;③化学成分积累。

生长的概念包括生长与发育,生长实质上是宠物体重量和体积的增加,它是以细胞增大和分裂为基础的量变过程,如宠物体重由小变大,体高由低变高等。发育则是宠物体组织内在特性上的变化,它是以细胞分化为基础的质变过程。生长和发育既不能混淆,也不能截然分开,生长是发育的物质基础,没有生长不可能有发育,而发育又促进了生长,并可影响生长的方向。因此,生长乃是宠物发挥潜在生产性能的基础,幼龄时期生长发育不良的宠物将会直接影响其生产性能的充分发挥。

2. 生长的规律

(1)体重　动物在生长过程中,前期生长速度较快,随着年龄的增长,生长速度逐渐转缓,生长速度由快向慢有一转折点,称为生长转缓点。

根据动物的生长规律，在饲养实践中应充分利用动物的生长前期，即利用动物达到生长转缓点前生长速度快的特点，加强饲养促进其生长发育，以获得较大的生产效益。其次，应根据公、母动物生长率不同的特点，在饲养上自幼龄时期开始即应区别对待。

（2）体组织、骨骼、肌肉和脂肪　体组织、骨骼、肌肉和脂肪的增长与沉积具有一定规律性，即生长初期以骨骼生长为主，其后肌肉生长加快，接近成熟时脂肪沉积增多乃至生长后期则以沉积脂肪为主。动物体内肌肉、骨骼、脂肪三者的增长阶段并非截然划分，而是相互重叠，同时增长，只是在不同生长阶段其生长重点不同。根据这一规律，在生长早期重点保证供给幼龄动物生长骨骼所需要的矿物质；生长中期则满足生长肌肉所需要的蛋白质；生长后期必须供给沉积脂肪所需要的碳水化合物。传统畜牧业的"肥育"概念，是指动物体内脂肪的沉积，然而，近代畜牧业的主要任务是生产动物蛋白。例如：肉犬即是以增长蛋白质为主，应适当限制碳水化合物的供给，并在蛋白质沉积高峰过后屠宰。

（3）部位　动物在生长期间，各部位的生长速度并不一致，某些部位在生长早期生长速度较快，而某些部位则在晚期生长速度较快。各种动物其各部位的生长均有一定的转移规律，例如：头腿因属于早熟部位，故年龄愈幼小则所占比重越大，且结束发育的时期也越早。所以，初生动物表现为头大、腿高。胸、臀部位快速生长的时期开始较晚，腰部更晚。

（4）器官　动物内脏器官的生长发育也具有一定规律。幼龄动物的各种内脏器官生长发育速度不尽相同。

3.生长犬的营养需要

（1）能量需要　根据饲养试验测定能量需要的方法，是在整个生长阶段分组喂给不同能量水平日粮，测定出能得到正常生长的能量水平，进而确定生长阶段适宜的能量需要量。经试验表明：生长犬的代谢能需要量是维持能量的 1.5～2 倍。为生长犬提供的能量既不能过多，也不能过少。过少则犬生长发育受阻，身体瘦弱；过多则可导致犬肥胖。

（2）蛋白质的需要　犬生长阶段所增加的体重，除水分外，主要成分是蛋白质。从理论上讲，蛋白质的最低需要量就是体内蛋白质的实际贮积量。但由于饲料蛋白质在消化代谢过程中有损失，所以事实上蛋白质的需要量远远超过这个数字。

生长犬需要的蛋白质，不仅数量上要足够，而且品质也要好。因为蛋白质品质优劣对于幼犬生长的影响，比成年犬更大。如果日粮中缺乏必需氨基酸，幼犬的生长发育将受到严重影响。

表示蛋白质需要量的方法有两种：一种是以风干日粮中所含的百分比表示，另一种是以绝对量表示，而以后者比较合理。犬生长期蛋白质的需要量应包括维持需要在内，维持部分随体重的增加而增加；而构成单位重量新组织的需要量，则随年龄和体重的增加而减少。虽然蛋白质总的需要量随年龄和体重增加而增加（至少早期是这样的），但每单位体重的蛋白质需要量却减少了。

能量和蛋白质之间存在一个比例关系，称为蛋白能量比（简称蛋能比），其含义为每兆焦代谢能所含粗蛋白质的克数。

生长犬最适宜的蛋能比为：在断乳后 3 周，蛋能比为 11.8％，3～4 周为 9.6％，至生长中期为 7.6％。

（3）矿物质和维生素的需要　犬在生长阶段，骨骼的增长很快，骨盐沉积较多，故生长期钙、磷的需要量很大，维生素 D 与钙、磷的吸收和利用有关，也是生长期造骨所必需的。犬每天对矿物质和维生素的需要量见表 2-25。

表 2-25 犬对矿物质和维生素的需要量

矿物质种类	需要量	维生素种类	需要量
钙/mg	484	维生素 A/IU	220
磷/mg	396	维生素 D/IU	22
钾/mg	264	维生素 E/IU	2.2
氯化钠/mg	484	核黄素/μg	96
镁/mg	17.6	硫胺素/μg	44
硒/mg	4.48	烟酸/μg	500
铁/mg	2.64	叶酸/μg	8.0
铜/mg	0.32	泛酸/μg	440
锰/mg	0.22	维生素 B_6/μg	44
锌/mg	2.20	维生素 B_{12}/μg	1.0
碘/mg	0.068	生物素/μg	4.4

4.妊娠犬的营养需要

妊娠犬的营养需要特点是妊娠后期比前期需要多,妊娠的最后 1/4 阶段是最重要时期;妊娠母犬的基础代谢率高于空怀母犬,在妊娠的后期提高 20%～30%。

(1)能量需要　在妊娠前 5 周,妊娠犬的能量需要可采用略高于维持时的代谢能即可,到了第 6、7、8 周,需要量是在维持的基础上分别增加 10%、20%和 30%。

(2)蛋白质需要　妊娠期的蛋白质需要高于维持需要,但低于泌乳期需要。妊娠后期,每千克代谢体重需要可代谢蛋白质 5～7 g。在确定母犬妊娠期蛋白质需要时须注意的是:蛋白质需要是与能量的需要平行发展的,在正常情况下妊娠母犬利用蛋白质效率高于空怀母犬,对蛋白质的需要在最后 1/3 时期急剧增长,要求提供足够的碳水化合物作能源利用,防止蛋白质的不足和浪费。

(3)矿物质和维生素的需要　妊娠期母犬日粮中,钙应占 1.2%、磷占 1.2%(干物质基础),钙、磷比约为 2∶1;其他矿物质元素和维生素略高于维持时的量,低于哺乳期的需要量。

5.种公犬的营养需要

正确饲养的种公犬应保持良好的种用体况及较强的配种能力,即精力充沛,性欲旺盛,能产生量多质优的精液;日粮中各种营养物质的含量,无论对幼年公犬的培育或成年公犬的配种能力都有重要作用。

(1)能量需要　能量供给不足,对幼年公犬的育成或成年公犬的配种性能均会产生不良影响;反之,如能量供应过多则会造成种公犬过肥,其危害性更为严重。通常,种公犬的能量需要大致按其维持需要量的基础上增加 20%左右。公犬代谢旺盛,活动量较大,所以种公犬与同体重的母犬维持需要相比,需要较多的能量。

(2)蛋白质需要　种公犬日粮中若蛋白质不足,会使公犬的射精量、总精子数量显著下降。因此,配种旺季,可在维持的基础上增加 50%;日粮含钙 1%,磷 0.9%,一般可满足种公犬的需要。

(3)维生素的需要　维生素 A 与种公犬的性成熟和配种能力有密切关系。维生素 A 在体内有一定贮备,一般不致缺乏,每千克体重约需 110 IU;长期缺乏维生素 E 时,也可导致公犬睾丸退化。每千克干饲料中含维生素 E 50 IU 可满足其需要。

6.哺乳母犬的营养需要

(1)能量需要　泌乳犬在哺乳期的第 1 周，代谢能需要量为维持时的 1.5 倍($1.5\times 141W^{0.734}$)，即增加 50%；在第 2 周增加 100%；在泌乳的第 3 周达到高峰，代谢能需要量是维持状态的 3 倍。之后，逐渐下降。哺乳母犬每千克代谢体重($W^{0.75}$)需要代谢能 1 966.58 kJ。

(2)蛋白质需要　哺乳期母犬，每天每千克代谢体重($W^{0.75}$)代谢蛋白质需要量为 12.4 g。

(3)矿物质和维生素需要　哺乳母犬的矿物质和维生素营养是维持时需要量的 2～3 倍。每天每千克体重的摄入量等于或超过生长犬的摄入量。

7.工作犬的营养需要

主要指军犬、警犬(包括训练期)的营养需要。

(1)能量需要　对已成年的工作犬，每天每千克代谢体重所需代谢能为：在维持基础上再增加 100%；生长发育的未成年犬在紧张训练时，每天每千克代谢体重需要代谢能为：在维持基础上再增加 200%。

(2)蛋白质需要　成年工作犬蛋白质需要为在维持的基础上增加 50%～80%。未成年训练犬则为在维持基础上增加 150%～180%。

(3)矿物质和维生素需要　成年工作犬对于矿物质和维生素营养需要无特殊要求。未成年训练犬对矿物质和维生素的营养需要与生长犬的需要一致。

二、猫的营养需要及其特点

(一)维持需要

1.能量

猫进食食物而产生的能量，用以维持猫的新陈代谢和体温。猫需要的能量可根据猫的体重和年龄计算出来。

处于生长发育阶段的幼猫，每天代谢能的需要量随年龄的增长而迅速下降。5 周龄的小猫，每千克体重每天需要能量为 1.05 MJ，30 周龄时每千克体重只需要 0.42 MJ。成年猫对维持体重的能量需要减少更多，尤其是去势猫，如不注意控制食量，很容易发胖，母猫妊娠时需要增加维持能量，哺乳母猫需要能量更多，哺乳高峰时，每天每千克体重可超过 1.05 MJ 代谢能，此时即使饲喂不限量的合理配方饲料，母猫体重也会有下降的趋势。

2.蛋白质

蛋白质是猫饲料中需要量较大的营养成分，它对维持猫的健康、修补和更替破损或衰老的组织，保证繁殖和促进生长发育都是十分重要的，是其他物质所不能代替的。猫需要含高蛋白质的饲料，动物性蛋白质通常要比植物性蛋白质更适合猫的需要，如鸡肉、鱼、鸡蛋、肝脏、肾脏和动物的其他器官组织，可使猫生长发育快，身体健康，对疾病抵抗力强。

饲喂成年猫的干饲料中，蛋白质含量不应低 21%，生长发育期的幼猫不应低于 33%。如果是含有 70%左右水分的湿性食物，成年猫的蛋白质含量不应低于 6%，幼猫不应低 10%，最适宜蛋白质含量为 12%～14%；另种计算方法是对于成年猫，每天每千克体重应该供给 3 g 蛋白质；猫奶的营养成分为蛋白质 4.5%，脂肪 4.8%，乳糖 4.9%，灰分 0.8%和水分 80%。

3. 矿物质

猫需要的矿物质主要有钙、磷、钾、钠、氯、铜、铁、钴、锰、碘、镁、锌等化学元素，这些物质大多数不是独立存在的，而是存在于普通的饲料之中。成年猫每天需要的各种矿物质见表2-26。

表2-26 成年猫每天对矿物质的需要量

矿物质名称	钠/mg	钾/mg	钙/mg	磷/mg	镁/mg	铁/mg	铜/mg	碘/μg	锰/μg	锌/μg	钴/μg
每天需要量	20～30	80～200	200～400	150～400	80～110	5	0.2	100～400	200	250～300	100～200

注：(1)钠为最小需要量；氯化钠是指常盐需要量；肉和鱼中含有适量的钾；镁在食物中常大量存在；铁应从血红蛋白中获得；肉中缺乏碘。

(2)钙供给量在生长和泌乳期为400 mg；钙与磷之比为0.9∶1.0。

(3)铜、锰、锌、钴，应防止缺乏。

4. 维生素

猫需要的维生素主要有维生素A、维生素D、维生素E、维生素K、维生素C和B族维生素，这些物质存在于普通的饲料之中。成年猫每天需要的各种维生素见表2-27。

表2-27 成年猫每天对各种维生素的需要量

维生素名称	维生素A/(mg或IU)	维生素D/IU	必需脂肪酸/(%或mg)	维生素E/mg	维生素B_1/mg	维生素B_2/mg
每天需要量	500～700(1 500～2 100)	50～100	占总脂肪的1%或很少	0.4～4.0	0.2～1.0	0.15～0.20

维生素名称	烟酸/mg	维生素B_6/mg	泛酸/mg	生物素/mg	胆碱/mg	肌醇/mg	维生素B_{12}/mg	叶酸/mg	维生素C/mg
每天需要量	2.6～4.0	0.2～0.3	0.25～1.00	0.1	100	10	0.02	1.00	少量

注：(1)猫不能利用胡萝卜素；维生素D可在皮肤合成；猫能忍受大量饱和脂肪酸，在肠道可以合成必需脂肪酸；维生素E有调节多余不饱和脂肪酸成分的作用。

(2)猫在泌乳或高烧时，维生素B_1和维生素B_2喂量应增加；喂脂肪食物时需要增加维生素B_2。

(3)泌乳或高烧时需要增加烟酸供给量，机体不能合成；肌醇是猫必需的。

(4)维生素B_{12}在肠道中可以合成；食物中含有叶酸；维生素C能代谢合成。

(二)幼猫生长需要

幼猫生命的前几周完全依靠母乳，不用另加食物。这一时期，理想的生长率应为每周100 g。但由于营养、品种及母猫体重的影响，不同个体间存在很大差异。有时发生母乳供给不足，则应供给特别的乳代用品，昼夜24 h分次供应，像小犬一样，不仅人工帮助喂奶，也要人工帮助排尿、排粪。

从3～4周龄时，幼猫开始对母猫的食物感兴趣。可给小猫一些细碎的软食物或经奶或水泡过的干食品。食品可以是母猫的，也可以为小猫特制。一旦小猫开始吃固体食物，也就开始了断奶过程。幼猫逐渐吃越来越多的固体食物，7～8周龄时，则完全断奶。

WCPN(威豪宠物营养研究中心，Munday和Earle，1991)已经开始调查猫完全断奶之前取自固体食物中的能量，4 周龄时，每天每只幼猫吃大约 10 g（相当于每千克体重 10～40 kJ 能量）食物，其余大部分仍由母乳供给。到 5 周龄时（泌乳的第 6 周），每天每只幼猫吃 15～45 g 食物，等于每千克体重 250～350 kJ 能量（取决于日粮中的能量水平）。幼猫自固体食物中摄取能量是从哺乳 2、3 周时的 0 增加到 8 周龄时的每千克体重超过 800 kJ。这说明在哺乳末期幼猫摄取的食物占母猫和幼猫总耗能中相当大的比例。在母猫和幼猫的总摄取量中，幼猫摄取的比例从哺乳 4 周的 5%增加到 6、7 周的 20%和 30%。

幼猫一旦断奶，则不再需要乳汁。随着幼猫消化道的发育，对乳糖的消化能力逐渐减弱，成年猫则不能消化乳糖。如果想要给幼猫乳汁，则应供给特制的无乳糖奶，而且随时供给新鲜饮水。

因为小猫的生理功能尚未健全，所以建议供给高能食物，多次喂食；与小犬不同，小猫不喜欢吃得过饱，应自由采食；幼猫断奶时体重在 600～1 000 g，公猫明显重于母猫，这种趋势将保持终生；能量需求的高峰约在 10 周龄，其能量需要为每千克体重 840 kJ，以后则逐渐降低，但在前 6 个月由于快速生长仍保持相对高的需求。

幼猫的食物不仅能量要高，而且还应考虑将某些营养成分再提高些。例如，幼猫日粮中蛋白质含量要比成年猫高（约 10%），钙和磷的含量要严格保持在适宜水平，因过高或不足均会导致骨骼发育不正常；还要重点强调的是向均衡日粮中加入钙添加剂反而与喂给不平衡日粮一样会引起许多问题。牛磺酸在生殖和生长发育中的作用已被证实，生长期幼猫的食物中均应添加这种氨基酸。

6 月龄时，大多数小猫的体重已达最大体重的 75%；此后体重增加并非骨骼发育所致，因此，6 月龄后的小猫适宜喂给成年猫的食物。成年公猫明显重于母猫，而且发育时间也较长。因为在 6～12 月龄之间，公母猫还都在缓慢生长，所以自由采食将持续一段时间，到一周岁时发育就达到了稳定状态。尽管许多人实行全天多次喂食，但 6 月龄以后喂食次数可以减少。

（三）妊娠猫的营养需要

母猫一旦交配其采食量几乎立即增加，同时体重也几乎由妊娠的第一天逐渐发生变化，这一点在哺乳动物中猫是独具特色的。妊娠时总平均增重（不考虑窝仔数）是配种前体重的 39%，然而，增重是随窝仔数而变化的。

猫体重增加是妊娠早期子宫外组织沉积的结果，随妊娠天数增加，妊娠后期的增重则主要是胎儿本身所致；而窝产仔数、胎次等许多因素也都影响妊娠期；然而每一个体的不同胎次及个体之间，其妊娠期的变化很大。

显然，母猫为维持增重需要，妊娠期间对食物和能量的摄取均增加，摄取能量的增加紧随体重的增加而变化；以体重为基础，就能量摄取来说，从成年的维持需要量为每千克体重 250～290 kJ 增加到妊娠期的每千克体重 370 kJ。从实践观点看，猫很少过食，所以可以自由采食，按这种方式母猫能准确地摄取到它所需要的能量，给予母猫比未妊娠时稍多的能量即可；妊娠动物对营养缺乏或过剩更具敏感性，所以此时的日粮更应精心调节，如钙、磷比例更需严格控制，因为仔猫骨骼发育的最早期在子宫内就开始了，同时蛋白质的需要量也稍高。

（四）种公猫的营养需要

种公猫在非配种季节按一般成年种猫的维持饲养即可，但在公猫配种期间，为了保持有旺盛的性欲、有高质量的精液，必须加强饲养管理，保证全面的营养供给，这对提高母猫的受胎率、产仔数和仔猫成活率等有极大的关系；特别应注意食物体积较小，质量高，适口性好，易消化，富含丰富的蛋白质、维生素 A、维生素 D、维生素 E 和矿物质，如鲜瘦肉、肝、奶等。猫的配种时间一般安排在晚上 6—8 时，每次配后 1 h 喂食。同时还应每天有适当的运动，以促进食欲和营养的消化、吸收，增强精子的活力。

（五）哺乳母猫的营养需要

猫的泌乳期是对营养需要的最大考验，母猫不但自身需获得营养，还必须为仔猫提供乳汁。小猫初生体重在 85～120 g，每窝 1～8 只，这些数字将随猫的品种、对日粮的需求等因素而变化，但明显与母猫体重无关。仔猫出生后前四周全靠母猫的乳汁生活，因此母猫在此时的能量需求远远大于妊娠期，同时小猫生长也非常快，尽管从四周龄起小猫开始吃固体食物，但母猫的营养需要仍在提高，直到完全断奶（此时小猫在 7～8 周龄），因为母猫还在喂奶（尽管有一定程度减少），而且母猫也在重建自身的储备；分娩时母猫只减轻体重的 40%，分娩后及在 8 周的泌乳期内，母猫逐渐减轻体重直到配种前的水平。

泌乳母猫的能量需要取决于小猫的数量和年龄，这两个因素将影响母猫的产奶量。母猫乳汁的能量水平是：每 100 g 含能量 444 kJ，比牛奶的每 100 g 含能量 272 kJ 为高；母猫的能量需要几乎是维持期的 3～4 倍，因此要提供适口性好、易消化和含能量高的食物；因为猫需少量多次地吃食，所以自由采食很可取，母猫也能有效地控制自己的能量摄取；由于母猫在产生乳汁时会损失大量的水分，故应供给充足的新鲜饮水；对于妊娠的母猫来说，食物中的营养水平更应严格控制，为此，泌乳母猫应喂给专门设计的食物，如某些维生素、矿物质及蛋白质的水平要更严格地控制，也要增加食物的能量水平；如果喂的是平衡食品则不用再添加营养成分，否则会引起养分失衡，这一点很重要。

任务 16　犬、猫的营养需要量及饲喂标准

一、犬的营养需要量（表 2-28）

美国饲料管理协会（Association of American Feed Control Officials，AAFCO）对犬全价食品中的养分含量提出了建议，以满足不同生理阶段犬的需要。

表 2-28　全价犬粮的营养标准[a]

（表中数值基于干物质计算得到，美国 AAFCO，2016）

营养成分	生长和繁育期最低值	成犬维持期最低值[b]	最高值
粗蛋白质/%	22.5	18.0	
精氨酸/%	1.0	0.51	
组氨酸/%	0.44	0.19	
异亮氨酸/%	0.71	0.38	
亮氨酸/%	1.29	0.68	
赖氨酸/%	0.90	0.63	
蛋氨酸/%	0.35	0.33	

续表2-28

营养成分	生长和繁育期最低值	成犬维持期最低值[b]	最高值
(蛋氨酸＋半胱氨酸)/%	0.70	0.65	
苯丙氨酸/%	0.83	0.45	
(苯丙氨酸＋酪氨酸)/%	1.30	0.74	
苏氨酸/%	1.04	0.48	
色氨酸/%	0.20	0.16	
缬氨酸/%	0.68	0.49	
粗脂肪[c]/%	8.5	5.5	
亚油酸/%	1.3	1.1	
α-亚麻酸/%	0.08	ND[d]	
(二十碳五烯酸＋二十二碳六烯酸)(EPA＋DHA)/%	0.05	ND[d]	
(亚油酸＋花生四烯酸)：(亚麻酸＋EPA＋DHA)			30 ∶ 1
矿物质			
钙/%	1.2	0.5	2.5(1.8)[e]
磷/%	1.0	0.4	1.6
钙：磷	1 ∶ 1	1 ∶ 1	2 ∶ 1
钾/%	0.6	0.6	
钠/%	0.3	0.08	
氯化物/%	0.45	0.12	
镁/%	0.06	0.06	
铁[f]/(mg/kg)	88	40	
铜[h]/(mg/kg)	12.4	7.3	
锰/(mg/kg)	7.2	5.0	
锌/(mg/kg)	100	80	
碘/(mg/kg)	1.0[g]	1.0	11
硒/(mg/kg)	0.35	0.35	2
维生素和其他			
维生素 A/(IU/kg)	5 000	5 000	250 000
维生素 D_3/(IU/kg)	500	500	3 000
维生素 E[h]/(IU/kg)	50	50	
维生素 B_1[i]/(mg/kg)	2.25	2.25	

续表2-28

营养成分	生长和繁育期最低值	成犬维持期最低值[b]	最高值
维生素 B_2/(mg/kg)	5.2	5.2	
维生素 B_6/(mg/kg)	1.5	1.5	
泛酸/(mg/kg)	12	12	
叶酸/(mg/kg)	0.216	0.216	
烟酸/(mg/kg)	13.6	13.6	
维生素 B_{12}/(mg/kg)	0.028	0.028	
胆碱/(mg/kg)	1 360	1 360	

注：a. 本表数据是在设定犬粮能量浓度为 4 000 kcal ME/kg 下得到的。如果犬粮能量浓度大于 4 000 kcal ME/kg，应该校正能量浓度；如果犬粮能量浓度小于 4 000 kcal ME/kg，不应该做能量校正。低能量浓度的犬粮不认为能够满足犬的营养需要。

b. 体重维持需要的推荐成分含量基于特定最佳体重犬的平均能量摄取水平。

c. 尽管粗脂肪本身的真实需求量没有建立，其最低值是基于粗脂肪作为必需脂肪酸来源、脂溶性维生素的载体，增加适口性，及提供充足的能量浓度。

d. ND—未确定。当最低需求量未确定时，(ω-3)脂肪酸的充足量有必要符合(ω-6)：(ω-3)脂肪酸比值的最大值。

e. 1.8%适用于大型犬(成犬体重达 70 lb 或以上)幼犬的食品配方。对于其他生命时期，包括非大型犬生长期，最大值为 2.5 DM。

f. 铁与推荐最低值相关的平均表观消化率为 20%。碳酸盐或者氧化物来源的铁，因其极低的表观消化率，添加入犬粮中的量不应被计算入铁的最低营养成分含量中。

g. 氧化铜的表观消化率极低，所以其添加入犬粮中的量不应被计算入铜的最低营养成分含量中。

h. 推荐的维生素 E 国际单位与多不饱和脂肪酸(PUFA)克数的比值应大于 0.6 ∶ 1。饮食中维生素 E 的含量若为 50 IU，则 PUFA 应少于 83 g。饮食中含有超过 83 g 的 PUFA，则应增加超出克数每克 0.61 IU 的维生素 E。

i. 在犬粮加工过程中会损失接近 90%的维生素 B_1，维生素 B_1 的最小值应该是犬粮加工完成后的。

二、犬的饲喂程序及饲喂量

1. 妊娠母犬的饲喂程序及饲喂量

母犬的妊娠期为 60 d 左右，正常情况下都在 58～63 d 之间。母犬妊娠 1 个月左右，为了满足母体和胎儿的生理需要，早晚各饲喂一次。一个半月左右，除早晚饲喂外，中午应加喂 1 次。此时不要喂得太饱，不要给冷凉饲料和过凉的水，以防止流产。具体饲喂可参照：妊娠初期(约 35 d 内)，可以按原饲养方法饲养，在 35～42 d、42～49 d、49～60 d，饲喂饲料应分别在原基础上增加 10%、20%和 30%。尤其后期，应注意增加一些易消化，含蛋白质高，钙、磷、维生素丰富的饲料。妊娠 35～45 d 时，每天应喂 3 次，45～60 d 时，每天喂饲 4 次。

2. 泌乳期母犬的饲喂程序及饲喂量

母犬分娩后最初 6 h 内不愿吃东西，一般可不喂食，但要供给清洁、充足的温水，切忌喂冷水。在最初几天，泌乳母犬最好选择精、细、易消化和催乳效果好的食粮，如牛奶冲鸡蛋、肉汤泡米饭、稀饭加少量蛋黄等。每天多喂几次，每次量要少，以利于母犬内脏器官机能的恢复。待母犬恢复体质后，喂给的饲料除保证母体的营养需要外，还要考虑泌乳的需要。除了按日粮配方外，应酌情加些新鲜的肉类、鸡蛋、鱼肝油、牛奶或骨粉等，以便母犬有足够而优质的乳汁供应仔犬。一般泌乳犬在泌乳的第 1 周，饲料可比平时增加 50%，第 2 周增加 100%，到第

3 周增加 200%～300%，以后逐渐减少。泌乳犬饲喂次数一般每天不少于 3～4 次。饲料忌突然改变，以免引起消化障碍。饲喂要定时、定量，饲料要求多样化，以满足营养需要。在泌乳高峰期，必须提供高能量和高蛋白质的日粮，同时采取自由采食的方式饲喂。

3. 仔、幼犬的饲喂程序及饲喂量

很多母犬在仔犬能自己采食前泌乳量已经不能满足仔犬的需要，即需要补乳。补乳以新鲜牛奶为好，羊奶或奶粉也可，经煮沸消毒后用奶瓶喂给。乳温在 27 ℃左右。补量可根据母犬泌乳量而适当调整。一般来讲，15 d 以内的仔犬，每天只补给 50 mL 牛奶；15～20 d 仔犬每只每天补 100 mL，每天分 3～4 次喂给。对于各种原因使母犬产后乳汁很少或无母犬死亡以及母犬产仔较多(超过 8 只)，都需要人工进行哺育。人工哺育的仔犬，犬箱内必须松软并保持适当温度。哺喂时用酒精棉球擦拭仔犬的臀部，刺激仔犬及时大小便。人工哺育要选用各种优质乳品，用乳瓶喂给。生后 10 d 内，每天每隔 2～3 h 喂一次，夜间每隔 4～6 h 喂一次。每只犬每昼夜不少于 100 mL。随着日龄的增加，哺喂次数可适当减少，但喂量要逐渐增加。有条件的也可以找正处于哺乳期的犬代哺。

20 d 以后，仔犬已经具备了一定的消化能力，同时，单纯的乳品已经不能满足仔犬的营养需要了，这就需要对仔犬进行辅食喂养。一开始可以在牛奶中放少量碎牛肉，然后逐渐掺些碎面包喂给仔犬。可以在食物中添加些钙剂和骨粉，使仔犬的骨骼更加粗壮而结实。

4. 老年犬的饲喂程序及饲喂量

一般犬 6 岁以后便进入更年期，7～8 岁进入老年期。饲喂老年犬的饲料尽量采用易消化且营养高的流食、半流食。注意多补充一些蛋白质饲料和蔬菜类。老年犬易患便秘，注意多给饮水和蔬菜类，如便秘发生可进行洗肠。饲料中盐分应减少。在商品化的小型老年犬日粮中，合理的蛋白质配比，添加抗氧化成分(维生素 E、维生素 C 和多酚等)可预防肌肉萎缩，同时减少磷的含量还可以保护肾脏功能。

三、猫的营养需要量——建议供应量标准(美国 NRC 2006)(表 2-29)

表 2-29　全价猫粮的营养标准[a]

(表中数值基于干物质计算得到，美国 AAFCO，2016)

营养成分	生长和繁育期最低值	成年维持期最低值[b]	最高值
粗蛋白质/%	30.0	26.0	
精氨酸/%	1.24	1.04	
组氨酸/%	0.33	0.31	
异亮氨酸/%	0.56	0.52	
亮氨酸/%	1.28	1.24	
赖氨酸/%	1.20	0.83	
蛋氨酸/%	0.62	0.20	1.5
(蛋氨酸+半胱氨酸)/%	1.10	0.40	
苯丙氨酸/%	0.52	0.42	
苯丙氨酸+酪氨酸/%	1.92	1.53	

续表2-29

营养成分	生长和繁育期最低值	成年维持期最低值[b]	最高值
苏氨酸/%	0.73	0.73	
色氨酸/%	0.25	0.16	
缬氨酸/%	0.64	0.62	
粗脂肪[c]/%	9.0	9.0	
亚油酸/%	0.6	0.6	
α-亚麻酸/%	0.02	ND[d]	
花生四烯酸/%	0.02	0.02	
(二十碳五烯酸+二十二碳六烯酸)(EPA+DHA)/%	0.012	ND[d]	
矿物质			
钙/%	1.0	0.6	2.5(1.8)[e]
磷/%	0.8	0.5	
钾/%	0.6	0.6	
钠/%	0.2	0.2	
氯化物/%	0.3	0.3	
镁[e]/%	0.08	0.04	
铁[f]/(mg/kg)	80	80	
铜(干粮)[g]/(mg/kg)	15	5	
铜(湿粮)[g]/(mg/kg)	8.4	5	
锰/(mg/kg)	7.6	7.6	
锌/(mg/kg)	75	75	
碘/(mg/kg)	1.8	0.6	9.0
硒/(mg/kg)	0.3	0.3	
维生素和其他			
维生素 A/(IU/kg)	6 668	3 332	333 300
维生素 D/(IU/kg)	280	280	30 080
维生素 E[h]/(IU/kg)	40	40	
维生素 K[i]/(mg/kg)	0.1	0.1	
维生素 B_1[j]/(mg/kg)	5.6	5.6	
维生素 B_2/(mg/kg)	4.0	4.0	
维生素 B_6/(mg/kg)	4.0	4.0	
泛酸/(mg/kg)	5.75	5.75	
叶酸/(mg/kg)	0.8	0.8	
烟酸/(mg/kg)	60	60	
生物素[k]/(mg/kg)	0.07	0.07	
维生素 B_{12}/(mg/kg)	0.020	0.020	

续表2-29

营养成分	生长和繁育期最低值	成年维持期最低值[b]	最高值
胆碱/(mg/kg)	2 400	2 400	
牛磺酸(干粮)/%	0.10	0.10	
牛磺酸(罐装)/%	0.20	0.20	

注:a. 本表数据是在设定猫粮能量浓度为 4 000 kcal ME/kg 下得到的。如果猫粮能量浓度大于 4 000 kcal ME/kg,应该校正能量浓度;如果猫粮能量浓度小于 4 000 kcal ME/kg,无须校正。如果参照本营养表进行对比,那么当配方的能量密度较低时,则认为该配方不足以满足猫的营养需要。

b. 标准体重的成年猫在摄入平均热量的条件下,维持自身体重所需的浓度推荐值。

c. 猫对粗脂肪的实际需求量目前尚未建立标准,本营养表在设定粗脂肪的最低浓度值时,将粗脂肪作为提供必需脂肪酸的来源,以及作为脂溶性维生素的载体,以提高猫粮的适口性,并提供足够的热量。

d. ND—未确定。

e. 在自由喂食的条件下,如果尿液的平均 pH 不低于 6.4,则猫粮中镁含量的增加,患上尿结石的风险也会随之增加。

f. 当猫粮中添加了碳酸盐或氧化物时,由于碳酸盐或氧化物中铁的生物利用率太低,因此在确定铁的最低营养浓度时,未计入碳酸盐或氧化物中的铁。

j. 当猫粮中添加了氧化物时,由于氧化物中铜的生物利用率太低,因此在确定铜的最低营养浓度时,未计入氧化物中的铜。

h. 在每千克猫粮中,每多 1 g 鱼油,就应在最低浓度基础上,再添加 10 IU 的维生素 E。

i. 除非猫粮中含有 25%以上(以干物质计算)的鱼类成分,否则没有必要添加维生素 K。

j. 加工处理会导致硫胺素流失,流失量最高可达 90%,因此应保证加工后的猫粮配方满足最低营养浓度标准。

k. 除非猫粮中添加了抗生素或抗维生素成分,否则没有必要添加生物素。

四、猫的饲喂程序及饲喂量

1. 妊娠母猫的饲喂程序及饲喂量

猫的妊娠期为 58～71 d,平均 63 d。母猫妊娠期间为了维持增重,对食物和能量的摄取均增加,摄取量的增加,随着体重的增加而变化。以体重为基础,以能量摄取为例,从成年的维持需要量 250～290 kJ/kg,增加到妊娠期的 370 kJ/kg。从实践看,猫很少过食,所以可以自由采食。按这种方式妊娠母猫能准确地摄取到它所需要的能量。妊娠母猫对营养缺乏或过剩更具有敏感性,所以此时的日粮应精心配制调节。如钙、磷比例更需严格控制,因为幼猫骨骼发育的最早期在子宫内就开始了,同时蛋白质的需要量也稍高。

2. 泌乳期母猫的饲喂程序及饲喂量

像母犬一样,母猫在泌乳期不但自身需要获得营养,还必须为仔猫提供乳汁。幼猫出生后前 4 周全靠母猫的乳汁生活,因此母猫在此时的能量需求远远大于妊娠期,几乎是维持需要的 3～4 倍。尽管从 4 周龄起幼猫开始吃固体食物,但同时母猫重建自身的贮备需要在增加,因此母猫的营养需要仍在提高,直到幼猫完全断奶(此时幼猫在 7～8 周龄)。泌乳母猫的能量需要取决于小猫的数量和年龄,这两个因素将影响母猫的产奶量。因此饲喂时应根据不同情况提供适口性好、易消化和含能量高的食物,或采用专门设计的配方食品。母猫需少量多餐地吃食,也能有效地控制自己的能量摄取,因此可采用自由采食饲喂。由于母猫在产生乳汁时会损失大量的水分,故应供给充足的新鲜饮水。

3. 幼猫的饲喂程序及饲喂量

幼猫生后的前几周全靠吃初乳,不用另加食物。如果有幼猫体弱很难吃上初乳,应人工帮助幼猫尽快吃上初乳，因为母猫初乳内同样含有大量抗体，抗体是猫体内防卫体系的组成部分，新生幼猫的肠道最易吸收初乳中的抗体，吸收能力随时间的增长而减弱，因此让幼猫吃上初乳越快越好。如母乳供给不足，则应供给特制的乳代用品，或找养母喂奶，昼夜 24 h 分次供应。

从 3～4 周龄起，幼猫开始对母猫的食物感兴趣，可给幼猫一些碎的软食或经奶或水浸泡过的干食品。食品可以是母猫的，也可以喂特制的小猫粮。到 5 周龄时，每只幼猫每天吃 15～45 g 食物，每千克体重含 250～350 kJ（取决于日粮中的能量浓度）。幼猫自固体食物中摄取能量从哺乳 2～3 周时的 0 增加到 8 周龄时的每千克体重 800 kJ。这说明在哺乳末期幼猫摄取的食物占母猫和幼猫总耗能中相当大的比例，即幼猫摄取的比例从哺乳 4 周的 5%增加到 6～7 周的 20%～30%。到 7～8 周龄就可以考虑断奶了。

断奶后 1～3 d 内，由吸食母乳变为饲料喂养，要有个适应过程，所以幼猫的饲料一定要根据需要，科学配制，提供足够的营养，便于消化。尤其是要有足够的维生素和丰富的蛋白质，如多喂些瘦肉和动物脂肪，适当添加一些维生素和无机盐。刚断奶的幼猫消化能力弱，开始每日喂 4～5 次，逐渐减到每日喂 3 次。每次喂量要适当，不过多也不过少，幼猫的饲料不宜多变，要尽可能地适合幼猫的口味。幼猫需要足够的清洁饮水，便于幼猫口渴时自由饮用。另外，家养宠物猫，在整个饲养过程中不要忽视牛磺酸的供应。可以选择方便而且全价的猫干粮来饲喂幼猫。现以法国皇家幼猫粮(1～3 月龄)为例，饲喂量见表 2-30。

表 2-30　1～3 月龄幼猫粮饲喂量

幼猫年龄/月	幼猫体重/kg	饲喂量/(g/d)
1	0.35～0.6	25～35
2	0.8～1.2	40～50
3	1.4～2.1	60～65

注：(1)代谢能为 18.55 MJ/kg；

(2)资料来源：法国皇家研发中心。

4. 老年猫的饲喂程序及饲喂量

多数猫可以活到 14～17 岁，一般 8～9 岁时，开始进入老年期。老年猫的饲喂需要注意控制食量(具体饲喂量见表 2-31)，少饲喂钠、磷和蛋白质，多饲喂含纤维素和维生素食物。最好用老年猫专用猫粮，可以延缓猫的衰老，提高猫的寿命。一般采取每日用量分多餐喂给的方式，同时保证猫任何时候都能喝上清水。

表 2-31　老年猫粮(S28)每日饲喂量　　g

猫的体重/kg	偏瘦	理想体重	超重
2	35	30	
3	55	45	
4	70	55	45
5		70	60
6		85	70
>7			80

注：(1)皇家老年猫粮(S28)代谢能为 16.19 MJ/kg，蛋白质含量 27%，脂肪含量 15%。

(2)资料来源：法国皇家研发中心。

项目 5

实验动物营养

☆学习任务单

模块二项目 5	实验动物营养	参考学时	4 学时
任务分配			
学习目标	1. 大鼠、小鼠和豚鼠的消化生理特点 2. 大鼠、小鼠和豚鼠的饲料的主要成分 3. 大鼠、小鼠和豚鼠的饲料特性 4. 大鼠、小鼠和豚鼠的营养需要和饲养标准 5. 大鼠、小鼠和豚鼠的饲喂量和饲喂程序		
知识目标	1. 掌握大鼠、小鼠和豚鼠的消化生理特点 2. 了解大鼠、小鼠和豚鼠的饲料的主要成分 3. 了解和掌握大鼠、小鼠和豚鼠的饲料特性 4. 熟知大鼠、小鼠和豚鼠的营养需要和饲养标准 5. 掌握大鼠、小鼠和豚鼠的饲喂量和饲喂程序		
能力目标	1. 能熟知大鼠、小鼠和豚鼠的消化生理特点 2. 能熟知大鼠、小鼠和豚鼠的饲料的主要成分 3. 会熟练使用大鼠、小鼠和豚鼠的营养需要和饲养标准 4. 能熟练掌握大鼠、小鼠和豚鼠的饲喂量和饲喂程序		
素质目标	1. 培养学生崇尚科学、积极探索的职业素养 2. 培养学生理论联系实际、理论指导实践的学习和工作态度 3. 培养学生语言表达能力、团队协作能力和实际应用能力		
考核点	1. 能根据动物正确选择饲养标准 2. 能说出不同动物的消化生理特点、饲喂程序		
参考资料	王俊霞，刘健敏. 实验动物质量控制. 石家庄：河北科学技术出版社，2014. 杨斐，胡樱. 实验动物学基础与技术. 上海：复旦大学出版社，2010.		

任务 17　实验动物的营养需要

实验动物的品种、品系繁多，食性较杂，饲养环境各异，对各种营养素的需要也不同，遗传和环境因素都会影响实验动物的营养需要。营养缺乏或过剩都对实验动物的生长、繁殖和实验应用不利。因此，针对不同种的实验动物在不同时期制订出科学合理的营养标准，是实现实验动物营养学质量控制的首要条件。

一、各种实验动物的营养需要特点

实验动物的营养需要是指每只动物每天对能量、蛋白质、碳水化合物、脂肪、矿物质、维生素等营养素的平均需要量。动物为了维持生命及生长、繁殖等，需要各种营养素。由于动物种类不同，所处的生理状态不同以及温度、湿度等气候条件和耐受实验刺激、感染等外部条件的不同，动物对各营养素的需要量都会有所差异。饲养标准是根据实验动物种类、性别、年龄、生理状态、饲养目的与水平条件，以及饲喂过程中的实际经验，结合饲养试验的结果，科学地规定一只动物每天应该给予的能量和各种营养物质的数量。

动物的营养需要量是制订饲养标准的根据，而饲养标准又是设计饲料配方、制作全价营养饲料的重要依据。中华人民共和国国家质量监督检验检疫总局于 2010 年发布了最新的《实验动物配合饲料标准》(GB 14924—2010)，其中详细规定了实验动物全价营养饲料的质量要求、检验规则、标志、包装、运输及贮存等，并规定了相应的检方法，成为满足实验动物的营养需要、实现饲养标准，从而实现实验动物标准化的重要保证。

(一)小鼠的营养需要特点

小鼠为杂食性动物，有随时采食的习性，夜间最为活跃。对蛋白质的需求相对较高，饲料中需含有 16%以上的蛋白质才可满足需要。通常小鼠的日增重和离乳成活率随饲料蛋白质水平的提高而提高。每只小鼠每天给予 60.6 kJ 代谢能就可满足生长需要，75.2 kJ 就可满足其快速生长和繁殖需要。

小鼠喜食含碳水化合物高的饲料，饲料中的比重可适当大些。小鼠对粗纤维的需要量受含纤维的饲料性质决定，还受到适口性、消化、泌乳、肠道微生物、其他营养成分的吸收等因素的影响，一般以 5%粗纤维含量为宜。小鼠对必需脂肪酸的需要相关研究较少，但泌乳期小鼠喜食含脂类高的饲料，也需要亚油酸。

小鼠对于维生素 A 的过量很敏感，尤其是妊娠小鼠摄入过量的维生素 A 会导致胚胎畸形。小鼠对维生素 A 和维生素 D 的需要量较高。给予维生素 E 能使小鼠的受孕率、产仔率明显提高。无菌小鼠应注意补充维生素 K。锌、铁、铜、锰等微量元素的缺乏可导致小鼠生长发育受阻，被毛粗糙、贫血及繁殖率下降。

小鼠各品系间营养需要有明显差异。在隔离或屏障环境中培育的动物其营养需要和同品系在开放环境中饲养的动物的营养需要差别更为明显。

(二)大鼠的营养需要特点

大鼠为杂食性动物，但对纤维素的消化能力也很强，其盲肠内有大量微生物，能分解纤维素，合成B族维生素和维生素K。大鼠对营养缺乏较敏感，可消化能的需要量约为15.9 MJ/kg饲料。饲料中含18%～20%的蛋白质一般可满足其生长、妊娠和泌乳的需要。饲料中添加0.36%的蛋氨酸或0.5%的赖氨酸，可使大鼠生长速度达到最快。在生长期以后，蛋白质需要量锐减，可适当减少饲料中蛋白质含量以延长其寿命。7%～10%的蛋白质可满足成年大鼠的维持需要。生长期的大鼠易发生脂肪酸缺乏，饲料中必需脂肪酸的需要量应占热能物质的1.3%，其中亚油酸不能低于0.3%，它能在大鼠体内转化为花生四烯酸，此为细胞膜上的主要脂肪酸，也是前列腺素的重要前体物质。一般饲料中应当添加脂肪。

大鼠对钙、磷的缺乏有较大的抵抗力，但对镁的需要量较高。当饲料含锌量低至3.55 mg/kg时，会使雄鼠生殖功能下降，含铁量低至60.95 mg/kg时，会导致缺铁性贫血，如果锌和锰的含量同时降低，还将引起大鼠肾上腺发育迟缓。维生素B_2缺乏会限制大鼠的生长速度，使肝/体比值升高，血红蛋白含量下降。维生素E缺乏可导致雄鼠睾丸变性和孕鼠胎儿吸收。大鼠对维生素A缺乏十分敏感，一旦缺乏时常咬人。大鼠能有效地储存脂溶性维生素和维生素B_{12}，合成维生素C以及通过食粪满足其对B族维生素的大部分需要。

(三)豚鼠的营养需要特点

豚鼠为草食性动物，喜好采食含纤维素较多的禾本科嫩草，对粗纤维消化能力较强。豚鼠饲料中应保证12%～14%的粗纤维，若粗纤维不足，可发生排粪较黏和脱毛现象，还会相互吃毛。饲料中粗纤维含量对豚鼠的生产能力有很大影响，当饲料中粗纤维含量为11%时，豚鼠的生产力偏低；上升至12.4%时生产能力提高；继续增加至13.7%时，其生产能力不会再升高但趋于稳定。

豚鼠食量较大，食性挑剔，对饲料的改变敏感。有食粪癖，成年豚鼠从肛门口处取食软粪补充营养，幼仔从母鼠粪中获取正常菌丛。豚鼠日夜采食，随吃随拉，一般拒食苦、咸和过甜饲料。

饲料中蛋白质和能量水平与豚鼠的生长关系密切，16%的蛋白质含量和12 MJ/kg的能量会使豚鼠体增重最快。当蛋白质含量提高至18%时，豚鼠的繁殖能力上升，继续提高至20%时，其各项繁殖指标趋于稳定。豚鼠对某几种必需氨基酸需要量很高，其中最重要的是精氨酸。用单一蛋白质饲料若不补充其他氨基酸，则饲料中蛋白质含量需高达35%才能生长最快。

豚鼠体内缺乏维生素C合成酶，自身不能合成维生素C。对维生素C的缺乏特别敏感，缺乏时可引起维生素C缺乏病(坏血病)、生殖功能下降、生长不良、抗病力降低，最后导致死亡，必须在饲料或饮水中予以添加。每日0.5～1.0 mg维生素C/100 g体重可满足豚鼠生长发育的需要，而1.5～2.0 mg维生素C/100 g体重则可使繁殖豚鼠的受孕率、产仔数、初生体重和离乳成活率达到最高。添加时应给予10%的安全系数，如饲料需高温、高压消毒则该系数更高，以弥补消毒造成的维生素C破坏。

(四)地鼠的营养需要特点

地鼠为杂食性动物，以植物性饲料为主。但对饲料蛋白质的质量和数量要求较高，如果不能满足需求，则会引起成年鼠性功能减退和幼鼠生长发育缓慢。饲料中蛋白质的含量一般要求达到20%～25%，动物性蛋白质与植物性蛋白质之比应为1∶2或2∶3，否则会导致生殖功能障碍、无生活力的仔鼠增多。同时，还需定量供给脂肪和维生素A、B族维生素、维生素D。

地鼠需要适量给予青绿饲料，冬季饲养时应适当补充萝卜、白菜等，夏季则可给予适量的黄瓜、白菜、油菜等。

(五)兔的营养需要特点

兔为草食性动物，对粗纤维的消化能力较强。饲料组成中粗纤维含量不足，特别是<6%时，常可引发消化性腹泻，一般应控制在11%～15%为宜。夜间采食十分活跃，采食量占全天的75%。饲料中生长兔和繁殖兔的蛋白质水平应在17%～21%，15%的蛋白质水平即可满足维持的营养需要。在必需氨基酸中，精氨酸是兔的第一限制性氨基酸，对兔的健康特别重要，赖氨酸和含硫氨基酸也十分重要。

兔可以耐受高水平的钙，在初生时有很大的铁贮备，因而不易贫血。兔肠道微生物可以合成维生素K和大部分B族维生素，并通过食粪行为而被其自身所利用，但对繁殖兔仍需补充维生素K。

(六)犬的营养需要特点

犬为肉食性动物，善食肉类、脂肪和骨，对动物蛋白和脂肪的需要高，饲料中动物性蛋白质至少要占蛋白质含量的1/3。幼犬每天每千克体重应给予动物性蛋白质4.7 g。饲料中代谢能达14.6～16.7 MJ/kg，蛋白质含量达22%，可满足犬生长和繁殖的营养需要。犬虽可杂食或素食，但对植物纤维和生淀粉消化力差，不消化的生淀粉过多可在肠道内引起异常发酵，产生软便和出现腹泻。供给犬脂肪、蛋白质时，除考虑满足能量外，还应当考虑改善饲料的适口性。犬能耐受高水平的脂肪，也非常爱吃动物性脂肪，并要求饲料中有一定水平的不饱和脂肪酸。犬对维生素A的需要量较大。尽管犬肠道内的微生物可合成B族维生素，但仍需要从饲料中补充。

(七)猪的营养需要特点

猪为杂食性动物，大部分时间都在取食，吃食无节制，吃得多，消化快，食谱多样化，但有择食性，能辨别口味，特别喜爱甜味。饲料量一般按体重的2%～3%分1～2次供给。猪生长期饲料中蛋白质含量应为16%、脂肪为3%、粗纤维为5.5%；维持期饲料中蛋白质应为16%，脂肪为2%，粗纤维为14%。

(八)猕猴的营养需要特点

猕猴为杂食性动物，以素食为主，喜食味甜而富含淀粉的果实。16%～25%的蛋白质就可满足猕猴的生长和繁殖需要。脂肪则以3%～6%为宜。粗纤维占2.5%～5%即可。

猕猴体内缺乏维生素C合成酶，不能在体内合成维生素C，必须从饲料中摄取，缺乏时可致牙龈出血、精神萎靡，长期缺乏会导致死亡。一般猕猴除饲喂常规饲料外，还要添加瓜果蔬菜。人工饲养时，猕猴通常饲喂以面粉、玉米粉、黄豆粉、鸡蛋、食盐和骨粉制作的蛋糕和饼干。

二、影响实验动物营养需要的因素

(一)遗传因素

一般来说，品种不同的实验动物，因其消化系统结构和机能的差异，摄取食物有不同的习性，人们把这种习性称为食性。动物的食性是由遗传因素所决定的，根据它们摄取主体食物的种类，可以把动物大致分为3类：草食动物、肉食动物和杂食动物。各种动物都有与其食性相适应的消化器官、消化酶和分泌机能。

（1）草食动物　如豚鼠、家兔、羊等，草食动物可利用饲料中的粗纤维作为能量来源；另外，粗纤维还可刺激其胃肠蠕动，帮助排便。若草食动物饲料中粗纤维含量不足，可造成消化机能紊乱，产生消化道疾病等。因此，对于草食动物来说，粗纤维是必不可少的，一般要求达到10%～15%。

（2）肉食动物　如犬、猫等，肉食动物对脂肪和蛋白质需要量较高，其蛋白质需要量可达30%。同时除考虑满足其能量需要之外，还应考虑改善饲料的适口性。

（3）杂食动物　如大鼠、小鼠、猪、猴等，杂食动物既不像草食动物那样可以利用粗纤维，对蛋白质和脂肪的需要量也不如肉食动物高，杂食动物的蛋白质需要量为18%～22%，其中维持期对蛋白质需要量相对较少，而生长期、孕期、哺乳期蛋白质需要量增大。

（二）动物的生理状态

不同食性的动物对饲料的要求不同，即使同一种实验动物，在不同的生理状态下，其营养需要也存在着差别。动物的生理状态可分为维持状态、生长状态和繁殖状态。

（1）动物维持状态的营养需要　维持是指健康动物体重不发生变化，不进行生产，体内各种营养物质处于平衡状态。动物处于维持状态下对能量、蛋白质等营养素的需要，称为维持需要。从生理角度来讲，处于维持状态的动物体内的养分处于合成代谢与分解代谢速度相等的“平衡”状态，维持需要就是用来满足这个动态平衡的需要。动物只有在维持需要得到满足之后，多余的营养物质才能用于生长和繁殖。

（2）动物生长状态的营养需要　生长是指动物通过机体的同化作用进行物质积累、细胞数量增多和组织器官体积增大，从而使动物的整体体积及重量增加的过程。动物处于生长状态下对能量、蛋白质等营养素的需要，称为生长需要。从生物化学角度来看，生长是体内物质的合成代谢超过分解代谢的结果。生长需要是在满足动物维持需要的基础上，还有充足的营养素满足动物的生长要求。

（3）动物繁殖状态的营养需要　动物的繁殖过程包括两性动物的性成熟、性机能的形成与维持、受精过程、妊娠及哺育后代等许多环节，任何一个环节都可能因营养不适而受到影响，引发繁殖障碍。动物处于繁殖状态下对能量、蛋白质等营养素的需要，称为繁殖需要。动物处于繁殖状态下，对于营养素的数量和质量要求都高于维持和生长状态。因此，要求在繁殖过程中提供适宜的营养物质，以保证和提高动物的繁殖力。

任务18　实验动物的饲料

由于所含营养素的限制，单一的饲料原料无法全面满足动物的营养需求，这就需要使用配合饲料。配合饲料是指根据饲养动物的营养需要，将多种饲料原料按饲料配方经工业化生产的均匀混合物。

一、实验动物饲料的类型

（一）按配合饲料的组分精细程度分类

（1）天然原料饲料　用经过适当机械加工的谷物、牧草、水果、蔬菜和骨粉、色粉等原料和适当地添加剂配成的全价配合饲料叫天然原料饲料。在正常情况下，繁育生产各种实验动物都是使用这种饲料。因其价格便宜、加工简便，故广泛应用于动物的生产繁殖。在正常情况下，实验动物的繁育、生产都是使用这种饲料。

(2)提纯饲料　原料经精炼后配制的饲料叫提纯饲料，如用酪蛋白做蛋白质的来源，糖或淀粉做碳水化合物的来源，植物或动物油做脂肪来源，纤维素做粗纤维的来源，再加上化学提纯的无机盐和维生素。这类饲料只适用于做某些特殊实验研究的动物。如牛奶中提炼出的酪蛋白、乳白蛋白，鸡蛋中提炼出的卵白蛋白作为蛋白质的来源，蔗糖和玉米淀粉作为碳水化合物的来源，植物或动物油作为脂肪的来源，再加上化学纯的无机盐、维生素和纤维素等配制而成的日粮。这类饲料容易控制营养成分，易于重复实验，只适用于某种特殊需要的动物实验。

(3)化学成分确切的饲料　采用化学上纯净的化合物如氨基酸、糖、必需脂肪酸、无机盐和维生素制备的饲料叫化学成分确切的饲料。这类饲料只适于有特殊营养素限定的实验使用。这类饲料比加工饲料化学成分更明确，价格也更高，只适用于某些需要严格控制营养成分的动物实验。

(二)按营养成分分类

(1)全价配合饲料　又称全日粮配合饲料，该饲料含有的各种营养物质和能量均衡，能够完全满足动物的各种营养需要，不需添加任何其他成分就可以直接饲喂，并能获得最大的饲养效果。目前在实验动物行业，大鼠、小鼠、豚鼠和兔都采用全价配合饲料。

(2)混合饲料　又称基础饲料，是由能量、蛋白质及矿物质饲料等按一定的比例配伍组成，基本可满足动物的营养需要，但营养不够全面，还需另外补充添加一定量的青、粗饲料，才能达到营养全价。部分实验动物机构用于饲养豚鼠、兔、犬、猴等动物。

(3)代乳饲料　又称人工乳，是专门为各种哺乳期动物配制，可用于代替自然乳的全价配合饲料，如一些剖宫产动物可用其代替保姆动物哺乳。

(三)按饲料加工的物理性状分类

(1)粉状饲料　粉状饲料是把所有的原料按需要粉碎成大小均匀的颗粒，再根据配方按比例混合好的一种料型，不再进行成形加工。这种饲料加工方法简单、成本低，便于试验时随时加入一些药品。但容易引起动物挑食造成浪费，且比重不同的原料在运输过程中容易分离。配制过程中应注意将生粉加热处理，如粮谷类粉料一般应在 120 ℃高压蒸汽灭菌处理，冷却后再拌入其他粉料，添加维生素、无机盐时应采取逐步扩大法，并应反复过筛拌匀。

(2)颗粒饲料　颗粒饲料是以粉料为基础，经过加压成型、烘烤处理而制成的块状饲料。颗粒饲料在加工过程中经过水蒸气热压后对饲料有烧煮作用。能将粉粒湿润软化，并促使组织细胞破裂，纤维撕碎，引起某些成分的结构变化，使高能量饲料发生综合作用。又使生淀粉 α 化(淀粉糊化)，容易被动物消化吸收。在加热过程中，能引起蛋白质变性，降低蛋白质溶解性，增强组织蛋白食感优良性，破坏酶的生物活性和毒性蛋白。在加热过程中可抑制对生理代谢有害的物质。通过加热，可除去腥味而增加饲料的适口性。同时蒸汽又具有杀菌作用使颗粒饲料细菌数减少，饲料不易变质，食物中毒机会减少，提高了饲料质量，饲料的保存性能提高。加温加压会破坏饲料中的部分有毒成分(如大豆中的抗胰蛋白酶)，但同时也使得一部分维生素和酶类受到破坏，在实际使用中应注意适量添加维生素。

颗粒料具有密度大、体积小、适口性好、混合均匀、防止动物挑食等优点，是国家标准规定的料型。颗粒饲料每天喂一次即可。颗粒饲料香脆耐嚼，符合啮齿类动物喜啃咬磨牙的特性，故非常适用于小鼠、大鼠、地鼠、豚鼠等啮齿类实验动物。

(3)膨化饲料　膨化饲料是将粉料拌以水压入模管，在高温、高压下强迫湿粉通过模孔而形成的膨化状饲料。这类饲料对猴、犬、猫等动物的适口性好，其他动物不宜使用。

(4)半湿或胶状饲料　这类饲料是在粉料中加入水和琼脂、明胶或其他凝胶剂。当实验中加入有毒化合物或存在粉尘问题时，可采用这种料型。其适口性比干粉料适口性好，而且便于测量动物的采食量，但易受微生物污染，须冷藏保存或需要时临时配制。

(5)液体饲料　液体饲料是为适应实验动物特定需要而加工配制的一种饲料，如专为各种哺乳期动物配制的可代替自然乳的代乳饲料，可代替保姆动物饲喂一些剖宫产的哺乳动物，价格较贵。

(四)按适用的条件分类

(1)按适用的动物不同　可分为大鼠饲料、小鼠饲料、豚鼠饲料、兔饲料、犬饲料、猪饲料、猕猴饲料等。

(2)按动物不同生理时期　可分为繁殖饲料、生长饲料、维持饲料等。

(3)按饲养目的不同　可分为正常动物饲料、为某种动物模型所特制的饲料、不同微生物级别的普通饲料、60 ℃照射灭菌饲料、无菌饲料等。

二、实验动物饲料的消毒

由于实验动物饲料的原料来源比较复杂，在收获、加工、贮存、运输和使用过程中的各个环节都有可能被病原体污染。因此，对饲料进行消毒灭菌十分必要。饲料的消毒方法有很多种，在消毒过程中，由于受外界条件的影响，饲料中的某些营养成分尤其是维生素和氨基酸易受到损失，故应在灭菌前饲料配合时予以补足。应根据实际需要和设备条件选择饲料消毒方法，一般普通级动物使用烘烤加工的饲料即可，而清洁级、SPF级和无菌动物则需采用高温、高压或射线照射灭菌的饲料。

1. 干热消毒

干热消毒是将饲料在80～100 ℃的条件下烘烤3～4 h，此法能够完全杀灭霉菌和大肠埃希菌。干热消毒能使灭菌物表面温度较快达到高温，但内部升温需较长时间，故营养成分破坏较多，如温度超过80 ℃，绝大多数维生素，尤其是维生素C、B族维生素、维生素A就会受到破坏。因此在实践中多采用80 ℃的烘烤温度，延长烘烤时间的方法。干热消毒的处理设备较简单，但温度不易掌握，且灭菌不彻底。干热也会使饲料变得过硬，降低适口性，并且易使饲料褐变而造成浪费。

2. 高温、高压灭菌法

是将饲料在121 ℃，1.0 kg/cm^2 的高温、高压下加热20 min以上，从而达到彻底灭菌的目的。此法能够杀灭所有细菌，灭菌时间短，营养成分的损失比干热灭菌法少。能应用于大量饲料的灭菌，易于普及。灭菌时必须掌握好所需的时间，且必须使蒸汽渗透饲料内部。操作时应预先将锅内减压至80 kPa以下，灭菌结束后要抽真空干燥20 min以上，灭菌后饲料保存时间不宜太长，并要采取有效的防潮措施。

高温、高压灭菌法对大多数维生素的破坏较严重，且有使饲料蛋白质凝固变性的缺点，饲料适口性也较差,动物采食量会降低。

3. 药物熏蒸灭菌法

药物熏蒸灭菌法是指利用化学药品的气雾剂对饲料进行消毒。如用氧化乙烯进行灭菌,熏蒸后必须在低于 20 ℃的自然空气中将残余气体挥发。实验证明,即使熏蒸后将残余气体充分挥发,饲料中也还会残存一些对动物有害的化合物,一般不推荐使用。

4. 射线照射灭菌法

通常在对谷物类饲料灭菌时采用 5 M rad 的 ^{60}Co 照射,此法灭菌时饲料温度不上升,俗称"冷灭菌"。由于射线穿透力强,灭菌效果好,工艺上极为方便,可以成批辐照处理,是理想的饲料灭菌方法。但需专门设备和辐照源,不利于推广。辐照灭菌对饲料的营养成分破坏最小,实验证明 γ 射线对于维生素 B_1、维生素 B_6 和维生素 A 仅有微小的破坏,对纯化学饲料则损失较大,应将剂量降至 3 M rad。通常,SPF 级动物和清洁级动物使用的饲料,可通过 3 M rad 照射剂量,无菌动物使用的饲料则需提高至 5 M rad 照射剂量。

任务 19 实验动物的营养需要量及饲喂标准

一、美国 NRC 建议的实验动物的饲养标准(表 2-32)

表 2-32 美国建议的实验动物的饲养标准(NRC,1995)

营养成分	大鼠的营养需要[A]			小鼠[B]	豚鼠[B]
	维持	生长	繁殖(雌)		
脂肪/(g/kg)	50.0	50.0	50.0	50.0	—
亚油酸(ω-6)/(g/kg)	a	6.0	3.0[a]	6.8	1.33~4.0
亚麻酸(ω-3)/(g/kg)	R	R	R	—	—
纤维/(g/kg)	—	—	—	—	150.0
粗蛋白质/(g/kg)	50.0[b]	150.0[b]	150.0	180.0~200.0	180.0[r]
精氨酸/(g/kg)	ND	4.3	4.3	3.0	12.0
芳香族氨基酸[c]/(g/kg)	1.9	10.2	10.2	—	—
组氨酸/(g/kg)	0.8	2.8	2.8	2.0	3.6
异亮氨酸/(g/kg)	3.1	6.2	6.2	4.0	6.0
亮氨酸/(g/kg)	1.8	10.7	10.7	7.0	10.8
赖氨酸/(g/kg)	1.1	9.2	9.2	4.0	8.4
蛋氨酸/(g/kg)	—	—	—	5.0	6.0[s]
苯丙氨酸/(g/kg)	—	—	—	7.6	10.8[t]

续表2-32

营养成分	大鼠的营养需要[A]			小鼠[B]	豚鼠[B]
	维持	生长	繁殖(雌)		
(蛋氨酸＋半胱氨酸)[d]/(g/kg)	2.3	9.8	9.8	—	—
苏氨酸/(g/kg)	1.0	6.2	6.2	4.0	6.0
色氨酸/(g/kg)	0.5	2.0	2.0	1.0	1.8
缬氨酸/(g/kg)	2.3	7.4	7.4	5.0	8.4
其他氨基酸[e]/(g/kg)	f	66.0	66.0	—	16.9[u]
钙/(g/kg)	g	5.0	6.3	5.0	8.0
氯化物/(g/kg)	g	0.5[h]	0.5[h]	0.5	0.5
镁/(g/kg)	g	0.5	0.6	0.5	1.0
磷/(g/kg)	g	3.0	3.7	3.0	4.0
钾/(g/kg)	g	3.6[h]	3.6[h]	2.0	5.0
钠/(g/kg)	g	0.5	0.5	0.5	0.5
铜/(mg/kg)	g	5.0	8.0	6.0	6.0[v]
铁/(mg/kg)	g	35.0	75.0	35.0	50.0
锰/(mg/kg)	g	10.0	10.0	10.0	40.0
锌/(mg/kg)	g	12.0[i]	25.0[i]	10.0	20.0
碘/(μg/kg)	g	15.0	150.0	150.0	150.0[w]
钼/(μg/kg)	g	150.0	150.0	150.0	150.0
硒/(μg/kg)	g	150.0	400.0	150.0	150.0
维生素 A/(mg/kg)	g	0.7[j]	0.7[j]	0.72[o]	6.6[x]
胡萝卜素/(mg/kg)	—	—	—	—	28.0
维生素 D/(mg/kg)	g	0.025[k]	0.025[k]	0.025[p]	0.025[p]
维生素 E/(mg/kg)	g	18.0[l]	18.0[l]	22.0[q]	26.7[y]
维生素 K/(mg/kg)	g	1.0	1.0	1.0	5.0
抗坏血酸/(mg/kg)	—	—	—	—	200.0
生物素/(mg/kg)	g	0.2	0.2	0.2	0.2
胆碱/(mg/kg)	g	750.0	750.0	2 000.0	1 800
叶酸/(mg/kg)	g	1.0	10	0.5	3.0～6.0
烟酸/(mg/kg)	g	15.0	15.0	15.0	10.0

续表2-32

营养成分	大鼠的营养需要[A]			小鼠[B]	豚鼠[B]
	维持	生长	繁殖(雌)		
泛酸/(mg/kg)	g	10.0	10.0	16.0	20.0
核黄素/(mg/kg)	g	3.0	4.0	7.0	—
硫胺素/(mg/kg)	g	4.0[m]	4.0[m]	5.0	2.0
维生素 B_6/(mg/kg)	g	6.0[n]	6.0[n]	8.0	2.0～3.0
维生素 B_{12}/(μg/kg)	g	50.0	50.0	10.0	3.0

注：A. 表中所列出营养需要量是以日粮水分含量10%，能量3.8～4.1 kcal ME/g(16～17 kJ ME/g)为基础，针对含不同水分含量和能量的日粮，应做适当的调整。除非有特别说明，表中所列各营养成分浓度仅代表最低需求量，富含高浓度营养成分的天然日粮能够满足大鼠营养需求。"R"表示需求量不确定；"ND"表示不能确定是否需要；短链多不饱和脂肪酸(n-3)可以替代亚麻酸。B. 表中所列出营养需要量是以日粮水分含量10%，能量3.8～4.1 kcal ME/g(16～17 kJ ME/g)为基础，针对含不同水分含量和能量的日粮，应做适当的调整。除非有特别说明，表中所列各营养成分浓度仅代表最低需求量，富含高浓度营养成分的天然日粮能够满足小鼠或豚鼠营养需求。"—"表示未涉及。

a. 生长需要量为2 g/kg，单独用于维持的需要量不确定，生长需要量能够满足维持需要量。

b. 需要量是根据氨基酸组成均衡、消化率较高的蛋白质进行估测(例如乳清粉)。

c. 指苯丙氨酸和酪氨酸，酪氨酸的供应量应达到芳香族氨基酸需求量的50%。

d. 胱氨酸的供应量应达到蛋氨酸与胱氨酸总重量的50%。

e. 天冬酰胺、谷氨酸、脯氨酸为快速生长需要量。

f. 甘氨酸、L-丙氨酸和L-丝氨酸的在日粮中的总含量为41.3 g/kg。

g. 用于维持的矿物质和维生素单一需要量不确定，生长需要量可满足维持需要量。

h. 足够用于维持、生长、繁殖的估测值；并非真实需要量。

i. 如果日粮中某些饲料中含有植酸盐(如大豆粉)，其浓度应更高。

j. 效价相当于2 300 IU/g，每千克日粮中β-胡萝卜素的适宜添加量为1.3 mg，应激状况下维生素A的供应量应增加。

k. 效价相当于1 000 IU/kg。

l. 效价相当于27 IU/kg，饲喂高脂肪日粮时其浓度应相应提高。

m. 饲喂低蛋白、高碳水化合物日粮时需要较高浓度。

n. 足够用于维持、生长、繁殖的估测值；并非真实需要量。

o. 效价相当于2 400 lU/kg。

p. 效价相当于1 000 IU/kg。

q. 效价相当于32 IU/kg。

r. 180.0 g蛋白质相当于每千克日粮中添加300 g酪蛋白和3 g L-精氨酸，或者添加200 g大豆蛋白和10 g *DL*-蛋氨酸。其中氨基酸类按照氨基酸最适含量20%时能满足动物最大生长需要计算。

s. 胱氨酸可替代其40%。

t. 酪氨酸可替代其50%。

u. 包含L-丙氨酸、L-天冬酰胺-H_2O、L-天冬氨酸、L-谷氨酸、谷氨酸钠盐、甘氨酸和L-丝氨酸的混合物。

v. 矿物质的单位mg/kg相当于ppm。

w. 碘、钼、硒的单位μg/kg相当于ppb。

x. 效价相当于21 960 IU/kg。β-胡萝卜素效价相当于47 425 IU/kg。

y. 效价相当于40 IU/kg高脂肪饲料时需要较高浓度。

二、我国《实验动物配合饲料标准》(GB 14924—2010)(每千克饲粮含量)(表 2-33)

表 2-33　我国《实验动物配合饲料标准》(GB 14924—2010)(每千克饲粮含量)

营养指标	大、小鼠		豚鼠		地鼠		兔		犬		猴	
	维持饲料	生长繁殖饲料	维持饲料	生长繁殖饲料	维持饲料	生长繁殖饲料	维持饲料	生长繁殖饲料	维持饲料	生长繁殖饲料	维持饲料	生长繁殖饲料
水分/g	100	100	110	110	100	100	110	110	100	100	100	100
粗蛋白质/g	180	200	170	200	200	220	140	170	200	260	160	210
粗脂肪/g	40	40	30	30	30	30	30	30	45	75	40	50
粗纤维/g	50	50	100-150	100-150	60	60	100-150	100-150	40	30	40	40
粗灰分/g	80	80	90	90	80	80	90	90	90	90	70	70
赖氨酸/g	8.2	13.2	7.5	8.5	11.8	13.2	7.0	8.0	7.1	11.1	8.5	12.0
蛋氨酸＋胱氨酸/g	5.3	7.8	5.4	6.8	7.0	7.8	5.0	6.0	5.4	7.2	6.0	7.9
精氨酸/g	9.9	11.0	8.0	10.0	11.3	13.8	7.0	8.0	6.9	13.5	9.9	12.9
组氨酸/g	4.0	5.5	3.4	4.0	4.5	5.5	3.0	3.5	2.5	4.8	4.4	4.8
色氨酸/g	1.9	2.5	2.4	2.8	2.5	2.9	2.2	2.7	2.1	2.3	2.3	2.7
苯丙氨酸＋酪氨酸/g	11.0	13.0	12.0	15.0	12.7	17.3	11.0	13.0	10.0	15.6	13.1	15.4
苏氨酸/g	6.5	8.8	6.5	7.5	8.0	8.8	5.6	6.5	6.5	7.8	6.3	7.9
亮氨酸/g	14.4	17.6	12.5	13.5	15.0	17.6	11.5	13.0	8.1	16.0	13.5	15.9
异亮氨酸/g	7.0	10.3	7.2	8.0	10.3	11.8	6.0	7.2	5.0	7.9	7.2	8.2
缬氨酸/g	8.4	11.7	8.0	9.3	10.5	11.2	7.5	8.3	5.4	10.4	9.0	10.9
维生素 A/IU	7 000	14 000	7 500	12 500	10 000	14 000	6 000	12 500	8 000	10 000	10 000	15 000

续表2-33

营养指标	大、小鼠		豚鼠		地鼠		兔		犬		猴	
	维持饲料	生长繁殖饲料	维持饲料	生长繁殖饲料	维持饲料	生长繁殖饲料	维持饲料	生长繁殖饲料	维持饲料	生长繁殖饲料	维持饲料	生长繁殖饲料
维生素 D/IU	800	1 500	700	1 250	2 000	2 400	700	1 250	2 000	2 000	2 200	2 200
维生素 E/IU	60	120	50	70	100	120	50	70	40	50	55	65
维生素 K/IU	3.0	5.0	0.3	0.4	3.0	5.0	0.3	0.4	0.1	0.9	1.0	1.0
维生素 B_1/mg	8	13	7	10	8	13	7	10	6	13	4	16
维生素 B_2/mg	10	12	8	15	10	122	8	15	4	5	5	16
维生素 B_6/mg	6	12	6	9	6	12	6	9	5	6	5	13
烟酸/mg	45	60	40	55	45	60	40	55	50	50	50	60
泛酸/mg	17	24	12	19	1	24	12	19	9	27	13	42
叶酸/mg	4.00	6.00	1.00	3.00	4.00	6.00	1.00	3.00	0.16	1.00	0.20	2.00
生物素/mg	0.10	0.20	0.20	0.45	0.10	0.20	0.20	0.45	0.20	0.20	0.10	0.40
维生素 B_{12}/mg	0.02	0.022	0.02	0.03	0.02	0.022	0.02	0.03	0.03	0.068	0.03	0.05
胆碱/mg	1 250	1 250	1 000	1 200	1 250	1 250	1 000	1 200	1 400	2 000	1 300	1 500
维生素 C/mg	—	—	1 500	1 800	—	—	—	—	—	—	1 700	2 000
钙/g	10～18	10～18	10～15	10～15	10～18	10～18	10～15	10～15	7～10	10～15	8～12	10～14
总磷/g	6～12	6～12	5～8	5～8	6～12	6～12	5～8	5～8	5～8	8～12	6～8	7～10
钙：总磷	1.2∶1～1.7∶1	1.2∶1～1.7∶1	1.3∶1～2.0∶1	1.3∶1～2.0∶1	1.2∶1～1.7∶1	1.2∶1～1.7∶1	1.3∶1～2.0∶1	1.3∶1～2.0∶1	1.2∶1～1.4∶1	1.2∶1～1.4∶1	1.2∶1～1.5∶1	1.2∶1～1.5∶1
镁/g	2.0	2.0	2.0	3.0	2.0	2.0	2.0	3.0	1.5	2.0	1.0	1.5

续表2-33

营养指标	大、小鼠		豚鼠		地鼠		兔		犬		猴	
	维持饲料	生长繁殖饲料	维持饲料	生长繁殖饲料	维持饲料	生长繁殖饲料	维持饲料	生长繁殖饲料	维持饲料	生长繁殖饲料	维持饲料	生长繁殖饲料
钾/g	5	5	6	10	5	5	6	10	5	7	7	8
钠/g	2.0	2.0	2.0	3.0	2.0	2.0	2.0	3.0	3.9	4.4	3.0	4.0
铁/mg	100	120	100	150	100	120	100	150	150	250	120	180
锰/mg	75	75	40	60	75	75	40	60	40	60	40	60
铜/mg	10	10	9	14	10	10	9	14	12	14	13	16
锌/mg	30	30	50	60	30	30	50	60	50	60	110	140
碘/mg	0.5	0.5	0.4	1.1	0.5	0.5	0.4	1.1	1.4	1.7	0.5	0.8
硒/mg	0.1～0.2	0.1～0.2	0.1～0.2	0.1～0.2	0.1～0.2	0.1～0.2	0.1～0.2	0.1～0.2	0.1～0.2	0.1～0.2	0.1～0.2	0.1-0.2

注:配合饲料维生素含量最高上限为下限值的2倍;矿物质含量最高上限为下限值的2倍。

模块三

饲料配方设计

项目 1

饲料配方设计基础知识

☆学习任务单

模块三项目 1	饲料配方设计基础知识	参考学时	3 学时
任务分配			
学习目标	1. 掌握配合饲料、全价混合饲料、浓缩饲料、预混合饲料、精料补充料的概念 2. 熟悉配合饲料的种类 3. 熟记饲料配方设计的原则和方法		
知识目标	1. 掌握配合饲料、全价混合饲料、浓缩饲料、预混合饲料、精料补充料的概念 2. 熟悉不同配合饲料之间的关系 3. 熟悉配合饲料的设计原则和步骤		
能力目标	1. 能够熟练选用畜禽营养需要或饲养标准 2. 能够根据畜禽种类选用适宜的饲料原料 3. 能够看懂、选用饲养标准中的相关指标来设计饲料配方 4. 熟悉常用的配方设计方法		
素质目标	1. 在学习和实践中培养博学强记、紧跟科学前沿的精神 2. 在实践中培养责任感和仔细认真的工作态度，并注意平衡经济效益与生态环保		
考核点	1. 配合饲料、全价混合饲料、浓缩饲料、预混合饲料、精料补充料的概念 2. 配合饲料的分类及它们之间的关系 3. 饲料配方设计的原则 4. 利用“方形法”进行简单的饲料配方设计		
参考资料	1. 陈国顺. 畜禽消化生理特点[M]. 北京：科学技术文献出版社，2016. 2. 兰云贤. 动物营养与饲料学实验技能教程[M]. 重庆：西南师范大学出版社，2014. 3. 姚茂桂. 饲料配制与检测[M]. 武汉：华中科技大学出版社，2011. 4. 杨久仙，宁金友. 动物营养与饲料加工[M]. 北京：中国农业出版社，2006.		

任务　配合饲料概述

一、配合饲料的概念

鸡产蛋、猪产肉、牛产奶、羊产毛，这些是常识。那么，如果把鸡、猪、牛、羊等动物看作一个生产工厂，蛋、肉、奶、毛等是这个工厂生产的产品，那么这个厂的原料是什么呢？换句话说，什么东西经过鸡、猪、牛、羊转换成了蛋、肉、奶、毛等产品呢？

答案就是饲料。所有的产品都是饲料经动物采食、消化、吸收后转化而来的。在这一过程中，为了表达方便，通常用“动物的营养需要”表达动物需要从饲料中具体获取哪些养分来满足自身需要，而用饲料中的养分含量表达该饲料在营养价值方面对动物的重要性。现代生产实践中，这两类指标都包含在“饲养标准”中。

饲养标准是指根据大量动物饲养试验结果，结合生产实践的经验总结，对各种特定动物的代表性群体所需要的能量和各种养分的最低数量做出的规定。在我国，农业农村部是发布动物饲养标准的权威部门。注意，一些动物育种公司会发布自己制定的饲养管理手册，其中对该公司培育的动物在不同生理阶段的营养需要量也提出了推荐值。农业农村部发发布的饲养标准具有普适性，而育种公司的营养需要推荐值具有特定的适用对象。以蛋鸡饲养为例，农业部发布的鸡的饲养标准(NY/T 33—2004)的适用范围是“专业化养鸡场和配合饲料厂。蛋用鸡营养需要适用于轻型和中型蛋鸡，肉用鸡营养需要适用于专门化培育的品系”，而《德国罗曼褐商品代饲养管理手册》的应用范围是“罗曼褐商品蛋鸡”。此外，农业农村部发布的饲养标准具有法律效力，也就是说，各饲料厂家必须按照农业农村部发布的饲养标准进行生产，即生产出的饲料中的各养分含量不能低于相应饲养标准中规定的动物营养需要量值。

配合饲料，就是根据动物实际情况及其营养需要，按照一定原则和方法，将多种饲料加工成混合均匀的新产品。配合饲料相比单一的饲料，更能发挥动物的生产潜力，并节约饲料、有利于环保。首先，配合饲料设计时，充分考虑动物的种类、年龄、性别、生理阶段、生产用途、生产水平等对营养需要的差异性，以及不同饲料中养分含量的互补性，其次，配合饲料要更加符合动物营养需要，能用较低的饲料投入获得更多的动物产品。这样，既提高了饲料的利用率，又降低了动物粪便中有机物的含量，从而减少对周围环境中土壤、水、空气等的污染。另外，配合饲料生产时，尽可能利用本地饲料资源，以降低生产成本。再者，配合饲料由专业化的公司设计、生产、检验，产品质量稳定，有利于减轻动物养殖企业在饲料方面的投入和关注，并有利于动物产品质量回溯。

二、配合饲料分类

配合饲料一般根据饲料中养分含量进行分类，可分为全价配合饲料(简称全价料)、浓缩配合饲料(简称浓缩料)、精料补充饲料、添加剂预混合饲料(简称预混料)，如图 3-1 所示。

(1)全价配合饲料　除水分外，能全面满足动物的营养需要，并能直接饲喂动物的配合饲料。全价料可直接生产，也可由能量饲料和浓缩饲料按一定比例混合而成。

(2)浓缩配合饲料　除能量低于动物营养需要外，其他养分含量都高于动物营养需要的一

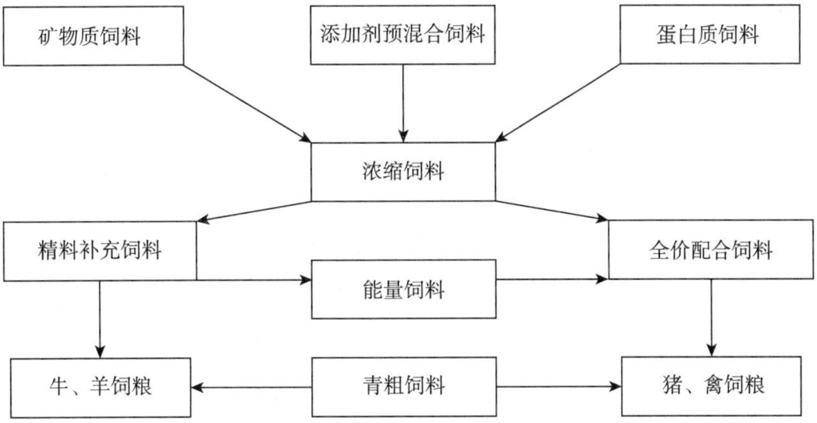

图 3-1　不同配合饲料之间的关系示意图

来源：杨久仙，宁金友. 动物营养与饲料加工. 北京：中国农业出版社，2006：127.

类配合饲料。浓缩料通常由蛋白质饲料、常量矿物质饲料（钙、磷和食盐）、添加剂预混合饲料按一定比例配合组成。相比全价料，浓缩饲料不能直接饲喂动物，必须与一定数量的能量饲料按一定比例混合后才能饲喂动物。由于玉米等能量饲料在全国各地分布广泛，因此饲料厂家生产不含能量饲料的浓缩饲料，可以降低生产成本，也减少运输压力。

(3)精料补充饲料　特指应用于牛、羊等反刍家畜的一类浓缩饲料。注意，精料补充料中能量、蛋白质、矿物质、维生素等超过牛、羊等动物营养需要量，必须与粗饲料按一定比例混合后饲喂动物，这也符合现在牛、羊生产实践中提倡的 TMR（全混合日粮）饲喂技术要点。

(4)添加剂预混合饲料　将一种或多种微量的饲料添加剂与稀释剂或载体按一定比例均匀混合而成的产品，简称预混料。其中富含维生素、微量元素、氨基酸和非营养性添加剂，如药物添加剂，不能直接饲喂动物。

配合饲料也可按料形分类。根据饲料形状的不同，配合饲料可分为粉料、颗粒料、膨化料、液体饲料。粉料优点突出，生产工艺简单、加工成本较低，动物采食均匀，应用最为广泛；但缺点也很明显，生产时粉尘大，可引起营养损失，同时养分含量也易受周围环境影响，无法预防动物挑食。颗粒料是向粉料中通入蒸汽再冷却、压制成的，多为圆柱状。其优点是适口性好，可避免动物挑食，减少饲料生产、运输、使用过程中的粉尘；缺点是加工过程中的加热加压处理可使部分维生素、酶等的活性降低。膨化饲料也称漂浮饲料，其密度小、多孔、比水轻，可漂浮在水中，主要用于水产动物养殖。膨化饲料也是在粉料基础上进一步加工处理制成的，其主要处理步骤是高温高压下的雾化。液体饲料是最近引起国内重视的一类配合饲料。欧美国家在 20 世纪 70 年代就把液态饲料应用于规模化猪场，但国内规模化猪场目前应用较少。对于猪，相较于粉料、颗粒饲料，液体饲料的口感和吸收程度更好，在日增重和料重比方面也有明显的优势。但是，液体饲料系统所需设备多，固定资产资金压力大，安装维护过程复杂，对猪场管理方式、人员素质要求高。

配合饲料也可根据饲喂对象分类，如猪配合饲料、蛋鸡配合饲料、肉鸡配合饲料、牛精料补充料等。

三、饲料配方设计方法

不同饲料在配合饲料中所占的比例就是饲料配方。为了便于区分，通常把组成配合饲料中的各类饲料称为配合饲料原料(简称饲料原料)，按饲料配方为特定动物群体生产的大量配合饲料称为饲粮，一头(只)动物一日夜(24 h)采食的全部饲料称为日粮。如果饲粮生产出来，按日分次饲喂动物，那么饲粮和日粮的配方是相同的。

饲料配方设计过程中一定要参考饲喂对象的饲养标准，合理利用当地饲料资源，既充分满足畜禽的营养需要，充分发挥畜禽的生产潜力，又降低生产成本，提高经济效益。

饲料配方设计方法主要分为两类，一是手工法，二是计算机法。饲料配方设计中涉及计算，为保证计算的准确性，手工法只适合计算过程简单的设计，如用浓缩饲料和能量饲料配制全价饲料；涉及大量计算的配方设计都用计算机完成。手工法常用的是方形法、试差法。计算机法可通过 Excel 软件或专业的饲料配方软件完成。实际上，试差法中的计算过程完全可以通过 Excel 软件完成。因此，本书中主要介绍方形法和 Excel 软件设计饲料配方的过程。

技能训练 4　方形法设计饲料配方

方形法，也称对角线法、四角法、四边法、方框法。此法计算过程简单、适用于饲料种类及营养指标少的情况。如将能量含量不同的两种饲料原料混合成特定能量浓度的混合饲料，浓缩料与能量饲料混合等。

一、实验目的

了解方形法适用对象，掌握方形法的配方设计步骤。

二、试验材料

计算器、饲养标准。

三、设计步骤

(1)根据实际情况，确定养分指标，将其数值放在方形中心点(即方形对角线交叉点)。

(2)确定两种饲料原料的养分含量，通常其数值比上一步中的数值一高一低，将其放在方形左边两角。

(3)计算，将方形对角线上的数字相减，差值的绝对值置于方形右边两角。右边角数字除以右侧两角数值之和，结果表示同行饲料原料在配合饲料中的比例。

示例 1：用方形法计算，配制 1 000 kg 粗蛋白质含量为 15%的全价饲料，需用粗蛋白质含量为 32%的浓缩饲料与粗蛋白质含量为 7.8%的玉米各多少 kg?

第一步：确定养分指标为粗蛋白质，数值为 15%；

第二步：确定两种饲料原料分别为浓缩料和玉米，两者的粗蛋白质含量分别为 32%和 7.8%；

第三步：列图计算

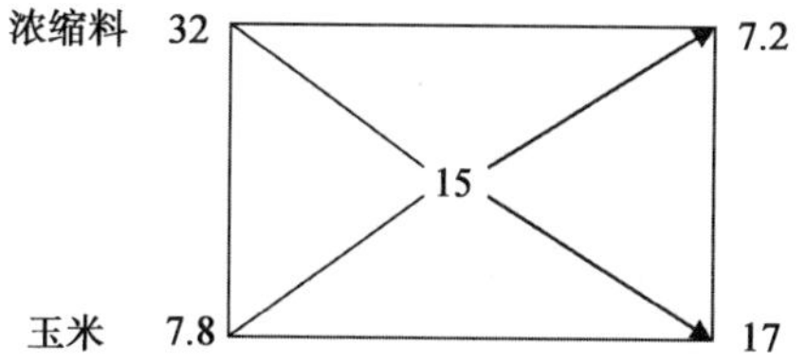

7.2/(17+7.2)=0.298

17/(17+7.2)=0.702

配制全价饲料需用浓缩料:1 000×0.298=298 (kg);
需用玉米:1 000×0.702=702 (kg)　或　1 000−372=702 (kg)。

项目 2

全价配合饲料的配方设计

☆学习任务单

模块三项目 2	全价配合饲料的配方设计	参考学时	3 学时
任务分配			
学习目标	1. 全价配合饲料的设计原则 2. 全价配合饲料设计的步骤 3. 掌握 Excel 设计全价饲料配方的方法		
知识目标	1. 全价配合饲料的设计原则 2. 全价配合饲料设计的步骤		
能力目标	掌握 Excel 设计全价饲料配方的方法		
素质目标	1. 在实践中培养责任感和仔细认真的工作态度,并注意平衡经济效益与生态环保 2. 配合饲料、全价混合饲料、浓缩饲料、预混合饲料、精料补充料的概念 3. 配合饲料的分类及它们之间的关系 4. 利用"交叉法"进行简单的饲料配方设计		
考核点	1. 全价饲料配方设计的原则 2. Excel 设计全价饲料配方的方法		
参考资料	1. 陈国顺. 畜禽消化生理特点[M]. 北京:科学技术文献出版社,2016. 2. 兰云贤. 动物营养与饲料学实验技能教程[M]. 重庆:西南师范大学出版社,2014. 3. 姚茂桂. 饲料配制与检测[M]. 武汉:华中科技大学出版社,2011. 4. 杨久仙,宁金友. 动物营养与饲料加工[M]. 北京:中国农业出版社,2006.		

技能训练 5　动物全价饲料配方设计

全价饲料配方设计,现在一般利用计算机完成。试差法中的计算可通过 Excel 软件完成,而 Excel 软件还可通过"规划求解"工具进行更专业的配方设计。实际上,专业的饲料配方软件就是应用数学和动物营养学的结合，根据动物的营养需要和可用饲料资源，再综合考虑经济成本，利用不同的数学模型可得到各具特点的饲料配方。其中，涉及的数学模型主要是线性规划、多目标规划、概率模型、多配方技术等。

一、实验目的

掌握 Excel 软件设计全价饲料配方的过程。

二、试验材料

Office 办公软件中的 Excel 2003 以上版本软件、饲养标准。

三、全价饲料配方设计原则

(1)配方师要熟悉动物营养、动物生理、饲料加工、防疫等相关理论知识和实践经验，并及时学习相关学科的最新知识和动态。

(2)根据动物的实际情况，选择适宜的饲养标准。如果没有准确的饲养动物标准，可借鉴类似动物的饲养标准。

(3)注意营养的全面与均衡，从而完全满足畜禽的营养需要；控制粗纤维的给量，既满足畜禽的需要，又要避免用量过大降低日粮的消化率；日粮的体积与畜禽消化道相适应，避免动物采食过多或不够。

(4)掌握好质量与成本之间的平衡点，具备较强的职业道德和法律意识，尽量遵循质优价廉的原则。

四、试差法设计全价配合饲料步骤

(1)根据实际情况，选择适宜的饲养标准，确定动物的营养需要量。

(2)根据可用饲料资源，选择合理的饲料原料。

(3)初步确定饲料原料比例。通常能量饲料在全价料中的比例一般是 75%～80%，蛋白质饲料占 15%～30%，矿物质饲料占 1%～10%(产蛋动物占比例更高，约 10%)，添加剂预混料占 1%～5%。

(4)计算。利用 Excel 完成批量运算。并将计算结果与动物的营养需要进行比较，根据比较结果对饲料原料比例进行调整。

(5)得到最终配方。最终配方一般包括两部分，一是含量配方，即以百分数表示的配方，二是生产配方，即为了方便实际生产，列出单批配合时各种饲料原料质量的配方。

(6)成本核算，设计配方时应在满足动物营养需要的同时，尽可能降低饲料成本。

示例 1：用试差法为开产至产蛋高峰前的蛋鸡配制日粮。

第一步：选择中国的鸡饲养标准(NY/T 33—2004)，开产至产蛋高峰前的营养需要选用代谢能、粗蛋白质、总钙、有效磷、赖氨酸、蛋氨酸等指标(表 3-1)。假设饲养海兰褐蛋鸡，可以考虑《海兰褐蛋鸡饲养管理手册》中产蛋高峰前的营养需要，对营养指标数值进行微调。

表 3-1　开产至产蛋高峰前蛋鸡的营养需要

营养指标	代谢能/(Mcal/kg)	粗蛋白/%	总钙/%	有效磷/%	赖氨酸/%	蛋氨酸/%
营养需要	2.7	16.3	3.5	0.32	0.75	0.34

第二步：根据北京地区饲料资源，选用玉米(二级)、麦麸、豆粕、菜籽粕、豆油、磷酸氢钙、石粉、食盐、98% *L*-赖氨酸盐酸盐(简称赖氨酸盐酸盐)、98% *DL*-蛋氨酸(简称蛋氨酸)、1%蛋鸡预混料，并确定其营养物质含量(表 3-2)。

表 3-2　开产至产蛋高峰前蛋鸡配合饲料的原料

饲料原料	代谢能/(Mcal/kg)	粗蛋白/%	总钙/%	有效磷/%	赖氨酸/%	蛋氨酸/%
玉米(二级)	3.22	7.8	0.02	0.11	0.23	0.15
麦麸	1.62	14.3	0.1	0.24	0.53	0.12
豆粕	2.35	43.5	0.33	0.21	2.6	0.59
菜籽粕	1.77	36.0	0.65	0.35	1.21	0.63
豆油	8.37	—	—	—	5.12	
磷酸氢钙	—	—	23.3	18	—	—
石粉	—	—	36	—	—	—
食盐	—	—	—	—	—	—
赖氨酸盐酸盐	—	—	—	—	78	—
蛋氨酸	—	—	—	—	—	98
1%蛋鸡预混料	—	—	—	—	—	—

第三步：初步确定各饲料原料比例。

第四步：把所有数值列入 Excel 表(表 3-3)，进行计算。

表 3-3　开产至产蛋高峰前蛋鸡配合饲料的配方设计

饲料原料	配方比例/%	代谢能/(Mcal/kg)	粗蛋白/%	总钙/%	有效磷/%	赖氨酸/%	蛋氨酸/%
玉米(二级)	53	3.22	7.8	0.02	0.11	0.23	0.15
麦麸	15	1.62	14.3	0.1	0.24	0.53	0.12
豆粕	11	2.35	43.5	0.33	0.21	2.6	0.59
菜籽粕	10	1.77	36	0.65	0.35	1.21	0.63
豆油	0.5	8.37	—	—	—	5.12	
磷酸氢钙	1	—	—	23.3	18	—	—
石粉	8	—	—	36	—	—	—

续表3-3

饲料原料	配方比例/%	代谢能/(Mcal/kg)	粗蛋白/%	总钙/%	有效磷/%	赖氨酸/%	蛋氨酸/%
食盐	1	—	—	—	—	—	—
赖氨酸盐酸盐	0.15	—	—	—	—	78	—
蛋氨酸	0.1	—	—	—	—	—	98
1%蛋鸡预混料	1	—	—	—	—	—	—
合计	100.75	2.426 95	14.664	3.239 9	0.332 4	0.751	0.323 4
鸡的营养需要	100	2.7	16.3	3.5	0.32	0.75	0.34
相差	0.75	−0.273 05	−1.636	−0.260 1	0.012 4	0.001	−0.016 6

注意：1. 合计中“代谢能”的计算公式为：3.22×53/100+1.62×15/100+2.35×11/100+1.77×10/100+8.37×0.5/100

2. 合计中的“粗蛋白”计算公式为：7.8×53/100+14.3×15/100+43.5×11/100+36×10/100

4. 合计中的总钙、有效磷、赖氨酸、蛋氨酸的计算公式类似“粗蛋白”，都是用本列数字与配方比例相乘再除以 100。

5. 用 Excel 软件进行计算时，合计中各栏的计算公式如图 3-2 至图 3-4 所示：

	A	B	C	D	E	F	G	H
19								
20	表3　开产至产蛋高峰前蛋鸡配合饲料的配方设计							
21	饲料原料	配方比例 / %	代谢能/(Mcal/kg)	粗蛋白 / %	总钙 / %	有效磷 / %	赖氨酸 / %	蛋氨酸 / %
22	玉米（二级）	53	3.22	7.8	0.02	0.11	0.23	0.15
23	麦麸	15	1.62	14.3	0.1	0.24	0.53	0.12
24	豆粕	11	2.35	43.5	0.33	0.21	2.6	0.59
25	菜籽粕	10	1.77	36	0.65	0.35	1.21	0.63
26	豆油	0.5	8.37	—	—	—	5.12	
27	磷酸氢钙	1	—	—	23.3	18	—	—
28	石粉	8	—	—	36	—	—	—
29	食盐	1	—	—	—	—	—	—
30	赖氨酸盐酸盐	0.15	—	—	—	—	78	—
31	蛋氨酸	0.1	—	—	—	—	—	98
32	1%蛋鸡预混料	1	—	—	—	—	—	—
33	合计	100.75	2.42695	14.664	3.2399	0.3324	0.751	0.3234
34	鸡的营养需要	100	2.7	16.3	3.5	0.32	0.75	0.34
35	相差	0.75	-0.27305	-1.636	-0.2601	0.0124	0.001	-0.0166

图 3-2　利用 Excel 软件计算全价料配方

图 3-2 中，合计中“代谢能”的计算公式见图 3-3：

SUM　×　✓　fx　=(C22*$B$22/100)+(C23*$B$23/100)+(C24*$B$24/100)+(C25*$B$25/100)+(C26*$B$26/100)

	A	B	C	D	E	F	G	H
19								
20	表3　开产至产蛋高峰前蛋鸡配合饲料的配方设计							
21	饲料原料	配方比例 / %	代谢能/(Mcal/kg)	粗蛋白 / %	总钙 / %	有效磷 / %	赖氨酸 / %	蛋氨酸 / %
22	玉米（二级）	53	3.22	7.8	0.02	0.11	0.23	0.15
23	麦麸	15	1.62	14.3	0.1	0.24	0.53	0.12
24	豆粕	11	2.35	43.5	0.33	0.21	2.6	0.59
25	菜籽粕	10	1.77	36	0.65	0.35	1.21	0.63
26	豆油	0.5	8.37	—	—	—	5.12	
27	磷酸氢钙	1	—	—	23.3	18	—	—
28	石粉	8	—	—	36	—	—	—
29	食盐	1	—	—	—	—	—	—
30	赖氨酸盐酸盐	0.15	—	—	—	—	78	—
31	蛋氨酸	0.1	—	—	—	—	—	98
32	1%蛋鸡预混料	1	—	—	—	—	—	—
33	合计	100.75	3$22/100)+(C23*$	14.664	3.2399	0.3324	0.751	0.3234
34	鸡的营养需要	100	2.7	16.3	3.5	0.32	0.75	0.34
35	相差	0.75	-0.27305	-1.636	-0.2601	0.0124	0.001	-0.0166

图 3-3　合计中“代谢能”的计算公式

图 3-2 中，合计中“粗蛋白”的计算公式见图 3-4：

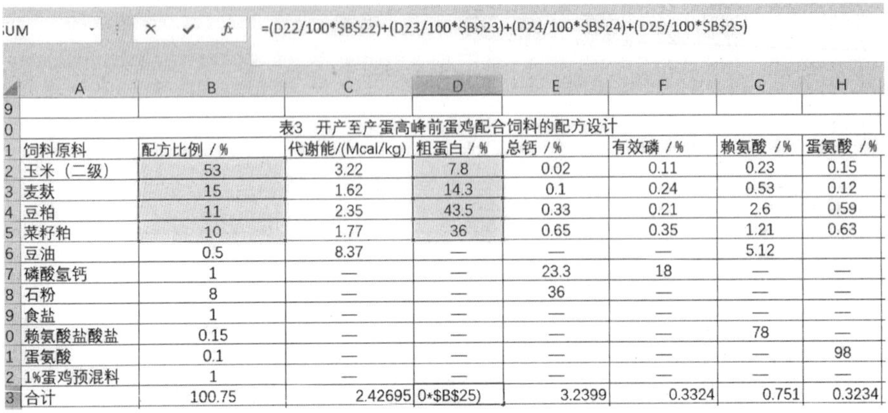
SUM =(D22/100*$B$22)+(D23/100*$B$23)+(D24/100*$B$24)+(D25/100*$B$25)

	A	B	C	D	E	F	G	H
9								
0	表3　开产至产蛋高峰前蛋鸡配合饲料的配方设计							
1	饲料原料	配方比例 / %	代谢能/(Mcal/kg)	粗蛋白 / %	总钙 / %	有效磷 / %	赖氨酸 / %	蛋氨酸 / %
2	玉米（二级）	53	3.22	7.8	0.02	0.11	0.23	0.15
3	麦麸	15	1.62	14.3	0.1	0.24	0.53	0.12
4	豆粕	11	2.35	43.5	0.33	0.21	2.6	0.59
5	菜籽粕	10	1.77	36	0.65	0.35	1.21	0.63
6	豆油	0.5	8.37	—	—	—	5.12	
7	磷酸氢钙	1	—	—	23.3	18	—	—
8	石粉	8	—	—	36	—	—	—
9	食盐	1	—	—	—	—	—	—
0	赖氨酸盐酸盐	0.15	—	—	—	—	78	—
1	蛋氨酸	0.1	—	—	—	—	—	98
2	1%蛋鸡预混料	1	—	—	—	—	—	—
3	合计	100.75	2.42695	0*$B$25)	3.2399	0.3324	0.751	0.3234

图 3-4　合计中“粗蛋白”的计算公式

第五步，生成最终饲料配方。经过综合考虑，最终得到的饲料配方如表 3-4 所示：

表 3-4　开产至产蛋高峰前蛋鸡配合饲料的饲料配方

饲料原料	配方比例/%	饲料原料	配方比例/%
玉米（二级）	55	石粉	9
麦麸	15	食盐	0.5
豆粕	11	赖氨酸盐酸盐	0.15
菜籽粕	10	蛋氨酸	0.1
豆油	1	1%蛋鸡预混料	1
磷酸氢钙	1	合计	103.75

实际生产中，配方的合计可能不是 100%，允许有 5%的误差。

第六步，成本核算。根据当时的饲料价格，计算配方的生产成本。

项目 3

浓缩饲料配方设计

☆学习任务单

模块三项目 3	浓缩饲料配方设计	参考学时	2 学时
任务分配			
学习目标	1. 浓缩配合饲料设计的步骤 2. 掌握 Excel 设计浓缩饲料配方的方法		
知识目标	浓缩配合饲料设计的步骤		
能力目标	掌握 Excel 设计浓缩饲料配方的方法		
素质目标	在实践中培养责任感和仔细认真的工作态度，并注意平衡经济效益与生态环保		
考核点	Excel 设计全价饲料配方的方法		
参考资料	1. 陈国顺. 畜禽消化生理特点[M]. 北京：科学技术文献出版社，2016. 2. 兰云贤. 动物营养与饲料学实验技能教程[M]. 重庆：西南师范大学出版社，2014. 3. 姚茂桂. 饲料配制与检测[M]. 武汉：华中科技大学出版社，2011. 4. 杨久仙，宁金友. 动物营养与饲料加工[M]. 北京：中国农业出版社，2006.		

技能训练 6　动物浓缩饲料配方设计

一、实验目的

掌握 Excel 软件设计浓缩饲料配方的过程。

二、试验材料

Office 办公软件中的 Excel 2003 以上版本软件、全价饲料配方或饲养标准。

三、浓缩饲料配方设计方法

方法一　由全价饲料配方推导浓缩饲料配方，即全价料中除去能量饲料后即为浓缩饲料。

本教材主要介绍该方法。

方法二　根据已知浓缩饲料与能量饲料的比例，设计浓缩饲料配方。此方法中一定要参考相应动物的饲养标准。

方法三　反刍动物的精料补充料设计时，手工法通常先计算粗料使用量，再从营养需要中除去后，计算粒料补充料配方，计算过程同方法一或方法二，并可通过 Excel 软件减轻计算量。如果利用饲料配方专用软件，则可以更迅速地完成。

四、浓缩饲料配方设计步骤

（一）由全价饲料配方推导浓缩饲料配方

（1）选择适宜的全价饲料配方。

（2）从全价饲料中减去能量饲料。

（3）计算浓缩饲料配方中各原料所占比例。

（4）整理，得到最终的浓缩饲料配方，并提出使用建议。

示例 3：利用表 3-5 中相关数据，为开产至产蛋高峰前的蛋鸡配制浓缩饲料。

表 3-5　开产至产蛋高峰前蛋鸡配合饲料的饲料配方

饲料原料	全价料配方比例/%	浓缩料配方比例/%
玉米（二级）	55	0
麦麸	15	0
豆粕	11	32.6
菜籽粕	10	29.6
豆油	1	3.0
磷酸氢钙	1	3.0
石粉	9	26.7
食盐	0.5	1.5
赖氨酸盐酸盐	0.15	0.4
蛋氨酸	0.1	0.3
1%蛋鸡预混料	1	3.0
合计	103.75	100

注：1. 本饲料配方为浓缩饲料，所以配方中玉米、麦麸等能量饲料含量为零。

2. 豆粕在浓缩料配方中比例＝11/(103.75－55－15)×100

3. 其他原料在浓缩料配方中比例的计算过程同豆粕。

4. 本计算过程可通过 Excel 软件完成，其中的计算过程如图 3-5 所示，也可如图 3-6 和图 3-7 所示。

D6　=C6/($C$15-$C$5-$C$4)*100

表5　开产至产蛋高峰前蛋鸡配合饲料的饲料配方

饲料原料	全价料配方比例 / %	浓缩料配方比例 / %
玉米（二级）	55	0
麦麸	15	0
豆粕	11	32.6
菜籽粕	10	29.6
豆油	1	3.0
磷酸氢钙	1	3.0
石粉	9	26.7
食盐	0.5	1.5
赖氨酸盐酸盐	0.15	0.4
蛋氨酸	0.1	0.3
1%蛋鸡预混料	1	3.0
合计	103.75	100

图 3-5　利用 Excel 软件计算浓缩料配方 1

C16　=C15-C5-C4

表5　开产至产蛋高峰前蛋鸡配合饲料的饲料配方

饲料原料	全价料配方比例 / %	浓缩料配方比例 / %
玉米（二级）	55	0
麦麸	15	0
豆粕	11	32.6
菜籽粕	10	29.6
豆油	1	3.0
磷酸氢钙	1	3.0
石粉	9	26.7
食盐	0.5	1.5
赖氨酸盐酸盐	0.15	0.4
蛋氨酸	0.1	0.3
1%蛋鸡预混料	1	3.0
合计	103.75	100
	33.75	

图 3-6　利用 Excel 软件计算浓缩料配方 2

D6　=C6/33.75*100

表5　开产至产蛋高峰前蛋鸡配合饲料的饲料配方

饲料原料	全价料配方比例 / %	浓缩料配方比例 / %
玉米（二级）	55	0
麦麸	15	0
豆粕	11	32.6
菜籽粕	10	29.6
豆油	1	3.0
磷酸氢钙	1	3.0
石粉	9	26.7
食盐	0.5	1.5
赖氨酸盐酸盐	0.15	0.4
蛋氨酸	0.1	0.3
1%蛋鸡预混料	1	3.0
合计	103.75	100
	33.75	

图 3-7　利用 Excel 软件计算浓缩料配方 3

(二) 牛、羊浓缩饲料配方设计

1. 设计步骤

(1)计算奶牛营养需要量。

(2)确定选用饲料:考虑适口性、多样性、营养性。

(3)先满足粗料的用量,营养不足的部分用精料补充。

(4)最后确定日粮组成并列出各种饲料用量。

2. 注意事项

(1)奶牛的营养需要=维持需要+产奶需要+妊娠需要+生长需要

维持需要主要根据体重确定,产奶需要根据泌乳量及乳脂率确定,妊娠需要主要考虑妊娠6个月以上的牛,生长需要指第一、二胎次的母牛分别按维持需要的20%和10%计算。

(2)奶牛日粮中饲料种类多,不仅有能量饲料、蛋白质饲料,还有青饲料、粗饲料、多汁饲料、舔砖等,配方设计时要注意它们的用量。通常,粗料按牛体重的1%~2%喂给,多汁料折算成相当于干草的粗饲料量,精料量不宜超过体重的2%~2.5%。每日每头奶牛采食的优质青贮料≤25 kg,食盐按每100 kg体重给3~5 g,每产1 kg标准乳给1.2~2 g。舔砖主要用来满足奶牛对矿物质元素的需要(根据需要,也可加入维生素等微量成分)。

(3)反刍动物瘤胃中的微生物可合成机体需要的必需氨基酸、脂肪酸及各种维生素,因此饲料中可以不考虑这些养分的供应。但对于高产奶牛,还是要适当考虑日粮中提供某些必需氨基酸和维生素。

(4)如果配方中使用尿素等非蛋白氮饲料补充部分粗蛋白,则要注意尿素等原料的选择与加工、应用,严防尿素中毒。

[**示例**]为体重550 kg、妊娠初期、日产乳20 kg、乳脂率4%的第四胎成年母牛,配合精料补充料。

步骤一　计算奶牛的营养需要选用中国奶牛饲养标准(NY/T 34—2004),确定该奶牛的营养需要量。

表3-6　示例奶牛的营养需要

营养需要	干物质/kg	可消化粗蛋白质/g	产奶净能/MJ	钙/g	磷/g
维持需要	7.04	341	40.38	33	25
产奶需要	0.4×20=8	55×20=1 100	3.14×20=62.8	4.5×20=90	3.0×20=60
妊娠需要	—	—	—	—	—
成长需要	—	—	—	—	—
合计	15.04	1 441	103.18	123	85

步骤二　根据本地饲料资源,选用玉米青贮、苜蓿干草、玉米秸秆做为粗料,精料选用玉米、麦麸、豆粕。以干物质为基础,精粗比确定为4∶6。随着奶牛产奶量的变化,要不断调整日粮中的精粗比。精粗比例可从在(6~4)∶(4~6)之间变动,原则是产奶越多,精料比例越大,产奶越少,粗料比例越大。注意,奶牛日粮中粗纤维含量不低于15%。如果日粮中粗纤维含量低于15%,可减少青贮饲料用量,增加干草等粗饲料的用量。当日粮中精料超过6∶4时,

为了防止瘤胃内 pH 过低，可在日粮中添加碳酸氢钠或氧化镁。但过高的精料用量，常引起代谢疾病，如酮病。

步骤三　计算粗料提供的养分含量，通过与营养需要的比较，计算精料补充料的养分含量（表 3-7）。

表 3-7　示例奶牛配合饲料原料营养成分

饲料原料	干物质/%	可消化粗蛋白质/g	产奶净能/MJ	钙/g	磷/g
玉米青贮	23	42	4.98	4.4	2.6
苜蓿干草	92	101	4.78	15.9	2.7
玉米秸秆	90	20	4.22	—	—
玉米	86	63	8.10	0.9	2.4
麦麸	87	101	6.66	1.6	6
豆粕	89	308	9.15	3.5	5.5

按干物质计算，粗料应提供干物质 15.04×0.6＝9.024 kg，精料提供干物质为 15.04×0.4＝6.016 kg。

本配方中，玉米青贮、苜蓿干草、玉米秸秆都可看作是粗料，由它们提供的干物质总量为 9.024 kg。青贮料的日用量可按牛体重的 2%～4%计算，本配方中用量范围是 550×(2%～4%)＝11～22 kg，选用 15 kg。则玉米青贮可提供干物质 15×0.23＝3.45 kg，选用苜蓿干草的干物质设定为 3 kg，则玉米秸秆提供的干物质则是 9.024－3.45－3＝2.574 kg，实际苜蓿干草用量为 3/0.92＝3.26 kg，玉米秸秆实际用量为 2.574/0.9＝2.86 kg。则除去粗料外，奶牛精料补充料中应含有的养分含量见表 3-8。

表 3-8　示例奶牛精料补充料中的养分含量计算过程

饲料原料	配方用量/kg	干物质/kg	可消化粗蛋白质/g	产奶净能/MJ	钙/g	磷/g
玉米青贮	15.000	3.450	630.000	74.700	66.000	39.000
苜蓿干草	3.260	2.999	329.260	15.583	51.834	8.802
玉米秸秆	2.86	2.574	57.200	12.069	—	—
合计	18.260	9.023	1 016.460	102.352	117.834	47.802
营养需要		15.040	1 441.000	103.180	123.000	85.000
精料中含量		6.017	424.540	0.828	5.166	37.198

注：(1)合计中的“可消化蛋白质”计算方法为：15.00×42＝630，产奶净能、钙、磷计算方法相同。

(2)精料中含量中，“可消化精蛋白质”计算方法为：1 441.00－1 016.46＝424.54，产奶净能、钙、磷计算方法相同。

(3)Excel 软件中的计算过程如图 3-8 至图 3-10 所示。

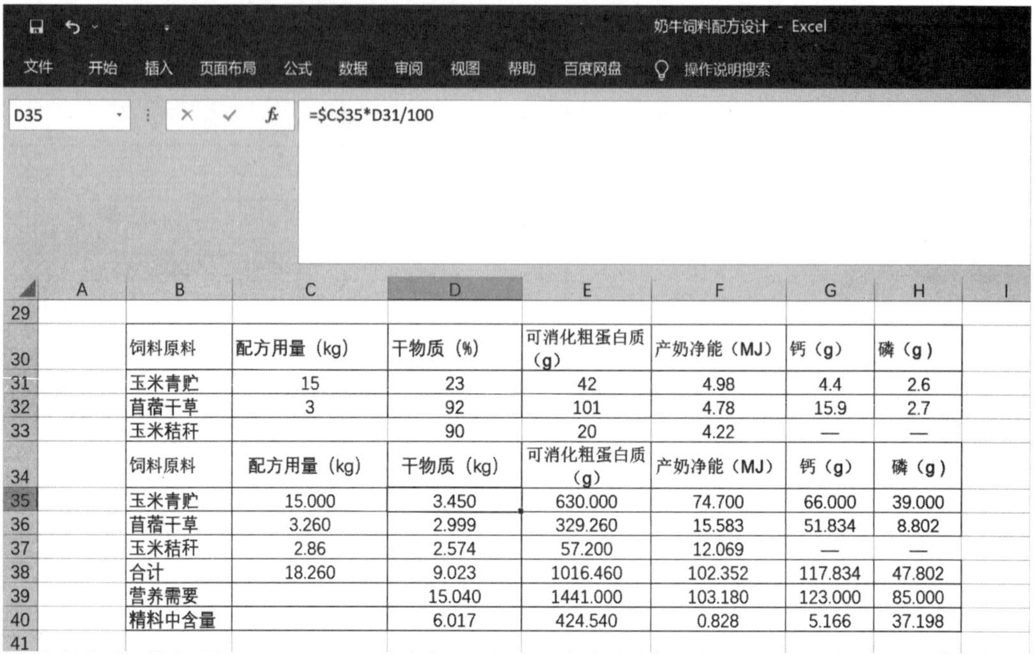

饲料原料	配方用量（kg）	干物质（%）	可消化粗蛋白质（g）	产奶净能（MJ）	钙（g）	磷（g）
玉米青贮	15	23	42	4.98	4.4	2.6
苜蓿干草	3	92	101	4.78	15.9	2.7
玉米秸秆		90	20	4.22	—	—
饲料原料	配方用量（kg）	干物质（kg）	可消化粗蛋白质（g）	产奶净能（MJ）	钙（g）	磷（g）
玉米青贮	15.000	3.450	630.000	74.700	66.000	39.000
苜蓿干草	3.260	2.999	329.260	15.583	51.834	8.802
玉米秸秆	2.86	2.574	57.200	12.069	—	—
合计	18.260	9.023	1016.460	102.352	117.834	47.802
营养需要		15.040	1441.000	103.180	123.000	85.000
精料中含量		6.017	424.540	0.828	5.166	37.198

图 3-8　利用 Excel 软件计算奶牛精料补充料配方 1

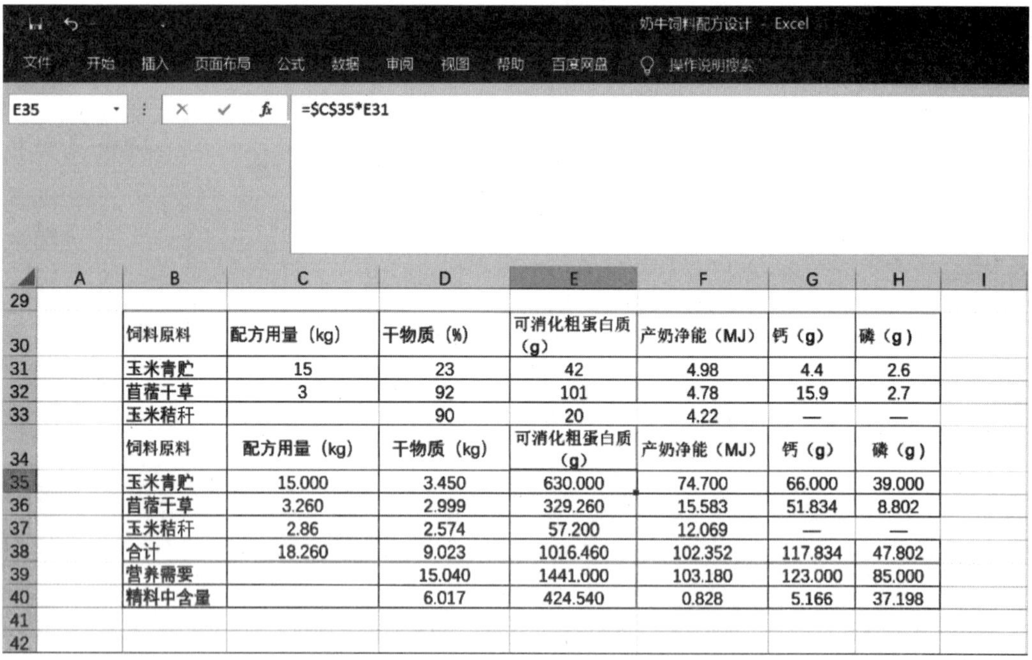

饲料原料	配方用量（kg）	干物质（%）	可消化粗蛋白质（g）	产奶净能（MJ）	钙（g）	磷（g）
玉米青贮	15	23	42	4.98	4.4	2.6
苜蓿干草	3	92	101	4.78	15.9	2.7
玉米秸秆		90	20	4.22	—	—
饲料原料	配方用量（kg）	干物质（kg）	可消化粗蛋白质（g）	产奶净能（MJ）	钙（g）	磷（g）
玉米青贮	15.000	3.450	630.000	74.700	66.000	39.000
苜蓿干草	3.260	2.999	329.260	15.583	51.834	8.802
玉米秸秆	2.86	2.574	57.200	12.069	—	—
合计	18.260	9.023	1016.460	102.352	117.834	47.802
营养需要		15.040	1441.000	103.180	123.000	85.000
精料中含量		6.017	424.540	0.828	5.166	37.198

图 3-9　利用 Excel 软件计算奶牛精料补充料配方 2

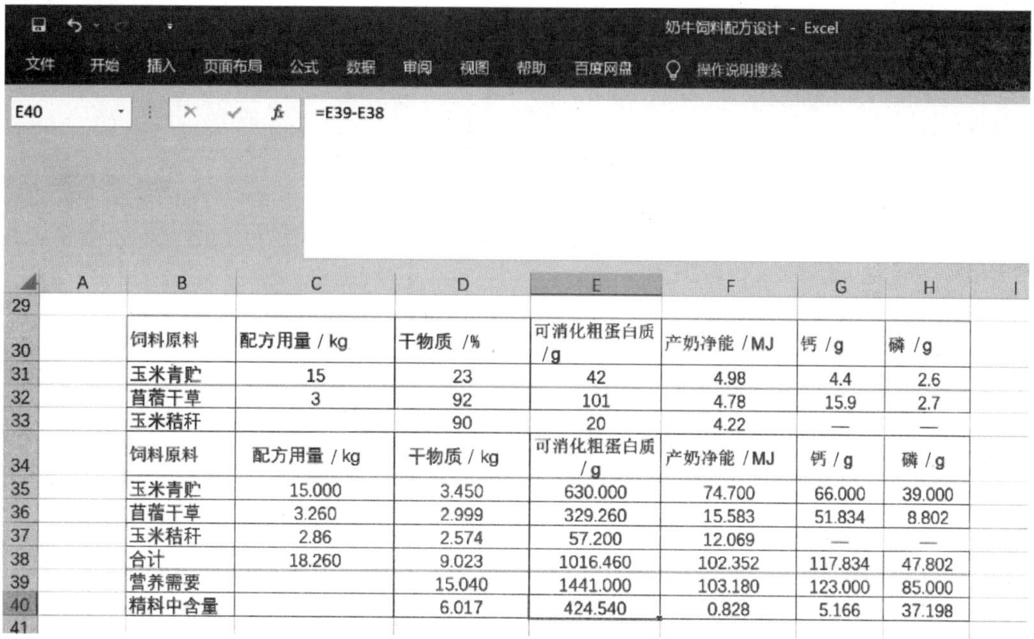

=E39-E38

饲料原料	配方用量 / kg	干物质 /%	可消化粗蛋白质 /g	产奶净能 / MJ	钙 / g	磷 / g
玉米青贮	15	23	42	4.98	4.4	2.6
苜蓿干草	3	92	101	4.78	15.9	2.7
玉米秸秆		90	20	4.22	—	—
饲料原料	配方用量 / kg	干物质 / kg	可消化粗蛋白质 / g	产奶净能 / MJ	钙 / g	磷 / g
玉米青贮	15.000	3.450	630.000	74.700	66.000	39.000
苜蓿干草	3.260	2.999	329.260	15.583	51.834	8.802
玉米秸秆	2.86	2.574	57.200	12.069	—	—
合计	18.260	9.023	1016.460	102.352	117.834	47.802
营养需要		15.040	1441.000	103.180	123.000	85.000
精料中含量		6.017	424.540	0.828	5.166	37.198

图 3-10　利用 Excel 软件计算奶牛精料补充料配方 3

步骤四　利用试差法计算精料补充料中各组分的比例(表 3-9)。

表 3-9　示例奶牛精料补充料中的初始配方

饲料原料	配方用量/kg	干物质/%	可消化粗蛋白质/g	产奶净能/MJ	钙/g	磷/g
玉米	4	86	63	8.10	0.9	2.4
麦麸	1	87	101	6.66	1.6	6
豆粕	2	89	308	9.15	3.5	5.5
合计	7	6.09	969	57.36	12.2	26.6
需要		6.016 8	424.54	0.828	5.166	37.198
差值		−0.073 2	−544.46	−56.532	−7.034	10.598

注:本表计算过程可用 Excel 软件完成,过程与前面类似。

从表 3-9 可以看出,干物质稍有不足,而粗蛋白质和产奶净能都超过标准很多,钙、磷不足可用舔砖补充。再对配方进行调整,最终形成配方如表 3-10 所示。

表 3-10　示例奶牛精料补充料中的最终配方

饲料原料	配方用量/kg	干物质/kg	可消化粗蛋白质/g	产奶净能/MJ	钙/g	磷/g
玉米青贮	13.000	2.99	546	64.74	57.2	33.8
苜蓿干草	2.500	2.3	252.5	11.95	39.75	6.75
玉米秸秆	4	3.6	80	16.88		

续表3-10

饲料原料	配方用量/kg	干物质/kg	可消化粗蛋白质/g	产奶净能/MJ	钙/g	磷/g
玉米	4	3.44	252	32.4	3.6	9.6
麦麸	1	0.87	101	6.66	1.6	6
豆粕	1	0.89	308	9.15	3.5	5.5
合计	25.50	14.09	1 539.50	141.78	105.65	61.65
营养需要		15.04	1 441	103.18	123	85

模块四

饲料检测

项目 1

饲料常规检测

☆学习任务单

模块四项目 1	饲料常规检测	参考学时	18 学时
任务分配			
学习目标	学生通过本单元学习，掌握饲料常规项目——饲料样本的采集、制备及保存，饲料物理性状检验与鉴定，饲料水分的测定，饲料粗灰分的测定，饲料粗蛋白质的测定，饲料中钙的测定，饲料中总磷的测定，饲料粗脂肪的测定，饲料粗纤维的测定等分析技术等内容		
知识目标	1. 了解饲料常规项目检测的目的与意义 2. 掌握常规项目检测的内容、分析方法、原理、操作技术、注意事项 3. 掌握常规项目检测时需要使用的仪器设备种类 3. 掌握测定饲料中常规项目检测含量的计算方法，结果要求		
能力目标	1. 能说出饲料中常规项目测定的概念、目的、原理及所使用的仪器设备 2. 能描述饲料中常规项目的分析方法及操作技术、注意事项 3. 能正确使用测定仪器，独立进行饲料中常规项目的测定，结果符合要求		
素质目标	1. 培养学生崇尚科学、积极探索的职业素养 2. 培养学生求真务实、严谨认真的科研态度 3. 培养学生语言表达能力和总结归纳能力 4. 培养学生团队协作、社交能力		
考核点	1. 饲料中各种常规项目分析的测定方法、原理及操作技能、注意事项 2. 测定仪器的操作使用 3. 饲料中常规项目检测含量的计算方法，结果判断		
参考资料	[1] 张翠玲，张京和. 动物营养与饲料生产技术. 北京：化学工业出版社，2011. [2] 彭健. 饲料分析及饲料质量检测技术. 北京：科学出版社，2011. [3] 张丽英. 饲料分析及饲料质量检测技术. 北京：中国农业大学出版社，2007. [4] 杨久仙，刘建胜. 宠物营养与饲料. 北京：中国农业出版社，2007.		

续表

项目 4-1	饲料常规检测	参考学时	18 学时
	GB/T 6432—2018 饲料中粗蛋白的测定　凯氏定氮法 GB/T 6433—2006 饲料中粗脂肪的测定 GB/T 6434—2006 饲料中粗纤维的含量测定　过滤法 GB/T 6435—2014 饲料中水分的测定 GB/T 6436—2018 饲料中钙的测定 GB/T 6437—2018 饲料中总磷的测定　分光光度法 GB/T 6438—2007 饲料中粗灰分的测定 GB/T 6439—2007 饲料中水溶性氯化物的测定 GB/T 5917.1—2008 饲料粉碎粒度测定　两层筛筛分法 GB/T 5918—2008 饲料产品混合均匀度的测定 GB/T 14699.1—2005 饲料采样 GB/T 20195—2006 动物饲料　试样的制备 GB/T 34269—2017 饲料原料显微镜检查图谱 GB/T 14698—2017 饲料原料显微镜检查方法 GB/T 13085—2018 饲料中亚硝酸盐的测定　比色法 GB/T 13086—2020 饲料中游离棉酚的测定方法		

饲料是动物的食物，饲料质量的好坏影响着动物产品的质量，因此，严把饲料质量关，做好饲料饲用前的检测工作，保证动物饲料营养、均衡、全面、卫生安全至关重要。

饲料检测的项目有多种，如营养指标检测、卫生指标检测等，与之相对应的检测方法也有多种，如感官检验、物理检验、化学检验、借助于仪器分析等。

饲料常规化验项目有：饲料中水分、粗蛋白质、粗灰分、钙、盐分、粗脂肪、粗纤维、蛋白溶解度、酸价、碘价等，本章主要介绍饲料样本的采集、制备及保存，饲料物理性状检验与鉴定，饲料中水分、粗蛋白质、粗脂肪、粗纤维、粗灰分、钙、总磷等含量测定。

技能训练 7　饲料样本的采集、制备及保存

【实训目标】 通过实训，掌握各种饲料原料、成品料的采集、制备及保存方法。

【实训方法】 GB/T 14699.1　饲料采样方法；GB/T 20195　动物饲料试样的制备

【实训材料】 各种饲料、采样器（探针采样器、锥形带式采样器、液体采样器、自动采样器等）、刀或剪刀、小铡刀、料铲或短柄或长柄勺、搪瓷盘或塑料布；分样板、样品粉碎机一台、标准筛（孔径 1～0.45 mm）、电子天平（0.01 g 感量）、鼓风干燥烘箱、坩埚、磨口广口瓶或塑料一拉袋、标签等。

【方法步骤】

一、样品的采集

（一）采样的目的

饲料化学分析结果的可靠性，不仅取决于化学分析本身的准确性，更重要的还取决于样本

的采集与制备。采样是饲料分析的第一步，采样的根本目的是得到具有代表性的样品，以便对样品的理化指标进行分析，客观反映受检饲料原料或产品的品质。通过采样本分析样品，可以为以下操作提供依据、为饲料配方选择原料、选择原料供应商；接收或拒收某种原料；判断产品的质量是否符合要求和保证值，决定产品是否出厂或仲裁买卖双方的争议；判断加工质量程度和生产工艺质量；保留每一批原料和产品，以备查验；分析实验方法的准确性；比较实验员之间的操作误差。

从待测饲料原料或产品中获取一定数量、具有代表性的样品的过程，称为采样。

样品(或样本)是待检饲料原料或产品的一部分。

样品一般分为原始样品，平均样品和试验样品。

(1)原始样品　又称初级样品，是从一批受检的饲料或原料中最初抽取的样品，称为原始样品，原始样品一般不少于 2 kg。

(2)平均样品　又称次级样品，是将原始样品按规定混合，均匀地分出一部分，称为平均样品，平均样品一般不少于 1 kg。

(3)试验样品　又称分析样品，是平均样品经过混合分样，根据需要从中抽取一部分，用作试验室分析，称为试样样品。分析样品的数量根据分析指标和测定方法要求而定。

(二)采样要求

(1)样品必须具有代表性　以便对样品的理化指标进行分析，客观反映受检饲料原料或产品的品质。具有代表性的样本即能够代表全部被分析的原料物品，否则即使以后的分析方法和处理无论多么严谨、精确，所得出的分析结果都毫无科学性、公证性和实用价值。

(2)必须采用正确的采样方法　正确的采样方法是根据饲料物理特性，利用数学原理，从具有不同代表性的区域采集一定数量的样品，混合得到数量较大的原始样品，然后按将原始样品缩减到一定数量的待测样品。采样过程应做到随机、客观，避免人为和主观因素的影响。

(3)样品必须有一定的数量　不同饲料要求采集的样品数量不同，主要受饲料水分含量、颗粒大小和均匀度、平行样品的数量的影响。原则上：饲料水分含量高、颗粒大、均匀度差，则采集的样品应多；平行样品数量越多，则采集的样品数量就越多。一定数量样品是保证样品代表性的重要环节。

(4)采样人员应具备高度责任心和熟练的采样技能　采样时，严格按采样操作规程进行，及时发现和上报一切异常。采样人员应经相应技能培训，合格后才能上岗。

(5)重视和加强管理　管理人员应了解原料、加工工艺质量、成品料。

(6)采样工具的要求　①能够无选择性地采集到饲料中的所有组分；②清洁、干燥、无异味，对饲料样品无污染，不增加样品中微量元素的含量或引入外来生物或霉菌毒素等；③保护样品的功能，以保证样品在检验前不发生任何变化。

(三)采样的基本方法

饲料样品采样的基本方法有几何法和四分法 2 种。

(1)几何法　是指把整个一堆物品看成一种有规则的几何形状(立方体、圆柱体、圆锥体)，取样时首先把这个主体分为若干体积相等的部分，这些部分必须在全体中分布均匀，即不只是在表面或只是在一面。从这些部分中取出体积相等的样品，这些部分的样品称为支样，再把支样混合，即得原始样品。

几何法常用于大批量饲料样品的采集或原始样品（初级样品）的采集。

(2)四分法　是指将均匀性的饲料（搅拌均匀的籽实、粉末状饲料）或混合完全后的原始样本置于瓷盘和一块塑料布，反复多次混合均匀，然后将饲料展平、用分样板或药铲、从中划“十”字或以对角线连接，将样本分成四等份，除去对角的两份，将剩余的两份，如前述混合均匀后，再分成四等份，重复上述过程，直到剩余样本数量与测定所需要的用量相接近时为止。

如果饲料样品数量比较大，可以在洁净的地板上堆成圆锥形，用铲子将堆移到另一处，移动时将每铲倒到另一铲上，形成圆堆以后每铲倒到锥顶，样料由顶向下流至周围，这样，反复将堆移动数次，可以达到饲料混合均匀的目的。

四分法常用于小批量样品和均匀样品的采集或从原始样品中获取次级样品和分析样品。

(四)采样的方法步骤

1.采样前记录

采样前，必须准确、完整记录与原料或产品相关的资料，如生产厂家、生产日期、批号、产品种类、规格、包装、存放方式、运输、贮存条件和采样时间等。

2.原始样品的采集

原始样品（初级样品）是从生产现场（如田间、牧地、仓库、试验场地等）的待测饲料中按照不同部位即深度和广度采集出来的样品经混合而得的样品，一般不得少于 2 kg。一般用几何法采集。

实际工作中，饲料的种类各异，分析目的不同，采样方法也完全不同。不同饲料样品的采集因饲料原料或产品的性质、状态、颗粒大小或包装方式不同而不同。对于不均匀的饲料（粗饲料、块根、块茎饲料、家畜屠体等）或大批量的饲料，为使取样有代表性，应尽可能取到被检饲料的各个部分。

(1)粉状和颗粒饲料

①散装　散装的原料应在机械运输过程中的不同场所（如滑运道、传送带等处）取样。如果在机械运输过程中未能取样，则可用探管取样，但应避免因饲料原料不匀而造成的错误取样。

取样时，用探针从距边缘 0.5 m 的不同部位分别取样，然后混合即得原始样品。取样点的分布和数目取决于装载的数量，也可在卸车时用长柄勺、自动选样器或机器选样器等，间隔相等时间，截断落下的料流取样，然后混合得原始样品。

②袋装　用抽样锥随意从不同袋中分别取样，然后混合得原始样品。每批采样的袋数取决于总袋数、颗粒大小和均匀度，有不同的方案，取样袋数至少为总袋数的 10%。中小颗粒饲料如玉米、大麦等取样的袋数不少于总袋数的 5%。粉状饲料取样袋数不少于总袋数的 3%。总袋数在 100 袋以下，取样不少于 10 袋，每增加 100 袋需增加 1 袋。

取样时，用口袋探针从口袋的上下两个部位采样，或将袋平放，将探针的槽口向下，从袋口的一角按对角线方向插入袋中，然后转动器柄使槽口向上，抽出探针，取出样品。

③仓装　原始样品在饲料进入包装车间或成品库的流水线或传送带上、贮塔下、料斗下、秤上或工艺设备上采集，具体方法：用长柄勺、自动或机械式选样器，间隔时间相同，截断落下的饲料流。间隔时间应根据产品移动的速度来确定，同时要考虑每批选取的原始样品的总量。

对于饲料级磷酸盐、动物性饲料粉和鱼粉应不少于 2 kg，而其他饲料产品则不低于 4 kg。

圆仓可按高度分层，每层分内（中心）、中（半径的一半处）、外（距仓边 30 cm 左右）3 圈，圆仓直径在 8 m 以下时，每层按内、中、外分别采 1、2、4 个点，共 7 个点；直径在 8 m 以上时，每层按内、中、外分别采 1、4、8 个点，共 13 个点。将各点样品混匀即得原始样品。

（2）液体或半固体饲料

①液体饲料　桶或瓶装的植物油等液体饲料应从不同的包装单位（桶或瓶）中分别取样，然后混合。取样的桶数如下：

7 桶以下，取样桶数不少于 5 桶；10 桶以下，取样桶数不少于 7 桶；10～50 桶，取样桶数不少于 10 桶；51～100 桶，取样桶数不少于 15 桶；101 桶以上，按不少于总桶数的 15% 抽取。

取样时，将桶内饲料搅拌均匀（或摇匀），然后将空心探针缓慢地自桶口插至桶底，然后堵压上口提出探针，将液体饲料注入样品瓶内混匀。

对散装（大池或大桶）的液体饲料按散装液体高度分上、中、下 3 层分层布点取样。上层距液面约 40 cm 处，中层设在液体中间，下层距池底 40 cm 处，3 层采样数量的比例为 1∶3∶1（卧式液池、车槽为 1∶8∶1）。采样时，用液体取样器在不同部位采样，并将各部位采集的样品进行混合，即得原始样品。原始样品的数量取决于总量，总量为 500 t 以下，应不少于 1.5 kg；501～1 000 t，不少于 2.0 kg；1 001 t 以上，不少于 4.0 kg。原始样品混匀后，再采集 1 kg 做次级样品备用。

②固体油脂　对在常温下呈固体的动物性油脂的采样，可参照固体饲料采样方法，但原始样品应通过加热熔化混匀后，才能采集次级样品。

③黏性液体　黏性浓稠饲料如糖蜜，可在卸料过程中采用抓取法，即定时用勺等器具随机采样。原始样品数量应为总量 1 t 至少采集 1 L。原始样品充分混匀后，即可采集次级样品。

（3）块饼类　块饼类饲料的采样依块饼的大小而异。

大块状饲料从不同的堆积部位选取不少于 5 大块，然后从每块中切取对角的小三角形，将全部小三角形块捶碎混合后得原始样品，然后再用四分法取分析样品 200 g 左右。

小块的油粕，要选取具有代表性者数 10 片（25～30 片），粉碎后充分混合得原始样品，再用四分法取分析样品约 200 g。

（4）副食及酿造加工副产品　此类饲料包括酒糟、醋糟、粉渣和豆渣等。取样方法是：在贮藏池、木桶或贮堆中分上、中、下 3 层取样。视池、桶或堆的大小每层取 5～10 个点，每点取 100 g，放大瓷桶内充分混合得原始样品，然后从中随机取分析样品约 1 500 g，用 200 g 测定其初水分，其余放入大瓷盘中，在 60～65 ℃恒温干燥箱中干燥供制风干样品用。

对豆渣和粉渣等含水较多的样品，在采样过程中应注意避免汁液损失。

（5）块根、块茎和瓜类　这类饲料的特点是含水量大，由不均匀的大体积单位组成。采样时，通过采集多个单独样品来消除每个个体间的差异。样品个数的多少，根据样品的种类和成熟的均匀与否，以及所需测定的营养成分而定，一般块根、块茎 10～20 个；马铃薯 50 个；胡萝卜 20 个；南瓜 10 个。

采样时，从田间或贮藏窖内随机分点采取原始样品 15 kg，按大、中、小分堆称重求出比例，按比例取 5 kg 次级样品。先用水洗干净，洗涤时注意勿损伤样品的外皮，洗涤后用布拭去表面的水分。然后，从各个块根的顶端至根部纵切具有代表性的对角 1/4、1/8 或 1/16……直至适量的分析样品，迅速切碎后混合均匀，取 300 g 左右测定初水分，其余样品平铺于洁净的瓷盘内或用线串联置于阴凉通风处风干 2～3 d，然后在 60～65 ℃的恒温干燥箱中烘干备用。

(6)新鲜青绿饲料及水生饲料　新鲜青绿饲料包括天然牧草、蔬菜类、作物的茎叶和藤蔓等。一般取样是在天然牧地或田间，在大面积的牧地上应根据牧地类型划区分点采样。每区选 5 个以上的点，每点为 1 m^2 的范围，在此范围内离地面 3～4 cm 处割取牧草，除去不可食草，将各点原始样品剪碎，混合均匀得原始样品。然后，按四分法取分析样品 500～1 000 g，取 300～500 g 用于测定初水，一部分立即用于测定胡萝卜素等，其余在 60～65 ℃的恒温干燥箱中烘干备用。

栽培的青绿饲料应视田块的大小，按上述方法等距离分点，每点采 1 至数株，切碎混合后取分析样品。该方法也适用于水生饲料，但注意采样后应晾干样品外表游离水分，然后切碎取分析样品。

(7)青贮饲料　青贮饲料的样品一般在圆形窖、青贮塔或长形壕内采样。取样前应除去覆盖的泥土、秸秆以及发霉变质的青饲料。原始样品质量为 500～1 000 g，长形青贮壕的采样点视青贮壕长度大小分为若干段，每段设采样点分层取样。

(8)粗饲料　这类饲料包括秸秆及干草类。取样方法为在存放秸秆或干草的堆垛中选取 5 个以上不同部位的点采样(即采用几何法取样)，每点采样 200 g 左右，采样时应注意由于干草的叶子极易脱落，影响其营养成分的含量，故应尽量避免叶子的脱落，采取完整或具有代表性的样品，保持原料中茎叶的比例。然后将采取的原始样品放在纸或塑料布上，剪成 1～2 cm 长度，充分混合后取分析样品约 300 g，粉碎过筛。少量难粉碎的秸秆渣应尽量捶碎弄细，并混入全部分析样品中，充分混合均匀后装入样品瓶中，切记不能丢弃。

3.次级样品的采集

将原始样品混合均匀或简单地剪碎混匀后，通常再按“四分法”缩小原始样品的数量或分成几个平行的样品，直到样品数量剩余 1 kg 左右。

4.送检样品的采集

次级样品充分混匀后，再按“四分法”，从中取出一部分即为送检样品，用作样品分析用。

样品采集完后，应在 4 h 之内迅速送往检测室进行分析检测。应妥善保存，以免样品发生受潮、挥发、风干、变质等现象，以保证其中的成分不发生变化。检验样品应装入具磨口玻璃塞的瓶中。易于腐败的食品，应放在冰箱中保存。盛装样品的器具上要贴牢标签，注明样品名称、采样地点、采样日期、样品批号、采样方法、采样数量、分析项目及采样人。

二、饲料样品的制备

采集的送检样品往往数量大，颗粒太大，组成不均匀。因此，为了确保分析结果的正确性，必须对送检样品进行粉碎、混匀、缩分，这项工作即为样品制备。样品制备的目的就是要保证样品十分均匀，使在分析时取任何部分都能代表全部样品的成分。

样品的制备指将原始样品或次级样品经过一定的处理(四分缩减法)成为分析样品的过程。样品制备方法包括烘干、粉碎和混匀，制备成的样品可分为半干样品和风干样品。

样品的制备方法因产品类型不同而异。

1.风干样品的制备

饲料中水分存在有 3 种形式，即游离水、吸附水(吸附于蛋白质、淀粉及细胞膜上的水)和结合水(与糖和盐结合的水)。风干样本就是在样品中不含游离水,含有15%以下的吸附水,含有结合水的样本,如混合粉料、玉米、小麦等作物籽实、糠麸、饼粕、干草粉、秸秆、血粉、肉骨粉、血粉等。

对不均匀的原始样品如干草、秸秆等,应经过一定处理如剪碎或捶碎等混匀,按“四分法”采得次级样品;对均匀的样品如玉米、粉料等,可直接用“四分法”采得次级样品,用饲料样品粉碎机粉碎,通过孔径为16～60目(0.38～0.25 mm为40～60目)孔筛即得分析样品。主要分析指标样品粉碎粒度要求见表4-1。注意的是:不易粉碎的粗饲料如秸秆渣等在粉碎机中会剩留极少量难以通过筛孔,这部分决不可抛弃,应尽力弄碎,如用剪刀仔细剪碎后一并均匀混入样品中,避免引起分析误差。

将粉碎完毕,通过1 mm孔筛的样品200～500 g装入磨口广口瓶内保存备用,并贴上标签,注明样品名称、采样地点、采样日期、制样日期、分析日期和制样人等,供测定分析用。

表4-1　主要分析指标样品粉碎粒度的要求

指标	分析筛规格/目	筛孔直径/mm
水、粗蛋白、粗脂肪、粗灰分、钙、磷、盐	40	0.45
粗纤维、体外胃蛋白酶消化率	16	1.00
氨基酸、微量元素、维生素、脲酶活性、蛋白质溶解度	60	0.25

注:杨久仙,宁金友.动物营养与饲料加工.北京:中国农业出版社,2007.

2.新鲜多汁样品的制备

新鲜样本含有大量的游离水和少量的吸附水,水分含量高,占样品质量的70%～90%,不易粉碎和保存。除少数指标如胡萝卜素的测定可直接使用新鲜样品外,大多项目指标测定通常需要由新鲜样本制备分析样本,先除去初水分,制成风干样品,然后再按风干样品的制样方法制成分析样品。

(1)半干样品的制备过程　半干样品是由新鲜的青饲料、青贮饲料等制备而成。一般在测定饲料的初水含量后制成半干样品,以便保存,供其余指标分析备用。

初水是指新鲜样品在60～65 ℃的鼓风干燥箱中烘8～12 h,除去部分水分,然后回潮使其与周围环境条件的空气湿度保持平衡,在这种条件下所失去的水分称为初水分。去掉初水分之后的样品为半干样品。

半干样品的制备包括烘干、回潮和称恒重3个过程。最后,半干样品经粉碎机磨细,通过0.38～0.25 mm孔筛,即得分析样品。将分析样品装入磨口广口瓶中,在瓶上贴上标签,注明样品名称、采样地点、采样日期、制样日期、分析日期和制样人,然后保存备用。

(2)新鲜饲料初水分的测定步骤　用几何法或四分法从鲜样中取得分析样品,将分析样品分为两部分:一部分为300～500 g,用于初水分测定,并制备风干样品,经粉碎机磨细,初水分测定步骤:

①瓷盘称重　在普通天平上称取瓷盘的质量。

②称样品重　用已知质量的瓷盘在普通天平上称取新鲜样品200～300 g。

③灭酶　将装有新鲜样品的瓷盘放入120 ℃鼓风干燥箱中烘10～15 min。目的是使新鲜饲料中存在的各种酶失活,以减少对饲料养分分解造成的损失。

④烘干　将瓷盘迅速放在60～70 ℃鼓风干燥箱中烘一定时间,直到样品干燥容易磨碎为

止。烘干时间一般为 8～12 h，取决于样品含水量和样品数量。含水低、数量少的样品也可能只需 5～6 h 即可烘干。

⑤回潮和称重　取出瓷盘，放置在室内自然条件下冷却 24 h，然后用普通天平称重。

⑥再烘干　将瓷盘再次放入 60～70 ℃鼓风干燥箱中烘 2 h。

⑦再回潮和称重　取出瓷盘，同样在室内自然条件下冷却 24 h，然后用普通天平称重。

如果两次质量之差超过 0.5 g，则将瓷盘再放入鼓风干燥箱，重复⑥和⑦步骤，直至两次称重之差不超过 0.5 g 为止。以最低的质量即为半干样品的质量。将半干样品粉碎至一定细度即为分析样品。

⑧计算公式与结果表示

$$初水分=\frac{m_1-m_2}{m_1}\times 100\%$$

式中：m_1——新鲜样品，g；

　　m_2——半干样品，g。

注意：制备好的样品应立即进行分析，否则，应妥善保存。

三、样品的登记与保管

（一）样品的登记

制备好的风干样品或半干样品均应装在洁净、干燥的磨口广口瓶内作为分析样品备用。瓶外贴有标签，标明样品名称、采样和制样时间、采样和制样人等。此外，分析实验室应有专门的样品登记本，系统地详细记录与样品相关的资料，要求登记的内容如下。

(1)样品名称(一般名称、学名和俗名)和种类(必要时须注明品种、质量等级)。

(2)生长期(成熟程度)、收获期、茬次。

(3)调制和加工方法及贮存条件。

(4)外观性状及混杂度。

(5)采样地点和采集部位。

(6)生产厂家、批次和出厂日期。

(7)等级、重量。

(8)采样人、制样人和分析人的姓名。

（二）饲料样品的保存

样品应避光保存，保存环境要清洁干燥，并尽可能低温保存，并做好防虫措施。

样品保存时间的长短应有严格规定，这主要取决于原料更换的快慢及买卖双方谈判情况(如水分含量过高，蛋白质含量是否合乎要求)。此外，某些饲料在饲喂后可能出现问题，故该饲料样品应长期保存，备做复检用。但一般条件下原料样品应保留 2 周，成品样品应保留 1 个月(与对客户的保险期相同)。有时为了特殊目的，饲料样品需保管 1～2 年。对需长期保存的样品可用锡铝纸软包装，经抽真空充氮气后(高纯氮气)密封，在冷库中保存备用。专门从事饲料质量检验监督机构的样品保存期一般为 3～6 个月。此外，存放的样品要按日期、批号、编号摆放，以便查找。

饲料样品应由专人采集、登记、粉碎与保管。

【思考题】

1.名词解释：采样、制样、原始样品、次级样品、分析样品。

2.饲料样品采集的基本方法是什么？各适用于什么样品的采集？

3.简述采集饲料样品应遵循的原则。

4.简述样品采集的方法和步骤。

5.简述饲料样品的制备方法、注意事项。

6.饲料样品的采集与制备的工具有哪些？如何使用？

技能训练8　饲料物理性状检验与鉴定

检测饲料质量时，多数情况下，第一步就是对饲料物理性状进行检测。饲料物理性状检验主要是通过感官辨别法、容重法、比重鉴别法和显微镜分析法对饲料的物理性状变化如杂质、纯度、比重、粒度等进行检验。饲料物理性状的检验以感官检验为主，还包括物理、化学检验，必要时进行仪器分析。

一、饲料的感官检测

【实训目标】　通过实训，掌握饲料物理性状的感官检验与鉴定方法。

【实训方法】　饲料的感官检测

饲料的感官检测是最原始也是最重要、最简单的检验，主要通过人体视觉、味觉、嗅觉、触觉、齿觉等感官系统来对饲料的外观、颜色、异味、感触等来进行综合评价。如对饲料腐败、霉变、酸败、色泽、气味、水分等进行直观评定。感官评价的特点就是简便易行，也是饲料质量检测的评判第一关。该方法的关键就是靠检测技术人员的经验和熟练程度。

【实训材料】　各种饲料样品、标准筛1套、放大镜、显微镜等。

【检测方法】

通过视觉、味觉、嗅觉和触觉等通过感官，或借助于基本工具对饲料腐败、霉变、酸败、色泽、气味、水分等进行的一般外观直接评定。

1.视觉检查

通过眼睛观察饲料颗粒的大小、形状、色泽是否正常，有无发霉、生虫、结块、异物混入等。为了提高检查效果，应在被检样品的下面垫一层颜色相反的衬纸，并注意检查时的光线，必要时可加入微量的水，以观察样品色泽的变化。也可借助放大镜或实体显微镜鉴定，或使用8目、16目、40目的筛子检查，测定混入的异物及原料或成品料的大约粒度。

检查时要注意原料的自然颜色、掺杂物含量、霉菌生长情况、结块情况、虫咬情况和任何其他异常情况，使用这些发霉结块的饲料和用变质原料生产的饲料会导致低投入产出比和高死亡率。发霉的粮食会变绿、变灰或变黑。过期或不当的贮存、原料的水分过高导致结块和霉菌生长。榨油后的坚果饼粕中掺有米糠或其他廉价果实，鱼粉中掺有虾头、蟹壳、贝壳等的粉末，都能通过仔细观察和借助饲料用显微镜来发现。由于含油少易保证质量，浅色的鱼粉比暗色的鱼粉好。

2.味觉检查

通过舌舔和牙咬来检测味道。通过味觉，可以判断饲料及其原料的新鲜程度。新鲜的饲料及其原料口感较好，而储存一定时间后，其中的油脂由于游离脂肪酸的存在会酸败，导致口感极差。过期的饲料有一种令人难以忍受的陈腐、发霉味。

3.齿觉检查

通过牙咬和咀嚼饲料，很容易判断出其中的水分含量，干的饲料原料咬起来应该是又脆又硬且易碎。如果鱼粉、碎米等原料中掺杂有沙子、碎石，咀嚼起来会感到牙碜。

4.嗅觉检查

通过嗅觉来鉴别具有特征气味的饲料，有无霉臭、腐臭、氨臭、焦臭等。检查饲料有无刺激或腐败性气味，在判断困难的情况下，可加入适量的温水。

5.触觉检查

取样在手上，用手指搓捻，感触饲料粒度的大小、硬度、黏稠度、滑腻感、有无掺杂物和含水程度。如取一勺米糠放在手掌中，用手指挤压、摩擦，如果感到太粗糙，这可能说明米糠中掺杂了稻壳；抓一小把米糠，手握紧成拳头后再慢慢松开手指，质量好的米糠会留有手指的压痕，而掺了杂的米糠则会散开无法成形。家禽的粉状配合饲料显示出这样的手指压痕，说明其水分含量高，因为水分含量正常的饲料容易散开。当鱼粉的水分含量较高时，摸起来会比较热，更柔软、更潮湿。检测者可将手伸入一袋粮食中，如果饲料是干燥的，在袋子的里层和外层不会感到任何的温度差异；如果饲料的水分含量高，那么在冬季会感到袋子中心处的饲料比外层的饲料热，在夏季会感到袋子中心处的饲料比外层的饲料凉。

6.听觉检查

干燥的饲料如鱼粉在手中晃动时有一种干的、脆的、类似金属的声音，而水分含量高的饲料会有低沉的声音。干燥的饲料及其原料流动性好，易散，不易成形。

【思考题】

1.饲料物理性状检测中，饲料的感官检验方法主要有哪些？

2.简述视觉、味觉、嗅觉和触觉的感官检查方法。

二、容重测量法

【实训目的】 通过实训，掌握饲料容重测量的方法。

【实训方法】 用排气式容重器或量筒来进行检测。

【实训原理】 纯净原料每单位容积的重量是恒定的，若含有杂质和掺杂物，容重即会改变（或大、或小）。容重测量法是根据一定体积的饲料原料都有一定的重量，通过检测样品与标准样品容重的比较，初步判断饲料原料的掺杂和含水量情况。

【实训准备】

(一)材料仪器

(1)粗天平：感量 0.1 g。

(2)分析筛：孔径 0.38 mm(40 目)。

(3)不锈钢盘(30 cm×40 cm)。

(4)量筒:1 000 mL。

(5)小刀。

(6)药匙。

(二)样品的采集与制备

将采集的原始样品或次级样品采用四分法缩减至一定数量的分析样品。饲料样品应彻底混匀,无须粉碎。颗粒、碎粒和粉碎状态的饲料混匀(要通过 40 目筛)。

【测定步骤】

(1)将制备好的分析样品仔细地倒入 1 000 mL 的量筒内,用药匙调整容积,直到正好达到 1 000 mL 刻度线处为止。

(2)将样品从量筒倒出,称重。

(3)重复上述步骤,反复测量 3 次。

(4)以 g/L 计算,取平均值,即为饲料的容重。

【测定结果计算】

$$饲料容重=\frac{m_1+m_2+m_3}{3}$$

式中:m_1——第一次 1 000 mL 的量筒内试样的质量,g。

m_2——第二次 1 000 mL 的量筒内试样的质量,g。

m_3——第三次 1 000 mL 的量筒内试样的质量,g。

【思考题】

1. 容重测量法测定原理是什么?
2. 容重测量法测定应注意哪些事项?

三、饲料粉碎粒度测定

【实训目标】 通过实训,掌握饲料粉碎粒度测定方法。

【实训方法】 GB/T 5917.1—2008 两层筛筛分法,适用于配合饲料、浓缩饲料、精料补充料、添加剂预混合饲料、单一饲料的粉碎粒度测定,也可用于饲料添加剂粉碎粒度的测定。

【测定原理】 用规定的标准试验筛在振筛机上或人工对试料进行筛分,测定各层筛上留存物料质量,计算其占试料总质量的百分数。

【实训准备】

(一)仪器

(1)标准试验筛:2 个标准试验筛、1 个盲筛(底筛)及一个筛盖。

(2)振筛机:拍击式电动振筛机。

(3)天平:感量为 0.01 g。

(二)样品的采样与制备

按 GB/T 14699.1 采集饲料样品。选取具有代表性的风干试样,四分法缩减至需要量,装于密封容器中,放阴凉干燥保存,防止试样成分变化。待测。

【测定步骤】

(1)将标准试验筛和盲筛按筛孔尺寸由大到小上下叠放。

(2)从试样中称取试料 100 g,放入叠放好的组合试验筛的顶层筛内。

(3)将装有试料的组合试验筛放入电动振筛机上,开动振筛机,连续筛 10 min。在无电振筛机的条件下,可用手工筛理 5 min。筛理时,应使试验筛做平面回转运动,振幅为 25~50 mm,振动频率 120~180 次/ min。

(4)筛分完后将各层筛上物分别收集、称重(精确到 0.1 g)。

【结果计算与表述】

1.结果计算

各层筛上物的质量分数计算公式:

$$P_i=\frac{m_1}{m}\times 100\%$$

式中:P_i——某层试验筛上留存物料质量占试料总质量的百分数($i=1,2,3$),%;

m_1——某层试验筛上留存的物料质量($i=1,2,3$),g;

m——试料的总质量,g。

2.结果表示

每个试样平行测定两次,以两次测定结果的算术平均值表示,保留至小数点后一位。

筛分时若发现有未经粉碎的谷粒、种子及其他大型杂质,应加以称重并记入实验报告。

3.允许误差

(1)试料过筛的总质量损失不得超过 1%。

(2)第二层筛筛下物质量的两个平行测定值的相对误差不超过 2%。

【思考题】

1.测定饲料粉碎粒度的方法、原理是什么?

2.饲料粉碎粒度测定时应注意哪些事项?

四、饲料产品混合均匀度的测定方法

【实训目标】 通过实训,掌握饲料混合均匀度测定方法。

【实训方法】 GB/T 5918—2008 甲基紫法。适用于配合饲料、浓缩饲料、精料补充料混合均匀度的检测,也适用于混合机混合性能的检测。

【测定原理】 以甲基紫色素作为示踪物,在大批饲料加入混合机后,再将甲基紫与添加剂一起加入混合机,混合规定时间,然后取样,以比色法测定样品中甲基紫的含量,以同一批次饲料的不同试样中甲基紫含量的差异来反映饲料的混合均匀度。

【实训准备】

(一)仪器

(1)分光光度计:722 型或 721 型,有 5 mm 比色皿。

(2)标准筛:筛孔基本尺寸 1.40 mm。

(3)分析天平:感量 0.000 1 g。

(4)实验室常用仪器：玻璃棒、烧杯(100 mL、250 mL)、表面玻璃、定性滤纸(中性)。

(二)试剂

(1)甲基紫(生物染色剂)

(2)无水乙醇(分析纯)

(3)示踪物的制备与添加：将测定用的甲基紫混匀并充分研磨，使其全部过100目标准筛，按照混合机混一批饲料量的十万分之一的用量，在大批饲料加入混合后，在加入添加剂的工段投入甲基紫，与添加剂一起加入混合机，混合规定时间。

(三)样品的采集与制备

本法所需的样品系配合饲料成品，必须单独采制。每一批饲料中至少抽取10个有代表性的样品，每个样品的数量应以禽畜的平均一日采食量为准，即肉用仔鸡前期饲料取样50 g，肉用仔鸡后期与产蛋鸡饲料取样100 g，生长肥育猪饲料取样500 g，样品的布点必须考虑各方位深度、袋数或料流的代表性。每一个样品必须由一点集中取样，取样时不得有任何的翻动或混合。

将上述每个样品编号并在化验室充分混匀，以四分法从中分取10 g试样进行测定，对颗粒饲料与较粗的粉状饲料需将样品粉碎后再取试样。

【测定步骤】

称取试样10 g(准确至0.000 2 g)，放在100 mL的小烧杯中，加入30 mL无水乙醇，不时地加以搅拌，烧杯上盖一表面皿玻璃，30 min后用滤纸过滤(定性滤纸，中速)，以无水乙醇作空白调节零点。用分光光度计，以5 mm比色皿在590 nm的波长下测定滤液的吸光度。

以同一批次10个试样测定的吸光度值为X_1、X_2、X_3、…、X_{10}，其平均值$\overline{X}$，标准差S与变异系数CV按下式计算。

【结果计算与表述】

1.结果计算

变异系数CV按下式计算：

$$CV=S\times\sqrt{X}\times100\%$$

式中：S——试样吸光度的标准差；

$\overline{X}$——试样吸光度的平均值。

2.结果表示

计算结果精确到小数点后两位。

【注意事项】

(1)甲基紫应全部过100目标准筛，研制时要做好密封防护工作。

(2)采集的10个样品，不允许有任何翻动或混合。

(3)同一批饲料的10个样品测定时应由同一人完成，尽量保持操作的一致性，以保证测定值的稳定性和重复性。

(4)配合饲料中若添加苜蓿粉、槐叶粉等含有色素的组分时，则不能用甲基紫法测定混合均匀度。

【思考题】

1.饲料混合均匀度的测定原理是什么？

2. 测定饲料粉碎粒度的方法步骤、注意事项。

五、显微镜检测法

【实训目标】 通过实训，掌握用显微镜对饲料原料和杂质进行鉴定的检测方法。

【实训方法】 GB/T 14698—2017 是以动植物形态学、组织细胞学为基础，将显微镜下所见物质的形态特征、物化特点、物理性状与实际使用的饲料原料应有的特征进行对比分析的一种鉴别方法。本标准规定了饲料原料及配合饲料的显微镜检查方法，适用于饲料原料及配合饲料的显微镜定性检查。

【鉴定原理】 借助显微镜扩展检查者的视觉功能，参照各饲料原料标准样品和杂质样品的外形、色泽、硬度、组织结构、细胞形态及染色特征等，对样品的种类、品质进行鉴别和评价。

【实训准备】

(一)仪器

(1)立体显微镜：放大 7～40 倍，可变倍数，配照明装置(可用阅读台灯)。

(2)生物显微镜：3 位以上换镜旋座，放大 40～500 倍、斜式接目镜、机械载物台，配照明装置(可用阅读台灯)。

(3)放大镜：3 倍。

(4)标准筛：可套在一起的孔径 0.42 mm、0.25 mm、0.177 mm 的筛及底盘。

(5)研钵。

(6)点滴板：黑色和白色。

(7)培养皿、载玻片、盖玻片。

(8)尖头镊子、尖头探针等。

(9)电热干燥箱、电炉、酒精灯及实验室常用仪器。

(二)试剂及溶液

除特殊规定外，本标准所用试剂均为化学纯，水为蒸馏水。

(1)四氯化碳：ρ(相对密度)为 1.589 g/mL。

(2)丙酮(3+1)：3 体积的丙酮(ρ 为 0.788 g/mL)与 1 体积的水混合。

(3)盐酸溶液(1+1)：1 体积的盐酸(ρ 为 1.18 g/mL)与 1 体积的水混合。

(4)硫酸溶液(1+1)：1 体积硫酸(ρ 为 1.84 g/mL)与 1 体积的水混合。

(5)碘溶液：0.75 g 碘化钾和 0.1 g 碘溶于 30 mL 水中，贮存于棕色瓶内。

(6)茚三酮溶液：溶解 5 g 茚三酮于 100 mL 水中。

(7)硝酸铵溶液：10 g 硝酸铵溶于 100 mL 水中。

(8)钼酸盐溶液：20 g 三氧化钼(MoO_3)溶于 30 mL 氨水与 50 mL 水的混合液中，将此液缓慢倒入 100 mL 硝酸(为 1.46 g/mL)与 250 mL 水的混合液中，微热溶解，冷却后与 100 mL 硝酸铵溶液混合。

(9)悬浮剂Ⅰ：溶解 10 g 水合氯醛于 10 mL 水中，加入 10 mL 甘油，混匀，贮存在棕色瓶中。

(10)悬浮剂Ⅱ：溶解 160 g 水合氯醛于 100 mL 水中，并加入 10 mL 盐酸溶液。

(11)硝酸银溶液：溶解 10 g 硝酸银于 100 mL 水中。

(12)间苯三酚溶液：称取 2 g 间苯三酚溶于 100 mL 95%的乙醇中。

(三)对照样品

(1)饲料原料样品:按国家有关实物标准执行。

(2)掺杂物样品:搜集木屑、稻谷壳粉、花生荚壳粉等可能的掺假物。

(3)杂草种子:搜集常与谷物混杂的杂草种子,大多可在谷物加工厂清理工序下脚料中找到,储于编号的玻璃瓶中。

(4)可按照 GB/T 34269—2017 中的图谱进行对比。

【测定步骤】

(一)直接感观检查

首先以检查者的视、嗅、触觉直接检查试样。

将样品摊放于白纸上,在充足的自然光或灯光下对试样进行观察。可利用放大镜,必要时以比照样品在同一光源下对比。观察目的在于识别试样标示物质的特征,注意掺杂物、热损、虫蚀、活昆虫等。检查有无杂草种子及有害微生物感染。

嗅气味时应避免环境中其他气味干扰。嗅觉检查的目的在于判断被检样品标示物质的固有气味。并确定有无腐败、氨臭、焦煳等其他不良气味。

手捻试样的目的在于判断样品硬度等手感特征。

(二)试样制备

(1)分样　混匀试样,用四分法分取到检查所需量,一般 10～15 g 即可。

(2)筛分　根据样品粒度情况,选用适当组筛,将最大孔径筛置最上面,最小孔径筛置下面,最下面是筛底盘。将四分法分取的试样置于套筛上充分振摇后,用小勺从每层筛面及筛底各取部分试样,分别平摊于培养皿中(必要时试样可先经四氯化碳处理再筛分)。

(3)四氯化碳处理　油脂含量高或黏附有大量细小颗粒的试样可先用四氯化碳处理(鱼粉、肉骨粉及大多数家禽饲料和未知饲料最好用此方法处理)。

取约 10 g 试样置 100 mL 高型烧杯中,加入约 90 mL 四氯化碳(在通风柜内),搅拌约 10 s,静置 2 min,待上下分层清楚后,用勺捞出漂浮物过滤,稍挥干后置 70 ℃ 干燥箱中 20 min,取出冷却至室温后将试样过筛。必要时也可将沉淀物过滤、干燥、筛分。

(4)丙酮处理　因有糖蜜而形成团块结构或模糊不清的试样,可先用此法处理。取约 10 g 试样置于 100 mL 高型烧杯中,加入约 70 mL 丙酮搅拌数分钟以溶解糖蜜,静置沉降。小心倾析,用丙酮重复洗涤、沉降,倾析两次。稍挥干后置 60 ℃ 干燥箱中 20 min,取出于室温下冷却。

(5)颗粒或团粒试样处理　置几粒于研钵中,用研杆碾压使其分散成各组分,但不要再将组分本身研碎。初步研磨后过孔径为 0.42 mm 筛。根据研磨后饲料试样的特征,依照(2)、(3)、(4)进行处理。

(三)立体显微镜检查

将上述摊有试样的培养皿置立体显微镜下观察,光源可采用充足的散射自然光或用阅读台灯(要注意用对照样品在同一光源下对比观察),用台灯时入照光与试样平面成 45°角为好。

立体显微镜上载物台的衬板选择要考虑试样色泽,一般检查深色颗粒时用白色衬板;检查浅色颗粒时用黑色衬板。检查一个试样可先用白色衬板看一遍,再用黑色衬板看。检查时先看粗颗粒,再看细颗粒;先用较低放大倍数,再用较高放大倍数。观察时用尖镊子拨动、翻转,并用探针触探样品颗粒。系统地检查培养皿中的每一组分。

为便于观察可对试样进行木质素染色、淀粉质染色等。在检查过程中以比照样品在相同条件下，与被检试样进行对比观察。

记录观察到的各种成分，对不是试样所标示的物质，若量小称为杂质；若量大，则称为掺杂物。要特别注意有无有害物质。

（四）生物显微镜检查

将立体显微镜下不能确切鉴定的试样颗粒及试样制备时筛面上及筛底盘中的试样分别取少许，置于载玻片上，加 2 滴悬浮液Ⅰ，用探针搅拌分散，浸透均匀，加盖玻片，在生物显微镜下观察，先在较低倍数镜下搜索观察，然后对各目标进一步加大倍数观察，与比照样品进行比较。取下载玻片，揭开盖玻片，加 1 滴碘溶液，搅匀，再加盖玻片，置静下观察。此时淀粉被染成蓝色到黑色，酵母及其他蛋白质细胞呈黄色至棕色。如试样粒透明度低不易观察时，可取少量试样，加入约 5 mL 悬浮液Ⅱ，煮沸 1 min 冷却，取 1～2 滴底部沉淀物置载玻片上，加盖玻片镜检。

（五）主要无机组分的鉴别

将干燥后的沉淀物置于孔径 0.42 mm、0.25 mm、0.177 mm 筛及底盘之组筛上筛分，将筛分出的 4 部分分别置于培养皿中，用立体显微镜检查，动物和鱼类的骨、鱼鳞、软体动物的外壳一般是易于识别的。盐通常呈立方体；石灰石中的方解石呈菱形六面体。

（六）鉴别试验

用镊子将未知颗粒放在点滴板上，轻轻压碎，以下工作均在立体显微镜下进行，将颗粒彼此分开，使之相距 2.5 cm，每个颗粒周围滴 1 滴有关试剂，用细玻棒推入液体，并观察界面处的变化。此实验也可在黑色点滴板上进行。

（1）硝酸银试验　将未知颗粒推入硝酸银溶液中，观察现象。

①如果生成白色晶体，并慢慢变大，说明未知颗粒是氯化物，可能是盐；

②如果生成黄色结晶，并呈黄色针状，说明未知颗粒为磷酸氢二盐或磷酸二氢盐，通常是磷酸二氢钙；

③如果生成能略为溶解的白色针状结晶，说明是硫酸盐；

④如果颗粒慢慢变暗，说明未知颗粒是骨。

（2）盐酸试验　将未知颗粒推入稀盐酸溶液中，观察现象：

①如果剧烈起泡，说明未知颗粒为碳酸盐（$CaCO_3$）；

②如果慢慢起泡或不起泡，须进行下列（钼酸盐试验、硫酸试验）试验。

（3）钼酸盐试验　将未知颗粒推入钼酸盐溶液中，观察现象。

如果在接近未知颗粒的地方生成微小黄色结晶，说明未知颗粒为磷酸三钙或磷酸盐、磷矿石或骨（所有磷酸盐均有此反应，但磷酸二氢盐和磷酸氢二盐均已用硝酸银鉴别）。

（4）硫酸试验　将未知颗粒上滴加盐酸溶液后，再滴入硫酸溶液，如慢慢形成细长的白色针状物，说明未知颗粒为钙盐。

（5）茚三酮试验　将茚三酮溶液浸润未知颗粒，加热到约 80 ℃，如未知颗粒显蓝紫色，说明是蛋白质。

（6）间苯三酚试验　将间苯三酚溶液浸润试样，放置 5 min，滴加盐酸溶液，如试样含有木质素，则显深红色。

(7)碘试验　在未知颗粒上滴加碘溶液,如试样中含有淀粉,则显蓝紫色。

【结果表示】

结果表示应包括试样的外观、色泽、气味及显微镜下所见到的物质,并给出所检试样是否与送检名称相符合的判定意见。

【思考题】

1. 显微镜检技术测定原理是什么?

2. 如何对饲料进行显微镜检?

技能训练9　饲料水分的测定

【实训目标】　通过实训,掌握饲料中水分的测定原理及方法步骤。

【实训方法】　GB 6435—2014 适用于动物配合饲料、单一饲料中水分含量的测定,但用作饲料的奶制品、动物和植物油脂、矿物质、含有保湿剂(如丙二醇)的动物饲料除外。

【测定原理】　试样在(105±2) ℃烘箱中,在1个大气压特定条件下烘干,直至恒重,逸失的重量为水分。

【实训准备】

(一)仪器设备

(1)实验室用样品粉碎机或研钵。

(2)分析筛:孔径 0.45 mm(40 目)。

(3)分析天平:感量 0.000 1 g。

(4)电热鼓风干燥箱:温度可控制在(103±2) ℃。

(5)称样皿:玻璃或铝质,直径 40 mm 以上,高 25 mm 以下。

(6)干燥器:用氯化钙(干燥试剂)或变色硅胶作干燥剂。

(7)其他:药匙、小毛刷。

(二)试样的选取和制备

(1)选取代表性风干试样 500 g,四分法缩减至 200 g,粉碎后全部通过 40 目筛,装于密封容器中,放阴凉干燥处保存,防止试样成分变化。

(2)多汁鲜样或无法直接粉碎的试样,应先干燥处理。方法:称取鲜样 200～300 g;放入 103 ℃烘箱中烘 10～15 min,立即将烘箱降温至 60～70 ℃,烘 5～6 h,取出,放置室内空气中冷却 4 h,称重,即得风干样品。

【测定步骤】

(1)洁净称样皿,在(103±2) ℃烘箱中烘 1 h,取出,在干燥器中冷却 30 min,称准至 0.000 2 g, 再烘干 30 min,同样冷却,称重,直至两次称重之差小于 0.000 5 g 为恒重。

(2)用称样皿称取两份平行试样,每份 2～5 g(含水重 0.1 g 以上,样品厚度 4 mm 以下)。

(3)样品准确至 0.000 2 g,不盖称样皿盖,在(103±2) ℃烘箱烘 3 h(以温度到达 103 ℃开始计时),取出,盖好称样皿盖,在干燥器中冷却 30 min,称重。

(4)再同样烘干 1 h,冷却,称重,直至两次称重之重量差小于 0.002 g。

【测定结果计算】

1.计算

$$水分含量=\frac{水分质量}{样本质量}\times 100\%=\frac{m_1-m_2}{m_1-m_0}\times 100\%$$

式中:m_1——105 ℃烘干前试样及称样皿质量,g;

m_2——105 ℃烘干后试样及称样皿质量,g;

m_0——已恒重的称样皿质量,g。

2.重复性

每个试样,应取两个平行样进行测定,以其算术平均值为结果。两个平行样测定值相差不得超过 0.2%,否则应重做。

【注意事项】

(1)如果试样如是多汁的鲜样,或无法粉碎时,需进行预先干燥处理,应按下式计算原来试样中所含水分总量:

原试样总水分(%)=预干燥减重(%)+[100-预干燥减重(%)]×风干试样水分(%)

(2)某些脂肪含量高的样品,烘干时间长反而增重,乃因脂肪氧化所致,应以增重前那次重量为准。

(3)含糖分高的易分解或易焦化试样,应使用减压干燥法(70 ℃,80 kPa 以下,烘干 5 h)测定水分。

【思考题】

1.什么叫恒重?测定饲料中水分含量原理是什么?

2.简述测定饲料中水分含量的方法步骤、注意事项。

技能训练 10　饲料粗蛋白质的测定

【实训目标】 通过实训,掌握饲料中粗蛋白质的测定原理及方法步骤。

【实训方法】 GB/T 6432—2018 凯氏定氮法适用于配合饲料、浓缩饲料和单一饲料中粗蛋白质的测定。

【测定原理】 饲料中的有机物在还原催化剂的作用下,用 H_2SO_4 破坏有机物,使含氮物转化成$(NH_4)_2SO_4$,加入强碱进行蒸馏使氨逸出,用硼酸吸收后,再用盐酸滴定,测出氮含量,将结果乘以换算系数 6.25,计算出粗蛋白含量。

【实训准备】

(一)仪器设备

(1)实验室用样品粉碎机或研钵。

(2)分样筛:孔径 0.45 mm(40 目)。

(3)分析天平:感量 0.000 1 g。

(4)消煮炉或电炉。

(5)滴定管：酸式，10 mL、25 mL。

(6)凯氏烧瓶：250 mL。

(7)凯氏蒸馏装置：常量直接蒸馏式或半微量水蒸气蒸馏式。

(8)锥形瓶：150 mL、250 mL。

(9)容量瓶：100 mL。

(10)消煮管：250 mL。

(11)定氮仪：以凯氏原理制造的各类型半自动，全自动蛋白质测定仪。

(二)试剂

(1)硫酸(GB 625)：化学纯，含量为 98%，无氮。

(2)混合催化剂：0.4 g 硫酸铜，5 个结晶水(GB 665)，6 g 硫酸钾(HG 3—920)或硫酸钠(HG 3—908)，均为化学纯，磨碎混匀。

(3)氢氧化钠(GB 629)：化学纯，40%水溶液(m/v)。

(4)硼酸(GB 628)：化学纯，2%水溶液(m/v)。

(5)混合指示剂：甲基红(HG 3—958)0.1%乙醇溶液，溴甲酚绿(HG 3—1220)0.5%乙醇溶液，两溶液等体积混合，在阴凉处保存期为 3 个月。

(6)盐酸标准溶液：邻苯二甲酸氢钾法标定，按 GB 601 制备。

①盐酸标准溶液：$c(HCl)=0.1$ mol/L。8.3 mL 盐酸(GB 622，分析纯)，注入 1 000 mL 蒸馏水中。

②盐酸标准溶液：$c(HCl)=0.02$ mol/L。1.67 mL 盐酸(GB 622，分析纯)，注入 1 000 mL 蒸馏水中。

(7)蔗糖(HG 3—1001)：分析纯。

(8)硫酸铵(GB 1396)：分析纯，干燥。

(9)硼酸吸收液：1%硼酸水溶液 1 000 mL，加入 0.1%溴甲酚绿乙醇溶液 10 mL，0.1%甲基红乙醇溶液 7 mL，4%氢氧化钠水溶液 0.5 mL，混合，置阴凉处保存期为 1 个月(全自动程序用)。

(三)试样的选取和制备

选取具有代表性的试样用四分法缩减至 200 g，粉碎后全部通过 40 目筛，装于密封容器中，防止试样成分的变化。

【测定步骤】

1. 仲裁法

(1)试样的消煮　称取试样 0.5～1 g(含氮量 5～80 mg)准确至 0.000 2 g，放入凯氏烧瓶中，加入 6.4 g 混合催化剂，与试样混合均匀，再加入 12 mL 硫酸和 2 粒玻璃珠，将凯氏烧瓶置于电炉上加热，开始小火，待样品焦化，泡沫消失后，再加强火力(360～410 ℃)直至呈透明的蓝绿色，然后再继续加热，至少 2 h。

(2)氨的蒸馏

①常量蒸馏法：将试样消煮液冷却，加入 60～100 mL 蒸馏水，摇匀，冷却。将蒸馏装置的冷凝管末端浸入装有 25 mL 硼酸吸收液和 2 滴混合指示剂的锥形瓶内。然后小心地向凯氏

烧瓶中加入 50 mL 氢氧化钠溶液，轻轻摇动凯氏烧瓶，使溶液混匀后再加热蒸馏，直至流出液体积为 100 mL。降下锥形瓶，使冷凝管末端离开液面，继续蒸馏 1～2 min，并用蒸馏水冲洗冷凝管末端，洗液均需流入锥形瓶内，然后停止蒸馏。

②半微量蒸馏法：将试样消煮液冷却，加入 20 mL 蒸馏水，转入 100 mL 容量瓶中，冷却后用水稀释至刻度，摇匀，作为试样分解液。将半微量蒸馏装置的冷凝管末端浸入装有 20 mL 硼酸吸收液和 2 滴混合指示剂的锥形瓶内。蒸汽发生器的水中应加入甲基红指示剂数滴，硫酸数滴，在蒸馏过程中保持此液为橙红色，否则需补加硫酸。准确移取试样分解液 10～20 mL 注入蒸馏装置的反应室中，用少量蒸馏水冲洗进样入口，塞好入口玻璃塞，再加 10 mL 氢氧化钠溶液，小心提起玻璃塞使之流入反应室，将玻璃塞塞好，且在入口处加水密封，防止漏气。蒸馏 4 min 降下锥形瓶使冷凝管末端离开吸收液面，再蒸馏 1 min，用蒸馏水冲洗冷凝管末端，洗液均流入锥形瓶内，然后停止蒸馏。

注：常量蒸馏法和半微量蒸馏法测定结果相近，可任选一种。

③蒸馏步骤的检验：精确称取 0.2 g 硫酸铵，代替试样，按上述两种步骤进行操作，测得硫酸铵含氮量为(21.19±0.2)%，否则应检查加碱、蒸馏和滴定各步骤是否正确。

(3) 滴定　用常量蒸馏法或半微量蒸馏法蒸馏后的吸收液立即用 0.1 mol/L 或 0.02 mol/L 盐酸标准溶液滴定，溶液由蓝绿色变成灰红色为终点。

2. 推荐法

(1)试样的消煮　称取 0.5～1 g 试样(含氮量 5～80 mg)准确至 0.000 2 g，放入消化管中，加 2 片消化片(仪器自备)或 6.4 g 混合催化剂，12 mL 硫酸，于 420 ℃下在消煮炉上消化 1 h。取出放凉后加入 30 mL 蒸馏水。

(2)氨的蒸馏　采用全自动定氮仪时，按仪器本身常量程序进行测定。

采用半自动定氮仪时，将带消化液的管子插在蒸馏装置上，以 25 mL 硼酸为吸收液，加入 2 滴混合指示剂，蒸馏装置的冷凝管末端要浸入装有吸收液的锥形瓶内，然后向消煮管中加入 50 mL 氢氧化钠溶液进行蒸馏。蒸馏时间以吸收液体积达到 100 mL 时为宜。降下锥形瓶，用蒸馏水冲洗冷凝管末端，洗液均需流入锥形瓶内。

(3)滴定　用 0.1 mol/L 的标准盐酸溶液滴定吸收液，溶液由蓝绿色变成灰红色为终点。

(4)空白测定　称取蔗糖 0.5 g，代替试样，进行空白测定，消耗 0.1 mol/L 盐酸标准溶液的体积不得超过 0.2 mL。消耗 0.02 mol/L 盐酸标准溶液体积不得超过 0.3 mL。

【测定结果的表述】

1.计算

$$\text{粗蛋白质含量}=\frac{(V_2-V_1)\times c\times 0.014\,0\times 6.25}{M\times V'/V}\times 100\%$$

式中：V_2——滴定试样时所需标准酸溶液体积，mL；

V_1——滴定空白时所需标准酸溶液体积，mL；

c——盐酸标准溶液浓度，mol/L；

M——试样质量，g；

V——试样分解液总体积，mL；

V'——试样分解液蒸馏用体积，mL；

0.014 0——与 1.00 mL 盐酸标准溶液[c(HCl)＝1.000 mol/L]相当的、以 g 表示的氮的质量。

6.25——氮换算成蛋白质的平均系数。

2.重复性

每个试样取两个平行样进行测定，以其算术平均值为结果。当粗蛋白质含量在 25%以上时，允许相对偏差为 1%。当粗蛋白含量在 10%～25%时，允许相对偏差为 2%。当粗蛋白质含量在 10%以下时，允许相对偏差为 3%。

【注意事项】

(1)每次测定样本时必须作试剂空白试验。

(2)凯氏蒸馏在排废液和冲洗反应室时，切断气源的时间不要太长，否则，会造成蒸汽发生器中压力过大，产生不良的后果。

(3)在使用蒸馏器时必须进行检查。检查的方法是：吸取 5 mL 0.005 mol/L 的硫酸铵标准溶液，放入到反应室中，加饱和氢氧化钠溶液，然后进行蒸馏，过程和样本消化相同。滴定硫酸铵蒸馏液所需 0.01 mol/L 盐酸标准量减去空白样消耗标准盐酸的量是 5 ml，这个蒸馏装置才合标准。

(4)消化时如果有黑炭粒不能全部消失，烧瓶冷却后加少量的浓硫酸继续加热，直到溶液澄清为止。

【思考题】

1.测定饲料中粗蛋白质含量原理是什么？

2.简述测定饲料中粗蛋白质含量的方法，应注意哪些事项。

3.1 kg 饲料中含有 25 g 粗蛋白质，则 1 kg 饲料中含有多少克氮？

技能训练 11　饲料中粗脂肪的测定

【实训目标】　通过实训，掌握饲料中粗脂肪的测定原理及方法步骤。

【实训方法】　GB/T 6433—2006 适用于预混合饲料、配合饲料、浓缩饲料和单一饲料粗脂肪的测定。

【测定原理】　索氏脂肪提取器中用乙醚提取试样，称提取物的重量，提取物中除脂肪外还有有机酸、磷脂、脂溶性维生素、叶绿素等，因而测定结果称为粗脂肪或乙醚提取物。

【实训准备】

(一)仪器设备

(1)实验室用样品粉碎机或研钵。

(2)分样筛：孔径：0.45 mm。

(3)分析天平：感量 0.000 1 g。

(4)电热恒温水浴锅：室温～100 ℃。

(5)干燥箱:温度能保持在(103±2) ℃。

(6)索氏脂肪提取器(带球形冷凝管):100 mL 或 150 mL。

(7)索氏脂肪提取仪。

(8)滤纸或滤纸筒:中速,脱脂。

(9)干燥器:用氯化钙(干燥级)或变色硅胶为干燥剂。

(10)提取套管,无脂肪和油,用乙醚洗涤。

(二)试剂

(1)水:GB/T 6682 规定的三级。

(2)无水乙醚或石油醚,主要由具有 6 个碳原子的碳氢化合物组成,沸点范围为 40~60 ℃。溴值应低于 1,挥发残渣应小于 20 mg/L。也可以使用挥发残渣低于 20 mg/L 的工业乙烷。

(三)试样的选取

按 GB/T 14699.1—2005 采样、GB/T 20195 试样制备。选取有代表性的试样,用四分法将试样缩减至 500 g,粉碎至 40 目,再用四分缩减至 200 g 于密封容器中保存。

【测定步骤】

1. 仲裁法

使用索氏脂肪提取器测定。

索氏脂肪提取器,应干燥无水,抽提瓶中有沸石数粒,在(105±2) ℃烘箱中烘干 60 min,干燥器中冷却 30 min,称重,再烘干 30 min,同样冷却称重,两次重量之差小于 0.000 8 g 为恒重,称取试样 1~5 g 准确至 0.000 2 g,置于滤纸筒中,或用滤纸包好,放入(105±2) ℃烘箱中,烘干 120 min,(或称水分后的干试样,折算成风干样品重)滤纸筒应高于提取器虹吸管的高度,滤纸包长度应以可全部浸泡于乙醚中为准,将滤纸包或滤纸筒放入抽提管,在抽提瓶中加入无水乙醚 60~100 mL,在 60~75 ℃的水浴上加热,使乙醚回流,控制乙醚回流次数为每小时约 10 次,共回流约 50 次,含油高的试样约 70 次,或检查抽提管流出的乙醚挥发后不留下油迹为抽提终点。

取出试样,仍用原提取器回收乙醚直至抽提瓶全部收完,取下抽提瓶,在水浴上蒸去残留的乙醚,擦拭干净瓶外壁,将抽提瓶放入(105±2) ℃烘箱中烘干 120 min,干燥器中冷却 30 min 稳重,再烘干 30 min,同样冷却称重,两次重量之差小于 0.001 g 为恒重。

2. 推荐法

使用脂肪提取仪测定,依仪器操作说明书进行操作。

【测定结果计算】

1.计算公式

$$\text{粗脂肪含量}=\frac{m_2-m_1}{m}\times 100\%$$

式中:m——风干试样的重量,g。

m_1——已恒重的抽提瓶重量,g。

m_2——已恒重的盛有脂肪的抽提瓶的重量,g。

每个试样取两平行样进行测定,以其算术平均值为结果。

2. 重复性

粗脂肪含量在10%以上(含10%)允许相对偏差为3%;

粗脂肪含量在10%以下时,允许相对偏差为5%。

【注意事项】

(1)乙醚易挥发,易燃、易爆,整个操作过程注意安全,特别是烘干含有醚的样品时,开始要打开烘箱门防止醚积累过多发生爆炸。整个操作过程室内不能有明火。

(2)样品必须烘干,醚应无水状态,否则,影响测定和准确性。

(3)烘干时防止脂肪氧化而不溶于醚中,最好在惰性气体条件下烘干。

(4)整个操作过程应戴橡胶或白纱手套进行。

(5)估计样本中含脂肪20%以上时浸提时间需16 h;5%~20%需12 h;5%以下时需8 h。

【思考题】

1. 饲料中粗脂肪测定原理是什么?

2. 饲料中粗脂肪测定方法是什么?

技能训练12　饲料粗纤维的测定

【实训目标】　通过实训,掌握饲料中粗纤维含量的测定原理及方法步骤。

【实训方法】　GB/T 6438—2007过滤法适用于配合饲料、浓缩饲料和单一饲料中粗纤维的测定。

【测定原理】　用固定量的酸和碱,在特定条件下消煮样品,再用醚、丙酮除去醚溶物,经高温灼烧扣除矿物质的量,所余量称为粗纤维。试样用沸腾的稀释硫酸处理,过滤分离残渣,洗涤,然后用沸腾的氢氧化钾溶液处理,过滤分离残渣,洗涤,干燥称重,然后灰化。因灰化而失去的质量相当于试样中的粗纤维质量。它不是一个确切的化学实体,只是在公认强制规定的条件下,测出的概略养分,其中以纤维素为主,还有少量半纤维素和木质素。

【实训准备】

(一)仪器设备

(1)实验室用样品粉碎机。

(2)分样筛:孔径1 mm,(18目)。

(3)分析天平:感量0.000 1 g。

(4)电加热器(电炉)可调节温度。

(5)电热恒温箱(烘箱),可控制温度在130 ℃。

(6)高温炉:有高温计可控制温度在500~600 ℃。

(7)消煮器,有冷凝球的600 mL高型烧杯或有冷凝管的锥形瓶。

(8)抽滤装置,抽真空装置,吸滤瓶和漏斗[滤器使用0.071 mm(200目)不锈钢网或尼龙滤布]。

(9)滤埚:石英的、陶瓷的或硬质玻璃的,带有烧结的滤板,滤板孔径40 ~100 μm。初次使用前,要将新滤埚小心地逐步加温,温度不超过525 ℃,并在(500±25) ℃下保持数分钟。也可使用具有同样性能特性的不锈钢坩埚,其不锈钢筛板的孔径为90 μm。

(10)干燥器:以氯化钙或变色硅胶为干燥剂。

(11)陶瓷筛板。

(12)灰化皿。

(二)试剂

本方法试剂使用分析纯,水为蒸馏水或同等纯度的水。标准溶液按 GB 601 制备。

(1)硫酸溶液:$c(H_2SO_4)=(0.13\pm0.005)$ mol/L。

(2)氢氧化钾溶液:$c(KOH)=(0.23\pm0.005)$ mol/L。

(3)滤器辅料:海砂,或硅藻土,或质量相当的其他材料。使用前,海砂用沸腾盐酸[$c(HCl)=4$ mol/L]处理,用水洗至中性,在(500±25) ℃条件下至少加热 1 h。

(4)丙酮。

(5)石油醚:沸点范围 40~60 ℃。

(6)防泡剂:如正辛醇。

(三)试样制备

按 GB/T 14699.1、GB/T 20195 进行饲料采样与制备。将样品用四分法缩减至 200 g,粉碎,全部通过 1 mm 筛,充分混匀,放入密封容器。

【测定步骤】

(一)酸处理

精确称取 1 g 试样(含脂肪大于 10%必须脱脂,小于 10%可不脱脂),放入消煮器或 250 mL 烧杯中,加入准确且已沸腾的硫酸溶液 150 mL 和 1 滴正辛醇,盖上表面皿,立即加热,应使其在 2 min 内沸腾,且连续微沸 30 min,不断加煮沸的蒸馏水维持原 200 mL 体积不变,保持硫酸浓度不变。试样不用离开溶液,如在杯壁上沾有样品,用玻璃棒将其推入液体中。将绢布包在漏斗上,用真空泵抽滤,残渣用沸腾蒸馏水洗至中性后抽干。

(二)碱处理

将残渣转移至原容器中,准确加入已沸腾的氢氧化钠溶液 150 mL 和 1 滴正辛醇,立即加热,应使其在 2 min 内沸腾。调整加热器,微沸 30 min。立即在铺有石棉的古氏坩埚上过滤,用沸腾蒸馏水洗至中性,再用 15 mL 丙酮洗涤,抽干。

(三)干燥、灰化

将坩埚置于(130±2) ℃干燥箱中烘干 2 h,取出后在干燥器中冷却至室温,称重,再置于(500±25) ℃高温炉中灼烧 30 min,取出后在干燥器中冷却至室温称重。直至连续 2 次称重的差值不超过 2 mg。

(四)空白测定

用大约相同数量的滤器辅料,按以上步骤进行空白测定,但不加试样。灰化引起的质量损失不应超过 2 mg。

【测定结果计算】

1.计算公式

粗纤维用 g/kg 表示,按下式计算:

$$粗纤维含量=\frac{m_1-m_2}{m}\times100\%$$

式中：m——未脱脂试样的质量，g；

m_1——(130±2) ℃干燥后的残渣的质量，mg；

m_2——(550±25) ℃灰化后获得的残渣的质量，mg。

注：每个试样应取两个平行样本进行测定，以其算术平均值为结果。结果四舍五入，准确至1 g/kg 。

结果亦可用质量分数(%)表示。

2.重复性

粗纤维含量在10%以下时，允许相对偏差为0.4%。

【注意事项】

(1)所用的硫酸、氢氧化钠溶液的浓度，一定要进行标定，在方法要求的范围之内要准确。

(2)样品粉碎粒度过80目分样筛。

(3)在消煮过程中进行酸或碱消煮时，需加热蒸馏水保持酸、碱原来的浓度。

(4)稀碱处理后处理液的静置时间不能太短，微沸时取下烧杯静置分层，一定要分层后再抽滤。

(5)在酸消煮和碱消煮后冲洗至中性过程中，最好用热蒸馏水，易于过滤。

(6)清洗滤布时要用玻璃棒清去残渣，不要动手。

(7)用真空抽气机抽滤时控制好压力，压力过大易造成样损使测定失败。

(8)脂肪含量小于1%的样品可不脱脂；脂肪含量1%、10%的样本建议脱脂；脂肪含量在10%以上的样本必须脱脂，或用测脂后的试样残渣。

【思考题】

1.饲料中粗纤维测定原理是什么？

2.简述饲料中粗纤维测定方法步骤、注意事项。

技能训练13　饲料粗灰分的测定

【实训目标】　通过实训，掌握饲料中粗灰分的测定原理及方法步骤。

【实训方法】　GB/T 6438—2007适用于配合饲料、浓缩饲料和单一饲料中粗灰分的测定。

【测定原理】　试样中的有机物质经灼烧(550 ℃灼烧后所得残渣)分解，对所得的灰分称量，用质量分数表示。残渣中主要成分是氧化物和盐类等矿物质，也含有泥沙、土等，故称为粗灰分。

【实训准备】

(一)仪器与设备

(1)实验室用样品粉碎机或研钵。

(2)分样筛：孔径0.45 mm(40目)。

(3)分析天平：感量为0.000 1 g。

(4)高温炉:有高温计且可控制炉温在(550±20) ℃。

(5)坩埚:瓷质,容积 50 mL。

(6)干燥器:用氯化钙(干燥试剂)或变色硅胶作干燥剂。

(7)干燥箱:温度可控制在(103±2) ℃。

(8)电热板或可控温度电炉。

(二)试样的选取和制备

取具有代表性试样,粉碎至 40 目。用四分法缩减至 200 g,装于密封容器。防止试样的成分变化或变质。

【测定步骤】

(1)坩埚的处理　将干净坩埚放入高温炉,在(550±20) ℃下灼烧 30 min 取出,在空气中冷却约 1 min,放入干燥器中冷却 30 min 称重,再重复灼热,冷却、称重,直至两次重量之差小于 0.000 5 g 为恒重。

(2)称取试样　在已恒重的坩埚中称取 2 g 试样,准确至 0.000 2 g。

(3)炭化　将装有试样的坩埚放在电炉上,在较低温状态加热灼烧至无烟,然后升温灼烧至样品无炭粒。

(4)灼烧　将装有炭化好的试样坩埚放入高温炉中,于(550±20) ℃灼烧 3 h,样本呈白色为止。

(5)待炉温降至 200 ℃,取出在空气中冷却约 1 min,放入干燥器中冷却至 30 min,称重。

(6)再将坩埚放回高温炉中灼烧 1 h,干燥器中冷却 30 min,称重,直至两次质量之差小于 0.001 g 为恒重。

【测定结果计算】

1.结果计算

$$粗灰分含量=\frac{m_2-m_0}{m_1-m_0}\times 100\%$$

式中:m_0——恒重空坩埚质量,g;

m_1——坩埚加试样的质量,g;

m_2——灰化后坩埚加灰分的质量,g。

2.结果表述

每个试样应取两个平行样测定,以其算术平均值为结果,用质量分数(%)表示。所得结果应表示至 0.01%。

3.重复性

粗灰分含量在 5% 以上时,允许相对偏差为 1%;粗灰分量在 5% 以下时,允许相对偏差 5%。

【注意事项】

(1)取坩埚时必须用坩埚钳。

(2)坩埚烧热后必须用烧热的坩埚钳才能夹取。

(3)高温灼烧时取坩埚时要待炉温降到 200 ℃以后再夹取。

(4)用电炉炭化时应小心,以防止炭化过快,试料飞溅。

(5)灼烧残渣颜色与试样中各元素含量有关,含铁高时为红棕色,含锰高时为淡蓝色。灰化后如果还能观察到炭粒,须加蒸馏水或过氧化氢进行处理。

【思考题】

1.简述饲料中粗灰分测定原理。

2.简述饲料中粗灰分测定方法与注意事项。

技能训练 14　饲料中总磷的测定

【实训目标】　通过实训,掌握饲料中总磷的测定原理及方法。

【实训方法】　GB/T 6437—2018 分光光度法适用于饲料原料(除磷酸盐外)及饲料产品中磷的测定。适用于配合饲料、浓缩饲料、预混合饲料和单一饲料中总磷的测定。

【测定原理】　将试样中的有机物破坏,使磷元素游离出来,在酸性溶液中,用钒钼酸铵处理,生成黄色的磷钼黄,在波长 400 nm 下进行比色测定。

【实训准备】

(一)仪器和设备

(1)实验室用样品粉碎机或研钵。

(2)分样筛:孔径 0.42 mm(40 目)。

(3)分析天平:感量 0.000 1 g。

(4)分光光度计:可在 400 nm 下测定吸光度。

(5)比色皿:1 cm。

(6)高温炉:可控温度在(550±20) ℃。

(7)瓷坩埚:50 mL。

(8)容量瓶:50 mL、100 mL、1 000 mL。

(9)移液管:1.0 mL、2.0 mL、5.0 mL、10.0 mL。

(10)三角瓶:250 mL。

(11)凯氏烧瓶:125 mL、250 mL。

(12)可调温电炉:1 000 W。

(二)试剂

实验室用水应符合 GB/T 6682 中三级水的规格,本标准中所用试剂,除特殊说明外,均为分析纯。

(1)盐酸溶液:1+1。

(2)硝酸。

(3)高氯酸。

(4)钒钼酸铵显色剂:称取偏钒酸铵 1.25 g,加水 200 mL 加热溶解,冷却后再加入 250 mL 硝酸,另称取钼酸铵 25 g,加水 400 mL 加热溶解,在冷却的条件下,将两种溶液混合,用水定容至 1 000 mL,避光保存,若生成沉淀,则不能继续使用。

(5)磷标准液:将磷酸二氢钾在105 ℃干燥1 h,在干燥器中冷却后称取0.219 5 g溶解于水,定量转入1 000 mL容量瓶中,加硝酸3 mL,用水稀释至刻度,摇匀,即为50 μg/mL的磷标准液。

(三)试样制备

取有代表性试样2 kg,用四分法将试样缩减至250 g,粉碎过0.42 mm孔筛,装入样品瓶中,密封保存备用。

【测定步骤】

1.试样的分解

(1)干法(不适用于含磷酸二氢钙 CaH_2PO_4 的饲料)　称取试样2～5 g(精确至0.000 2 g)于坩埚中,在电炉上小心炭化,再放入高温炉,在550 ℃灼烧3 h(或测粗灰分后继续进行),取出冷却,加入10 mL盐酸和硝酸数滴,小心煮沸约10 min,冷却后转入100 mL容量瓶中,用水稀释至刻度,摇匀,为试样分解液。

(2)湿法　称取试样0.5～5 g(精确至0.000 2 g)于凯氏烧瓶中,缓缓加入硝酸30 mL,小心加热煮沸至黄烟逸尽,稍冷,加入高氯酸10 mL,继续加热至高氯酸冒白烟(不得蒸干),溶液基本无色,冷却,加水30 mL,加热煮沸,冷却后,加水转移入100 mL容量瓶中并稀释至刻度,摇匀,为试样分解液。

(3)盐酸溶解法(适用于微量元素预混料)　称取试样0.2～1 g(精确至0.000 2 g)于100 mL烧瓶中,缓缓加入盐酸10 mL,使其全部溶解,冷却后转入100 mL容量瓶中,用水稀释至刻度,摇匀,为试样分解液。

2.标准曲线的绘制

准确移取磷标准溶液0.0 mL、1.0 mL、2.0 mL、4.0 mL、8.0 mL、16.0 mL于50 mL容量瓶中,各加钒钼酸铵显色剂10 mL,用水稀释至刻度,摇匀 ,常温下放置10 min以上,以0.0 mL溶液为参比,用1 cm比色皿,在400 nm波长下用分光光度计测各溶液的吸光度。以磷含量为横坐标,吸光度为纵坐标,绘制标准曲线。

3.试样的测定

准确移取试样分解液1.0～10.0 mL(含磷量5 ～750 μg)于50 mL容量瓶中,加入钒钼酸铵显色剂10 mL,用水稀释到刻度,摇匀,常温下放置10 min以上,用1 cm比色皿在400 nm波长下测定试样分解液的吸光度,在工作曲线上查得试样分解液的磷含量。

【测定结果计算及表述】

1.结果计算

$$X(\%)=\frac{m_1 \times V}{m \times V_1 \times 10^6}\times 100\%$$

式中:X——以质量分数表示的磷含量,%;

m_1——通过工作曲线计算出试样溶液中磷的含量,μg;

V——试样溶液的总体积,mL;

m——试样质量,g;

V_1——试样测定时移取试样分解液的体积,mL;

10^6——换算系数。

2.结果表示

每个试样称取两个平行样进行测定，以其算术平均值为测定结果，所得到结果应表示至小数点后两位。

3.允许差

含磷量0.5%以下，允许相对偏差10%；含磷量0.5%以上，允许相对偏差3%。

【思考题】

1.饲料中粗磷测定原理是什么？

2.简述饲料中粗磷测定方法步骤。

技能训练15　饲料中钙的测定

【实训目标】 通过实训，掌握饲料中钙的测定原理及方法步骤。

【实训方法】 GB/T 6436—2018高锰酸钾法（仲裁法）测定饲料中钙含量的方法，适用于配合饲料、单一饲料和浓缩饲料。

【测定原理】 将试样中的有机物破坏，钙变成溶于水的离子，用草酸胺定量滴定，用高锰酸钾法间接测定钙含量。

【实训准备】

（一）仪器和设备

（1）实验室用样品粉碎机或研钵。

（2）析筛：孔径0.42 mm（40目）。

（3）分析天平：感量0.000 1 g。

（4）高温炉：电加热，可控温度在（550±20）℃。

（5）坩埚：瓷制。

（6）容量瓶：100 mL。

（7）滴定管：酸式，25 mL或50 mL。

（8）玻璃漏斗：直径6 cm。

（9）定量滤纸：中速，7～9 cm。

（10）移液管：10 mL，20 mL。

（11）烧杯：200 mL。

（12）凯氏烧瓶：250 mL。

（二）试剂和溶液

实验用水应符合GB/T 6682中三级用水规格，使用试剂特殊规定外均为分析纯。

（1）硝酸。

（2）高氯酸：70%～72%。

（3）盐酸溶液：1+3。

（4）硫酸溶液：1+3。

（5）氨水溶液：1+1。

(6)氨水溶液:1+50。

(7)草酸胺溶液(42 g/L):称取4.2 g草酸胺溶于100 mL水中。

(8)高锰酸钾标准溶液[$c(1/5KMnO_4)$=0.05 mol/L]的配制按GB/T 601规定。

(9)甲基红指示剂(1 g/L):称取0.1 g甲基红溶于100 mL 95%乙醇中。

(三)试样制备

取具有表性试样至少2 kg,用四分法缩分至250 g,粉碎过0.42 mm孔筛,混匀,装入样品瓶中,密封,保存备用。

【测定步骤】

(一)试样的分解

(1)干法　称取试样2~5 g于坩埚中,精确至0.002 g,在电炉上小心炭化,放入高温炉于550 ℃下灼烧3 h(或测定粗灰分后连续进行),在盛灰坩埚中加入盐酸溶液10 mL和浓硝酸数滴,小心煮沸,将此溶液转入100 mL容量瓶中,冷却至室温,用蒸馏水稀释至刻度,摇匀,为试样分解液。

(2)湿法　称取试样2~5 g于250 mL凯氏烧瓶中,精确至0.000 2 g,加入硝酸10 mL,加热煮沸,至二氧化氮黄烟逸尽,冷却后加入高氯酸10 mL,小心煮沸至溶液无色,不得蒸干(危险);冷却后加蒸馏水50 mL,且煮沸二氧化氮,冷却后移入100 mL容量瓶中用蒸馏水稀释至刻度,摇匀,为试样分解液。

(二)试样的测定

准确移取试样液10~20 mL,(含钙量20 mg左右)于200 mL烧杯中。加蒸馏水100 mL,甲基红指示剂滴,滴加氨水溶液至溶液呈橙色,若滴加过量,可加盐酸溶液调至橙色,再多加2滴使其呈粉红色(pH为2.5~3.0),小心煮沸,慢慢滴加热草酸氨溶液10 mL,且不断搅拌,如溶液变橙色,则应加盐酸溶液使其呈红色,煮沸数分钟,放置过夜使沉淀陈化(或在水浴上加热2 h)。

用定量滤纸过滤,用1+50的氨水溶液洗沉淀6~8次,至无草酸氨根离子(接滤液数毫升加硫酸溶液数滴,加热至80 ℃,再加高锰酸钾溶液1滴,呈微红色,且半分钟不褪色)。

将沉淀和滤纸转入原烧杯中,加硫酸溶液1 mL ,蒸馏水50 mL,加热至75~80 ℃,用高锰酸钾标准溶液滴定,溶液呈粉红色且半分钟不褪色为终点。同时进行空白溶液的检测。

【测定结果的计算与表述】

1.结果计算

计算公式:

$$X=\frac{(V-V_0)\times c\times 0.02}{m\times\frac{V'}{100}}\times 100\%$$

式中:X——以质量分数表示的钙含量,%;

V——试样消耗高锰酸钾标准溶液的体积,mL;

V_0——空白消耗高锰酸钾标准溶液的体积,mL;

c——高锰酸钾标准溶液的浓度,mol/L;

V'——滴定时移取试样分解液的体积,mL;

m——试样的质量,g。

0.02——与 1.00 mL 高锰酸钾标准溶液[$c(1/5KMnO_4)$=1.000 mol/L]相当的以克表示的钙的质量。

2.结果表示

每个试样取两个平行样进行测定，以其算术平均值为结果，所得结果应表示至小数点后两位。

3.允许差

含钙量10%以上，允许相对偏差2%；含钙量在5%～10%时，允许相对偏差3%；含钙量1%～5%时，允许相对偏差5%；含钙量1%以下时，允许相对偏差10%。

【注意事项】

(1)高锰酸钾溶液浓度不稳定，应至少每月标定一次。

(2)每种滤纸的空白值不同，消耗高锰酸钾的体积也不同，所以，至少每盒滤纸应做一次空白测定。

【拓展知识】

附　乙二胺四乙胺酸二钠络合滴定法测定饲料中钙含量——EDTA络合滴定法

【实训目标】 通过实训，掌握饲料中钙的测定原理及方法步骤。

【实训方法】 GB/T 6436—2018 EDTA 络合滴定法，适用于配合饲料、单一饲料和浓缩饲料。

【测定原理】 将试样中有机物破坏，钙变成溶于水的离子，用三乙醇胺、乙二胺、盐酸羟胺和淀粉溶液消除干扰离子的影响，在碱性溶液中以钙黄绿素为指示剂，用乙二胺四乙酸二钠标准溶液络合滴定钙，可快速测定钙的含量。

【实训准备】

(一)仪器和设备

(1)实验室用样品粉碎机或研钵。

(2)析筛：孔径0.42 mm(40目)。

(3)分析天平：感量0.000 1 g。

(4)高温炉：电加热，可控温度在(550±20) ℃。

(5)坩埚：瓷制。

(6)容量瓶：100 mL。

(7)滴定管：酸式，25 mL或50 mL。

(8)玻璃漏斗：直径6 cm。

(9)定量滤纸：中速，7～9 cm。

(10)移液管：10 mL、20 mL。

(11)烧杯：200 mL。

(12)凯氏烧瓶：250 mL。

(二)试剂和溶液

实验用水应符合GB/T 6682中三级水用水规格，使用试剂除特殊规定外均为分析纯。

(1)盐酸羟胺。

(2)三乙醇胺。

(3)乙二胺。

(4)盐酸水溶液:1+3。

(5)氢氧化钾溶液(200 g/L):称取 20 g 氢氧化钾溶于 100 mL 水中。

(6)淀粉溶液(10 g/L):称取 1g 可溶性淀粉放入 200 mL 烧杯中,加 5 mL 水润湿,加 95 mL 沸水搅拌,煮沸,冷却备用(现用现配)。

(7)孔雀石绿水溶液(1 g/L)。

(8)钙黄绿素-甲基百里香草酚蓝指示剂:0.10 g 钙黄绿素与 0.10 g 甲基麝香草酚蓝与 0.03 g 百里香酚酞、5 g 氯化钾研细混匀,贮存于磨口瓶中备用。

(9)钙标准溶液(0.001 0 g/mL):称取 2.497 4 g 于 105~110 ℃干燥 3 h 的基准物碳酸钙,溶于 40 mL 盐酸中,加热赶出二氧化碳,冷却,用水移至 1 000 mL 容量瓶中,稀释至刻度。

(10)乙二胺四乙酸二钠(EDTA)标准滴定溶液:称取 3.8 g EDTA 放入 200 mL 烧杯中,加 200 mL 水,加热溶解冷却后转至 1 000 mL 容量瓶中,用水稀释至刻度。

①EDTA 标准滴定溶液的标定:准确吸取钙标准溶液(11.9)10.0 mL 按试样测定法进行滴定。

②EDTA 滴定溶液对钙的滴定按下式计算:

$$T=\frac{\rho\times V}{V_0}$$

式中:T——EDTA 标准滴定溶液对钙的滴定度,g/mL;

ρ——钙标准溶液的质量浓度,g/mL;

V——所取钙标准溶液的体积, mL;

V_0——EDTA 标准滴定溶液的消耗体积, mL。

所得结果应表达至 0.000 1 g/mL。

(三)试样制备

取具有表性试样至少 2 kg,用四分法缩分至 250 g,粉碎过 0.42 mm 孔筛,混匀,装入样品瓶中,密封,保存备用。

【测定步骤】

(一)试样的分解

(1)干法　称取试样 2~5 g 于坩埚中,精确至 0.002 g,在电炉上小心炭化,放入高温炉于 550 ℃下灼烧 3 h(或测定粗灰分后连续进行),在盛灰坩埚中加入盐酸溶液 10 mL 和浓硝酸数滴,小心煮沸,将此溶液转入 100 mL 容量瓶中,冷却至室温,用蒸馏水稀释至刻度,摇匀,为试样分解液。

(2)湿法　称取试样 2~5 g 于 250 mL 凯氏烧瓶中,精确至 0.000 2 g,加入硝酸 10 mL,加热煮沸,至二氧化氮黄烟逸尽,冷却后加入高氯酸 10 mL,小心煮沸至溶液无色,不得蒸干(危险);冷却后加蒸馏水 50 mL,且煮沸二氧化氮,冷却后移入 100 mL 容量瓶中用蒸馏水稀释至刻度,摇匀,为试样分解液。

(二)试样的测定

准确移取试样分解液 5~25 mL(含钙量 2~25 mg)。加水 50 mL,加淀粉溶液 10 mL、三乙醇胺 2 mL、乙二胺 1 mL、1 滴孔雀石绿，滴加氢氧化钾溶液至无色，再过量 10 mL，加 0.1 g 盐酸羟胺(每加一种试剂都需摇匀)，加钙黄绿素少许，在黑色背景下立即用 EDTA 标准溶液滴定至绿色荧光消失呈现紫红色为滴定终点。同时做空白实验。

【测定结果的表示与计算】

1.测定结果按下式计算

$$X=\frac{T\times V_2\times V_0}{m\times V_1}\times 100\%$$

式中：X——以质量分数表示的钙含量，%；

T——EDTA 标准滴定溶液对钙的滴定度，g/mL；

V_0——试样分解液的总体积，mL；

V_1——分取试样分解液的体积，mL；

V_2——试样实际消耗 EDTA 标准滴定溶液的体积，mL；

m——试样的质量，g。

2.结果表示

每个试样取两个平行样进行测定，以其算术平均值为结果，所得结果应表示至小数点后两位。

3.允许差

含钙量 10%以上，允许相对偏差 2%；含钙量在 5%～10%时，允许相对偏差 3%；含钙量 1%～5%时，允许相对偏差 5%；含钙量 1%以下时，允许相对偏差 10%。

【思考题】

1.饲料中粗钙测定的原理是什么？

2.简述饲料中粗钙测定方法步骤、注意事项。

技能训练 16　饲料中水溶性氯化物的测定

【实训目标】 通过实训，掌握饲料中水溶性氯化物的测定原理及方法步骤。

【实训方法】 GB/T 6439—2007 适用于各种配合饲料、浓缩饲料和单一饲料中水溶性氯化物的测定。

【测定原理】 溶液澄清，在酸性条件下，加入过量硝酸银溶液使样品溶液中氯化物形成氯化银沉淀，除去沉淀后，用硫氰酸铵回滴过量的硝酸银，根据消耗的硫氰酸铵的量，计算出其氯化物的含量。

【实训准备】

(一)仪器设备

(1)实验室用样品粉碎机或研钵。

(2)分样筛　孔径 0.45 mm(40 目)。

(3)分析天平　分度值 0.1 mg。

(4)刻度移液管　10 mL、2 mL。

(5)移液管　50 mL、25 mL。

(6)滴定管　酸式，25 mL。

(7)容量瓶　100 mL、1 000 mL。

(8)烧杯　250 mL。

(9)滤纸　快速，直径 15.0 cm；慢速，直径 12.5 cm。

(二)试剂

实验室用水应符合 GB 6682 中三级水用水的规格。使用试剂除特殊规定外应为分析纯。

(1)硝酸。

(2)硫酸铁(60 g/L)，称取硫酸铁[$Fe_2(SO_4)_3 \cdot xH_2O$]60 g 加水微热溶解后，调到 1 000 mL。

(3)硫酸铁指示剂，250 g/L 的硫酸铁水溶液，过滤除去不溶物，与等体积的浓硝酸混合均匀。

(4)氨水，1+19 水溶液。

(5)硫氰酸铵，$c(NH_4CNS)$=0.02 moL/L，称取硫氰酸铵 1.52 g 溶于 1 000 mL 水中。

(6)氯化钠标准贮备溶液，基准级氯化钠于 500 ℃灼烧 1 h，干燥器中冷却保存，称取 5.845 4 g 溶解于水中，转入 1 000 mL 容量瓶中，用水稀释至刻度，摇匀。此氯化钠标准贮备液的浓度为 0.100 0 mol/L。

(7)氯化钠标准工作液，准确吸取氯化钠标准贮备溶液 20.00 mL 于 100 mL 容量瓶中，用水稀释至刻度，摇匀。此氯化钠标准溶液的浓度为 0.020 0 mol/L。

(8)硝酸银标准溶液，$c(AgNO_3)$=0.02 mol/L，称取 3.4 g 硝酸银溶于 1 000 mL 水中，贮于棕色瓶内。

①体积比　吸取硝酸银溶液 20.00 mL，加硝酸 4 mL，指示剂 2 mL，在剧烈摇动下用硫氰酸铵溶液滴定，滴至终点为持久的淡红色，由此计算两溶液的体积比 F：

$$F = 20.00 \div V_2$$

式中：F——硝酸银与硫氰酸铵溶液的体积比；

20.00——硝酸银溶液的体积，mL；

V_2——硫氰酸铵溶液体积，mL。

②标定　准确移取氯化钠标准溶液 10.00 mL，于 100 mL 容量瓶中，加硝酸 4 mL，硝酸银标准溶液 25.00 mL，振荡使沉淀凝结，用水稀释至刻度，摇匀，静置 5 min，干过滤入干锥形瓶中，吸取滤液 50.00 mL，加硫酸铁指示剂 2 mL，用硫氰酸铵溶液滴定出现淡红棕色，且 30 s 不褪色即为终点。

硝酸银标准溶液浓度计算：

$$c(AgNO_3) = \frac{m' \times \frac{20}{1\,000} \times \frac{10}{100}}{0.058\,45 \times (V_1 - F \times V_2 \times \frac{100}{50})}$$

式中：$c(AgNO_3)$——硝酸银标准溶液摩尔浓度，mol/L；

m'——氯化钠质量，g；

V_1——硝酸银标准溶液体积，mL；

V_2——硫氰酸铵溶液体积，mL；

F——硝酸银与硫氰酸铵溶液的体积比；

0.058 45——与1.00 mL硝酸银标准溶液[$c(AgNO_3)=1.000\ 0$ mol/L]相当的以克表示的氯化钠质量。

所得结果应表示至4位小数。

(三)试样制备

选取有代表性的样品，粉碎至40目，用四分法缩减至200 g，密封保存，以防止样品组分的变化或变质。

【测定步骤】

(1)氯化物的提取　称取试样适量(氯含量在0.8%以内，称取试样5 g左右；氯含量在0.8%～1.6%，称取试料3 g左右；氯含量在1.6%以上，称取试料1 g左右)，准确至0.000 2 g，准确加入50 mL硫酸铁溶液，100 mL氨水溶液，搅拌数分钟，放置10 min，用干的快速滤纸过滤。

(2)测定　准确吸取50.00 mL滤液，于100 mL容量瓶中，加10 mL浓硝酸，25.00 mL硝酸银标准溶液，用力振荡使沉淀凝结，用水稀释至刻度，摇匀。静置5 min，干过滤入150 mL干锥形瓶中或静置(过夜)沉化，吸取50.00 mL滤液(澄清液)，加10 mL硫酸铁指示剂，用硫氰酸铵溶液滴定，出现淡橘红色，且30 s不褪色即为终点。

【测定结果的计算】

1.计算

氯化物含量用氯元素的质量分数(X)来表示：

$$X=\frac{(V_1-V_2\times F\times\frac{100}{50})\times c\times 150\times 0.035\ 5}{m\times 50}\times 100\%$$

式中：m——样品质量，g；

V_1——硝酸银溶液体积，mL；

V_2——滴定消耗的硫氰酸铵溶液体积，mL；

F——硝酸银与硫氰酸铵溶液体积比；

c——硝酸银的摩尔浓度，mol/L；

0.033 55——与1.00 mL硝酸银标准溶液[$c(AgNO_3)=1.000\ 0$ mol/L]相当的以克表示的氯元素的质量。

2.测定结果的表述

每个样品应取2份平行样进行测定，以其算术平均值为分析结果。所得结果应表示至2位小数。

3.允许值

氯含量在3%以下(含3%)，允许绝对差0.05%；氯含量在3%以上，允许相对偏差3%。

【拓展知识】

水溶性氯化物快速测定方法

【实训目标】 通过实训，学习并掌握饲料中水溶性氯化物的测定原理及方法步骤。

【实训方法】 本方法适用于各种配合饲料、浓缩饲料和单一饲料中水溶性氯化物的测定。

【测定原理】 使饲料样品中的可溶性氯化物溶于水，溶液澄清后，用过量 $AgNO_3$ 溶液滴定上清液，$AgNO_3$ 与 Cl^- 反应生成白色 AgCl 沉淀，过量的 $AgNO_3$ 与 K_2CrO_4 反应生成 Ag_2CrO_4 沉淀，溶液呈砖红色，根据消耗的 $AgNO_3$ 的量，计算出氯或氯化钠的含量。

【实训准备】

(一)仪器设备

(1)实验室用样品粉碎机或研钵。

(2)分样筛　孔径 0.45 mm(40 目)。

(3)分析天平　感量 0.1 mg。

(4)刻度移液管　1 mL、2 mL。

(5)移液管　20 mL、25 mL。

(6)酸式滴定管　25 mL。

(7)容量瓶　100 mL、1 000 mL。

(8)烧杯　500 mL、250 mL。

(9)锥形瓶　25 mL、250 mL。

(二)试剂

实验室用水应符合 GB 6682 中三级用水的规格。使用试剂除特殊规定外应为分析纯。

(1)10% 铬酸钾指示剂

准确称取 10 g 铬酸钾加水至 100 mL 溶解并摇匀。

(2)$AgNO_3$ 标准溶液

浓度为 0.1 mol/L 配制方法与标定方法如下：

①0.1mol/L $AgNO_3$ 标准溶液的配制　准确称取在 100 ℃下烘干 1～2 h 的 $AgNO_3$ 16.989 g 置于 1 000 mL 容量瓶中，加蒸馏水中至刻度线，溶解并摇匀，贮于棕色瓶中，置于暗处，待标定。

②0.1 mol/L $AgNO_3$ 标准溶液的标定　用分析纯氯化钠进行标定。

准确称取于 500～600 ℃灼烧恒重的基准级氯化钠 0.12～0.159 g，放入锥形瓶中，加 50 mL 不含 Cl^- 的蒸馏水溶解，加 K_2CrO_4 指示液 1 mL，在充分摇动下，用配好的 $AgNO_3$ 溶液滴定至溶液呈微红色即为终点。记录消耗 $AgNO_3$ 标准滴定溶液的体积。平行测定 3 次。

$AgNO_3$ 标定溶液浓度计算公式如下：

$$c = 1\,000 \times \frac{m}{MV}$$

式中：c——$AgNO_3$ 浓度，mol/L；

m——称取的基准氯化钠质量，g；

M——氯化钠分子量，g/mol；

V——滴定时消耗的硝酸银溶液体积，mL。

(三)试样的选取和制备

选取具有代表性的样品，粉碎至40目，用四分法缩减至200～300 g，密闭保存，以防试样组分变化或变质。

【测定步骤】

(1)称取5～10 g饲料样品于烧杯中，准确至0.000 1 g。

(2)准确加蒸馏水200 mL，搅拌15 min，放置15 min。

(3)用移液管准确移取上清液20 mL，置于250 mL锥形瓶中，再加蒸馏水50 mL，10%铬酸钾指示剂1 mL。

(4)用$AgNO_3$标准溶液滴定，呈现砖红色，且在剧烈摇动下1 min不褪色为滴定终点。

(5)同样做空白试验一份。

【测定结果的计算与表述】

1.计算

$$\text{氯化钠含量}=\frac{V_1\times c\times 0.058\,45}{M}\times\frac{200}{V_2}\times 100\%$$

式中：M——样品质量，g；

V_1——滴定时消耗的$AgNO_3$标准溶液的体积，mL；

V_2——移取试样上清液的体积，mL；

c——$AgNO_3$的摩尔浓度，mol/L

0.058 45——与1.00 mL硝酸银标准溶液[$c(AgNO_3)=1.000$ mol/L]相当的以克表示的氯化钠的质量。

2.结果表述

每个样品应取两份平行样进行测定，以其算术平均值为分析结果。所得结果应精确到0.01%。

3.允许值

氯含量在3%以下(含3%)，允许绝对差0.05%；氯含量在3%以上，允许相对偏差3%。

【注意事项】

(1)饲料中盐分含量高时，可减少样品称取量或增加硝酸银的用量。

(2)测定过程中要防止瓶壁上残留试样，影响测定结果。

【思考题】

(1)饲料中水溶性氯化物测定原理是什么？

(2)简述饲料中水溶性氯化物测定方法步骤、注意事项。

项目 2

饲料中天然有毒有害物质含量的测定

☆学习任务单

模块四项目 2	饲料中天然有毒有害物质含量的测定	参考学时	6 学时
任务分配			
学习目标	1. 学生通过本项目学习，掌握饲料中天然有毒有害物质亚硝酸盐、游离棉酚的测定 2. 并掌握大豆制品中脲酶活性的测定方法		
知识目标	1. 了解项目检测的目的与意义 2. 掌握项目检测的内容、分析方法、原理、操作技术、注意事项 3. 掌握项目检测时需要使用的仪器设备种类 3. 掌握项目检测含量的计算方法，结果要求		
能力目标	1. 能说出项目测定的概念、目的、原理及所使用的仪器设备 2. 能描述项目的分析方法及操作技术、注意事项 3. 能正确使用测定仪器，独立进行结果运算，结果符合要求		
素质目标	1. 培养学生崇尚科学、积极探索的职业素养 2. 培养学生求真务实、严谨认真的科研态度 3. 培养学生语言表达能力和总结归纳能力 4. 培养学生团队协作、社交能力		
考核点	1. 饲料中各种项目分析的测定方法、原理及操作技能、注意事项 2. 测定仪器的操作使用 3. 饲料中项目检测含量的计算方法，结果判断		
参考资料	GB/T 13085—2018 饲料中亚硝酸盐的测定　比色法 GB/T 13086—2020 饲料中游离棉酚的测定方法		

技能训练17　饲料中亚硝酸盐含量的测定

【实训目标】　通过实训，掌握饲料中亚硝酸盐的测定原理及方法步骤。

【实训方法】　GB/T 13085—2018适用于饲料原料、配合饲料、浓缩饲料及精料补充料中亚硝酸盐的测定。

【测定原理】　样品在弱碱性条件下除去蛋白质，在弱酸性条件下试样中的亚硝酸盐与对氨基苯磺酸反应，生成重氮化合物，再与N-1-萘基乙二胺偶合形成紫红色化合物，在波长538 nm条件下，进行比色测定。

【实训准备】

青绿饲料及树叶类饲料，都不同程度地含有硝酸盐，对动物来说，硝酸盐是低毒的。硝酸盐在一定温度下经微生物作用还可原成亚硝酸盐，而亚硝酸盐则是高毒性的，临床上多见畜禽中毒是因由硝酸盐转化为亚硝酸盐而引起的。

国家卫生标准(GB 13078—2017)规定饲料中亚硝酸盐允许含量(以亚硝酸钠计)，火腿肠粉等肉制品生产过程获得的前食品或副产品≤80 mg/kg，其他饲料原料≤15 mg/kg；浓缩饲料≤20 mg/kg，精料补充料≤20 mg/kg，配合饲料≤15 mg/kg。饲料中亚硝酸盐的测定参考国家标准《饲料中亚硝酸盐的测定—比色法》(GB/T 13085—2018)。

【适用范围】

本方法适用于饲料原料、配合饲料、浓缩饲料及精料补充料中亚硝酸盐的测定。方法的检出限为0.70 mg/kg，定量限为2.0 mg/kg。

【测定原理】

样品在弱碱性条件下除去蛋白质，在弱酸性条件下试样中的亚硝酸盐与对氨基苯磺酸反应，生成重氮化合物，再与N-1-萘基乙二胺偶合形成紫红色化合物，在波长538 nm条件下，进行比色测定。

【试剂溶液】

本方法所使用试剂均为分析纯试剂，水应符合GB/T 6682二级用水要求。

(1)氯化铵缓冲液：1 000 mL容量瓶中加入500 mL水，加入20 mL盐酸，混匀，加入50 mL氢氧化铵，用水稀释至刻度。用稀盐酸和稀氨水调节pH至9.6～9.7。

(2)硫酸锌溶液(0.42 mol/L)：称取120 g硫酸锌($ZnSO_4 \cdot 7H_2O$)，用水溶解，并稀释至1 000 mL。

(3)氢氧化钠溶液(20 g/L)：称取20 g氢氧化钠，用水溶解，并稀释至1 000 mL。

(4)60%乙酸溶液：量取600 mL乙酸于1 000 mL容量瓶中，用水稀释至刻度。

(5)对氨基苯磺酸溶液：称取5 g对氨基苯磺酸，溶于700 mL水和300 mL冰乙酸中，混匀后置棕色瓶保存，1周内有效。

(6)N-1-萘基乙二胺溶液(1 g/L)：称取0.1g N -1-萘基乙二胺，加60%乙酸溶液溶解并稀释至100 mL，混匀后置棕色瓶中，在冰箱内保存，1周内有效。

(7)显色剂：临用前将N-1-萘基乙二胺溶液(1 g/L)和对氨基苯磺酸溶液等体积混合。

(8)亚硝酸钠标准储备溶液：称取250 mg经(115±5) ℃烘至恒重的亚硝酸钠，加水溶解，移入 500 mL 容量瓶中，加 100 mL 氯化铵缓冲液，加水稀释至刻度，混匀，在 4 ℃避光保存，此溶液每毫升相当于 500 μg 亚硝酸钠。

(9)亚硝酸钠标准工作液：临用前，吸取亚硝酸钠标准储备溶液 1.00 mL，置于 100 mL 容量瓶中，加水稀释至刻度，此溶液每毫升相当于 5.0 μg 亚硝酸钠。

【仪器与设备】

(1)分光光度计：有 1 cm 比色杯，可在 550 nm 处测量。

(2)小型粉碎机。

(3)分析天平：称量精度 0.000 1 g。

(4)恒温水浴锅

(5)容量瓶：25 mL、100 mL、200 mL、500 mL、1 000 mL。

(6)烧杯：100 mL、200 mL、500 mL。

(7)吸量管：1 mL、2 mL、5 mL、10 mL。

(8)移液管：10 mL。

(9)长颈漏斗：直径 75～90 mm。

【测定步骤】

(1)样品制备：采集具有代表性的饲料样品。至少 1 kg，四分法缩分至约 250 g，粉碎，过 1 mm 筛，混匀，装入密闭容器，低温保存备用。

(2)试液制备：称取约 5 g 试样，精确到 0.000 1 g，置于 200 mL 烧杯中，加 70 mL 水和 1.2 mL 氢氧化钠溶液(20 g/L)，混匀，用氢氧化钠溶液调至 pH 为 8～9，全部转移至 200 mL 容量瓶中，加 10 mL 硫酸锌溶液(0.42 mol/L)，混匀，如不产生白色沉淀，再补滴氢氧化钠溶液(20 g/L)，直至产生沉淀为止，混匀，置 60 ℃水浴中加热 10 min，取出后冷却至室温，加水至刻度，混匀。放置 0.5 h，用滤纸过滤，弃去初滤液 20 mL，收集滤液备用。

(3)亚硝酸盐标准曲线的制备：移取 0 mL、0.5 mL、1.00 mL、2.00 mL、3.00 mL、4.00 mL、5.00 mL 亚硝酸钠标准工作液(相当于 0 μg、2.5 μg、5 μg、10 μg、15 μg、20 μg、25 μg 亚硝酸钠)，分别置于 25 mL 棕色容量瓶中。于各瓶中分别加入 4.5 mL 氯化铵缓冲液，加 2.5 mL 乙酸溶液(60%)后立即加入 5.0 mL 显色剂，加水至刻度，混匀，在避光处静置 25 min，用 1 cm 比色杯(灵敏度低时可换 2 cm 比色杯)，以 0 mL 亚硝酸钠标准工作浓度做参比管，调节零点，于波长 538 nm 处检测吸光度，以吸光度值为纵坐标，各溶液中所含亚硝酸钠的质量为横坐标，绘制标准曲线或计算回归方程。

含硝酸盐低的试样以制备低含量标准曲线计算，标准系列为：吸取 0 mL、0.4 mL、0.8 mL、1.2 mL、1.6 mL、2.0 mL 亚硝酸钠标准工作液(相当于 0 μg、2 μg、4 μg、6 μg、8 μg、10 μg 亚硝酸钠)。

(4)试样测定：准确吸取 10.0 mL 待测试样溶液于 25 mL 容量瓶中，依次加入 4.5 mL 氯化铵缓冲液，加 2.5 mL 乙酸溶液(60%)后立即加入 5.0 mL 显色剂，加水至刻度，混匀，在避光处静置 25 min，进行显色和测量试液的吸光度。

另取 10.0 mL 试液于 25 mL 容量瓶中，用水定容至刻度，以水调节零点，测定其吸光度(A_0)。从试液吸光度值 A_1 中扣除吸光度值 A_0 后得吸光度值 A，即 $A = A_1 - A_0$，再将 A 在标准曲线上查出对应的亚硝酸钠质量，代入回归方程进行计算。

【测定结果的计算与表述】

(1)计算公式

$$X=\frac{m_1\times V\times 1\ 000}{V_1\times m\times 1\ 000}$$

式中：X——试样中亚硝酸盐(以亚硝酸钠计)的含量，mg/kg；

m——试样质量，g；

m_1——测定对样液中亚硝酸盐(以亚硝酸钠计)的质量，μg；

V——试样处理液总体积，mL；

V_1——测定时所取试样液体积，mL；

1 000——单位换算系数。

(2)结果表示

每个试样取 2 个平行样进行测定，以其算术平均值为结果。结果表示到 0.1 mg/kg。

(3)重复性

同一分析者对同一试样同时或快速连续地进行两次测定，所得结果之间的相对偏差：在亚硝酸盐(以亚硝酸钠计)含量小于或等于 20 mg/kg 时，不得大于 10%；在亚硝酸盐(以亚硝酸钠计)含量大于 20 mg/kg 时，不得大于 5%。

技能训练 18　饲料中游离棉酚含量的测定

棉籽饼(粕)是重要的蛋白质饲料资源，但由于其中含有一定的有毒有害物质，使得这一类资源的利用受到限制。大部分棉酚被动物采食后，以结合棉酚的形式由动物粪便排除，而有一部分棉酚会进入动物身体组织中，所以长期饲喂棉籽粕就可能会引起棉酚的积累中毒。

国家饲料卫生标准(GB 13078—2017)规定饲料中游离棉酚允许含量，棉籽油≤200 mg/kg，棉籽≤5 000 mg/kg，脱酚棉籽蛋白、发酵棉籽蛋白≤400 mg/kg，其他棉籽加工产品≤1 200 mg/kg，其他饲料原料≤20 mg/kg；猪(仔猪除外)、兔配合饲料≤60 mg/kg，家禽(产蛋禽除外)配合饲料≤100 mg/kg，犊牛精料补充料≤100 mg/kg，其他牛精料补充料≤300 mg/kg；羔羊精料补充料，其他羊精料补充料≤300 mg/kg；植物性、杂食性水产动物配合饲料≤300 mg/kg，其他水产配合料≤150 mg/kg，其他畜禽配合料≤20 mg/kg；生长肥育猪配合、预混合饲料≤60 mg/kg。规定了饲料中游离棉酚的测定参考国家标准《饲料中游离棉酚的测定方法》(GB 13086—2020)。

【适用范围】

本方法适用于棉籽粉、棉籽饼(粕)和含有这些物质的配合饲料(包括混合饲料)中游离棉酚的测定。

【测定原理】

在 3-氨基-1-丙醇存在下，用异丙醇与正己烷的混合溶剂提取游离棉酚，用苯胺使棉酚转化为苯胺棉酚，在最大吸收波长 440 nm 处进行比色测定。

【试剂和溶液】

除特殊规定外，本标准所用试剂均为分析纯，水为蒸馏水或相应纯度的水。

(1)异丙醇。

(2)正己烷。

(3)冰乙酸。

(4)苯胺（$C_6H_5NH_2$）：如果测定的空白试验吸收值超 0.022 时，在苯胺中加入锌粉进行蒸馏，弃去开始和最后的 10%蒸馏部分，放入棕色的玻璃瓶内贮存在(0～4 ℃)冰箱中，该试剂可稳定几个月。

(5)3-氨基-1-丙醇($H_2NCH_2CH_2CH_2OH$)。

(6)异丙醇-正己烷混合溶剂：体积比为 6∶4(V/V)。

(7)溶剂 A：量取约 500 mL(体积比 6∶4)异丙醇-正己烷混合溶剂，2 mL 3-氨基-1-丙醇，8 mL 冰乙酸和 50 mL 水于 1 000 mL 的容量瓶中，再用异丙醇-正己烷混合溶剂定容至刻度。

【仪器设备】

(1)分光光度计：用 10 mm 比色杯，在 440 nm 处测量吸光度。

(2)振荡器：振荡频率 120～130 次/min(往复)。

(3)恒温水浴锅。

(4)具塞三角烧瓶：100 mL，250 mL。

(5)容量瓶：25 mL(棕色)。

(6)吸量管：1 mL，5 mL，10 mL。

(7)移液管：10 mL，50 mL。

(8)漏斗：直径 50 mm。

(9)表面皿(表玻璃)：直径 60 mm。

【测定步骤】

(1)试样制备：采集具有代表性的棉籽饼样品，至少 1 kg，四分法缩分至约 250 g，磨碎，过 2.8 mm 孔筛，混匀，装入密闭容器，防止试样变质，低温保存备用。

(2)试液制备

①称取 1～2 g 试样(精确到 0.000 1 g)置于 250 mL 具塞三角烧瓶中，加入 20 粒玻璃珠，用移液管准确加入 50 mL 溶剂 A，塞紧瓶塞，放入振荡器内振荡 1 h(每分钟 120 次左右)。用干燥的定量滤纸过滤，过滤时在漏斗上加盖一表面皿(表玻璃)以减少溶剂挥发，弃去最初几滴滤液，收集滤液于 100 mL 具塞三角烧瓶中。

②用吸量管吸取等量双份滤液 5～10 mL(每份含 50～100 μg 的棉酚)分别至 2 个 25 mL 棕色容量瓶 a 和 b 中，如果需要，用溶剂 A 补充至 10 mL。

③用异丙醇-正己烷混合溶剂(体积比 6∶4)稀释容量瓶 a 至刻度，摇匀，该溶液用作试样空白测定液的参比溶液。

④用移液管吸取 2 份 10 mL 的溶剂 A 分别至两个 25 mL 棕色容量瓶 a_0 和 b_0 中。

⑤用异丙醇-正己烷混合溶剂(体积比 6∶4)补充容量瓶 a_0 至刻度，摇匀，该溶液用作空白测定液的参比溶液。

⑥加 2.0 mL 苯胺于容量瓶 b 和 b_0 中，在沸水浴上加热 30 min，显色。

⑦冷却至室温,用异丙醇-正己烷混合溶剂(体积比 6∶4)定容,摇匀并静置 1 h。

⑧用 10 mm 比色杯,在波长 440 nm 处,用分光光度计以 a_0 为参比溶液测定空白测定液 b_0 的吸光度,以 a 为参比溶液测定试样测定溶液 b 的吸光度,从试样测定液的吸光度值中减去空白测定液的吸光度值,得到校正吸光度 A。

【测定结果计算和表示】

(1)公式

$$X=\frac{A\times 1\,250\times 1\,000}{a\times m\times V\times l}$$

式中:X——游离棉酚含量,mg/kg;

A——试样溶液校正吸光度值;

1 250——样品稀释倍数

a——质量吸收分数,游离棉酚为 62.5 L/(cm·g);

m——试样质量,g;

V——测定用滤液的体积,mL;

l——比色皿光径长度,cm。

(2)结果表示

每个试样取 2 个平行样进行测定,以其算术平均值为结果,结果表示到 20 mg/kg。

7.重复性

同一分析者对同一试样同时或快速连续地进行两次测定,所得游离棉酚结果≤500 mg/kg 时,所得结果之间的差值不得超过平均值的 15%;

所得游离棉酚结果<750 mg/kg 时,所得结果之间的绝对相差不得超过 75 mg/kg;

在游离棉酚含量≥750 mg/kg 时,所得结果之间的差值不得超过平均值的 10%。

【拓展知识】 饲料中游离棉酚含量的测定方法(企业应用)

根据国家标准关于饲料中游离棉酚含量的测定方法,企业在实际生产和工作中,有更为简便、实用的方法,作为补充内容,供教学参考。

1.适用范围

本方法适用于棉籽粉、棉籽饼(粕)和含有这些物质的配合饲料(包括混合饲料)中游离棉酚的测定。

2.测定原理

饲料中棉酚经 70%丙酮水溶液提取后,在酸性及乙醇介质中与间苯三酚显色,置分光光度计上于 550 nm 处测定其吸光度,参照标准曲线,计算样品棉酚的含量。棉酚含量在 0~140 μg/mL 范围内遵循朗伯-比尔定律。

3.试剂和材料

实验用水应符合 GB/T 6682(附录 1)中三级用水的规格,使用试剂除特殊说明外,均为分析纯。

(1)标准品。醋酸棉酚(为棉酚的衍生物,其分子式为 $C_{32}H_{34}O_{10}$,分子量为 578.61,棉酚的分子式为 $C_{30}H_{30}O_8$,分子量为 518.57),纯度 99%,其中棉酚的百分含量(根据分子量计算)为89.62%。

(2)间苯三酚。

(3)丙酮。

(4)浓盐酸。

(5)无水乙醇。

4.仪器设备

除常用实验室仪器设备外,其他如下。

(1)722S分光光度计、1 mL比色皿(玻璃)。

(2)全温振荡器。

(3)具塞锥形瓶:150 mL。

(4)试管:10 mL。

(5)移液枪。

5.分析步骤

(1)棉酚标准溶液的配制　棉酚标准溶液(1 mg/mL):准确称取0.056 4 g醋酸棉酚,溶于70%丙酮水溶液,溶解后,定容至50 mL,摇匀,放冰箱备用,作为母液。

注:测定时,取此母液用70%丙酮溶液稀释10倍,相当于每毫升应用液中含棉酚0.1 mg。取1 mL母液置于10 mL棕色容量瓶内,加入9 mL丙酮定容。

(2)显色剂配制　称取1 g间苯三酚,置于100 mL三角瓶中,加入16.6 mL浓盐酸溶解,然后加95%乙醇至100 mL,溶解后混合置于棕色试剂瓶中放入冰箱备用。

(3)标准曲线　准确吸取0 mL、0.2 mL、0.4 mL、0.6 mL、0.8 mL棉酚标准液(相当于0、0.02 mg、0.04 mg、0.06 mg、0.08 mg的棉酚)放入10 mL试管中(具塞),再依次分别加入1 mL、0.8 mL、0.6 mL、0.4 mL、0.2 mL的70%丙酮溶液,各试管中加入2 mL的显色剂,摇匀,在50～55 ℃恒温水浴锅中加热5 min,取出放置至室温。用1 cm比色皿,以70%丙酮溶液调零,在550 nm波长处测定吸光度值。根据棉酚含量(mg)与吸光度值进行回归计算,得回归方程,并绘制标准曲线。

(4)样品的制备与测定　棉粕等饲料样品用研钵研成粉末,过100目筛后作为样品,准确称取1 g左右样品,置于具塞锥形瓶中,分别加入50 mL 70%丙酮溶液,盖上瓶塞,于恒温振荡器上振荡1.5 h,转速120 r/min,温度32 ℃。静置,用中速滤纸过滤。然后分别取滤液1 mL置于试管中,各加入2 mL显色剂摇匀,测定方法与标准曲线绘制步骤相同。每个样品做3个重复,取其平均吸光度值,并根据棉酚标准曲线推算出棉粕样品中棉酚的含量。

6.试验结果计算与表示

$$X=\frac{F\times c}{m\times 10^{-3}}$$

式中:X——待测试样中游离棉酚的含量,mg/mL;

F——样品稀释倍数;

c——根据标准曲线计算出的样品中游离棉酚含量,mg/mL;

m——样品重量,g;

10^{-3}——g折算为mg的系数。

技能训练19　饲料用大豆制品中脲酶活性的测定

脲酶活性的测定有定性法和定量法。定性简单、快速，可迅速地检测大豆制品的脲酶活性，但不宜作为仲裁方法，其中酚红法是目前常用的定性测定方法。定量法有紫外分光光度法、滴定法和pH增值法。国家标准中推荐方法为滴定法，其优点是原理严谨、表现直观、准确、操作简单。

【适用范围】

本方法适用于大豆制品及其副产品中脲酶活性的测定，可确认大豆制品的湿热处理程度和抗胰蛋白酶因子等抗营养因子的水平。

【测定原理】

大豆制品中的脲酶在一定条件下(pH、温度)，可以将尿素水解为氨，用过量的已知浓度的盐酸吸收后生成氯化铵，再用氧氧化钠标准液滴定剩余盐酸，根据消耗的氢氧化钠标准溶液数量，即可计算出由脲酶水解释放出的氨氮含量，从而计算出脲酶活性。等电点时，pH为4.7左右。

大豆制品中脲酶活性：在(30±0.5) ℃和pH 7的情况下，每克大豆制品每分钟分解尿素所释放的氨基氮的质量。

【试剂】

除特殊规定外，本方法所用试剂均为分析纯，水为蒸馏水或相应纯度的水。

(1)磷酸氢二钠($Na_2HPO_4 12H_2O$)。

(2)磷酸二氢钾(KH_2PO_4)。

(3)尿素缓冲溶液(pH 6.9～7.0)。准确称取3.40 g经110 ℃烘干的磷酸二氢钾和4.45 g磷酸氧二钠，用蒸馏水溶解后定容至1 000 mL，再加30.0 g尿素。此缓冲液可保存1个月。

(4)0.1 mol/L盐酸标准溶液。

(5)0.1 mol/L氧氧化钠标准溶液。

【仪器与设备】

(1)样品筛：孔径0.20 mm(60目)。

(2)酸度计：精度为0.02，附有磁力搅拌器和滴定装置。

(3)恒温水浴：控温(30±0.5) ℃

(4)具塞刻度试管：直径18 mm，长150 mm。

(5)精密计时器。

(6)粉碎机：粉碎时应不产生强热(如球磨机)。

(7)分析天平：称量精度0.1 mg。

(8)移液管：10 mL。

【测定步骤】

(1)试样选取和制备　采集有代表性的样品2 kg，用四分法缩分至200 g，用粉碎机将其试样粉碎，使之全部通过0.20 mm样品筛，混匀，装瓶密封保存。对特殊试样(水分或挥发物含量较高而无法粉碎的产品)应先在实验室温度下进行预干燥,再进行粉碎,当计算结果时,干燥失重计算在内。

(2)样品中脲酶活性的制定　准确称取已粉碎的试样约 0.2 g(精确至 0.000 1 g),置于刻度试管中(如活性很高,只称 0.05 g)。加入 10 mL 尿素缓冲溶液,立即盖好试管并剧烈摇动,马上置于(30±0 5) ℃恒温水浴中(培养箱中),准确计时保持 30 mm。取下后立即加入 10 mL 0.1 mol/L 盐酸溶液,并速冷至 20 ℃。将试管中内容物无损地移入 50 mL 烧杯中,用 5 mL 蒸馏水冲洗试管 2 次,立即用 0.1 mol/L 的氢氧化钠标准液滴定至 pH 为 4.7(磁力搅拌,pH 电极指示)。记录氢氧化钠标准溶液消耗量。

(3)空白测定　另取试管做空白试验,加入 10 mL 尿素缓冲溶液、10 mL 0.1 mol/L 的盐酸溶液。准确称取与上述试样量相当的试样(精确至 0.000 1 g),迅速加入此试管中,立即盖好试管并剧烈摇动。将试管置于(30±0.5) ℃恒温水浴中(培养箱中),同样精确保持 30 min,取下后冷却至 20 ℃,将试管内存物无损地转移至 50 mL 烧杯中,用 5 mL 蒸馏水冲洗试管 2 次,立即用 0.1 mol/L 的氢氧化钠标准溶液滴定至 pH 为 4.70(磁力搅拌,pH 电极指示)。记录氢氧化钠标准溶液消耗量。

【测定结果的计算和表述】

(1)计算公式　测定结果以每分钟每克大豆制品在 30 ℃和 pH 7.0 的条件下释放出的氨态氮的质量(g)表示:

$$U_A=\frac{(V_0-V)\times c\times 0.014\times 1\ 000}{m\times 30}$$

式中:U_A——试样在 30 ℃的脲酶活性, mgN(g · min · 30 ℃);

c——氢氧化钠标准溶液的浓度, mol/L;

V_0——滴定空白反应液消耗的氢氧化钠溶液体积, mL;

V——滴定试样反应液消耗的氢氧化钠溶液体积,L;

m——试样质量,g;

0.014——1 摩尔质量氢氧化钠相当于 0.014 g 氮;

30——反应时间,min。

[注:mgN 指(30±0.5) ℃和 pH 7 的情况下,每克大豆制品每分钟分解尿素所释放的氨基氮的质量。]

如果试样在粉碎前经预干燥处理时,则:

$$U_A=\frac{(V_0-V)\times c\times 0.014\times 1\ 000}{m\times 30}\times(1-S)$$

式中:S——预干燥时试样失重的百分率,%。

(2)结果表示　每个试样取 2 个平行样进行测定,测定结果在重复性的允许差范围内,以其算术平均值为结果。

(3)重复性　同一分析者对同一试样同时或快速连续地进行 2 次测定,所得结果之间的差值不超过平均值的 10。

【注意事项】

(1)若试样粗脂肪含量高于 10%,则应先进行不加热的脱脂处理后,再测定脲酶活性。

(2)若测得试样的脲酶活性大于 1 mgN/(g·min),样品称量 0.05 g。

【相关知识】

大豆制品是营养价值很好的蛋白质饲料,饲料中常用到的大豆制品有大豆饼(粕)及膨化大豆。但是生大豆制品中却含有对动物有害的胰蛋白酶抑制因子、血细胞凝结素、皂角苷、甲状腺肿诱发因子以及抗血液凝固因子等抗营养因子,从而导致蛋白质适口性下降,生物学价值降低,引起动物腹泻,胰腺肿大,以致影响到动物的正常生长发育。大豆主要的抗营养因子是胰蛋白酶抑制因子,其耐热性很差,因此在生产过程中,只要经过适当的加热就可灭活,从而使其在大豆制品中的残留量大大减少。在实际检测中,可通过检测脲酶活性来反映抗营养因子水平及加热程度的可靠指标,其活性与胰蛋白酶活性呈高度正相关。

【拓展知识】 大豆制品中脲酶活性定性分析(酚红法)

1.适应范围

本方法适用于大豆制品脲酶活性的快速检测。

2.原理

大豆饼粕脲酶的活性是通过在有苯酚红指示剂的情况下使尿素转化成氨气做定性测量的。

3.试剂和材料

实验用水应符合 GB/T 6682 中三级用水的规格,使用试剂除特殊说明外,均为分析纯。

(1)1 mol/L 氢氧化钠:取 2 g NaOH 溶解并定容到 50 mL。

(2)0.05 mol/L 硫酸:移取 0.28 mL H_2SO_4定容到 100 mL。

(3)尿素苯酚红溶液:取 0.14 g 苯酚红和 21 g 尿素溶解于 340 mL 蒸馏水中。用 1 mol/L 氢氧化钠调制到琥珀色(pH=7)。

4.分析步骤

将一茶匙大豆饼粕粉试样放入铺有滤纸的培养皿中。加入 5~8 滴琥珀色苯酚红溶液,轻轻地旋动以使皿内的样品能均匀浸润。静置 5 min,然后将大豆饼粕粉试样与各种标准大豆饼粕粉样品做比较。

5.读标

(1)稍有活性:散布着的红紫色颗粒很少。

(2)中等活性:约 25%的表面覆盖着红紫色颗粒。

(3)活性:约 50%的表面覆盖着红紫色颗粒。

(4)非常活性:约 75%的表面覆盖着红紫色颗粒。

(5)蒸炒过度:5 min 后看不见红紫色出现。让样品再静置 25 min,若仍无红紫色出现,该大豆饼粕即为蒸炒过度。

6.图谱

如图 4-1 所示。

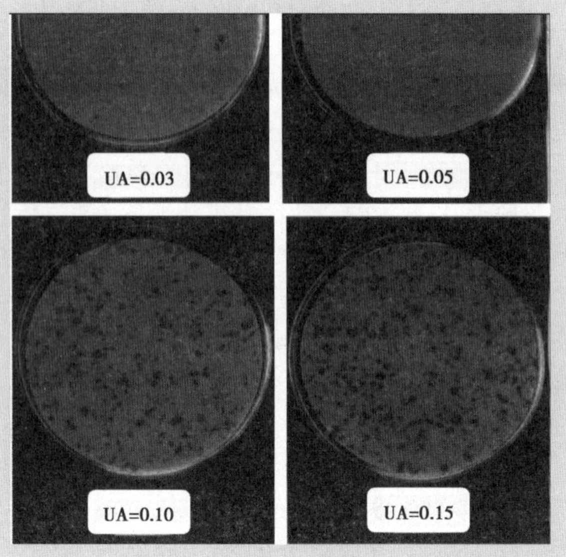

图 4-1 大豆饼(粕)脲酶活性(UA)图谱

【思考与练习】

1. 饲料中天然的有毒、有害成分包括哪些?
2. 游离棉酚有什么检测特性?
3. 饲用大豆粕为什么要进行脲酶活性的检测?
4. 在检测大豆制品脲酶活性时应注意哪些问题?

附录 1

猪对各类饲料的消化率(%)

（资料来源：张宏福．动物营养参数与饲养标准．北京：中国农业出版社，2010.）

（一）青绿饲料类

饲料名称	样品特征	消化率/%			
		粗蛋白质	粗脂肪	粗纤维	无氮浸出物
白菜外叶	鲜，粗蛋白质 1.4%，粗纤维 0.5%	69	44	81	87
甘蓝叶	外叶，鲜，粗蛋白质 1.7%，粗纤维 0.9%	65	22	76	81
甘薯藤	鲜，粗蛋白质 1.7%，粗纤维 30%	27	22	16	36
萝卜叶	鲜，粗蛋白质 2.6%，粗纤维 1.1%	66	27	80	79
苜蓿	花前，鲜，粗蛋白质 4.6‰，粗纤维 4.6%	71	10	43	76
苜蓿	花前，鲜，粗蛋白质 3.9%，粗纤维 7.8%	33	12	16	57
三叶草	白三叶，花前，鲜，粗蛋白质 37%，粗纤维 1.1%	55	32	44	74
三叶草	红三叶，花前，鲜，粗蛋白质 3.5%，粗纤维 3.2%	58	54	41	71
三叶草	白三叶，花前，鲜，粗蛋白质 4.0%，粗纤维 2.2%	69	18	54	57
槐叶粉	洋槐，粗蛋白质 21.3%，粗纤维 12.3%	48	28	26	41
甜菜叶和根	糖用，风干，粗蛋白质 12.0%，粗纤维 15.5%	46	0	45	83

（二）青贮饲料类

饲料名称	样品特征	消化率/%			
		粗蛋白质	粗脂肪	粗纤维	无氮浸出物
马铃薯青贮	鲜，粗蛋白质 1.5%，粗纤维 0.8%	75	0	43	97
甜菜青贮	糖用甜菜，整株，鲜，粗蛋白质 1.5%，粗纤维 2.1%	0	0	58	93
玉米青贮	粗蛋白质 3.3%，粗纤维 6.6%	32	69	75	41

续表

饲料名称	样品特征	消化率/%			
		粗蛋白质	粗脂肪	粗纤维	无氮浸出物
玉米青贮	乳熟前,粗蛋白质 1.7%,粗纤维 4.5%	41	93	40	48
玉米青贮	乳熟,粗蛋白质 1.85%,粗纤维 6.1%	53	96	30	63
玉米青贮	蜡熟,粗蛋白质 1.9%,粗纤维 6.5%	72	95	41	74
玉米青贮	黄熟,粗蛋白质 2.0%,粗纤维 6.5%	69	96	29	79

(三)块根、块茎、瓜果类

饲料名称	样品特征	消化率/%			
		粗蛋白质	粗脂肪	粗纤维	无氮浸出物
甘薯	干,粗蛋白质 4.6%,粗纤维 2.7%	15	75	68	98
甘薯	干,粗蛋白质 32%,粗纤维 2.5%	24	33	65	98
甘薯	鲜,粗纤维 0.8%	24	0	65	98
胡萝卜	鲜,粗纤维 1.1%	71	68	85	94
萝卜	鲜,粗纤维 0.6%	54	32	91	96
蔓菁	鲜,粗纤维 0.9%	55	—	79	98
蔓菁	糖用,鲜,粗纤维 1.5%	26	—	80	96
木薯	干粉,风干,粗纤维 2.5%	68	23	76	99
马铃薯	干或粉,风干,粗纤维 2.3%	58	—	64	96
马铃薯	片,风干,粗纤维 1.9%	72	—	67	98
马铃薯	鲜,粗蛋白质 1.9%,粗纤维 0.4%	33	0	0	95
南瓜	鲜,粗纤维 0.9%	72	57	68	93
甜瓜	饲用,鲜,粗纤维 0.9%	59	28	62	95
芜菁甘蓝	鲜,粗纤维 1.2%	84	0	41	93
芜菁	鲜,粗纤维 1.3%	34	0	78	94
西葫芦	鲜,粗纤维 1.2%	72	57	68	93
饲用芜菁	鲜,粗蛋白质 1.3%,粗纤维 0.9%	28	32	41	93

（四）干草类

饲料名称	样品特征	消化率/%			
		粗蛋白质	粗脂肪	粗纤维	无氮浸出物
苜蓿干草	开花前，风干，粗蛋白质 18.3%，粗纤维 26.1%	75	0	43	97
苜蓿干草粉	日晒风干，粗蛋白质 15.5%，粗纤维 23.6%	0	0	58	93
苜蓿干草粉	人工干燥，粗蛋白质 19.8%，粗纤维 23.6%	32	69	75	41
苜蓿干草粉	初花期限收割，风干，粗蛋白质 12.4%，粗纤维 23.7%	41	93	40	48
苜蓿干草粉	盛花期收割，风干，粗蛋白质 16.6%，粗纤维 30.9%	53	96	30	63
秣食豆干草粉	粗蛋白质 20.0%，粗纤维 25.2%	72	95	41	74
三叶草	花前期收割，半干，粗蛋白质 9.2%，粗纤维 25.8%	69	96	29	79

（五）农副产品类（包括荚壳、秸秆）

饲料名称	样品特征	消化率/%			
		粗蛋白质	粗脂肪	粗纤维	无氮浸出物
大豆皮	风干，粗蛋白质 15.4%，粗纤维 28.0%	45	61	67	40
大麦皮壳	带有少量粉质，风干，粗蛋白质 11.2%，粗纤维 17.0%	74	40	21	60
豌豆皮壳	风干，粗蛋白质 10.4%，粗纤维 37.1%	91	42	72	98
粟皮壳	皮壳和瘪谷少量，风干，粗蛋白质 9.4%，粗纤维 25.6%	49	10	13	25
亚麻蒴果壳	风干，粗蛋白质 9.6%，粗纤维 31.1%	43	79	19	36
燕麦壳	风干，粗蛋白质 3.6%，粗纤维 29.8%	57	73	2	37
玉米芯粉	风干，粗蛋白质 2.6%，粗纤维 33.1%	34	15	36	14

（六）谷实类

饲料名称	样品特征	消化率/%			
		粗蛋白质	粗脂肪	粗纤维	无氮浸出物
大麦	粗纤维 4%～6%	78	44	14	90
大麦	样品级，粗纤维 4.2%	77	54	18	91
大麦	煮熟，粗纤维 6.7%	67	42	29	87

续表

饲料名称	样品特征	消化率/%			
		粗蛋白质	粗脂肪	粗纤维	无氮浸出物
大米	糙米，粗纤维 1.1%	80	64	18	97
大米	粗纤维 1.5%	86	70	—	100
稻谷	粗纤维 8.4%	65	52	0	90
稷子	粗纤维 10.4%	75	91	29	84
高粱	粗纤维 2.0%	74	75	59	85
黑麦	饲用黑麦，粗纤维 4.8%	72	57	44	84
黑麦	次品，粗纤维 3.7%	72	75	26	84
黑麦胚芽粉	粗纤维 3.1%	87	67	95	98
荞麦	苦荞麦，粗纤维 10.1%	72	24	60	85
荞麦	粗纤维 12.7%	72	24	2	27
小麦	粗纤维 2.7%	80	68	13	86
小麦	粗纤维 1.9%	80	70	60	83
小米	(粟)粗纤维 7.6%	75	74	36	83
燕麦	粗纤维 9.8%	76	81	26	82
燕麦	高脂肪，粗纤维 12.4%	78	86	22	78
玉米	粗纤维 2.2%	80	72	40	93
玉米	粗蛋白质 9%，粗纤维 2.4%	78	67	50	93
玉米	粗蛋白质 9.9%，粗纤维 3.2%	68	70	—	89

注："—"表示未测值。

(七)糠麸类

饲料名称	样品特征	消化率/%			
		粗蛋白质	粗脂肪	粗纤维	无氮浸出物
小麦麸	粗蛋白质 14.3%，粗纤维 10.2%	75	72	33	66
小麦麸	粗蛋白质 16.8%，粗纤维 8.4%	74	69	17	66
小麦麸	粗蛋白质 14.9%，粗纤维 6.8%	73	54	20	79
小麦麸	粗蛋白质 9.6%，粗纤维 9.0%	72	68	29	73
小麦	粗蛋白质 14.3%，粗纤维 8.3%	83	74	24	94
黑麦麸	粗蛋白质 15.9%，粗纤维 6.9%	70	78	25	74
米糠	粗蛋白质 13.2%，粗纤维 10.4%	76	86	20	81
米糠	粗蛋白质 12.7%，粗纤维 14.3%	67	80	20	85

续表

饲料名称	样品特征	消化率/%			
		粗蛋白质	粗脂肪	粗纤维	无氮浸出物
米糠	糙米糠,粗蛋白质 12.7%,粗纤维 4.1%	87	91	49	91
米糠	带胚芽,粗蛋白质 12.5%,粗纤维 12.5%	72	83	20	73
米糠	脱脂,粗蛋白质 17.9%,粗纤维 8.6%	71	66	20	75
荞麦麸	粗蛋白质 15.2%,粗纤维 11.3%	81	89	27	96
小麦麸	出粉率 60%,特种麸,粗蛋白质 14.1%,粗纤维 4.4%	74	83	12	83

(八)豆类

饲料名称	样品特征	消化率/%			
		粗蛋白质	粗脂肪	粗纤维	无氮浸出物
蚕豆	粗蛋白质 26.2%	79	49	36	84
菜豆	粉碎,粗蛋白质 25.4%,粗纤维 7.1%	80	30	15	90
大豆	炒熟,粉碎,粗蛋白质 40.0%,粗纤维 5.4%	92	90	57	89
大豆	粗蛋白质 37.0%,粗脂肪 17.0%,粗纤维 5.7%	84	80	57	80
豇豆	粗蛋白质 25.8%,粗纤维 6.7%	94	38	49	90
木豆	粗蛋白质 20.0%,粗纤维 10.5%	82	36	86	86
豌豆	粗蛋白质 21.8%,粗纤维 7.4%	86	61	67	95
豌豆	磨碎,粗蛋白质 23.2%,粗纤维 6.8%	88	32	61	93

(九)饼粕类

饲料名称	样品特征	消化率/%			
		粗蛋白质	粗脂肪	粗纤维	无氮浸出物
菜籽饼	粗蛋白质 35.3%,粗纤维 10.7%	79	64	46	71
大豆粕	浸提,粗蛋白质 46.2%,粗纤维 5.0%	88	79	67	83
大豆	粗蛋白质 41.0%,粗脂肪 5.4%,粗纤维 6.3%	83	80	65	78
花生饼	粗蛋白质 47.4%,粗纤维 8.5%	88	67	49	83
红花籽饼	粗蛋白质 22.7%,粗纤维 33.0%	77	47	14	32
棉籽饼	粗蛋白质 40.8%,粗纤维 11.2%	82	86	40	71
木棉籽粕	粗蛋白质 29.7%,粗纤维 2.3%	41	51	11	71
向日葵饼	粗蛋白质 31.7%,粗纤维 22.4%	77	50	20	41
亚麻仁粕	机榨,粗蛋白质 35.9%,粗纤维 8.9%	90	62	20	80

续表

饲料名称	样品特征	消化率/%			
		粗蛋白质	粗脂肪	粗纤维	无氮浸出物
亚麻仁粕	粗蛋白质 35.5%,粗纤维 8.2%	81	60	55	79
椰子饼	机榨,粗蛋白质 20.9%,粗纤维 9.7%	65	73	65	82
玉米胚芽饼	浸提,粗蛋白质 22.3%,粗纤维 8.6%	86	67	41	88
芝麻饼	浸提,粗蛋白质 47.0%,粗纤维 9.7%	70	78	45	71
棕榈饼	机榨,粗蛋白质 12.9%,粗纤维 11.3%	65	52	48	71

(十)糟渣类

饲料名称	样品特征	消化率/%			
		粗蛋白质	粗脂肪	粗纤维	无氮浸出物
粉渣	马铃薯,粗蛋白质 2.8%,粗纤维 2.2%	27	0	85	98
粉渣	马铃薯,粗蛋白质 0.4%,粗纤维 2.0%	27	0	63	80
粉渣	甘薯,粗蛋白质 0.2%,粗纤维 1.6%	27	0	63	80
酒糟	麦酒糟,粗蛋白质 31.7%,粗纤维 12.4%	79	60	5	27
酒糟	葡萄酒糟,粗蛋白质 9.8%,粗纤维 27.9%	43	84	47	79
酒糟	烧酒糟,甘薯,粗蛋白质 1.2%,粗纤维 0.5%	65	49	40	70
酒糟	粗蛋白质 21.1%,粗纤维 15.7%	76	75	23	63
酱油渣	粗蛋白质 26.6%,粗纤维 13.5%	64	74	53	65
橘子渣	温州蜜橘,粗蛋白质 5.6%,粗纤维 9.3%	44	71	52	80
马铃薯蛋白	粗蛋白质 73.7%	74	50	0	50
啤酒糟	粗蛋白质 6.1%,粗纤维 3.3%	69	60	15	34
啤酒糟	粗蛋白质 21.2%,粗纤维 16.0%	63	49	15	52

(十一)草籽树实类

饲料名称	样品特征	消化率/%			
		粗蛋白质	粗脂肪	粗纤维	无氮浸出物
棉籽	粗蛋白质 19.9%,粗纤维 24.1%	48	42	36	25
羽扇豆	粗蛋白质 30.4%,粗纤维 15.4%	83	74	72	80
珍珠稗	粗蛋白质 2.3%,粗纤维 2.8%	61	64	35	62

(十二)动物性饲料类

饲料名称	样品特征	消化率/%			
		粗蛋白质	粗脂肪	粗纤维	无氮浸出物
蚕蛹	未脱脂,粗蛋白质 59.4%	85	93	40	28
蚕蛹渣	粗蛋白质 68.9%	87	98		—
牛奶	干物质 12.6%,粗蛋白质 3.5%	97	96	0	97
肉粉	风干,粗蛋白质 70.7%	88	90	0	—
乳清	干物质 92.7%,粗蛋白质 13.5%	90	81	0	95
脱脂乳	干物质 15%,粗蛋白质 2.9%	95	87	—	99
血粉	风干,粗蛋白质 83.8%	72	33	0	33
鱼粉	整鱼,风干,粗蛋白质 62.8%	87	78	0	
鱼粉	淡鱼粉,北洋鱼粉,风干,粗蛋白质 66.3%	91	91	0	
鱼粉	秘鲁鱼粉,风干,粗蛋白质 64.3%	87	78	0	—
羽毛粉	风干,粗蛋白质 83.3%	77	67	0	—

注:“—”表示未测值。

(十三)其他类

饲料名称	样品特征	消化率/%			
		粗蛋白质	粗脂肪	粗纤维	无氮浸出物
橘子皮	干物质 12.4%,粗蛋白质 6.2%,粗纤维 11.5%	44	61	46	70
麦芽根	风干,粗蛋白质 28.3%,粗纤维 12.0%	68	43	48	63
木糖酵母	风干,粗蛋白质 46.6%	89	30	—	78
木糖酵母	半干,粗蛋白质 6.8%	72	—		98

注:“—”表示未测值。

附录 2

鸡对各类饲料的能量代谢率(%)

(资料来源:张宏福. 动物营养参数与饲养标准. 北京:中国农业出版社,2010.)

(一)青绿饲料类

饲料名称	样品特征	能量代谢率/%
白三叶	花前期,鲜,粗蛋白质 4%,粗脂肪 1%,粗纤维 2%	32.1
槐叶粉	粗蛋白质 19%,粗脂肪 4%,粗纤维 11%	25.5
槐叶粉	粗蛋白质 17%,粗纤维 15%	13.7
槐叶粉	粗蛋白质 21%,粗脂肪 3%,粗纤维 12%	21.4
槐叶粉	粗蛋白质 16%,无灰酸性洗涤纤维 19%	14.6
聚合草粉	人工干燥,粗蛋白质 15%,粗纤维 10%,粗灰分 18%	37.4
木薯叶粉	粗蛋白质 18%,粗脂肪 9%,粗纤维 12%	27.9
苜蓿粉	人工干燥,紫花苜蓿,粗蛋白质 18%,粗脂肪 3%,粗纤维 22%	34.6
苜蓿粉	人工干燥,紫花苜蓿,粗蛋白质 18%,粗脂肪 3%,粗纤维 23%	39.3
苜蓿粉	粗蛋白质 13%	18.4
苜蓿粉	晒干,粗蛋白质 16%,粗脂肪 2%,粗纤维 24%	21.5
玉米芯粉	粗蛋白质 3%,粗脂肪 1%,粗纤维 33%	7.1

(二)块根、块茎、瓜果类

饲料名称	样品特征	能量代谢率/%
甘薯	粗蛋白质 3%,粗脂肪 1%,粗纤维 2%	75.0
甘薯干	甘薯干,总能 14.48 MJ/kg	54.9
橘子皮	粗蛋白质 6%,粗脂肪 1%,粗纤维 10%	34.4
木薯	粗蛋白质 3%,粗脂肪 1%,粗纤维 4%	76.3

(三)谷实类

饲料名称	样品特征	能量代谢率/%
稗子	粗蛋白质 12%,粗纤维 8%	61.6
次粉	粗蛋白质 18%,粗纤维 3%	68.6
糙米	粗蛋白质 8%,粗脂肪 3%,粗纤维 1%	87.1
大麦	粗蛋白质 9%,无灰酸性洗涤纤维 5.7%	71.0
大麦	粗蛋白质 11%,粗脂肪 2%,粗纤维 4%	68.8
大麦	去皮,粗蛋白质 11%,粗脂肪 2%,粗纤维 2%	71.7
大麦	粗蛋白质 7%,粗脂肪 1%,粗纤维 1%	88.3
大麦	尺八,总能 18.41 MJ/kg	64.7
大麦	早熟 12 号,总能 18.58 MJ/kg	65.6
大麦	矮早三,总能 18.37 MJ/kg	70.4
大麦	2-14,总能 18.37 MJ/kg	64.8
大麦	米大麦,粗蛋白质 15%,粗纤维 2%	72.2
米糠	四川 4,粗蛋白质 15%,粗脂肪 19%,粗纤维 7%	68.5
米糠	四川 5,粗蛋白质 15%,粗脂肪 18%,粗纤维 9%	61.0
米糠	四川 7,粗蛋白质 14%,粗脂肪 18%,粗纤维 8%	71.5
米糠	四川 19,粗蛋白质 15%,粗脂肪 18%,粗纤维 8%	68.3
米糠	四川 23,粗蛋白质 15%,粗脂肪 18%,粗纤维 7%	65.5
米糠	四川 26,粗蛋白质 15%,粗脂肪 16%,粗纤维 7%	61.6
米糠	四川 32,粗蛋白质 13%,粗脂肪 17%,粗纤维 10%	59.9
米糠	四川 12	53.2
米糠	四川 14	61.5
米糠	四川 21	68.7
米糠	四川 25	64.2
米糠	四川 34	59.0
米糠	粗蛋白质 15%,粗脂肪 19%,粗纤维 8%,粗灰分 9%	54.7
米糠	稻糠,粗蛋白质 12%,粗纤维 11.3%	58.9
米糠	生米糠,粗蛋白质 15%,粗脂肪 17%,粗纤维 8%	59.6
米糠饼	无锡,粗蛋白质 17%,粗脂肪 5%,粗纤维 9%	57.3
米糠饼	宁波,粗蛋白质 16%,粗脂肪 8%,粗纤维 7%	61.3
米糠饼	贵州兴义,粗蛋白质 17%,粗脂肪 6%,粗纤维 10%	48.4
米糠饼	脱脂,粗蛋白质 18%,粗脂肪 3%,粗纤维 9%	46.8

续表

饲料名称	样品特征	能量代谢率/%
小麦麸	粗蛋白质 16%，粗脂肪 4%，粗纤维 9%	50.5
小麦麸	特殊，粗蛋白质 14%，粗脂肪 3%，粗纤维 4%	56.0
小麦麸	粗蛋白质 16%，无灰酸性洗涤纤维 12.6%	44.9
小麦麸	刷麸，粗蛋白质 17%，粗纤维 8%	38.1
小麦麸	二碾，粗蛋白质 13%，粗纤维 12%	38.6
小麦麸	北京，粗蛋白质 16%，粗纤维 10%	39.4
玉米糠	粗蛋白质 10%，粗脂肪 7%，粗纤维 4%	60.2
粟糠	粗蛋白质 8%，无灰酸性洗涤纤维 25.1%	39.6
筛漏	Screening pellet 颗粒，粗蛋白质 12%，粗脂肪 8%，粗纤维 14%	51.6

（四）豆类

饲料名称	样品特征	能量代谢率/%
蚕豆	粗蛋白质 25%，粗纤维 7%	59.8
大豆	煮，压片，粗蛋白质 3%，粗脂肪 17%，粗纤维 6%	61.6
大豆	炒，粗蛋白质 38%，粗纤维 5%	68.5
大豆粉	炒，粗蛋白质 40%，粗脂肪 20%，粗纤维 5%	65.4
豌豆	粗蛋白质 21%，粗脂肪 1%，粗纤维 5%	70.6
豌豆	粗蛋白质 22%，粗纤维 6%	62.9
豌豆	粗蛋白质 28%，粗纤维 7%	68.3

（五）饼粕类

饲料名称	样品特征	能量代谢率/%
菜籽饼	粗蛋白质 39%，粗纤维 10%	42.6
菜籽饼	粗蛋白质 37%，粗纤维 11%	53.6
菜籽饼	粗蛋白质 35%，粗纤维 11%	38.5
豆饼	—	65.5
豆饼	粗蛋白质 42%，粗纤维 5%	52.8
豆饼	粗蛋白质 46%，粗纤维 5%	56.3
豆饼	粗蛋白质 50%，粗纤维 4%	58.8
豆饼	粗蛋白质 42%，无灰酸性洗涤纤维 9%	67.3
豆饼	粗蛋白质 42%，无灰酸性洗涤纤维 9%	60.9

续表

饲料名称	样品特征	能量代谢率/%
豆饼	粗蛋白质 37%，粗纤维 4%	63.5
豆饼	粗蛋白质 42%，粗脂肪 8%，粗纤维 4%	63.2
豆饼	浸提，粗蛋白质 45%，粗脂肪 2%，粗纤维 4%	64.8
花生饼	粗蛋白质 40%，粗脂肪 8%，粗纤维 8%	66.0
花生饼	浸提，粗蛋白质 45%以上，粗脂肪 1%以下，粗纤维 4%	64.7
花生饼	粗蛋白质 45%以上，粗脂肪 6%，粗纤维 4%	64.5
花生饼	粗蛋白质 45%以上，粗脂肪 8%，粗纤维 6%	64.2
花生饼	带壳，粗蛋白质 28%，粗脂肪 7%，粗纤维 33%	39.2
花生饼	粗蛋白质 45%以上，粗脂肪 10%，粗纤维 4%	67.3
花生饼	粗蛋白质 45%以上，粗脂肪 7%，粗纤维 4%	65.5
胡麻饼	粗蛋白质 36%，粗纤维 8%	43.3
胡麻饼	粗蛋白质 31%，粗纤维 8%	40.5
棉籽饼	粗蛋白质 41%，粗纤维 7%	56.7
棉籽饼	粗蛋白质 36%，粗纤维 14%	44.8
米糠饼	粗蛋白质 18%，粗脂肪 10%，粗纤维 15%	56.0
米糠饼	粗蛋白质 17%，粗脂肪 11%，粗纤维 13%	58.4
米糠饼	粗蛋白质 18%，粗脂肪 8%，粗纤维 9%	59.9
米糠饼	粗蛋白质 20%，粗脂肪 7%，粗纤维 11%	51.9
向日葵饼	粗蛋白质 29%，粗脂肪 7%，粗纤维 15%	58.1
向日葵饼	带壳浸提，粗蛋白质 25%，粗脂肪 1%，粗纤维 29%	37.5
向日葵饼	粗蛋白质 31%，粗纤维 11%	54.3
椰子饼	粗蛋白质 21%，粗纤维 10%	35.5
椰子饼	粗蛋白质 21%，粗纤维 10%	43.3
玉米胚芽饼	粗蛋白质 16%，粗纤维 11%	42.2
玉米胚芽饼	玉米胚饼，粗蛋白质 20%，粗脂肪 9%，粗纤维 5%	61.1
芝麻饼	总能 20.46 MJ/kg	44.2

(六)糟渣类

饲料名称	样品特征	能量代谢率/%
大麦酒精水	干物质42%,粗蛋白质15%,粗脂肪2%,粗纤维微	43.6
淀粉渣	甘薯,粗蛋白质2%,粗脂肪1%,粗纤维15%	55.6
淀粉渣	马铃薯,粗蛋白质5%,粗脂肪1%,粗纤维16%	53.2
橘子渣	粗蛋白质6%,粗脂肪2%,粗纤维10%	32.2
酱油渣	粗蛋白质27%,粗脂肪10%,粗纤维13%	45.6
马铃薯蛋白	粗蛋白质74%,粗脂肪6%,粗纤维1%	49.0
米胚芽	粗蛋白质20%,粗脂肪23%,粗纤维13%	61.6
玉米淀粉渣	粗蛋白质20%,粗脂肪3%,粗纤维9%	46.5
玉米麸粉	粗蛋白质64%,粗脂肪5%,粗纤维1%	77.1
玉米麸粉	粗蛋白质39%,粗脂肪4%,粗纤维2%	64.9
糖蜜	甘蔗,鲜,干物质73%,粗蛋白质3%,粗脂肪1%,粗纤维微	78.2
糖蜜	甘蔗,鲜,干物质73%,粗蛋白质10%,粗脂肪微,粗纤维微	70.5

(七)动物性饲料类

饲料名称	样品特征	能量代谢率/%
蚕蛹渣	粗蛋白质70%,粗脂肪4%	57.7
干乳清	粗蛋白质12%.粗脂肪<1%	72.4
骨肉粉	粗蛋白质50%,粗脂肪11%	62.3
骨肉粉	粗蛋白质47%	66.7
家禽下脚料	粗蛋白质59%,粗脂肪15%	58.5
肉粉	粗蛋白质71%,粗脂肪13%	66.5
脱脂乳粉	粗蛋白质36%,粗脂肪1%	79.8
虾粉	粗蛋白质42%,粗脂肪3%	40.1
血粉	粗蛋白质82%,粗脂肪1%	49.4
血粉	总能23.43 MJ/kg	70.1
蟹壳粉	粗蛋白质32%,粗脂肪2%	32.5
羽毛粉	粗蛋白质84%,粗脂肪4%	52.3
鱼粉	全鱼,粗蛋白质66%,粗脂肪9%	69.8
鱼粉	全鱼,粗蛋白质53%,粗脂肪12%	57.2
鱼粉	白鱼,粗蛋白质65%	64.1
鱼粉	粗蛋白质59%	72.3

续表

饲料名称	样品特征	能量代谢率/%
鱼粉	进口,粗蛋白质 61%,粗脂肪 9%	63.8
鱼粉	粗鱼粉,粗蛋白质 64%	73.2
蚕蛹	粗蛋白质 56%	67.3
鱼浸膏	粗蛋白质 55%,粗脂肪 11%	63.5
鱼浸膏	粗蛋白质 37%,粗脂肪 5%	70.9

(八)其他类

饲料名称	样品特征	能量代谢率/%
白糖	总能 16.40 MJ/kg	98.0
大豆油	粗蛋白质微,粗脂肪>99%	94.2
淀粉	粗蛋白质<1%,粗脂肪<1%	98.0
淀粉	玉米,粗蛋白质微,粗脂肪微,粗纤维微	98.0
淀粉	马铃薯,粗蛋白质微,粗脂肪微	98.0
动物油	粗蛋白质微,粗脂肪 96%	87.4
糊精	粗蛋白质微,粗脂肪微,粗纤维微	98.0
明胶	粗蛋白质 87%,粗脂肪微	62.3
葡萄糖	干物质 91.0%,总能 14.10 MJ/kg	98.0
小球藻	粗蛋白质 57%,粗脂肪 6%	44.2
酵母粉	啤酒,粗蛋白质 52%,粗脂肪 1%	56.8
酵母	纸浆,粗蛋白质 47%	48.1
酵母	面包,粗蛋白质 45%,粗脂肪 3%	57.0
酵母	Torula,粗蛋白质 47%,粗脂肪 1%	52.9
酵母	脱核 Torula,粗蛋白质 48%,粗脂肪 1%	52.9
鱼油提取物	粗蛋白质微,粗脂肪 100%	85.9

附录3

牛对各类饲料的消化率(%)

(资料来源:张宏福．动物营养参数与饲养标准．北京:中国农业出版社,2010.)

(一)青绿饲料类

饲料名称	样品特征	消化率/%			
		粗蛋白质	粗脂肪	粗纤维	无氮浸出物
白茅	鲜,粗蛋白质2.5%,粗纤维12.3%	43	43	61	56
冰草	抽穗期,鲜,粗蛋白质1.8%,粗纤维11.5%	53	58	61	64
草木樨	初花期,黄花,鲜,粗蛋白质5.9%,粗纤维8.4%	78	65	42	72
草木樨	盛花期,黄花,鲜,粗蛋白质7.0%,粗纤维10.4%	73	49	44	67
大白菜	外叶,鲜,粗蛋白质1.4%,粗纤维0.5%	69	44	81	87
大豆	开花期,鲜,粗蛋白质4.3%,粗纤维7.4%	76	61	53	73
大麦	抽穗期,鲜,粗蛋白质2.3%,粗纤维3.7%	72	68	77	79
大麦	抽穗期,鲜,粗蛋白质2.0%,粗纤维5.1%	62	63	72	75
大麦	乳熟期,鲜,粗蛋白质2.7%,粗纤维7.3%	60	44	67	57
甘蓝	地上部分,鲜,粗蛋白质2.0%,粗纤维2.3%	75	66	48	88
甘蔗	尾鲜,粗蛋白质1.5%,粗纤维7.7%	43	49	54	58
甘薯	藤鲜,粗蛋白质1.7%,粗纤维3.0%	65	75	36	72
高粱	乳熟期,鲜,粗蛋白质1.9%,粗纤维4.2%	70	45	66	77
狗尾草	抽穗期,鲜,粗蛋白质3.5%,粗纤维8.0%	57	34	64	58
雀麦草	结实期,鲜,粗蛋白质5.1%,粗纤维14.0%	64	51	78	78
黑麦草	抽穗前期,鲜,粗蛋白质2.8%,粗纤维3.5%	77	60	79	77
黑麦草	抽穗前期,鲜,粗蛋白质2.0%,粗纤维5.3%	74	60	76	74
黑麦草	开花期,鲜,粗蛋白质2.1%,粗纤维3.9%	58	58	64	63
胡萝卜叶	鲜,粗蛋白质3.0%,粗纤维2.2%	67	56	57	74

续表

饲料名称	样品特征	消化率/%			
		粗蛋白质	粗脂肪	粗纤维	无氮浸出物
鸡眼草	鲜,粗蛋白质 5.0%,粗纤维 5.9%	70	42	47	66
萝卜叶	鲜,粗蛋白质 2.6%,粗纤维 1.1%	88	81	80	94
绿豆秧	青饲,鲜,粗蛋白质 3.1%,粗纤维 4.3%	82	51	72	71
马铃薯秧	茎叶,鲜,粗蛋白质 2.2%,粗纤维 4.1%	42	24	36	60
木豆	地上,鲜,乳熟期,风干,粗蛋白质 9.4%,粗纤维 14.8%	69	69	50	78
苜蓿	初花,鲜,粗蛋白质 4.8%,粗纤维 7.6%	79	44	49	76
苜蓿	盛花,鲜,粗蛋白质 5.4%,粗纤维 8.2%	69	50	45	55
苜蓿	紫花,花蕾期,风干,粗蛋白质 8.4%,粗纤维 10.5%	84	51	58	75
荞麦	开花初期,鲜,粗蛋白质 14%,粗纤维 3.7%	67	54	54	70
三叶草(红)	花前期,鲜,粗蛋白质 3.5%,粗纤维 4.6%	70	61	51	76
三叶草(红)	盛花期,鲜,粗蛋白质 3.6%,粗纤维 6.9%	65	35	42	66
芜菁叶	鲜,粗蛋白质 2.1%,粗纤维 1.2%	75	48	69	79
向日葵	开花期,鲜,粗蛋白质 1.7%,粗纤维 4.5%	63	76	55	72
玉米	饲用,青饲,鲜,粗蛋白质 2.0%,粗纤维 5.4%	61	83	48	74
玉米	抽穗前期,鲜,粗蛋白质 1.3%,粗纤维 3.1%	75	70	73	71
玉米	乳熟期,鲜,粗蛋白质 1.6%,粗纤维 5.3%	67	72	71	74
燕麦	饲用,青饲,鲜,粗蛋白质 1.6%,粗纤维 4.3%	72	50	76	79
燕麦	抽穗前期,鲜,粗蛋白质 2.7%,粗纤维 3.2%	72	69	76	79
燕麦	乳熟期,鲜,粗蛋白质 2.0%,粗纤维 7.3%	55	61	64	62
紫云英	开花期,鲜,粗蛋白质 2.6%,粗纤维 2.3%	71	67	57	79

(二)青贮饲料类

饲料名称	样品特征	消化率/%			
		粗蛋白质	粗脂肪	粗纤维	无氮浸出物
草木樨青贮	白花,鲜,粗蛋白质 4.5%,粗纤维 9.8%	73	50	55	60
大豆青贮	蜡熟期,鲜,粗蛋白质 5.4%,粗纤维 6.3%	71	53	48	70
大麦青贮	抽穗前期,鲜,粗蛋白质 2.1%,粗纤维 4.3%	67	64	70	68
多花黑麦草青贮	抽穗前期,鲜,粗蛋白质 3.6%,粗纤维 5.8%	74	80	80	70

续表

饲料名称	样品特征	消化率/%			
		粗蛋白质	粗脂肪	粗纤维	无氮浸出物
多花黑麦草青贮	抽穗前期,鲜,粗蛋白质 5.1%,粗纤维 12.1%	71	74	73	63
多花黑麦草青贮	开花期,鲜,粗蛋白质 2.0%,粗纤维 7.3%	60	70	62	59
甘蓝青贮	饲用,冷藏切碎,鲜,粗蛋白质 1.9%,粗纤维 2.3%	75	67	65	90
高粱青贮	生长期至圆锥花开,鲜,粗蛋白质 1.7%,粗纤维 7.7%	53	53	62	52
甘薯藤青贮	鲜,粗蛋白质 2.6%,粗纤维 5.8%	43	64	57	61
狗牙根青贮	茎叶,风干,粗蛋白质 3.0%,粗纤维 8.5%	58	50	67	52
苜蓿青贮	花前期,鲜,粗蛋白质 4.4%,粗纤维 6.7%	70	62	50	61
苜蓿青贮	初花期,半干,粗蛋白质 5.2%,粗纤维 12.2%	60	58	48	57
苜蓿青贮	盛花期,半干加 AZV,粗蛋白质 5.4%,粗纤维 12.0%	66	62	54	60
三叶草青贮	红花,开花期,鲜,粗蛋白质 4.2%,粗纤维 7.4%	63	72	57	63
三叶草青贮	初花期,鲜,粗蛋白质 4.1%,粗纤维 8.8%	56	64	53	64
甜菜青贮	茎叶,鲜,粗蛋白质 3.1%,粗纤维 2.7%	67	40	80	82
向日葵青贮	初花期,鲜,粗蛋白质 2.1%,粗纤维 6.8%	60	71	42	70
向日葵青贮	半花期,鲜,粗蛋白质 2.0%,粗纤维 6.9%	37	62	45	56
向日葵青贮	乳熟期,鲜,粗蛋白质 2.1%,粗纤维 6.2%	48	74	37	56
玉米青贮	乳熟期,鲜,粗蛋白质 1.8%,粗纤维 6.7%	44	76	71	72
玉米青贮	蜡熟期,鲜,粗蛋白质 2.1%,粗纤维 7.3%	47	75	62	72
燕麦青贮	抽穗期,鲜,粗蛋白质 1.8%,粗纤维 5.8%	53	69	67	65
燕麦青贮	蜡熟期,鲜,粗蛋白质 3.9%,粗纤维 11.4%	62	68	51	58
鸭茅草青贮	抽穗前,鲜,粗蛋白质 3.6%,粗纤维 8.4%	68	60	71	65
野豌豆青贮	粗蛋白质 11.6%,粗纤维 32.7%	65	77	63	67
紫云英青贮	开花期,鲜,粗蛋白质 4.2%,粗纤维 4.7%	50	52	50	70

(三)块根、块茎、瓜果类

饲料名称	样品特征	消化率/%			
		粗蛋白质	粗脂肪	粗纤维	无氮浸出物
甘薯	干,粗纤维 2.2%	14	74	37	c
甘薯	鲜,粗蛋白质 1.6%,粗纤维 0.8%	55	0	0	92
胡萝卜	鲜,粗蛋白质 1.0%,粗纤维 0.9%	50	77	84	95
菊芋	鲜,粗蛋白质 1.7%,粗纤维 0.6%	67	0	29	94
萝卜	鲜,粗蛋白质 1.0%,粗纤维 0.6%	71	64	94	95
马铃薯	鲜,粗蛋白质 2.6%,粗纤维 0.5%	55	1	—	91
甜菜	饲用,鲜,粗蛋白质 1.1%,粗纤维 1.2%		20	29	93
甜菜	饲用,鲜,粗蛋白质 1.3%,粗纤维 0.8%	66	—	64	94
甜菜	糖用,干,粗蛋白质 4.5%,粗纤维 4.2%	—	—	14	92
芜菁	鲜,粗蛋白质 1.3%,粗纤维 0.9%	71	64	94	95
芜菁甘蓝	鲜,粗蛋白质 1.1%,粗纤维 1.0%	75	79	89	96
西葫芦	鲜,粗蛋白质 1.1%,粗纤维 0.8%	70	90	68	89

(四)干草及农副产品类

饲料名称	样品特征	消化率/%			
		粗蛋白质	粗脂肪	粗纤维	无氮浸出物
冰草	风干,粗蛋白质 7.9%,粗纤维 20.7%	58	48	56	68
蚕豆秸	风干,粗蛋白质 9.1%,粗纤维 29.5%	49	57	43	68
草木樨	白花,风干,粗蛋白质 13.3%,粗纤维 23.7%	63	63	40	71
大豆干草	花前期,风干,粗蛋白质 13.4%,粗纤维 35.1%	62	36	47	61
大豆干草	蜡熟期,风干,粗蛋白质 16.4%,粗纤维 22.2%	72	26	49	73
大豆秸	风干,粗蛋白质 6.8%,粗纤维 38.0%	29	31	36	58
大麦秸	风干,粗蛋白质 6.6%,粗纤维 26.9%	30	13	67	55
稻草	风干,粗蛋白质 3.3%,粗纤维 29.6%	9	44	62	46
稻草	石灰处理,风干,粗蛋白质 4.4%,粗纤维 29.5%	0	27	86	62
稻草	风干,粗蛋白质 4.0%,粗纤维 31.8%	6	44	64	50
狗尾草	孕穗—初花期,风干,粗蛋白质 6.4%,粗纤维 51.5%	23	27	49	63
高粱秸	干,粗蛋白质 4.9%,粗纤维 27.2%	34	75	67	60
甘薯藤	风干,粗蛋白质 8.9%,粗纤维 23.0%	43	54	57	60

续表

饲料名称	样品特征	消化率/%			
		粗蛋白质	粗脂肪	粗纤维	无氮浸出物
胡枝子	朝鲜，乳熟期，风干，粗蛋白质 11.1%，粗纤维 32.4%	41	10	60	46
黑麦草	风干，粗蛋白质 6.8%，粗纤维 28.2%	48	55	68	64
芨芨草	干草，早割，粗蛋白质 9.8%，粗纤维 32.4%	65	60	65	67
绿豆秸	打谷以后，粗蛋白质 4.5%，粗纤维 40%	54	54	64	55
芦苇干草	成熟收获，粗蛋白质 11.4%，粗纤维 27.2%	60	62	59	38
猫尾草	初花期，风干，粗蛋白质 6.8%，粗纤维 26.5%	58	33	68	60
猫尾草	盛花期，风干，粗蛋白质 6.2%，粗纤维 26.3%	49	42	62	59
苜蓿	干草，花前期，粗蛋白质 16.4%，粗纤维 24.1%	71	58	55	70
苜蓿	干草，初花期，粗蛋白质 14.4%，粗纤维 29.2%	69	43	48	70
苜蓿	干草，盛花期，粗蛋白质 14.3%，粗纤维 28.8%	72	35	45	72
荞麦	风干，粗蛋白质 5.7%，粗纤维 33.4%	49	42	41	49
雀麦草	风干，粗蛋白质 6.0%，粗纤维 31.8%	42	32	47	49
苏丹草	品质优良，风干，粗蛋白质 10.5%，粗纤维 26.8%	63	49	61	66
三叶草	初花期，风干，粗蛋白质 10.8%，粗纤维 23.6%	63	53	57	75
三叶草	初花期，人工干燥，粗蛋白质 16.0%，粗纤维 20.6%	71	58	51	70
三叶草	第一茬，盛花期，人工干燥，粗蛋白质 13.5%，粗纤维 23.2%	55	65	47	68
三叶草	风干，粗蛋白质 12.1%，粗纤维 28.9%	59	65	50	69
豌豆	风干，粗蛋白质 5.8%，粗纤维 30.8%	53	56	53	66
苇状羊茅	抽穗前期，风干，粗蛋白质 11.2%，粗纤维 22.9%	70	55	63	60
小麦秸	风干，粗蛋白质 3.5%，粗纤维 38.2%	14	42	58	49
小麦秸	风干，粗蛋白质 3.1%，粗纤维 33.7%	10	40	50	38
小麦壳	颖，风干，粗蛋白质 4.7%，粗纤维 29.5%	18	33	44	54
向日葵	皮壳，磨碎喂，风干，粗蛋白质 3.7%，粗纤维 50.4%	27	28	26	43
鸭茅	抽穗前期，风干，粗蛋白质 12.2%，粗纤维 24.8%	65	52	69	70
鸭茅	花前期，风干，粗蛋白质 8.1%，粗纤维 31.5%	56	45	58	58

续表

饲料名称	样品特征	消化率/%			
		粗蛋白质	粗脂肪	粗纤维	无氮浸出物
燕麦草	抽穗前期,风干,粗蛋白质 15.2%,粗纤维 18.4%	69	65	68	73
燕麦草	开花期,风干,粗蛋白质 10.0%,粗纤维 29.4%	60	65	51	57
燕麦草	乳熟,风干,粗蛋白质 5.0%,粗纤维 30.9%	44	71	64	65
燕麦壳	风干,粗蛋白质 4.1%,粗纤维 30.6%	8	26	42	53
燕麦秸	风干,粗蛋白质 4.1%,粗纤维 34.6%	33	49	57	56
燕麦秸	风干,粗蛋白质 2.8%,粗纤维 37.2%	20	50	55	47
玉米叶	成熟期,干,粗蛋白质 5.3%,粗纤维 27.0%	34	56	78	68
玉米秸	成熟期,干,粗蛋白质 4.4%,粗纤维 30.5%	42	66	76	64
玉米秸	切碎喂,干,风干,粗蛋白质 3.5%,粗纤维 32.3%	50	44	54	62
玉米苞叶	成熟期,干,粗蛋白质 3.3%,粗纤维 32.8%	30	32	80	75
羽茅属干草	6月下旬收,风干,粗蛋白质 10.2%,粗纤维 27.9%	65	36	49	66
玉米梢	成熟期,干,粗蛋白质 4.5%,粗纤维 28.6%	22	64	20	54
野豌豆干草	过熟期,风干,粗蛋白质 12.7%,粗纤维 21.6%	70	71	58	72
紫云英	开花期,风干,粗蛋白质 16.1%,粗纤维 23.2%	65	50	49	68
大豆皮	粗蛋白质 15.4%,粗纤维 28.0%	48	76	72	75
稻秕壳	粗蛋白质 2.8%,粗纤维 39.8%	10	40	8	29
橘子皮	粗蛋白质 6.2%,粗纤维 11.5%	53	65	77	94
棉铃壳	残渣,粗蛋白质 8.9%,粗纤维 36.9%	6	55	50	46
棉子壳	粗蛋白质 4.2%,粗纤维 46.9%	6	80	48	34
燕麦壳	粗蛋白质 3.2%,粗纤维 30.9%	36	69	40	40

(五)谷实类

饲料名称	样品特征	消化率/%			
		粗蛋白质	粗脂肪	粗纤维	无氮浸出物
大米	粗纤维 1.1%	70	84	76	96
稻谷	粗纤维 8.4%	58	71	15	92
大麦	粗纤维 4.2%	72	82	32	89
高粱	谷粒,粗纤维 2.4%	57	80	40	83

续表

饲料名称	样品特征	消化率/%			
		粗蛋白质	粗脂肪	粗纤维	无氮浸出物
黑麦	次品，粗纤维 4.6%	84	84	59	90
稷子	粗纤维 10.4%	75	91	29	84
粟	粗纤维 7.6%	72	72	41	90
小麦	粗纤维 2.4%	84	81	47	91
小麦粉	等外粉，粗纤维 3.2%	84	85	60	85
燕麦	粗纤维 9.8%	78	87	42	81
燕麦	谷实，粗纤维 10.5%	75	82	30	81
玉米	谷粒，粗纤维 2.1%	69	85	16	90

(六)糠麸类

饲料名称	样品特征	消化率/%			
		粗蛋白质	粗脂肪	粗纤维	无氮浸出物
大麦麸	混合大麦糠，粗蛋白质 12.8%，粗纤维 11.2%	65	82	40	65
稻糠	粗蛋白质 9.9%，粗纤维 14.8%	65	55	13	78
黑麦麸	干磨，粗蛋白质 15.9%，粗纤维 6.9%	84	84	59	90
米糠	米糠，粗蛋白质 15.0%，粗纤维 7.2%	72	90	34	75
米糠	脱脂米糠，粗蛋白质 17.9%，粗纤维 8.6%	68	80	30	75
小麦麸	粗蛋白质 16.0%，粗纤维 8.2%	76	74	42	76
玉米糠	粗蛋白质 5.6%，粗纤维 26.8%	52	67	26	68

(七)豆类、饼粕类

饲料名称	样品特征	消化率/%			
		粗蛋白质	粗脂肪	粗纤维	无氮浸出物
蚕豆	粗蛋白质 26.2%，粗纤维 7.3%	87	83	58	91
大豆	粗蛋白质 40.2%，粗纤维 5.2%	90	98	—	68
豌豆	粗蛋白质 18.0%，粗纤维 23.0%	82	68	87	93
蓖麻油饼	脱毒，粗蛋白质 29.5%，粗纤维 35.5%	77	82	0	10
菜籽饼	压榨，粗蛋白质 30.9%，粗纤维 9.0%	86	89	24	72
大豆饼	烤过磨碎，浸提，粗蛋白质 46.1%，粗纤维 5.5%	90	39	57	91
大豆饼	机榨，粗蛋白质 42.5%，粗纤维 5.6%	85	84	72	88
花生饼	压榨，粗蛋白质 46.4%，粗纤维 5.1%	90	91	32	83

续表

饲料名称	样品特征	消化率/%			
		粗蛋白质	粗脂肪	粗纤维	无氮浸出物
花生粕	浸提,粗蛋白质 47.4%,粗纤维 8.5%	81	92	51	87
红花饼	粗蛋白质 22.7%,粗纤维 33.0%	80	82	22	49
红花饼	去壳红花子饼,粗蛋白质 43.7%,粗纤维 10.8%	88	93	23	63
棉籽饼	浸提,粗蛋白质 40.0%,粗纤维 13.5%	81	92	57	80
棉籽饼	压榨,粗蛋白质 39.3%,粗纤维 7.4%	74	83	17	71
向日葵饼	粗蛋白质 31.7%,粗纤维 22.4%	83	86	22	36
向日葵油粕	去皮,粗蛋白质 38.6%,粗纤维 13.6%	89	86	16	47
亚麻油粕	机榨,粗蛋白质 38.5%,粗纤维 6.6%	86	90	26	77
亚麻仁粕	浸提,粗蛋白质 35.5%,粗纤维 8.2%	88	89	52	82
椰子油饼	浸提,粗蛋白质 21.3%,粗纤维 14.0%	71	98	63	78
玉米油饼	低蛋白质,粗蛋白质 15.7%,粗纤维 6.4%	63	98	21	80
芝麻渣	粗蛋白质 47.0%,粗纤维 8.7%	81	94	55	75
棕榈饼	粗蛋白质 12.9%,粗纤维 11.3%	82	80	50	88

(八)糟渣类

饲料名称	样品特征	消化率/%			
		粗蛋白质	粗脂肪	粗纤维	无氮浸出物
粉渣	甘薯淀粉渣,湿,粗蛋白质 0.2%,粗纤维 1.6%	0	55	30	90
粉渣	马铃薯淀粉渣,湿,粗蛋白质 0.4%,粗纤维 2.0%	15	10	29	85
甘蔗渣	过筛,风干,粗蛋白质 1.7%,粗纤维 40.7%	—	53	58	41
酱油渣	风干,粗蛋白质 26.6%,粗纤维 13.5%	67	88	66	48
橘子渣	风干,粗蛋白质 5.6%,粗纤维 9.3%	53	65	77	95
麦芽渣	风干,粗蛋白质 28.3%,粗纤维 12.0%	77	68	64	64
马铃薯蛋白	风干,粗蛋白质 73.7%,粗纤维 0.8%	83	38	73	53
苹果渣	风干,粗蛋白质 4.1%,粗纤维 12.6%		37	55	
菠萝渣	风干,粗蛋白质 3.7%,粗纤维 19.4%	15	53	79	79
葡萄渣粉	加糖,水分 21.3%,粗蛋白质 10.0%,粗纤维 21.8%	21	44	30	52
啤酒渣	湿,粗蛋白质 5.2%,粗纤维 4.0%	73	84	39	64
烧酒渣	粗蛋白质 1.2%,粗纤维 0.5%	60	36	50	75

续表

饲料名称	样品特征	消化率/%			
		粗蛋白质	粗脂肪	粗纤维	无氮浸出物
甜菜渣	干,粗蛋白质 7.9%,粗纤维 17.2%	45		69	89
玉米蛋白粉	风干,粗蛋白质 63.6%,粗纤维 1.0%	90	79	55	88
玉米胚芽渣	风干,粗蛋白质 22.3%,粗纤维 8.6%	75	60	80	83
玉米淀粉渣	风干,粗蛋白质 28.6%,粗纤维 6.6%	86	74	70	88

(九)其他类

饲料名称	样品特征	消化率/%			
		粗蛋白质	粗脂肪	粗纤维	无氮浸出物
蚕沙	风干,粗蛋白质 11.8%,粗纤维 11.7%	32	4	67	58
酵母	啤酒,饲用,风干,粗蛋白质 51.4%,粗纤维 2.0%	91	44	—	88
酵母	饲用 torula,风干,粗蛋白质 47.9%,粗纤维 2.0%	86	25	—	72
酵母	风干,粗蛋白质 54.6%	91	40	—	89
小球藻	风干,粗蛋白质 57.2%,粗纤维 1.9%	91	69	—	46

附录 4

羊对各类饲料的消化率(%)

（资料来源：张宏福．动物营养参数与饲养标准．北京：中国农业出版社，2010.）

(一)青绿饲料类

饲料名称	样品特征	消化率/%			
		粗蛋白质	粗脂肪	粗纤维	无氮浸出物
蚕豆秧	盛花期，鲜，粗蛋白质 2.2%，粗纤维 3.8%	78	62	54	78
草木樨	未成熟，鲜，粗蛋白质 4.3%，粗纤维 4.5%	78	51	58	69
大麦草	鲜，粗蛋白质 3.5%，粗纤维 6.1%	71	56	59	72
大麦草	半花期，鲜，粗蛋白质 3.5%，粗纤维 5.0%	73	58	65	70
大麦草	乳熟期，鲜，粗蛋白质 3.2%，粗纤维 6.3%	69	49	56	74
大麦草	蜡熟期，鲜，粗蛋白质 6.9%，粗纤维 20.8%	55	58	47	71
大麦芽	包心，花前期，鲜，粗蛋白质 25.6%，粗纤维 15.0%	91	68	64	64
青刈大豆草	盛花期，鲜，粗蛋白质 2.9%，粗纤维 4.4%	75	56	58	73
青刈大豆草	乳熟期，鲜，粗蛋白质 3.5%，粗纤维 6.4%	74	42	43	77
青刈大豆草	蜡熟期，鲜，粗蛋白质 3.9%，粗纤维 7.3%	79	81	56	70
甘蓝	包心，花前期，鲜，粗蛋白质 2.8%，粗纤维 1.5%	88	68	74	87
甘蓝	饲用。鲜，粗蛋白质 1.8%，粗纤维 2.3%	84	64	72	84
甘蓝叶	鲜，粗蛋白质 2.4%，粗纤维 2.2%	69	44	81	87
豇豆秧	花前期，鲜，粗蛋白质 3.1%，粗纤维 3.7%	76	59	60	81
豇豆秧	蜡熟期，鲜，粗蛋白质 2.3%，粗纤维 5.0%	76	60	45	81
高粱	甜高粱，鲜，粗蛋白质 1.2%，粗纤维 5.1%	44	65	56	72
狗牙根草	花前期，鲜，粗蛋白质 4.0%，粗纤维 4.8%	76	45	66	66
狗牙根草	初花期，鲜，粗蛋白质 2.3%，粗纤维 6.4%	70	21	57	60

续表

饲料名称	样品特征	消化率/%			
		粗蛋白质	粗脂肪	粗纤维	无氮浸出物
花生秧	地上部分,粗蛋白质 1.9%,粗纤维 7.8%	47	31	46	79
箭筈豌豆	绝干物,粗蛋白质 17.5%,粗纤维 28.1%	78	46	50	72
粟草	地上部分,鲜,粗蛋白质 2.3%,粗纤维 6.2%	50	68	62	67
粟草	地上部分,乳熟期,鲜,粗蛋白质 1.8%,粗纤维 9.2%	49	70	63	68
木豆秧	花前期,鲜,粗蛋白质 5.1%,粗纤维 7.7%	62	61	38	69
马铃薯秧	风干,粗蛋白质 10.8%,粗纤维 22.6%	52	54	61	64
猫尾草	花前期,鲜,粗蛋白质 2.6%,粗纤维 9.5%	54	65	59	59
猫尾草	花后期,鲜,粗蛋白质 1.2%,粗纤维 9.7%	23	65	39	53
苜蓿	一茬,花前期,鲜,粗蛋白质 3.5%,粗纤维 5.1%	71	44	43	69
苜蓿	一茬,初花期,鲜,粗蛋白质 3.7%,粗纤维 7.4%	73	47	39	68
苜蓿	一茬,盛花期,鲜,粗蛋白质 3.0%,粗纤维 8.2%	69	62	45	63
苜蓿	二茬,花前期,鲜,粗蛋白质 4.7%,粗纤维 5.8%	75	36	42	75
苜蓿	二茬,初花期,鲜,粗蛋白质 4.5%,粗纤维 7.6%	77	36	39	72
苜蓿	二茬,盛花期,鲜,粗蛋白质 3.9%,粗纤维 9.2%	68	24	44	68
雀麦草	鲜,粗蛋白质 5.4%,粗纤维 7.7%	82	66	85	89
三叶草	头茬,鲜,粗蛋白质 2.3%,粗纤维 2.6%	79	59	71	82
三叶草	二茬,鲜,粗蛋白质 2.1%,粗纤维 2.1%	78	62	60	81
三叶草	三茬,鲜,粗蛋白质 3.2%,粗纤维 3.8%	77	57	57	77
苏丹草	鲜,粗蛋白质 2.8%,粗纤维 6.3%	72	72	76	68
苏丹草	花前期,鲜,粗蛋白质 2.8%,粗纤维 5.9%	79	83	82	69
山黧豆	完熟期,鲜,粗蛋白质 8.4%,粗纤维 8.2%	84	59	55	81
甜菜	糖用种,茎叶,干,粗蛋白质 0.7%,粗纤维 11.8%	64	26	72	80
甜菜	饲用种,叶和顶,鲜,粗蛋白质 2.1%,粗纤维 1.4%	82	47	77	79
豌豆秧	花前期,鲜,粗蛋白质 3.7%,粗纤维 3.0%	82	52	62	71
豌豆秧	初花期,鲜,粗蛋白质 2.7%,粗纤维 3.2%	84	59	62	82
无芒雀麦	鲜,粗蛋白质 3.5%,粗纤维 10.3%	78	52	63	66
芜菁甘蓝	顶,干,粗蛋白质 14.8%,粗纤维 10.7%	79	47	83	86
苋菜	鲜,粗蛋白质 3.3%,粗纤维 5.1%	75	19	34	66

续表

饲料名称	样品特征	消化率/%			
		粗蛋白质	粗脂肪	粗纤维	无氮浸出物
向日葵	鲜,粗蛋白质 1.9%,粗纤维 5.2%	662	78	49	62
芸薹	鲜,粗蛋白质 3.0%,粗纤维 2.3%	82	50	87	93
芸薹	鲜,粗蛋白质 2.7%,粗纤维 1.8%	86	56	77	88
羽扇豆	甜,粗蛋白质 2.3%,粗纤维 5.3%	80	17	74	67
羽扇豆	甜,粗蛋白质 3.0%,粗纤维 6.9%	81	41	63	69
玉米青割	盛花期,粗蛋白质 2.3%,粗纤维 6.8%	65	81	67	58
玉米青割	乳熟期,粗蛋白质 2.0%,粗纤维 5.2%	57	75	58	75
玉米青割	蜡熟期,粗蛋白质 2.2%,粗纤维 5.9%	53	77	59	77
玉米穗	未熟期,鲜,粗蛋白质 3.4%,粗纤维 4.2%	76	78	88	87
玉米穗	乳熟期,粗蛋白质 2.2%,粗纤维 2.4%	60	77	76	81

(二)树叶类

饲料名称	样品特征	消化率/%			
		粗蛋白质	粗脂肪	粗纤维	无氮浸出物
白蜡树叶	风干,粗蛋白质 12.4%,粗纤维 12.7%	64	20	61	89
白杨树叶	晒干,粗蛋白质 6%,粗纤维 30.3%	39	39	28	51
黑杨叶	风干,粗蛋白质 16.1%,粗纤维 20.1%	80	65	32	72
柳叶	干,粗蛋白质 10.0%,粗纤维 25.2%	39	41	38	61
柳叶	鲜,粗蛋白质 4.0%,粗纤维 11.2%	29	70	42	66
桤木叶	干,粗蛋白质 18.7%,粗纤维 14.4%	47	24	7	70
松针粉	粗蛋白质 5.3%,粗纤维 39.3%	—	65	25	18
山杨叶	风干,粗蛋白质 14.6%,粗纤维 20.8%	63	37	49	58
山毛榉	风干,粗蛋白质 10.5%,粗纤维 21.6%	6	33	26	42
橡树叶	嫩叶,风干,粗蛋白质 6.7%,粗纤维 24.7%	—	46	20	56

(三)青贮饲料类

饲料名称	样品特征	消化率/%			
		粗蛋白质	粗脂肪	粗纤维	无氮浸出物
草木樨青贮	白花二年生,粗蛋白质 4.5%,粗纤维 9.8%	73	50	55	60
草木樨青贮	粗蛋白质 5.7%,粗纤维 9.8%	76	63	37	57
甘蓝青贮	粗蛋白质 2.0%,粗纤维 2.5%	80	65	68	88

续表

饲料名称	样品特征	消化率/%			
		粗蛋白质	粗脂肪	粗纤维	无氮浸出物
甘蓝叶青贮	优质,粗蛋白质 2.2%,粗纤维 3.9%	72	43	66	100
甘蓝藤青贮	全株,粗蛋白质 1.6%,粗纤维 3.5%	40	60	56	50
菊芋青贮	粗蛋白质 2.1%,粗纤维 8.2%	16	34	65	70
菊芋茎青贮	粗蛋白质 2.2%,粗纤维 5.2%	61	45	58	64
芦苇青贮	粗蛋白质 2.3%,粗纤维 11.0%	50	62	67	28
马铃薯青贮	粗蛋白质 1.7%,粗纤维 0.7%	60	12	36	93
三叶草青贮	红三叶,初花期,粗蛋白质 5.5%,粗纤维 7.2%	65	66	47	71
苜蓿青贮	风干,粗蛋白质 8.6%,粗纤维 11.0%	64	52	46	62
苜蓿青贮	花前期,粗蛋白质 6.1%。粗纤维 9.3%	77	54	53	72
苜蓿青贮	初花期,粗蛋白质 4.9%,粗纤维 9.6%	64	52	46	62
甜菜青贮	饲用种,根,粗蛋白质 0.8%,粗纤维 0.9%	45	40	39	79
甜菜青贮	饲用种,连作状,粗蛋白质 1.8%,粗纤维 1.9%	66	49	77	68
甜菜茎叶青贮	糖用种,加防腐剂,粗纤维 2.3%	62	35	85	75
甜菜叶青贮	糖用种,粗蛋白质 3.4%,粗纤维 3.9%	67	57	62	67
豌豆秧青贮	粗蛋白质 3.0%,粗纤维 7.4%	59	58	50	68
沙草青贮	花前期,粗蛋白质 4.3%,粗纤维 11.4%	68	77	65	60
苋菜青贮	红苋菜,粗蛋白质 5.8%,粗纤维 5.7%	81	29	40	72
向日葵青贮	粗蛋白质 2.1%,粗纤维 6.9%	45	66	51	68
羽扇豆秧青贮	花前期,粗蛋白质 1.5%,粗纤维 3.4%	74	54	65	82
羽扇豆秧青贮	盛花期,粗蛋白质 1.8%,粗纤维 5.1%	73	53	59	79
玉米青贮	乳熟期,粗蛋白质 1.5%,粗纤维 5.3%	59	85	69	76
玉米青贮	蜡熟期,粗蛋白质 2.5%,粗纤维 5.8%	58	68	45	68

(四)块根、块茎、瓜果类

饲料名称	样品特征	消化率/%			
		粗蛋白质	粗脂肪	粗纤维	无氮浸出物
胡萝卜	鲜,粗纤维 1.0%	76	73	108	97
木薯	鲜,粗纤维 1.6%	—	51	53	90
马铃薯	鲜,粗纤维 0.5%	63	55	—	93

续表

饲料名称	样品特征	消化率/%			
		粗蛋白质	粗脂肪	粗纤维	无氮浸出物
马铃薯	煮熟,湿,粗纤维 0.7%	43	—	—	92
南瓜	鲜,粗蛋白质 1.4%,粗纤维 1.2%	77	92	61	89
甜菜	饲用,鲜,粗纤维 0.8%	73	50	76	99
甜菜	红色,饲用,鲜,粗纤维 0.8%	72	74	49	81
芜菁	鲜,粗纤维 0.1%	64	54	91	94
芜菁甘蓝	鲜,粗纤维 1.2%	75	79	89	96
西葫芦	整个,鲜,粗纤维 1.9%	77	92	61	89

(五)干草类

饲料名称	样品特征	消化率%			
		粗蛋白质	粗脂肪	粗纤维	无氮浸出物
白蒿	孕蕾期,风干,粗蛋白质 9.3%,粗纤维 28.4%	57	50	57	61
白蒿	成熟期,风干,粗蛋白质 2.9%,粗纤维 38.5%	46	56	41	44
白滨藜	现蕾期,风干,粗蛋白质 6.3%,粗纤维 31.1%	46	41	42	42
稗草	乳熟期,晒干,粗蛋白质 9.8%,粗纤维 31.0%	57	60	61	53
扁豆草	风干,粗蛋白质 12.8%,粗纤维 33.6%	65	56	53	64
扁穗冰草	晒干,粗蛋白质 7.3%,粗纤维 32.9%	41	28	55	53
扁穗冰草	初花期,风干,粗蛋白质 14.1%,粗纤维 33.9%	71	43	64	54
扁穗冰草	盛花期,风干,粗蛋白质 8.3%,粗纤维 31.3%	36	20	51	53
草木樨	初花期,晒干,粗蛋白质 14.7%,粗纤维 27.3%	71	32	42	65
草木樨	白花,风干,粗蛋白质 21.3%,粗纤维 12.0%	88	83	36	76
大豆草	晒干,粗蛋白质 13.1%,粗纤维 33.2%	72	57	46	63
鹅观草	抽穗期,风干,粗蛋白质 12.3%,粗纤维 29.7%	67	62	56	65
蒲公英	初花期,风干,粗蛋白质 14.7%,粗纤维 15.0%	72	45	78	76
锦葵	一茬,风干,粗蛋白质 2.6%,粗纤维 5.3%	75	58	39	69
狗尾草	初花期,风干,粗蛋白质 5.0%,粗纤维 41.7%	56	23	45	52
狗牙根草	风干,粗蛋白质 7.2%,粗纤维 27.5%	51	44	52	52
黑麦草	花前期,风干,粗蛋白质 9.6%,粗纤维 23.8%	62	49	75	78
黑麦草	初花期,风干,粗蛋白质 5.1%,粗纤维 29.2%	44	42	65	56
黑麦草	盛花期,风干,粗蛋白质 5.0%,粗纤维 24.5%	41	49	55	65

续表

饲料名称	样品特征	消化率/%			
		粗蛋白质	粗脂肪	粗纤维	无氮浸出物
胡枝子草	盛花期,绝干,粗蛋白质 15.0%,粗纤维 30.7%	45	50	45	49
黄芪草	风干,粗蛋白质 18.2%,粗纤维 26.3%	69	68	43	69
画眉草	风干,粗蛋白质 6.8%,粗纤维 30.6%	49	25	58	54
狐尾草	风干,粗蛋白质 10.4%。粗纤维 28.4%	63	44	63	63
锦葵草	晒干,粗蛋白质 12.7%,粗纤维 28.0%	69	78	48	55
芨芨草	再生,风干,粗蛋白质 8.3%,粗纤维 29.7%	67	42	60	60
兰草	风干,粗蛋白质 10.0%,粗纤维 20.6%	63	40	66	68
芦苇	风干,粗蛋白质 7.9%,粗纤维 23.9%	43	52	52	38
马蔺	花期,粗蛋白质 13.8%,粗纤维 15.6%	51	45	56	53
猫尾草	花前期,风干,粗蛋白质 9.6%,粗纤维 28.7%	64	44	75	71
猫尾草	初花期,风干,粗蛋白质 6.6%,粗纤维 32.6%	54	40	57	60
猫尾草	花后期,风干,粗蛋白质 6.8%,粗纤维 29.0%	48	54	50	59
苜蓿	三茬,花前期,风干,粗蛋白质 16.9%,粗纤维 27.4%	74	31	47	70
苜蓿	初花期,风干,粗蛋白质 16.6%,粗纤维 25.9%	78	10	48	72
苜蓿	盛花期,风干,粗蛋白质 13.9%,粗纤维 25.8%	75	35	38	66
苜蓿	花后期,风干.粗蛋白质 14.3%,粗纤维 34.4%	72	28	42	58
雀麦草	花前期,风干,粗蛋白质 10.8%,粗纤维 32.3%	58	24	68	65
雀麦草	初花期,风干,粗蛋白质 7.5%,粗纤维 32.1%	54	61	55	60
雀麦草	成熟期,风干,粗蛋白质 5.0%,粗纤维 33.4%	28	54	49	58
苏丹草	风干,粗蛋白质 10.5%,粗纤维 26.8%	63	49	61	66
三叶草	初花期,风干,粗蛋白质 12.6%,粗纤维 23.4%	66	28	52	63
三叶草	盛花期,风干,粗蛋白质 12.5%,粗纤维 28.0%	67	55	54	70
三叶草	末花期,风干,粗蛋白质 12.0%,粗纤维 24.3%	67	35	44	64
苔草	晒干,粗蛋白质 8.6%,粗纤维 27.6%	50	23	58	53
豌豆草	野豌豆,初花期,绝干,粗蛋白质 23.3%,粗纤维 28.6%	76	52	55	65
豌豆草	野豌豆,乳熟期.绝干,粗蛋白质 13.7%,粗纤维 35.2%	62	7	45	62
无芒雀麦草	风干,粗蛋白质 8.8%,粗纤维 25.8%	65	62	57	67
鸭茅草	花前期,晒干,粗蛋白质 9.2%,粗纤维 28.2%	59	56	61	60

续表

饲料名称	样品特征	消化率/%			
		粗蛋白质	粗脂肪	粗纤维	无氮浸出物
鸭茅草	初花期,风干,粗蛋白质 8.8%,粗纤维 29.8%	48	40	65	53
鸭茅草	盛花期,风干,粗蛋白质 11.1%,粗纤维 29.5%	50	40	60	56
羊茅草	花前期,风干,粗蛋白质 9.4%,粗纤维 24.7%	61	50	66	70
羊茅草	盛花期,风干,粗蛋白质 6.8%,粗纤维 24.5%	54	73	54	64
羽扇豆草	甜,盛花期,风干,粗蛋白质 14.1%,粗纤维 33.2%	80	32	57	68
羽裂三芒草	风干,粗蛋白质 5.0%,粗纤维 38.9%	50	51	44	41
燕麦草	盛花期,风干,粗蛋白质 7.3%,粗纤维 27.0%	54	48	60	51
燕麦草	乳熟期,风干,粗蛋白质 8.9%,粗纤维 25.5%	58	63	49	54
燕麦草	蜡熟期,风干,粗蛋白质 7.1%,粗纤维 26.0%	52	64	49	59

(六)农副产品类

饲料名称	样品特征	消化率/%			
		粗蛋白质	粗脂肪	粗纤维	无氮浸出物
扁豆壳	粗蛋白质 11.0%,粗纤维 25.3%	12	46	67	70
蚕豆秸	风干,粗蛋白质 7.9%,粗纤维 35.2%	47	57	41	64
蚕豆荚	粉碎,粗蛋白质 15.4%,粗纤维 16.5%	32	55	58	78
大豆秆	粗蛋白质 4.9%,粗纤维 36.4%	29	31	36	58
大豆荚	风干,粗蛋白质 4.9%,粗纤维 28.0%	44	57	51	73
大豆皮	粗蛋白质 9.4%,粗纤维 26.1%	73	55	48	56
大麦秸	风干,粗蛋白质 4.0%,粗纤维 34.7%	17	43	56	51
稻草	晒干,粗蛋白质 5.7%,粗纤维 31.0%	38	56	51	48
稻壳	粗蛋白质 2.8%,粗纤维 41.1%	7	31	12	29
谷草	风干,粗蛋白质 8.8%,粗纤维 23.9%	60	64	68	67
高粱壳	风干,粗蛋白质 9.4%,粗纤维 14.9%	39	51	49	75
甘薯秧	全株,晒干,粗蛋白质 11.5%,粗纤维 22.2%	39	57	56	61
豇豆秸	蜡熟期,风干,粗蛋白质 11.3%,粗纤维 25.9%	68	64	44	76
花生壳	粗蛋白质 17.3%,粗纤维 10.1%	25	92	0	16
花生秸	晒干,粗蛋白质 10.6%,粗纤维 23.7%	65	62	51	77
黑麦秸	风干,粗蛋白质 7.5%,粗纤维 34.8%	39	22	57	46
绿豆秸	风干,粗蛋白质 4.5%,粗纤维 40.4%	54	54	64	55

续表

饲料名称	样品特征	消化率/%			
		粗蛋白质	粗脂肪	粗纤维	无氮浸出物
马铃薯秧	风干,粗蛋白质 10.6%,粗纤维 22.6%	52	54	61	64
小麦秸	风干,粗蛋白质 5.7%,粗纤维 30.4%	25	52	53	48
小麦皮壳	粗蛋白质 5.3%,粗纤维 27.5%	42	47	47	50
向日葵皮壳	粗蛋白质 3.7%,粗纤维 50.4%	27	28	26	43
燕麦秸	风干,粗蛋白质 7.1%,粗纤维 30.1%	65	48	61	58
玉米秸	风干,粗蛋白质 3.5%,粗纤维 32.3%	50	44	54	62
玉米芯	粗蛋白质 3.2%,粗纤维 31.0%	—	34	59	52
胡麻秆	风干,粗蛋白质 7.2%,粗纤维 42.7%	6	36	48	38
胡麻壳	粉碎,粗蛋白质 5.8%,粗纤维 46.2%	58	60	37	37

(七)谷实类

饲料名称	样品特征	消化率/%			
		粗蛋白质	粗脂肪	粗纤维	无氮浸出物
大麦	粗纤维 4.2%	80	67	27	90
高粱	粗纤维 1.8%	74	80	39	92
黑麦	次品,粗纤维 3.7%	75	75	27	85
荞麦	粗纤维 11.7%	72	82	45	73
黍	粗纤维 6.5%	65	84	14	88
小麦	粗纤维 2.9%	78	72	33	92
燕麦	自饱满,粗纤维 9.8%	84	90	25	81
玉米	粗纤维 1.9%	71	86	45	92

(八)糠麸类

饲料名称	样品特征	消化率/%			
		粗蛋白质	粗脂肪	粗纤维	无氮浸出物
大麦麸	粗蛋白质 7.5%,粗纤维 22.3%	56	71	52	53
黑麦麸	粗蛋白质 14.2%,粗纤维 6.4%	63	74	29	65
小麦麸	粗蛋白质 15.3%,粗纤维 9.2%	75	55	36	72
玉米糠	粗蛋白质 8.4%,粗纤维 9.3%	57	78	63	73

(九)豆类

饲料名称	样品特征	消化率/%			
		粗蛋白质	粗脂肪	粗纤维	无氮浸出物
扁豆	粗蛋白质 24.8%,粗纤维 2.8%	79	62	52	90
刀豆	粗蛋白质 30.0%,粗纤维 8.7%	84	75	75	98
刀豆	熟,粗蛋白质 36.8%,粗纤维 6.4%	90	89	—	59
豇豆	风干,粗纤维 4.1%	80	74	86	94
山黧豆	粗蛋白质 23.8%,粗纤维 10.8%	81	64	72	97
豌豆	粗蛋白质 23.9%,粗纤维 4.0%	86	64	50	93

(十)饼粕类

饲料名称	样品特征	消化率/%			
		粗蛋白质	粗脂肪	粗纤维	无氮浸出物
豆饼	机榨,粗蛋白质 46.6%,粗纤维 4.8%	79	81	70	68
大麻子饼	粗蛋白质 30.0%,粗纤维 24.5%	81	80	5	26
花生饼	机榨,粗蛋白质 45.1%,粗纤维 6.8%	91	91	56	90
芥籽饼	粗蛋白质 37.3%,粗纤维 9.2%	86	89	53	74
棉籽饼	粗蛋白质 36.4%,粗纤维 13.9%	61	96	31	70
棉籽饼	去壳加工,粗蛋白质 40.9%,粗纤维 2.4%	79	96	52	68
向日葵饼	带壳,粗蛋白质 17.9%,粗纤维 38.4%	81	71	6	43
向日葵饼	去壳,粗蛋白质 34.0%,粗纤维 14.9%	91	90	28	71
椰子饼	蒸过,粗蛋白质 19.8%,粗纤维 12.4%	84	100	42	85
亚(胡)麻饼	机榨,粗蛋白质 33.6%,粗纤维 8.1%	84	92	50	79
玉米胚饼	粗蛋白质 21.3%,粗纤维 9.5%	72	82	82	78
芝麻饼	机榨,粗蛋白质 44.3%,粗纤维 5.4%	91	65	55	65
棕榈籽粕	浸提,粗蛋白质 17.3%,粗纤维 14.1%	76	—	60	88

(十一)糟渣类

饲料名称	样品特征	消化率/%			
		粗蛋白质	粗脂肪	粗纤维	无氮浸出物
菠萝渣	风干,粗蛋白质 3.8%,粗纤维 13.9%	20	—	70	80
柑橘渣	风干,粗蛋白质 7.7%,粗纤维 7.8%	79	49	84	95
粉渣	黑麦,风干,粗蛋白质 13.0%,粗纤维 3.8%	72	86	11	85

续表

饲料名称	样品特征	消化率/%			
		粗蛋白质	粗脂肪	粗纤维	无氮浸出物
粉渣	马铃薯,风干,粗蛋白质 22.7%,粗纤维 6.3%	63	—	45	88
粉渣	玉米,风干,粗蛋白质 29.7%,粗纤维 5.3%	84	56	76	84
酒糟	黑麦,风干,粗蛋白质 18.7%,粗纤维 13.5%	60	72	56	60
酒精渣	玉米蒸馏,粗蛋白质 30.9%,粗纤维 12.8%	72	88	64	72
柠檬渣	风干,粗蛋白质 6.4%,粗纤维 15.0%	46	28	60	92
啤酒糟	风干,粗蛋白质 21.6%,粗纤维 14.3%	74	86	47	61
啤酒糟	湿,粗蛋白质 5.6%,粗纤维 3.7%	67	64	83	97
苹果渣	湿,粗蛋白质 1.0%.粗纤维 3.1%	—	45	64	84
葡萄渣	湿,粗蛋白质 5.1%,粗纤维 6.5%	16	49	26	37
甜菜渣	湿,粗蛋白质 1.4%。粗纤维 2.9%	64	—	68	83
糖蜜	风干,粗蛋白质 2.8%	—	—	—	94
糖蜜	风干,粗蛋白质 11.1%	5	—	—	90